과학기술인! 우리의 자랑

한국의 대표 과학기술자 47인이 전하는 과학자의 길

한국과학문화재단 편저

YANG 양문 MOON

과학자의 글쓰기는 과학 대중화를 위한 사회적 소명

인류 문명은 항상 과학과 함께 발전해왔습니다. 과학이 인류사에 미친 지대한 영향에 대해서는 누구도 이의를 제기할 수 없습니다. 주변을 돌아보면 현대인의 필수품인 전화, 전기, 의복, 자동차, 컴퓨터 등 일상생활의 어느 것 하나도 과학의 산물 아닌 것이 없습니다. 특히 자원과 노동, 자본이 중심이던 자원기반사회에서 지식과 정보, 창의성을 중심으로 하는 지식기반사회로 전환되고 있는 오늘날, 과학기술의 비중은 그 어느 때보다 더 커지고 있습니다. 우리는 21세기를 불확실성의 시대, 불연속성과 다양성의 시대라고 말합니다. 이런 시대에 지식과 정보 창출의 첨병 역할을 하는 과학기술은 개인과 기업, 그리고 국가를 위한 가장 강력한 생존무기가 될 수 있습니다. 바야흐로 21세기는 '과학의 시대'인 것입니다.

　과학의 위치가 이렇듯 중요함에도 불구하고 우리나라를 비롯한 많은 국가에서는 젊은이들이 이공계 진출을 기피하고 있어 사회적 문제가 되고 있습니다. 선진국들은 오래전부터 이 문제를 타개하기 위해 국가적 차원에서 다양한 정책과 방법들을 모색해 왔으며, 구체적 대응책을 마련하여 추진하고 있습니다. 지금 우리나라도 이공계 기피 현상의 심각성을 절실하게 인식하고 있습니다. 과학기술의 중요성에 대한 국민적 합의를 도출하고, 우수한 젊은 인재들의 과학기술계 진출을 촉진하기 위해서는 무엇보다도 전 국민의 과학기술 마인드 제고와 과학기술문화의 정착에 심혈을 기울여야 할 것입니다. 이러한 노력의 일환으로 과학기술부와 한국과학문화재단은 '이공계 성공사례'를 모아 《과학기술인! 우리의 자랑》을 출판하게 되었습니다. 이 책은 '과학이 얼마나 즐거운 학문이며 도전해볼 만한 가치가 있는 세계인지를 청소년들과 일반 국민에게 알려주자'는 취지로 기획되었고, 특히 '과학의 대중화'에 초점이 맞추어졌습니다.

사실 과학 대중화를 위해 과학자의 글쓰기만큼 효과적이고 바람직한 방법은 없을 것입니다. 노벨상 수상자인 스티븐 와인버그의 《최초의 3분》과 제임스 왓슨의 《이중나선》, 저명한 과학자인 칼 세이건의 《코스모스》와 리처드 도킨스의 《이기적 유전자》 등은 과학 대중화에 기여한 가장 대표적인 대중저작물들입니다. 요컨대 현대 과학자들에게 대중적 글쓰기는 사회적 책무나 다름없습니다. 이 책은 선배 과학기술자들이 그러한 사회적 소명에 부응해 한국의 미래를 짊어질 청소년들에게 들려주는 값진 이야기를 모은 것입니다.

《과학기술인! 우리의 자랑》에서는 한국 과학기술의 초석을 다진 공로로 '과학기술인 명예의 전당'에 오른 김호길 · 안동혁 · 이태규 · 최형섭 박사님을 비롯해 연구계, 학계, 산업계, 관계 등에서 과학기술을 대표하는 47인이 현장에서 경험했던 과학자로서의 생생한 삶을 이야기하고 있습니다. '과학이란 무엇인가', '나는 왜 과학을 선택했고 평생을 후회 없이 과학자로 살고 있는가', '이공계 후배들에게 주는 메시지' 등 이들 과학기술인의 글 속에는 투박하고 진솔하게 털어놓는 삶의 고뇌와 좌절, 그리고 희망이 담겨져 있습니다. 또한 그 속에는 그들의 삶을 성공으로 이끈 빛나는 삶의 철학이 농축되어 있습니다. 일제강점기와 한국전쟁을 겪으며 초토화된 대한민국, 거기에 또다시 4 · 19혁명과 5 · 16군사쿠데타를 겪어야 했던 격랑의 현대사 속에서 개인과 가정과 사회와 국가를 위해 힘겨운 선택을 해야 했던 선배

과학기술인들의 삶은 이 책의 곳곳에서 뜨거운 눈물과 감동을 불러일으킵니다. 아마도 독자들은 이 책을 읽는 동안 과학이라는 학문이 가져온 고귀한 결실뿐만 아니라 이렇듯 아름다운 사람들이었던 선배 과학기술인들이 전하는 마흔일곱 번의 뭉클한 감동과 만나게 될 것입니다.

아울러 이 책을 통해 선배 과학기술인들은 지금 이 순간에도 자신의 목표와 한국 과학기술의 발전을 위해 밤낮으로 연구에 몰두하고 있는 후배 과학자들의 수고와 열정을 격려하고, '이공계는 어렵고 재미없다'는 국민들의 인식을 전환시키기 위해 의미 있는 단초도 제공하고 있습니다. 47인의 과학기술인들은 수학, 물리, 화학 등의 기초학문으로부터 최첨단 응용분야에 이르기까지 다양한 학문의 세계를 펼쳐 보여줍니다. 또 과학기술인이 실험실이나 공장만이 아니라 산업계와 정계에서도 해야 할 일이 많으며 큰 성공을 거둘 수 있다는 것도 증언하고 있습니다. 따라서 이 책은 진로를 고민하는 청소년들에게 좋은 지침서가 될 수 있으며, 과학기술인을 꿈꾸며 한걸음씩 나아가고 있는 청소년들에게는 희망의 나침반 역할을 해줄 것입니다. 또한 이 책을 읽는 독자들은 우리에게도 세계 최고 수준의 자랑스러운 과학기술인이 많다는 사실에 다시금 과학한국의 자부심을 느끼게 될 것입니다. 선배 과학자들이 걸어온 역사를 통해 희망찬 꿈을 설계하고 매진하는 청소년은 분명 미래를 창조하는 주인공이 될 것임을 확신합니다.

늘 바쁜 일정에도 불구하고 즐거운 마음으로 흔쾌히 글을 써주신 47인의 과학기술인들께 머리 숙여 진심으로 감사드립니다. 또한 과학기술의 대중화를 위해 불철주야 힘쓰고 계신 과학기술부 김우식 부총리를 비롯한 과학기술부 관계자들과 이 책의 출판을 맡아 수고해주신 (주)양문 직원들께도 깊이 감사드립니다.

2006년 4월 5일
한국과학문화재단 이사장 나도선

차 례

차 례

고계원

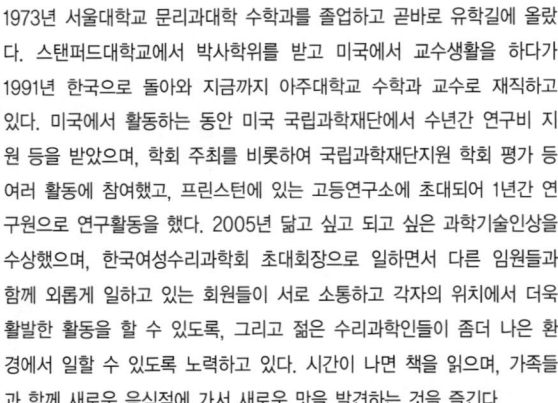

1973년 서울대학교 문리과대학 수학과를 졸업하고 곧바로 유학길에 올랐다. 스탠퍼드대학교에서 박사학위를 받고 미국에서 교수생활을 하다가 1991년 한국으로 돌아와 지금까지 아주대학교 수학과 교수로 재직하고 있다. 미국에서 활동하는 동안 미국 국립과학재단에서 수년간 연구비 지원 등을 받았으며, 학회 주최를 비롯하여 국립과학재단지원 학회 평가 등 여러 활동에 참여했고, 프린스턴에 있는 고등연구소에 초대되어 1년간 연구원으로 연구활동을 했다. 2005년 닮고 싶고 되고 싶은 과학기술인상을 수상했으며, 한국여성수리과학회 초대회장으로 일하면서 다른 임원들과 함께 외롭게 일하고 있는 회원들이 서로 소통하고 각자의 위치에서 더욱 활발한 활동을 할 수 있도록, 그리고 젊은 수리과학인들이 좀더 나은 환경에서 일할 수 있도록 노력하고 있다. 시간이 나면 책을 읽으며, 가족들과 함께 새로운 음식점에 가서 새로운 맛을 발견하는 것을 즐긴다.

수학자로 살아가는 행복

나는 딸이 다섯이나 되는 집의 셋째 딸로 태어났다. 비교적 진보적인 아버지의 경향으로 우리 딸 다섯은 부모로부터 '여자가 뭘……' 이라는 차별적이며 편견적인 말을 듣고 자라지는 않았다. 고등학교 선생님이었던 아버지는 현실과는 아주 거리가 먼 분이었다. 아버지는 방학이 시작되기만 하면 동대문시장에서 공책과 연필, 그리고 건빵 등을 사가지고 고향으로 내려가 학교에 다니지 못하는 농촌 젊은이들을 상대로 방학 내내 야학을 운영하셨다. 굳이 봉사라는 생각도 없이 모든 사람은 배워야 한다는 생각으로 아버지는 매번 고향에 가셨던 것 같다. 야학 학생들은 선생님 잡수시라고 그날 낳은 달걀 몇 개 혹은 고구마를 삶아 가져오곤 했다.

우리 형제들, 그리고 나도 중학교 때까지 아버지를 따라 시골에 갔다. 학생들의 받아쓰기를 도와주거나 산수문제를 내 채점을 하며, 무급 '조교' 노릇을 톡톡히 했다. 그때 나는 왜 학생들이 공부하면서 그렇게 조는지 의아해 했다. 물론 낮에 일을 한다는 것은 머릿속으로 알고 있었지만, 어떻게 거의 대부분의 학생이 공부시간 내내 조는지 납득하지 못했다. 얼마가 지난 후에야 그 잠이 그들에게 얼마나 단잠이었을지 이해할 수 있었고, 내가 학교를 다닐 수 있다는 게 행운으로 느껴졌다. 그들 덕분인지 몰라도 우리 형제들은 최대한 아껴야 하는 넉넉하지 못한 환경에서 자랐음에도 가난하다고 생각하지는 않았던 것 같다. 이상적인 아버지와 여섯 자식을 키우기 위해 현실적일 수밖에 없었던 어머니 사이에서, 양편의 삶으로 많은 자극을 받으며 우리 형제들은 자연스러운 대화와 논쟁을 통해 인생의 틀을 비교적 넓게 설계할 수 있었던 것 같다. 이런 자세는 학문에서나 일상생활에서 나에게 많은 영향을 주었다.

나도 아이들을 키우면서 이론보다는 행동으로 삶을 살 수 있게 가르치고 싶었다. 부모의 몸에 배어 있는 것만큼 아이들에게 커다란 영향을 주는 것도 없는 것 같다. 아이들에게도 이론적인 것보다 몸에 배어 있는 살아가는 방법이 훨씬 힘이 있어, 때가 되어 자기를 돌아볼 수 있는 자신이 생겼을 때 산다는 것의 구체적인 방법을 찾는 면에서, 그리고 일관성 있는 자기 자신을 만들어 나가는 데도 훨씬 쉬울 것이다. 자기가 생각하는 대로 살아가는 것만큼 행복을 보장해주는 일도 없다. 자기 직업에 충실하게 열심히 사는 사람들이나 옳다고 생각한 일을 위해 격렬한 삶을 살아가는 사람들은 그들의 삶 자체로 우리에게 보여주고 가르쳐주는 게 많다.

수학을 잘하는 방법

수학하는 사람에도 여러 유형이 있다. 어떤 이들은 아주 어렸을 때부터 수학에 매료되고, 어떤 이들은 늦게 심지어 대학에 들어와서 그것도 3, 4학년이 되어서야 흥미를 느끼기도 한다. 그러나 이들 모두의 공통점은 어렸을 때부터 주위에서 일어나는 일의 기본적인 원리를 이해하거나, 패턴을 찾아내는 데 관심이 많다는 것이다. 물론 스스로 인지하지 못하는 경우도 있고, 또 그러한 성향을 수학과 연결시키지 못하는 사람도 많다. 지금 생각해보면, 나도 어렸을 때부터 혼자 질문을 하거나 원리를 이해하고 싶어했다. 수학 밖에서도 그랬다. 중학교 때는 사람들이 '착하다'라고 말하는 게 무슨 의미인지 오랫동안 생각해보기도 했다.

이런 성향과 함께 젊은 시절에는 상상력을 키우고 접해보는 것이 큰 도움이 된다. 나는 젊은 사람들에게 못 알아듣더라도 좋은 수학 강연이 있으면 꼭 들으라고 권한다. 사실 못 알아들을수록 그들에게는 좋다. 뿐만 아니라 훌륭한 예술가, 학자, 과학자들의 강연도 가능한 대로 들으라고 한다. 그들의 훌륭한 강연은 젊은 사람에게 좋은 자극이 되어 뇌의 어느 한 부분을 차지하고 있다가 그곳에서 발효가 된다. 그러다 필요한 때가 되면 온전히 자기 것이 되어 다른 색깔과 형태를 가지고 튀어나오는 것이다. 훌륭한 사람들을 직접 만날 수 없으면 좋은 수학과 과학, 그리고 음악과 미술에 관한 책이나 그 밖의 것들을 통해 들어보고 생각해보라고 권하고 싶다. 충분히 이해하지 못해도 이런 자극들은 우리 자신의 경계를 넓히는 데 도움이 된다. 나는 지금도 수학과 전혀 관계없는 것이어도 좋은 강연들을 놓치지 않으려고 노력한다. 전혀 다른 분야를 내가 아는 것과 맞대어보는 것도 즐거운 일이며, 때로는 너무 비슷함을 발견하고 놀랄 때도 많다.

수학자로서 자신감이 생기게 일깨워주신 선배들

이상하게 들릴 수도 있지만 나는 대학이나 대학원 재학 중에 수학을 좋아했으면서도 수학자라는 생각은 해본 적이 없다. 그런데 '나도 수학자'라는 인식을 하게 한 사건들이 생겼다. 첫번째 계기는 졸업한 지 얼마 안 되었을 때였다. 학위는 받았지만 첫아이를 기르느라 바빴고, 둘째아이를 낳으면 좋겠다고 생각하던 때였다. 내 논문을 읽은 어떤 교수가 자기 학교에서 열리는 미국수학회에 와서 발표해 달라고 초청했다. 처음으로 그런 제안을 받고 내가 뭐 발표할 게 있나 당황스러워서 생각해보겠다며 전화를 끊었다. 며칠 후 다시 전화가 왔다. 사정이 어려운 것은 이해하지만, 혹시 발표하는 게 두려워서 머뭇거리는 거라면 더더욱 발표를 해야 한다고 했다. 그 말은 나 자신에게 '내가 수학자인가'를 질문하게 만들었고, 다음날 나는 가겠다고 전화했다. 결국 나는 발표를 했고 발표 후 청중들에게 많은 질문을 받았다. 내가 하는 수학에 그렇게 많은 사람들이 관심을 보인다는 것과 그들의 질문들에 내가 대답해줄 수 있다는 것에 내심 놀라웠다. 나중에 알게 되었지만 미국에서 그런 학회를 운영하면 발표하고자 하는 사람이 너무 많아 항상 어려움을 겪는다. 그런데 나 같은 사람을 초대할 생각을 했다니 나는 그것으로도 감사했고, 그후 나도 일을 할 때마다 누군가에게 기회를 주도록 노력하고 있다.

두번째 계기는 미국에서 새로운 학교의 교수로 부임한 지 1년쯤 지났을 때였다. 복도에서 과 원로교수가 나를 불러 미국 국립과학연구재단(NSF)에 연구비 신청을 했느냐고 물었다. 나는 물론 안 했다고 말하면서 "나 같은 사람은 신청해도 받지 못할 것이다"고 대답했다. 그분은 그래도 지원해야 한다고, 그것은 수학자, 특히 젊은 수학자들에게는 의무에 속하는 일이라고 강권했다. 또 다른 교수들도 사무실로 와서 마감이 얼마 안 남았으니 빨리 서둘러 신청하라고 등을 떠밀었다. 그러다 보니 이제는 지원을 안 하면 오히려 잘못하는 것 같은 기분이 들었다. 그래서 그날부터 그분들의 도움으로 준비하여 사흘 만에 지원서를 제출했다. 최소한 의무는 다했다고 생각하고 지원서를 냈다는 사실조차 잊어버리고 있었는데, 이듬해 봄 NSF에서 지원서가 통과되었다는 연락이 와서 깜짝 놀랐었다.

그때부터 내가 수학을 하는 전문가라는 생각을 조금씩 했던 것 같다. 하지만 둘째아이가 겨우 두 살이었고, 나는 아직 자신감으로부터 멀리 있었으며, 무얼 해야 하는지도 전혀 모르고 있었다. 한참 후에야 그들이 나에게 수학적인 신뢰를 가지고 있었으며, 어느 정도의 가능성을 믿고 그렇게 강력하게 말했다는 것을 알았다. 과내의 콜로키움이나 세미나 발표 등을 통해 나에 대한 수학적 평가를 내리고 그렇게 격려했던 것 같다. 그때가 막 수학을 열심히 하기 시작한 때였으며, 차츰 나 자신의 기준이 아니라 더 넓은 시각으로, 그리고 현실적으로 나를 발견하기 시작하던 시기였다. 얼마 후 나는 수학이 내 안에 있으며, 내가 생각하는 나는 동료들이 보는 나와 다르다는 것을 느끼기 시작했다. 그전까지는 다른 사람들과 별로 소통이 없었고 무얼 해야 하는지도 몰라 나 혼자 나름대로 '외롭게' 연구하며 가르치고 있었다.

수학하는 즐거움

학문을 하는 사람에게는 공통적인 즐거움이 있다. 깊은 이해를 하는 데서 오는 자유로움, 전혀 달라 보이는 분야조차도 더 쉽게 이해할 수 있는 즐거움이 있다. 수학을 하는 중요한 또 하나의 즐거움은 여러 나라 사람과 경쟁이 아니라 서로 협동할 수 있다는 것이다. 아무도 수학을 완전하게 할 수 없으며, 우리가 협동할 때 훨씬 더 많은 것을 배우고 알아낼 수 있기 때문이다. 수학을 통해 나는 나와 전혀 다른 사람들을 발견하고, 그들에게서 산다는 것의 새로운 정의를 배우고 이해했다. 전혀 동의할 수 없는 엄청난 차이에도 우리가 모두 연결되어 있다는 것을 확신하게 되었으며, 서로 존중할수 있고 협동할 수 있다는 것을 배웠다. 아마 수학이 우리 모두를 묶는 역할을 해주어서 쉽게 다른 나라, 문화, 인종, 종교 등을 넘어선 협동을 즐길 수있게 하는 것 같다. 이런 협동과 더불어 우리가 살고 있는 사회에서 다양성자체의 중요함을 일찍부터 알게 된 것도 수학을 하는 여러 사람을 만났기 때문이다. 다양함이 부딪힐 때 참으로 창조적인 아이디어와 새로운 시작이 가

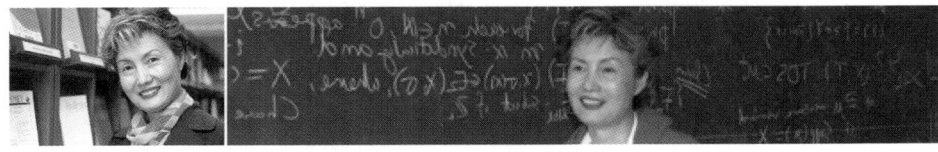

능해지는 것이다. 우리가 나와 다른 것에 열린 마음을 가지지 않고 이해하려고 노력하지 않는다면, 새로운 아이디어나 어떤 그룹에 대해 오히려 종속적이 되거나 아니면 배타적이 되기 쉽다.

모든 학문이 그렇듯이 수학을 한다는 것의 핵심도 이해하는 데 있는 것이 아니라 새로운 것을 만들어 나가는 데 있다. 지적인 그 탐험에는, 그에 따른 만족감과 승리감이 있다. 물론 이러한 새로운 것에 대한 욕망은 깊은 이해에서 비롯되는 것이긴 하다. 이렇게 만들어지는 새로운 것을 통해 우리 인간의 지식이 쌓여가는 것이다. 졸업을 하고 나서 내가 수학을 계속할 수 있을지 심각하게 의심한 적이 있었다. 그때는 내가 흥미 있는 문제를 발견할 수 있을지, 그리고 그것을 해결할 아이디어가 계속 있을 것인지 자신이 없었다. 그때 한 동료가 그런 시간이 되면 자기에게 다시 물어보라고, 지금은 해보는 수밖에 없다고 나를 위로(?)하던 기억이 난다. 나도 그의 말에 동의할 수밖에 없어서 그냥 해보기로 마음을 먹었었다. 지금 생각하면 그는 내가 다시 그에게 묻지 않을 것을 알고 있었는지도 모르겠다.

여성과 수학

한국도 많이 변하고 있다는 것을 느낀다. 1991년 한국에 돌아왔을 때는 대부분의 수학과에서 공공연하게 여자라서 싫어하고 여자라서 안 뽑는다고 말하는 사람들을 흔히 볼 수 있었다. 우리 과 교수를 뽑는 과정에서도 웃지 못할 일화가 있었다. 부부가 같이 지원을 했는데, 아내가 훨씬 이력서가 좋았다. 학과회의 도중 어느 젊은 교수가 그 여자 박사는 남편을 휘두른다는 말이 들린다며 반대했다. 하도 어이가 없어서 "이곳은 선생님 부인 뽑는 곳이 아니다"라는 말을 하지 않을 수 없었다. 이제는 공개적인 회의에서 그렇게 말하는 사람이 최소한 우리 과에는 없을 것이다.

미국이든 한국이든 여성수학자들은 다른 사람이 인정해주기 전까지는 스스로를 과소평가하는 경향이 많다. 아마도 수학계가 너무나 오랫동안 남성들이 지배해 왔던 전문적인 직업이고, 또 너무나 오랫동안 '여성은 수학적 재능이 없다'는 말을 많이 들어와서 그런 것 같다. 그런 생각이 무의식중에 뿌리를 내려 여성들 스스로도 그렇게 생각하게 된 것이 아닐까. 그리고 엄밀함과 정확함을 요구하는 학문적 특성 때문에, 여성들은 자신만의 엄밀한 잣대로 자신을 평가해 자신감을 잃어버리는 것 같다. 다른 사람과의 소통을 통해 우선 그 잣대를 좀더 객관적이게 만들어야 할 필요가 있다.

미국에 있을 때 120년 전통을 가진 여자대학 브린모어대학에서 종신직 교수로 일하고 있었다. 그곳은 내 분야에 오랜 전통이 있어 학문적으로도 일하기 좋은 곳이었지만, 다른 전공 교수들 그리고 학생들을 가까이 대할 기회가 많아서 나 스스로 배우고 깨닫는 것이 많았다. 그 대학은 여학생들에게 다양한 경험을 독려하고, 자신감을 키우기 위해 여러 일들을 해 나갔다. 1991년 한국으로 돌아왔을 때 나는 미미한 역할이라도 선배로서 후배 여성수학자들을 위해 일해야겠다는 생각을 했다. 학회에서 후배 여성수학자를 만나면, 항상 '우리도 잘 할 수 있다'는 것을 전달하려는 마음으로 인사를 하곤 했다.

10여 년이 지나 많은 분들이 마음속에서 필요성을 느끼고 있던 여성수리과학회가 본격적으로 논의되어 2004년 한국여성수리과학회가 출범했다. 열정적으로 참여하며 성원을 보내준 회원들 덕분에, 나는 초대회장을 맡아 우리가 처음 생각했던 것보다 훨씬 활발하게 여성수리과학회를 만들 수 있었다. 처음에 소극적이었던 분들도 이제는 적극적으로 참여하고 지원해 모두에게 격려가 되고 있다. 또한 여성수리과학회의 활동도 일정 부분 기여를 하여 이젠 여성수학자의 교수임용을 긍정적으로 생각하는 학교가 늘어나고 있다. 젊은 여성수학자들에게 좀더 능력을 펼칠 수 있는 많은 기회가 주어지기를 모두 바라고 있다. 이런 분위기로 인해 여성수학자들도 적극적으로 참여할 기회가 많아지고 더욱 자신감을 갖게 되는 것이다. 우리 단체에 기부금을 내는 남성수학자들을 보면 마음이 훈훈하고 든든해지기까지 한다.

남성, 여성에 대한 차별은 인종, 종교 등에 대한 차별, 즉 사회의 모든 소수자에 대한 차별과 직접적으로 연결된다. 모든 차별의 근원이 똑같은 것이기 때문이다. 우리 모두 어떤 문제에선가는 소수인의 입장에 속하는 경험을 하고 살면서도 그 편견을 극복하는 데는 시간이 오래 걸리는 것 같다. 더군다나 역사상 중요한 새로운 발전의 많은 것들이 세상을 '잘못' 살아가는 '소수인'에 의해 시작되었음을 알고 있지 않은가? 우리 모두가 차별 없이 자기가 선택한 일을 잘 할 수 있고, 능력을 발휘할 수 있는 기회가 주어지기를 희망해 본다.

후배 여성과학자에게

스탠퍼드대학에서 공부할 때 학과장이 대학원에 재학 중이던 1, 2학년 여학생 다섯 명에게 "여러분이 박사과정을 마치는 데 제가 어떤 도움을 드릴 수 있을까요?"라고 질문을 했다. 당시 스탠퍼드대학 수학과는 13년 동안이나 여성 수학박사를 배출하지 못했고, 우리 위로 3년 동안은 여학생 자체가 없었던 상황이었기 때문에 고심하던 학과장의 질문이었지만 나는 당시 그 질문의 중요성을 이해하지 못했다. 그러자 한 여학생이 "저희에겐 곁에서 지켜보고 본받고 싶은 역할모델이 되어줄 여자교수가 필요합니다"라고 적극적으로 주장했다. 나는 그런 생각을 해보지 않았다. 내가 수학을 잘하긴 했지만 한국의 교육환경상 수학을 직업으로 삼는다는 생각을 하지 못했고, 대학원에 갔어도 특별한 목표를 갖지 않았다. 주위에 여자가 없는 것이 그냥 너무나 당연한 것이라고 생각했다. 학과장의 질문과 그 대학원생의 대답을 진정 이해한 것은 나 자신이 교수가 되고 난 후였다. 내가 살고 있는, 혹은 경험해 온 사회로부터 독립적이 되는 데 정말 오랜 시간이 걸린 것 같다. 늦게 깨달아가며, 여성들이 수학계에서 겪는 어려움을 알게 되었던 것이다.

수학자는 우선 포기하지 않는 것이 중요하다. 어렵다 할지라도 포기하지 않고 끝까지 물고 늘어지는 것이 중요하다. 또 하나 강조하고 싶은 것은 다른 사람과 수학에 대해 이야기하는 것이다. 이는 모든 학문이 마찬가지로서 자기 분야에 있는 사람들과 이야기하고 배우고 그런 과정을 거치다보면 문제를 넓은 시각에서 볼 수 있어 더 좋은 문제로 진화되기도 하며, 또 훨씬 쉽게 해결되기도 한다. 물론 책이나 논문을 읽는 것도 커뮤니케이션이라고 할 수 있지만 무엇보다 좋은 방법은 직접 이야기하는 것이다. 나는 학생들에게 과제를 제출하기 전에도 친구들과 문제에 대해 자꾸 토론하기를 권장한다. 함께 맞대어 생각하게 되면 비록 답을 얻지 못하더라도 그 과정에서 더 많은 것을 배울 수 있고 아는 것이 살아 있게 된다. 나는 유학생활을 통해 이러한 경험을 쌓았다.

앞으로는 이공계 여성들의 진출이 늘어날 것이다. 네덜란드에서 온 한 친구가 한국 여성수학자들의 고용에 관한 편견을 듣고 나서 "축구시합에서 선수 반만 가지고 어떻게 이길 수 있나?"라는 재치 있는 말을 한 적이 있는데 나는 그 말이 가슴에 와 닿았다. 한국도 지금은 많이 변해가고 있어 이제는 점점 실력 있는 여성들이 '없어서 채용을 못하는 상황'이 되어가고 있으므로 이런 면에서 여학생들에게는 지금이 참 좋은 기회라고 생각된다. 많은 학생들이 자신이 판단하는 것보다 훨씬 많은 능력을 가지고 있다. 고등학교 때 하도 시험에 시달리고 공식들도 워낙 많아서 수학을 싫어하고 못한다고 생각하는 경우가 많은데 사실은 그렇지 않다. 대학에 오면 고등학교 때 생각하던 수학과는 다른 수학을 배울 수 있고, 자신에게 없다고 생각했던 능력을 계발시킬 수도 있다. 그리고 어느 정도 성취했다고 만족하지 말고 겸손하게 항상 발전하기 위해 노력해야 한다.

나는 수학을 한 덕분에 많은 사람들을 만났고, 그들과 수학을 통해 수학 외의 많은 것들을 더 쉽게 배울 수 있었으니 이처럼 대단한 행운도 없다. 과학은 다른 학문들에 비해 비교적 객관적이어서 과학을 통해, 그리고 그것을 하는 방법을 통해 전혀 다르게 보이는 것들을 객관적으로 이해할 수 있게 되고, 그로 인해 우리 자신을 넓히는 좋은 통로가 되기도 한다. 학문 자체로만 아니라, 삶을 풍부하게 하는 하나의 방법으로도 수학은 해볼 만한 가치가 충분히 있는 학문이다.

김명자

서울대학교 문리대 화학과를 졸업하고 1971년 미국 버지니아대학교에서 이학박사 학위를 받았다. 숙명여자대학교 교수로 출발, 서울대학교 CEO 초빙교수, 명지대학교 석좌교수 등 29년간 화학과 과학사 분야 교수를 거쳤다. 1999년부터 환경부 장관을 역임, '헌정사상 최장수 여성장관', '국민의 정부 최장수장관'으로서 탄탄한 전문성과 탁월한 조정능력으로 환경정책의 새로운 기틀을 마련했다는 평가를 받았다. 대통령자문 국가과학기술자문위원, 국가과학기술위원, 국민경제자문위원, 동북아경제중심추진위원 등 140여 개 위원회 활동을 거쳤다. 시민사회 활동도 활발하여 경제정의실천시민연합의 환경시민연대, 한국여성단체협의회, 녹색소비자연대 공동대표 등을 지냈다. 2004년 17대 국회의원으로 진출해 국방위원회에서 예산결산심사위원장, 병영문화개선위원장 등으로 활약하면서 특히 의원외교에서 왕성한 활동을 펼치고 있다. 청조근정훈장, 대한민국과학기술진흥상 대통령상, 제1회 닮고 싶고 되고 싶은 과학기술인상 등을 수상했고, 2003년 'Global Korea Award'를 수상했다. 저서와 역서로는 《과학혁명의 구조》, 《과학기술의 세계》, 《현대사회와 과학》 등 10여 권이 있다.

성공한 여성은 아버지가 만든다

세월이 유수 같다더니, 어딜 가나 원로급 대우를 받는 것에 스스로 놀란다. 과학자 교수로서 29년, 장관으로서 4년, 그렇게 열심히 살다가 이제는 내 길이라고 생각해본 적도 없었던 '정치인'의 길을 걷고 있다. 결단을 내리기까지 '이 길을 가야 하는가' 하는 망설임이 컸지만, 막상 여의도에 오고 보니 할 일도 무척 많고 보람도 적지 않다. 반면에 교수직이나 행정직과는 크게 달라서 일하는 방식이 어수선하다거나 정치인이 존경받지 못하는 현실은 때때로 스트레스로 작용한다.

그러나 정치권에 대해 마냥 비관적이지만은 않다. 짧은 기간 동안 선거혁명이라고 할 정도로 돈이 적게 드는 선거로 탈바꿈한 것도 사실이고, 정치자금의 모금과 지출도 상대적으로 투명해지고 있지 않은가. 오늘날처럼 모든 부문의 온갖 이슈가 첨예한 이해관계로 혼란스럽게 충돌하는 상황에서 구태정치는 무기력해질 수밖에 없다. 그런 의미에서 우리 정치는 상황 타개를 가능케 하는 업그레이드의 시험대에 올려진 듯하다. 정치인인 나 자신부터 스스로 정치인을 냉소적으로 보는 시각에서 벗어나야 한다는 생각도 들고, 우리 사회가 정치에 대해 더 애정 어린 관심을 가질 때 정치가 달라질 수 있을 것이라는 느낌도 절실하다. 잘못한 것에 대해서는 분명히 질책하고, 잘 해보려는 노력에 대해서는 나름의 평가가 이루어지는 합리적 틀 속에서 희망이 자랄 수 있다고 믿기 때문이다. 그렇지 못하다면 우리 정치의 앞날은 내내 암담할 수밖에 없지 않겠는가.

여의도로 온 지 벌써 2년의 세월이 흐르고 있다. 따뜻한 가슴으로 국민의 마음을 제대로 읽고, 그 아픔과 절실함을 합리적 실천으로 담아내는 일에 얼마나 정성을 쏟는가가 나에게 주어진 과제라고 다짐하고 있으나, 아마도 성적표는 더 훗날 다른 사람들에 의해 매겨질 것이다. 교수 시절에는 일요일도 없이 연구실을 지켰고, 장관 시절에는 '더 바쁘게 살 수도 있구나' 하면서 열심히 살았는데, 이곳 생활도 그에 못지않게 분주하다. 그러나 효율성 측면에서 내놓을 만한 성과가 별로 없는 듯해서 아쉽다. 그리고 국민에게 비쳐지는 정치의 모습이 별로 달라진 게 없는 듯해서 면목이 없다. 원래 권력지향성이 강한 속성 때문인지, 서로 상처 내는 정쟁과 공허한 구호들이 많다는 것도 여전히 익숙하지 않다.

이런 느낌은 내 학문적 배경이 과학(화학)이고 전문직이 교수직이었기 때문에 더할는지 모른다. 사실 우리나라 기초과학과 정치는 거리가 멀었다. 17대 국회의원인 내가 서울대학교 자연대에서 배출한 첫번째 국회의원이라는 사실이 그 하나의 증거라고 생각된다. 서울대학 60여 년 역사 속에서 21세기 들어 처음으로 기초과학 전문분야의 졸업생이 국회에 진출했다는 것은 정치에도 과학자의 참여가 필요하다는 의미가 아니겠는가 싶다. 과학자의 시각에서 나는 우리 사회의 새로운 질서는 열린 보수와 합리적 진보를 아우르는 조화와 균형에서 찾아질 수 있다는 믿음을 갖고 있다. 그리고 그 새로운 질서 구축에 더 이상 잃어버릴 시간이 없다는 데 마음이 조급해진다.

세상살이의 좌표를 일러주신 아버지

나의 삶은 정치하고는 거리가 멀었다. 정치 쪽으로 발을 들여놓게 된 일은 운명처럼 다가왔다. 1972년부터 몸담았던 대학 캠퍼스에서 1999년 6월 25일 환경부 장관으로 임명된 것이 그것이다. 누군가 내게 이렇게 말한 적이 있다. 한 여자대학의 과학 분야 교수가 어느 날 장관이 되고 다시 국회의원이 된 것은 아마도 '팔자'에 있었던 일이 아니겠느냐고. 당초 바람 잘 날 없는 환경부 장관 자리를 몇 달이나 지켜낼 수 있을까 하는 주위의 의구심 속에 과천으로 자리를 옮긴 지 1년, 2년, 3년……. 그러다가 나는 국민의 정부 마지막 날까지 꽉 채워서 만 3년 8개월 동안 그 자리를 지켰다. 2003년 참여정부 조각(組閣) 무렵에는 건설교통부 장관으로 내정되었다는 기사가 여기저기 실리기도 했다. 2003년 2월 26일 장관직의 무거운 짐을 벗었을 때, 영광스럽게도 나는 '국민의 정부 최장수 장관'에다가 정부 수립 이후 '헌정사상 최장수 여성장관'이라는 기록을 갖게 되었다. 스스로 생각해도 기대치 이상이었다. 더욱이 우리 환경부는 최초로 법적 근거에 의해 실시된 민간위원회의 정부 부처 업무평가에서 1회, 2회 내리 최우수부처의 영예를 차지했다. 그야말로 빛나는 졸업장에 우등상까지 받은 격이었다.

내 삶의 지표를 설정해주신 분은 아버지였다. 10년 전쯤 어느 월간지에서 '성공한 여성은 아버지가 만든다'란 특집을 만들면서 원고를 청탁했던 적이 있다. 당시 내가 특별히 성공한 삶을 살고 있다고 생각지는 않았지만, 과학자 교수라는 전문직에서 자신 있고 성실하게 세상을 살고 있다는 정도의 자부심은 있었다. 그후 '여자'가 그것도 정치와 아무런 끈도 없이 살았던 '교수'가, 옛말로 하자면 나라의 부름을 받았던 것인데, 거기까지 내 삶의 방향을 이끌어준 것은 맏딸에 대한 아버지의 기대였다고 할 것이다. 누구라서 부모가 소중하지 않으랴만, 아버지가 돌아가신 지 어느덧 20여 년이 지난 지금도 내 마음속에 있는 아버지의 자리는 훈훈하게 남아 있다.

학교에 들어가기도 전부터 나는 커서 꼭 대학원엘 갔으면 좋겠다는 지적

(知的) 허영심을 키우고 있었다. 아버지의 서가에 꽂혀 있던 많은 책들, 그리고 가끔 아버지를 찾아오는 학생들의 커다란 책가방에서 내 미래의 꿈은 자라고 있었던 것이다. 6·25전쟁으로 모든 걸 버리고 피난길에 오를 때 아버지는 그 책들을 김장독 속에 고이 묻으셨다. 아버지의 책으로 둘러싸인 집안 분위기는 내가 학문에 대한 동경심을 키우는 토양이 되었고, 맏딸에 대한 아버지의 크나큰 기대는 내 삶의 나침반이 되었다.

부모를 기쁘게 하는 모범생

나는 초등학교 5학년 때 신당동 중앙시장 부근 홍인초등학교에서 을지로 6가에 있던 서울대학 사범대 부속초등학교로 전학을 했다. 당시 '귀족학교'로 불리던 이 학교에서 나는 인생 초년의 쓴맛을 보았다. 거의 공주병에 빠져 있던 애가 전학 간 학교에서는 졸지에 시녀로 전락한 셈이었기 때문이다. 공부는 잘 했지만 그곳 아이들한테 나는 거의 왕따 수준이었다. 그런 처지에 분수도 모르고 전교 어린이회장 선거에 출마를 했고, 무참하게 꼴찌를 했다. 뉘엿뉘엿 지는 해를 뒤로 하고 집으로 돌아오는 꼴찌의 심경은 '참담' 바로 그것이었다. 그때 빨간 나비넥타이를 매고 당당하게 어린이회장에 당선되었던 어린이가 정대철 의원이었다. 그 뒤 나는 어디에서도 출마라는 것은 꿈도 꾸지 않았다.

사람들은 내 인상이 차가워 가까이 하기 어렵다고 말한다. 아마도 그것은 여학교 시절부터 빈틈없이 짜여진 사고와 행동의 틀 속에서 모범생 노릇을 했던 것과 관계가 있는 듯하다. 나는 줄곧 우등상을 놓치지 않았고, 훈육주임 선생님이 따지셨던 품행에도 흠이 없었다. 학기말 시험이 끝난 날 로렌스 올리비에와 진 시몬즈가 주연한 〈햄릿〉을 보러 극장에 갔다가 훈육주임 선생님한테 붙잡힐 뻔 했던 것이 내 불량기의 전부였다. 그날 훈육주임 선생님께 걸린 다른 친구들은 정학을 당했다. 요즘 말로 하면 운칠복삼(運七福三)이었다. 내가 모범생을 지향한 것은 부모님의 기뻐하시는 모습 때문이었다. 잘 나온 성적표를 들고 하교하는 날은 왜 그리 버스가 더디게 느껴졌던지……

1962년 서울대학 문리대로 진학하면서 나는 화학과를 선택했다. 당시 예일대학에 교환교수로 가 계셨던 아버지의 말씀에서 비롯된 결정이었다. 지금은 시대상황이 많이 변했지만 아버지는 "단과대학 중에서는 문리과대학이 꽃이다"라고 하셨다. 나는 그 말씀을 진리처럼 받아들였고, 지금도 문리대가 없어지고 그 낭만이 사라진 것이 아쉽다. 아버지는 당시 "앞으로는 자연과학 분야가 유망할 것이다"라고 말씀하셨다. 사실 성적으로 보면 국어와 영어가 가장 좋았기 때문에 문과 쪽이 더 적절했는데도 이과를 택하게 된 것이다.

나는 문과 소질을 가졌으면서도 과학 분야의 교육과 훈련을 받은 것이 나의 커리어에서 플러스 요인이 컸다고 믿는다. 사회현상을 보고 풀어가는 데 있어서 그 방법론과 지식이 강점으로 작용했을 뿐만 아니라, 실제로 장관 업무를 수행하는 데도 큰 보탬이 되었다. 자연과학과 사회과학의 학제적 접근 또한 나름대로 가치를 지니고 있다고 믿는다. 경험에 비추어 한마디 하자면, 우리 교육체계에서 일찌감치 문과·이과를 나누는 것은 바람직하지 않고, 일반 교육행정에서 과학 분야가 본령이 되어야 한다고 생각한다.

하루를 스물다섯 시간으로

문리대 졸업 후 대학원 장학금과 풀브라이트 여비 장학금을 받아 미국 버지니아대학으로 유학을 갔다. 돌이켜보면, 나의 유학은 1960년대 미국이 과학교육 진흥의 일환으로 아시아권의 자연과학계 유학생을 집중 지원했던 정책과 관계가 있었다. 미국은 1950년대 말 소련이 쏘아 올린 인공위성 '스푸트니크'에 충격을 받고 가히 혁명이라고 할 정도로 과학기술교육혁신을 꾀한다. 외국 유학생들에게 각종 장학금을 지급하고, 코어 커리큘럼을 도입하는 등 대학교육에서도 혁신운동이 일어난다. 그 연장선상에서 1960년대 우주개발의 선두주자를 목표로 '아폴로계획'의 야심 찬 국가 프로젝트를 출범시킨다. 케네디 대통령은 TV에 출연해 "1960년대가 가기 전에 우주인을 실은 인공위성을 달에 착륙시키고 다시 지구로 무사 귀환시키겠다"며 전국민의 지지를 호소한다. 그리고 성공을 거둔다. 20세기는 흘러갔지만 케네디 대통령의 이 연설은 역사적인 장면으로 아직도 여기저기서 등장하고 있다.

1967년 버지니아대학 석사과정에 입학한 후 소정의 시험을 거쳐 곧바로 박사과정에 진입한 나는 1971년 스물일곱에 물리화학 전공으로 이학박사 학위를 받았다. 그때만 해도 여자가 박사학위 받는 일이 흔치 않아서 일간지에 사진까지 났었다. 1969년 유학 시절의 중간 시점에 큰딸을 낳았고, 일곱 달 만에 서울로 보냈다. 다시 옛날로 돌아간다면 어떻게 했을지 딱 부러지게 답하기가 어려운 대목이다. 한없이 눈물을 쏟았고, 한없이 그리워했다. 아이는 엄마의 박사학위 때문에 피해자가 된 셈이었고, 나는 마음의 빚을 졌던 것이다.

1971년 유학에서 돌아와 세 아이의 엄마이자 한 집안의 외며느리로 교수생활을 시작했다. 귀국했을 때 시할아버님인 외솔(최현배) 내외분은 이미 세상을 뜨신 뒤였다. 할아버님은 손부가 공부하는 걸 무척 대견해 하셨고 유학에서 돌아오면 한 집에서 같이 살자고 하셨다.

서울로의 귀향은 하루를 25시간으로 사는 고달픈 삶이었다. 유교문화의 전통 속에서 여자 과학자로서 '슈퍼우먼'으로 살아야 하는 일상생활과 대학 연구 여건의 장애를 극복하는 일이 결코 만만하지 않았다. 더욱이 투병중인 시어머니의 간병인 역할까지 해야 했으므로, 한창 열기와 총기로 연구에 몰두해야 할 시간을 놓칠 수밖에 없었다. 초조한 마음으로 나는 가정과 전문직을 양립시키기 위해서는 시기에 따라 우선순위를 달리할 수밖에 없다고 부단히 자신과 타협했다. 그러나 사회의 귀중한 자리를 차지하고 있으면서 제대로 자릿값을 못한다는 갈등은 점차 가중되는 무게로 짓눌러왔다.

그즈음 예일대학에서 돌아오셨던 아버지가 1977년 봄 성균관대학 대학원장으로 정년퇴임하셨다. 그리고 얼마 후 아버지의 얼굴에 병색이 돈다 싶더니 청천벽력 같은 의사의 진단이 떨어졌다. '간암'이었다. 나는 통곡했다. 내가 해드릴 수 있는 게 뭐가 있을까, 무슨 약이 있을까, 맛있는 게 뭐가 있을까……. 아무리 그래봤자 모두 허망한 일이었다. 아버지는 당신의 병명을 모르신 채 조용히 1년을 투병하시다가 1978년에 세상을 뜨셨다. 나는 아버지의 장례를 치르면서 사람들이 먹고 마시고 웃는 것이 너무 야속하고 이상했다.

아버지는 천방지축인 아이들에게 "머리를 대는 베개를 발로 밟는 게 아니다"라는 이상의 꾸중을 한 적이 없는 분이셨다. 그 조용한 아버지의 나에 대한 기대가 오늘의 나를 만들었다는 것을 나는 조금도 의심치 않는다. 지금도 나는 비행기를 타고 하늘에 오르면 구름바다를 보면서 아버지의 나에 대한 믿음을 떠올린다.

혼돈을 이기기 위한 최선의 삶

1970년대가 마감될 즈음 사회적 혼란은 대학을 극심한 소용돌이에 몰아넣었다. 그 혼돈 속에서 마음의 평정을 찾기 위해 나는 집필과 번역에 몰두했다. 원고를 너무 많이 쓴 탓에 오른손 엄지 인대가 늘어났고, 또한 극기훈련을 하듯 교자상 앞에 앉아 글을 쓰다보니 결국 몸에 무리가 왔다. 미련함의 소치로 침도 맞고 뜸까지 떠야 했다. 지나치면 못 미치는 것과 같다는 말을 뒤늦게야 깨닫게 된 것이다.

그러나 그 과정을 거치며 나는 마음의 평안을 얻었고, 그 결실로 1980년대 초부터 과학과 사회의 상호작용을 중심으로 10여 권의 책을 펴내 각종 언론의 조명을 받는 등 적잖이 바쁜 삶을 살았다. 그중 《엔트로피》는 뜻하지 않게 롱 셀러로 효자노릇을 톡톡히 했고, 《과학혁명의 구조》는 '패러다임' 이란 용어를 유행시키면서 지금까지도 스테디셀러로 여러 종류의 필독서 리스트에 오르고 있다. 그런 작업이 또 다른 일들로 줄줄이 연결되고 주요 정책위원회 활동 등으로 가지를 치면서, 나는 여성 최초로 1994년 대한민국 과학기술상 진흥상을 받았다.

1990년대 중반까지 나는 가장 열심히 살려고 노력했다. 그런데 1999년 환경부 장관이 되면서 더 바쁠 수도 있구나 하면서 또 열심히 살았다. 이러니 저러니 말도 많은 관료조직에 관의 행정경험 없는 여교수가 들어갔으니, 난마처럼 얽힌 환경행정을 제대로 처리할 수 있겠는가 우려하는 것은 어쩌면 당연한 일이었다. 그러나 내게는 환경부를 이끌어갈 자신이 있었다. 다만 새로운 환경에 적응하기 위해 스스로 돌아보고 가다듬어야 할 일이 많다는 것이 도전이었을 뿐이다. 과학 전공의 여성이라는 것이 행정의 기본 시각과 접근방법에 있어 나의 무기였다. 행정 특성상 사회 각 부문 이해당사자 간의 파트너십을 중시하고 조화와 협조를 이끌어내는 것이 성패를 가른다 해도 지나친 말이 아니다. 바로 거기에 여성적인 감수성과 치밀함이 요체가 될 수 있다고 믿는다. 그렇다고 감성에 치우쳐서는 안 된다. 과학의 방법론에서 터득한 냉철한 논리와 합리성이 바탕이 될 때 그 감성은 강점이 될수 있다. 요컨대 논리성과 합리성을 바탕으로 한 일정 부분의 감성적 접근이 성과를 높일 수 있다는 것이 내 믿음이었다.

재임기간 동안 참으로 여한없이 일했다. 그중 낙동강물관리종합대책 등 4대강수계물관리특별법을 제정하고 추진한 것은 가장 성공적인 사례로 평가받고 있다. 참여정부 출범과 함께 실시된 워크숍에서 정책 성공사례로 선정되어 발표하기도 했고, 행정학계의 연구과제로도 분석대상이 되었다. 오랫동안 얽히고설킨 낙동강 상하류 간의 첨예한 이해관계를 조정하여 갈등관계를 협력관계로 만들어낸 것은 거버넌스 리더십의 전형이라 평가받는다.

전문가들은 여성장관의 부드러운 설득과 교수 출신의 신뢰, 과학자의 논리적 사고 등이 어우러져 빚어낸 결과라고 평가하는 듯하다. 갈등과 반목을 용광로 속에서 녹여 드디어 대화와 협력에 의한 윈-윈의 상생관계로 빚어내는 일은 참 보람 있고 신나는 일이다. 물론 뛰어난 협상능력이 그 열쇠라고 생각한다.

3년 8개월, 내 생의 가장 보람찬 세월

나의 장관생활은 목표를 초과달성했다. 새로운 길에 들어서 국가를 위해 여한 없이 봉사하면서 과분한 영광을 누린 것은 나에게 금메달과 진배없는 일이었다. 장관 시절을 돌이켜보면 때로는 고되고 때로는 살얼음판 같은 짧지 않은 나날이었다. 그러나 대차대조표를 만들어보면, 내 생애 가장 보람찬 세월이었다. 고비마다 고생이 있었다면 그것은 보람을 더욱 크게 만들기 위해서였다고 느껴진다. 교수 시절부터의 '일 벌레'라는 별명이 무색치 않게 굵직굵직한 일들을 여한 없이 했고 그래서 아무런 아쉬움이 없다.

  "바람 잘 날 없다는 환경부 장관 자리에서 어떻게 그렇게 오랫동안 조용히 일을 잘 했느냐"는 물음이 단골 질문이었다. 나는 "주위 많은 분들로부터 음으로 양으로 덕을 입었기 때문입니다"라고 답한다. 그러면 "그런 덕을 아무나 입는 게 아니지요"라고 이어진다. 그렇다. 나는 덕을 입는 조건을 정직과 성실, 그리고 선량함이라고 생각한다. 그것이 기본이 되어야 남으로부터 신뢰를 얻을 수 있으며, 그것은 언제 어디서나 통한다고 믿는다.

이공계 성공 전략

21세기 국가 경쟁력 강화의 성패는 신성장동력을 확충하고 전통적 분야를 고부가가치화하며, 이를 뒷받침할 수 있는 소프트웨어를 갖추는 데 달려 있다. 따라서 가장 중요한 일 가운데 하나는 과학기술력과 산업경쟁력을 확보하는 일이다. 그리고 이것을 가능하게 하는 전제조건은 이 분야에 우수인재를 많이 모으고, 관련 분야에 대해 합당한 정책을 세우는 것이다.

그런데 우리나라는 젊은이들의 이공계 기피현상이 날로 두드러지고 있어 앞날의 전망을 어둡게 하고 있다. 이에 대한 정확한 원인을 분석하고, 그것을 제거하는 본격적인 작업이 이루어져야 한다. 지금까지 이와 관련된 논의가 없었던 것은 아니나 상황이 호전되기는커녕 악화일로에 있다. 문제에 대한 대응책이 즉각적으로 효력을 발생시키기 어렵다는 점을 감안하더라도 현재의 대응이 앞으로 긍정적인 성과를 거두리라는 조짐도 보이지 않는다. 그래서 큰일이다.

그러므로 진단 자체에 문제는 없는가, 보다 근원적인 접근이 필요한 것은 아닌가를 곰곰이 따져, 보다 치열하게 고민하고 적극적인 수단을 포함한 실효성 있는 대책을 마련해야 하는 것이 시급하다. 요즈음 세상은 어렵고 힘들고 빛이 나지 않는 일은 될 수 있는 대로 피하도록 만들고 있다. 세상이 변한 것이다. 고생해서 갈고 닦는다는 '공부'라는 의미는 이미 퇴색하고, 놀이로서의 교육이 새로운 개념으로 등장했다. 젊은 세대로서는 같은 고생을 해서 평생 넉넉하게 살 수 있는 길이 있다면, 굳이 이공계를 택해 그 어려운 공부를 남보다 훨씬 더 오래 할 이유가 없는 것이다. 그 보상으로 탁월한 과학자 반열에 오른다는 보장도 없고 경제적으로 윤택해진다는 보장도 없다. 그러니 공대를 다니다 의대, 한의대로 가거나 고등고시에 매달리는 것 아니겠는가.

이러한 현상은 선진국도 겪었고 또 겪고 있는 일이다. 그래서 미국의 경우도 1980년대 중반 이공계 기피현상을 해소하려는 노력의 일환으로 여성인력과 해외인력에 초점을 맞췄다. 결국 우리도 비슷한 방식으로, 사장되다시피 한 자연계 여성인력을 활용할 적극적 방도를 강구하기에 이르렀고, 과거와는 달리 유학생들도 조금씩 들어오고 있다.

그러나 이런 정도로는 우수 과학기술인력의 양성과 활용이라는 중차대한 과제를 결코 풀 수가 없을 것이다. 대학도 시장경제 원리에 따른 경영이 왕

도인 듯 돈이 되는 학문과 관련 인력에 대해서 대우하고 있는 현실이다. 이대로 간다면 기초학문은 고사 지경을 면치 못할 것이다. 그렇게 시장에서 팔리는 실용학문만 중시하는 풍토가 지속된다면 교육의 백년대계와 국가의 앞날은 어떻게 될 것인가? 온통 세상이 어수선해서인지 그런 것을 걱정하는 사람도 별로 없어 보인다.

젊은이들의 이공계 기피현상을 조금이라도 해소하는 길로 나아가기 위해서는 온갖 지혜를 짜서 인센티브를 다양화하고 강화하는 방안을 마련해야 한다. 그리고 관련 대책을 마련하는 데 있어서는 그 내용을 아는 사람들의 머리를 빌리는 것이 현명하리라 생각된다. 알지 못하면서 정곡을 찌르기는 어려운 일이기 때문이다. 그리고 교육행정 체계상 교육행정이 과학기술 분야와 유리되어 있는 것 자체가 실효성 있는 정책 대안의 개발과 추진에 심각한 장애가 될 수 있다는 점을 주목할 필요가 있다. 그리고 그것이 사실로 드러난다면 그것부터 고칠 필요가 있다. 본질과 핵심을 비켜서 주변을 이리저리 고쳐본들 근본적인 개선책이 나오기는 어려울 것이기 때문이다.

나는 교수라는 전문직과 장관생활을 거쳐 정치권에 들어온 배경 때문에도 그렇지만 정치가 익숙치 않다. 한마디로 그 권력지향성에 이질감을 느끼기 때문이다. 그러나 정치를 변화시키는 데 있어서 전문성과 행정능력, 기업경영 마인드가 유효할 수 있다는 기대를 갖고 있다. 그리고 그런 관점에서 할 일이 많은 곳이라고 생각한다. 교수로서 장관으로서 그러했듯이 똑같은 마음으로 똑같은 방식으로 나는 나의 길을 갈 것이다. 과학자로서 여성으로서 전문직을 수행하고 그 경험을 바탕으로 국가를 위해 일할 기회를 가졌다는 사실에 무한한 감사를 드리면서.

우리 과학계의 후배들도 모든 분야에서 다양하고 큰일들을 할 수 있고 또 해주기를 바란다. 과학이 국가 경쟁력 강화에 가장 큰 핵심요소가 된 오늘날의 지식기반사회에서 우리 과학도들은 실험실을 지키는 일뿐만 아니라 행정 분야에서도 큰 기여를 해야 할 시대적 필요성에 직면하고 있다. 이공계

인력에게는 실험실에서 새로운 지식 창출에 기여하는 것은 물론 모든 분야가 거의 다 열려 있다. 경험에 비추어 나는 특히 우리 시대가 모든 분야에서 과학기술 인력을 필요로 하고 있다는 것을 강조하고 싶다. 과학기술이 가장 중요한 요소로 자리잡은 과학기술사회이기 때문이다.

김영중

1968년 서울대학교 약학대학 약학과를 졸업하고 바로 미국 유학길에 올라 인디애나대학교에서 생화학 전공으로 석사학위를 받은 후 1976년 일리노이대학교에서 박사학위를 취득했다. 플로리다대학교에서 연구원으로 있다가 1978년 서울대학교 약학대학에 생약학 교수로 부임하여 지금까지 재직하고 있다. 또한 서울대학교 약초원 원장을 맡아 경기도 고양시 설문동 일대에 약초원을 조성해 학술 및 연구활동은 물론이고 학생과 일반인 교육에도 이용하고 있으며, 이를 통해 국내 자생식물자원의 보존 및 활용을 위해 노력하고 있다. 1999년부터 5년간 미국 국립보건원으로부터 연구비를 지원받기도 했다. 한국생약학회 회장을 역임하는 등 다양한 학회 활동에 참여했고, 각종 정책의 심의위원으로 활동하고 있다. 현재 한국과학기술단체 총연합회 부회장이며 한국과학기술한림원 종신회원, 대한민국학술원 회원이다. 2001년 과학기술 진흥상 웅비장과 대한약학회 학술본상을 받았으며 2002년에는 올해의 여성과학기술자상, 2003년에는 로레알 여성생명과학상 본상과 비추미 여성대상 별리상, 2004년에는 동암 약의상 등을 수상했다.

약이 되는 나무와 풀, 그리고 나의 삶

경기도 고양시 일산의 야트막한 산자락 끝에 자리한 서울대학 부속 약초원은 1996년 조성 당시부터 지금까지 내가 끝없는 애정과 관심을 담아 가꾸고 조성한 곳이다. 나는 바쁜 수업과 연구 일정 속에서도 틈만 나면 이곳에서 많은 시간을 보낸다. 힘들고 지칠 때면 구석구석 나의 땀이 맺혀 있어 더욱 정겹고 애착이 가는 이곳에서 잡초를 뽑으며 생각을 정리하고 마음을 달랜다. 그러다보면 어느새 새로운 힘이 다시 솟아나기 때문이다. 현재 약초원에는 국내 자생약용식물 700여 종이 자라고 있으며, 그 외에도 외래종과 연구를 위한 약용식물이 재배되고 있다. 약초원은 우리의 약용식물을 원형대로 보존하고 무너져가는 생태계를 복원하며, 신약 후보물질이나 기능성 소재를 도출할 수 있는 '자연 그대로의 실험실'로서 큰 의의를 지니고 있다.

처음 서울대학 약초원의 원장을 맡았을 때만 해도 국내에서는 약초원은 고사하고 변변한 식물원조차 찾기 힘들었다. 나는 학생들의 실습을 충족시킬 수 있을 정도의 약초원을 구상했다. 그러나 20여 년간 천연물 연구를 수행하며 우리 산야에 자라는 나무와 초본식물들을 다루다보니, 무분별한 개발과 환경오염으로 국내 자생식물들이 급격히 사라져가는 현실을 누구보다 먼저 깨달을 수 있었고, 이러한 사실이 너무나 안타깝게 여겨졌다. 우리의 커다란 무형자산인 국내 자생식물들이 멸종되기 전에 이들을 체계적으로 분류하여 보존하고, 그 가치를 개발하여 실체화할 수 있는 약초원 조성이 시급하고도 절실한 문제로 인식되어 이를 서두르기 시작했다.

그 첫 단계로 1996년 경기도 고양시 설문동 일대의 국유지를 약초원 조성을 위한 부지로 확보할 수 있었다. 처음 확보한 1500여 평의 부지는 경사가 가파른 야산에 무허가 돈사와 양계장이 난립해 있는 잡초만 무성한 땅이었는데 이를 개간하는 데만 1년이 넘게 걸렸다. 또한 경사지를 깎아내리고 다지는 일, 적당한 보상으로 불법 거주자들을 내보내는 일, 부지 내 분묘를 이장시키는 일, 주변 이웃들을 설득하는 일 등 학교에서 가르치고 연구만 하던 나로서는 처음 해보는 일들을 감당하느라 어려움이 참 많았다. 심지어 군사시설인 참호를 웅덩이로 생각하고 울타리를 치면서 메워버렸다가 군부대로부터 군사시설을 훼손했다는 경고장을 받고서야 이를 알고 원상복구하느라 애쓴 일도 있었다.

그러나 지성이면 감천이라고 지금은 약초원이 뜻있는 많은 분들의 도움으로 1만 3000여 평 규모로 조성되어 국내 자생약용식물들을 체계적으로 분류하여 보존하고 있고, 400여 평 규모의 연구동까지 확보하여 관련 연구를 수행할 수 있어서 마음 뿌듯하다. 약초원은 학생들의 교육과 연구를 위한 실습장으로 쓰이는 것은 말할 것도 없고, 국내 자원식물에 대한 일반인들의 이해를 돕는 교육의 장으로도 제공되고 있어 사회에 대한 봉사라는 측면에서도 큰 몫을 하고 있다. 게다가 약초원은 이제 경제적 가치가 높은 자생식물 자원을 발굴하여 고부가가치를 갖는 유용물질의 창출과 제품개발 가능성까지 제시할 수 있게 되었다.

다만 한 가지 바람이 더 있다면, 국내 자생식물에 대한 D/B를 구축하고

이들 추출물을 확보하는 것은 물론, 이 추출물로부터 분리한 천연화합물은
행을 만들어 국내 연구진들이 식물자원을 이용해 신약개발이나 고부가가치
제품을 창출하려 할 때 체계적으로 공급할 수 있는 기반 연구시설로 약초원
이 거듭나는 것이다. 이러한 지속적 발전이 뒷받침되고 정보교류와 연구자
의 연수기능까지 강화시킬 수 있다면, 적어도 동아시아권에서는 천연물 연
구의 중심지로 우뚝 설 날을 노려보는 것도 무리한 욕심만은 아닐 것이다.

어려서부터 평생을 학문에 종사하겠다는 커다란 포부를 가졌던 것은 아니었
다. 더구나 약학자가 되겠다는 생각은 꿈에도 없었다. 다만 어릴 때 몸이 몹
시 약해 병원을 제집 드나들 듯하면서 막연하나마 의사가 되고 싶다는 생각
을 가지기는 했다. 그러나 막상 고등학교를 마칠 즈음 의사를 동경하게 만
든 나의 체력이 그 꿈을 빼앗는 방해물이 되었다. 내 약한 체력으로는 의과
대학의 6년 과정을 견뎌내기 어려울 거라고 집안에서 의대진학을 극구 반대
했다. 그래서 차선책으로 선택한 길이 약학대학 진학이었다. 의사가 되는
대신 좋은 약을 만들어서 아픈 사람들을 고쳐주고 싶다는 생각을 하게 된 것
이다.

막상 약학대학에 입학하고 보니 내가 기대했던 대학생활과는 거리가 멀
었다. 당시의 시대적·사회적 여건으로 대학에서조차 새로운 지식에 대한
갈망을 충족시키기 힘들었고, 개인적으로도 약한 체력 때문에 대학생이 되
어서도 집안의 과잉보호에서 벗어나지 못하고 있었다. 한 예로 졸업여행을
제주도로 배를 타고 가게 되었는데 배 멀미를 견디지 못할 것이라는 이유로
집안에서 허락하지 않을 정도였다. 그런데 마침 졸업여행 기간 중에 문교부
(현 교육인적자원부)에서 주관하는 영어와 국사 두 과목으로 짜여진 유학시험
이 예정되어 있었다. 막연하나마 선진 학문과 자유로운 홀로서기에 대한 동
경을 품고 있던 나는 졸업여행을 못 가는 대신 유학시험을 치르기로 했다.
운 좋게도 한 번에 두 과목 모두 합격했고, 막연한 동경이었던 유학이 현실

로 바짝 다가왔다.

1968년 졸업 후 도미하여 인디애나대학 의과대학에서 생화학으로 석사학위를 취득했고, 학교를 옮겨 일리노이대학에서 영양학으로 박사학위도 받았다. 지금 생각해보면 어릴 때의 병약했던 몸이 오히려 평생을 학문의 외길을 걷게 한 셈이다. 어떻게 보면 가장 나쁜 여건이었고 단점이었던 것이 인생의 진로를 확 바꾸어놓은 셈이다.

말이 유학생활이지 기숙사와 강의실, 그리고 연구실을 다람쥐 쳇바퀴 돌듯 맴돌며 내 젊음을 몽땅 다 보냈다. 길다면 긴 유학생활은 언어문제, 문화적 충격, 가족에 대한 그리움과 외로움 등으로 나를 힘들고 지치게도 했지만 주위의 보호에서 벗어나 혼자 설 수 있는 힘을 길러준 귀중한 시간이었다. 항상 병약하다는 수식어를 달고 다니던 내가 유학생활 처음 2년 동안은 감기 한번 앓지 않았다. 어떻게 보면 오기의 결과라고 보는 것이 더 적절한, 초인적인 힘을 얻은 셈이었다. 이로써 사람이 살아가는 데 정신력이 얼마나 대단한 것인지를 깨닫게 되었다. 무슨 일이든 마음먹기에 따라 못할 것이 없다는 자신감도 얻을 수 있었다. 강인한 정신력 외에 힘든 유학생활을 버텨낼 수 있었던 또 다른 힘은 오직 가고 있는 한 길밖에 몰랐던 나의 우직함과 선택한 길에 대한 책임감, 그리고 진정한 자존심과 사람으로서 해야 할 도리를 몸소 실천으로 보여주시던 어머니에 대한 존경과 사랑이었던 것 같다. 이러한 우직함이나 책임감은 이후 나의 생활신조가 된 듯하다.

박사학위를 받고 플로리다대학 의과대학에서 연구원으로 있을 때 서울대학이 공채를 통해 교수를 채용하기 시작했다. 1978년 나는 졸업한 지 10년 만에 공채 2기로 큰 기대를 안고 모교 교수로 돌아올 수 있었다. 그러나 기쁨도 잠시, 10년이라는 긴 세월도 연구환경을 바꾸어 놓기에는 턱없이 모자랐는지 기대와는 달리 현실은 그리 녹록하지 않았다. 연구시설이나 연구비 지원이 너무나 열악해 반드시 필요한 기반 연구시설조차 거의 구비되어 있지 않았고, 연구에 필요한 시약을 구하는 것도 하늘의 별 따기였다. 이러한 여건 때문에 가능성이 보이는 학생들에게는 외국 유학을 권했고, 나 스스로도 방학 때마다 미국 연구실에 가서 연구를 하다가 돌아오곤 했다. 그리고 돌아올 때는 그곳 교수에게 사정을 이야기하고 연구시약과 연구재료를 가능한 한 많이 얻어 큰 이민가방에 꾹꾹 눌러 담아 가지고 돌아왔다.

그러나 짧은 여행기간에 비해 터무니없이 큰 가방은 항상 세관의 관심을 끌기에 충분했고, 그때마다 무균 처리된 시약과 재료들을 일일이 뜯어 확인하려는 세관원과 실랑이를 벌여야 했다. 손이 발이 되도록 빌어도 세관에서는 전체 물품을 뜯어 확인하기 일쑤였고, 애써 얻어온 연구용품들이 모두 세균에 오염되어 결국은 쓸 수 없게 되곤 했다. 그럴 때마다 여성교수에 대한 신뢰 부족, 연구에 대한 몰이해, 그리고 획일적인 행정이 야속해 주체할 수 없이 흐르는 눈물을 감추느라 애써야만 했다. 그러한 일들이 이제는 과거를 회상할 때마다 제일 먼저 떠오르는 씁쓸한 추억거리가 되었다.

방학 때마다 일거리를 싸 들고 미국으로 나가는 일은 가족의 희생을 요구하는 것은 물론 경제적으로도 큰돈을 써야만 하는 일이어서 스스로도 염치없음에 마음 편할 때가 없었는데 이를 보는 주위의 시선마저도 곱지 않아 무척 괴로웠다. 심지어 내가 방학 때마다 외국으로 놀러나 다닌다고 오해하는 사람들도 있었다. 하지만 "인생은 남들이 어떻게 보느냐에 따라 좌우되는 것이 아니라, 내가 무엇을 어떻게 하느냐에 따라 성패가 가름 나는 것이다"라는 생각으로 초지일관 뜻을 굽히지 않으려고 이를 악물었다.

한편 나는 늘 "자신에게는 엄격하고, 남에게는 관대하라"는 말을 몸소 실천하려고 애쓰며 나 자신이 편안함에 안주하지 않도록 스스로를 몰아 붙였다. 이렇게 힘든 상황에서 미국의 연구환경은 새삼스럽게 큰 유혹으로 다가왔고, 방학이 끝날 즈음에는 돌아가야 한다는 것에 갈등을 느낀 적도 있었다. 그러나 "처음으로 여교수로 뽑아봤더니 연구도 제대로 하지 못하고 기대치 이하더라"라거나 "여자를 써 봤더니 못 견디고 도중 하차하더라"는 등의 평가가 나오면 앞으로 여자 후배들이 교수로 진출할 수 있는 길은 막히고 말 것이라는 우려와 선발된 자로서의 책임의식이 갈등을 짓눌렀다. 이러한 내외적 갈등은 공항에서 보따리장수 취급을 받을 때의 고통보다 더 큰 아픔으로 다가오곤 했다.

1978년부터 1986년까지 거의 10년간 이러한 상황이 반복되었다. 당시 미국 왕복 항공료는 260만 원(대기업 초임 45만 원)으로 가계에도 엄청난 부담이 됐다. 그럼에도 나는 방학 때마다 미국행에 나서 한 학기 중 넉 달은 교수생활을 하고 나머지 두 달은 무급으로 연구원 생활을 하는 이중생활을 계속했다. 돈도 많다고 비아냥거리는 사람도 있었고, 약사 생활을 하는 동창 가운데는 부를 쌓은 사람도 많았지만 나는 "밥 안 굶고 하고 싶은 연구를 할 수만 있으면 됐지 무엇을 더 바라겠느냐"는 생각뿐이었다. 몸은 지칠 대로 지쳤지만 내게는 연구 자체가 소중했고, 여성과학자에 대한 사회의 불신을 불식시켜야 한다는 나름대로의 사명감도 있었다.

우리나라는 오래전부터 한약이나 민간약의 형태로 천연물, 특히 식물자원을 질병치료에 이용해 왔지만 그에 비해 무한한 가치를 가지고 있는 무형자산을 현대과학적 관점에서 접근하여 그 가치를 현실적으로 구체화시키려는 노력은 이루어지지 않고 있었다. 달리 표현하자면 우리나라는 최근까지도

커다란 부가가치를 창출할 수 있는 천연물의 중요성을 인식하지 못하고 있었다. 나는 이러한 실정이 안타까웠다. 해열진통제로 개발되어 1899년 시판이 시작된 후 지금 이 순간까지 하루 1억 알 이상이 소비되고 있는 아스피린도 따지고 보면 버드나무 껍질에서부터 개발된 것이고, 가장 최근에 항암제로 개발된 택솔도 주목나무 껍질에서 추출된 천연약물이다. 우리 주위에

서 흔히 볼 수 있는 은행나무의 잎이 세계적으로 유명한 혈액순환 개선제의 원료라는 사실 등 유명한 많은 의약품이 천연물에서 개발된 예는 이루 다 열거하기 어렵다. 따라서 우리도 질병치료에 사용해온 식물자원으로부터 신약을 개발하려는 노력을 기울인다면 국제경쟁에서 비교 우위를 차지할 수 있을 것이라는 생각을 갖게 되었다.

그러나 그보다 먼저 그동안의 천연물 연구에서 무엇이 문제가 되었는지를 정확하게 파악하는 것이 중요했다. 여러 문제점들을 하나하나 짚어봤을 때 천연물의 활성과 그 작용기전을 규명할 수 있는 적절한 연구방법의 부재가 제일 큰 문제로 판단되었다. 그리고 이를 극복할 수 있는 방법으로 내가 생각할 수 있었던 것은 세포배양기술 같은 세포생물학이나 분자생물학적 방법을 천연물 연구에 도입하는 것이었다. 나는 실험동물 대신 일차 배양한 세포를 천연물 연구에 이용하고자 했다. 이 방법을 이용하면 변형된 세포주와는 다르게 생체 내 표적장기의 세포 수준에서 목적하는 활성 검색이 가능하며, 동물모델과는 달리 극미량의 시료로도 그 활성 평가와 더불어 작용기전의 규명이 가능하기 때문이었다. 내가 이 방법을 천연물 연구에 도입하려고 시도한 1978년 당시 국내에는 세포배양기술 등 세포생물학이나 분자생물학 분야의 연구를 할 수 있는 곳이 아주 드물었다. 특히 나처럼 이 분야를 전공하지 않은 사람이 자기 연구에 새로운 연구기술로 접목시키기 위해 기술을 습득할 수 있는 곳은 전무했기에 미국행은 어쩔 수 없는 선택이었다. 나는 정말 악착같이 배워서 첨단 생명과학기술을 천연물 연구에 접목시킬 수 있었다.

처음으로 나는 천연물 연구에 일차 배양세포를 이용한 활성 검색법과 활성 지향적 분리기술을 접목시켰다. 국내 자생식물로부터 퇴행성 뇌신경계 질환의 치료제나 간장 질환의 치료제로 개발될 수 있는 다양한 골격의 후보물질들을 분리하여 그 화학구조를 규명한 후 작용기전까지 밝힐 수 있었다. 이로써 일차 배양세포를 이용한 활성검색법을 국내 자생식물로부터 기능성

소재나 신약 후보물질을 도출할 수 있는 방법으로 확립시킬 수 있었다. 이 방법을 이용하여 얻은 연구성과가 국제 전문학술지에 게재된 논문만 해도 90여 편에 달하고 특허도 24건이나 된다.

이러한 연구성과를 인정받아 1999년에는 미국 국립보건원으로부터 'Neuroprotective compounds from Oriental Medicine'이란 과제로 연구비를 지원받는 기쁨과 자부심도 누릴 수 있었다. 당시 재미과학자이던 오태환 교수(미국 메릴랜드대학)와 함께 우리나라 자생식물자원에서 비롯된 생약에서 퇴행성 뇌신경계질환 치료제로 개발될 수 있는 물질을 도출하는 과제로 미국 국립보건원에서 5년간 지원받은 연구비는 200만 불이었다. 미국에서도 공정하고 까다롭기로 정평이 나 있는 미국 국립보건원이 우리 연구과제를 상위 2.7퍼센트 이내에 드는 '우수' 과제로 평가하고 거액의 순수연구비를 지원해준 일은 여러 면에서 나에게 큰 힘이 되었다.

돌이켜보니 참으로 힘든 시간이었다. 그러나 참으로 보람된 시간이기도 했다. 뒤돌아보지 않고 쉬지 않고 앞만 보며 외길을 걸어왔다. 내가 걸어 온 길에 후회는 없다. 내가 이룰 수 있었던 작은 업적과 명예는 내 힘만으로 이루어진 것이 아니기에 그동안 음으로 양으로 도와주신 분들의 사랑과 희생과 격려에 숙연해진다. 말없이 지켜보면서 큰 힘을 보태준 남편에게 감사한다. 학업에 뜻을 두고 미루다가 늦게 본 아들은 내 삶의 보람인 동시에 결코 마무리 지을 수 없는 미완성 논문이다. 그래도 바쁜 엄마를 이해해주고 잘 자라준 대견한 아들이다. 모처럼 집에 있을 때면 늘 엄마 곁에만 붙어 있고, 논문발표를 위해 외국 학회에 참석하느라 집을 비울 때면 엄마가 보고 싶다고 울면서 내 옷을 껴안고 잠들었다는 말에 가슴이 미어졌던 아들이다. 그러나 초등학교 2학년 때 담임선생님의 권유로 일일교사를 한 후로는 엄마의 일을 인정하고 자랑스러워하는 든든한 후원자가 되었다. 그날 초롱초롱한 눈망울로 나를 보면서 "우리 엄마는 좋은 일 하려고 밖에 나가는 거니까 훌룡한 거지?"라고 하던 말을 잊을 수가 없다.

그리고 지금까지도 가장 든든한 후원자인 어머니를 비롯한 소중한 가족, 늘 격려를 아끼지 않으신 은사님들, 모두 열거할 수 없이 많은 분들의 도움이 있었기에 오늘날의 내가 있게 되었다. 모든 분들께 머리 숙여 깊이 감사를 드린다. 마지막으로 그러나 그 누구보다도 제일 고맙고 소중한 분들은 역시 힘든 과정 동안 훌륭한 아이디어를 내며 함께 연구해준 내 제자들인 동시에 동료과학자들이다. 지금은 각자 어엿한 교수나 연구원으로 연구에 여념이 없는 그분들께 심심한 감사를 드린다. 앞으로도 우직하고 성실하게, 신뢰를 저버리는 일이 없도록 노력하며 조그만 것에도 늘 감사하는 마음으로 하루하루를 맞이하고 싶다.

끝으로, 내가 재직하고 있는 약학대학의 연구인력은 50퍼센트 이상이 여성이다. 나 역시 그랬지만 그중에는 기혼여성이 많아 육아가 늘 가장 어려운 문제로 대두된다. 육아문제는 여성만이 아니라 사회가 함께 풀어가야 할 숙제다. 훌륭한 고급 여성인력이 사장되지 않도록 국가적 차원에서 육아문제를 해결할 수 있는 정책과 시설이 절실히 필요하다. 그렇다고 연구현장에서 여성이라는 이유로 예외가 주어지기를 기대해서도 안 되고 예외가 주어져서도 안 된다. 여성임을 내세워 어렵고 힘든 일은 기피하고 편한 일만 하려 한다면 누가 같이 일하고 싶어하겠는가. 이는 여성연구원 스스로 풀어나가야 할 숙제이기도 하다.

나는 주위에서 육아문제에 부딪혀 흔들리는 여성과학자들을 자주 접한다. 하지만 일에 대한 끈기와 자식에 대한 사랑을 조율해 나가다 보면 어느덧 꼬인 실타래가 풀려가고 있음을 경험하게 될 것이다. 힘들어도 환경을 탓하지 말고 내디딘 길을 헤쳐나가야 한다. 지금도 많이 나아졌지만 시간이 지날수록 여성연구원들의 연구환경이 조금씩은 더 나아질 것이다. 나는 여성 제자들에게 입버릇처럼 말한다. "내가 은퇴하면 너희들이 맘 놓고 일할 수 있게 애들을 잘 봐줄게."

김우식

1957년 연세대학교 이공대학 화학공학과를 졸업하고 동 대학원 석사, 박사 과정을 거쳐 1975년 박사학위를 받았다. 1968년 모교의 전임교수를 시작으로 연세춘추사 주간, 학생처장, 총무처장, 공대학장, 대외부총장을 거쳐 2000년부터 2004년까지 연세대학교 제14대 총장을 역임했다. 이 시기 '연세의 특성화 · 정보화 · 세계화'의 슬로건을 내걸고 활발한 대내외 활동으로 모교의 발전에 큰 역할을 했다. 2004년 2월 대통령 비서실장으로 임명될 때까지 37년간 교수의 길을 걸었다. 1년 6개월간의 청와대 생활을 마치고 2006년 2월 제2대 과학기술부총리에 임명되었다. 대통령 직속 국가과학기술자문회의 위원과 전국과학기술인협회 공동회장을 지냈으며 연세학술상, 대통령표창, 교육공로상을 수상했고, 고려대학교에서 명예 경영학 박사학위를 받았다. 조깅과 도수체조로 건강을 단련하며 조용히 시집을 읽으며 생각을 정리하는 시간을 갖는다.

지금 이 순간도, 적극적으로, 최선의 노력을 다하자

'진인사대천명(盡人事待天命).' 사람이 할 수 있는 일은 최선을 다하고 그 다음에는 하늘의 뜻을 기다리자. 평생을 살아오면서 항상 마음에 품고 실천하려고 노력하는 인생의 좌우명이다. 돌이켜보면 나는 어디에 있든지 무엇을 하든지 간에 주어진 일에 집중하고 정성을 모아 최선을 다하고자 노력했으며, 결과를 겸허히 받아들이며 살아왔다고 생각한다. '성공'이라고 부르기에는 어색하지만, 내가 선택한 인생의 고비마다 그런대로 후회 없이 걸어올 수 있게 한 힘은 창조주 이외에 바로 나 자신에 대한 믿음, 노력에 대한 신뢰가 아니었을까 생각해본다.

지금부터 50여 년 전, 고등학교 시절의 나는 감수성 예민한 사춘기 소년이었다. 소설 읽기에 몰두하여 많은 책들을 읽었고, 책 속에서 수많은 나를 만나며 미래를 그려보았다. 도에서 주최한 글쓰기대회에 학교대표로 나가기도 하며, 한때 장래희망으로 문학가를 꿈꾸기도 했다. 그러다가 고등학교 3학년이 되면서 진학에 대한 진지한 고민이 시작되었다. 당시 건강이 그리 좋지 않았던 이유도 있었지만, 약학에 매력을 느껴 진학을 고려하고 있었다. 약학에 대한 나의 흥미는 신문에 실리는 약 광고의 이름과 카피를 모두 외우다시피 할 정도였다.

약학에 대한 막연한 관심을 진학으로 연결시키고 있던 어느 날, 외숙부님과 장래 진로에 대해 이야기할 기회가 있었다. 당시 상공부 국장이시던 외숙부님은 다가올 미래에는 '공학의 시대가 열릴 것이다' 라고 말씀하시며 공학이라는 학문의 장점과 비전에 대해 조목조목 설명해주셨다. 화학을 좋아하기도 했지만 기본원리를 응용한 다양한 공정으로 새로운 에너지를 만들어내고 국가산업 발전에도 크게 기여할 수 있다는 숙부님의 설명에 나는 귀가 솔깃했다. 그렇게 화학공학의 매력에 빠져 내 인생의 방향이 결정된 것이다.

1957년, 시골에 있던 우리 학교에서는 나 혼자 연희대학교(현 연세대학) 이공대학 화학공학과에 입학하게 되었다. 낯선 도시 서울에서의 생활이 시작되었지만 대학생활은 생각보다 훨씬 녹록치 않았다. 기댈 곳 하나 없는 넓고 복잡한 서울생활에 숨쉴 틈 없이 진행되는 강의와 계속되는 실험, 거의 매일 치러지는 크고 작은 퀴즈와 시험들, 끊임없이 공부해야 하는 수학·물리·화학의 세계⋯⋯. 부푼 꿈을 안고 시작한 대학생활치고는 건조하고 딱딱하기 그지없었고 나는 조금씩 싫증을 느끼고 있었다.

1학년 과정이 끝나고 겨울방학이 되자 기다렸다는 듯이 시골집에 내려가 편안하고 정겨운 시간을 보냈다. 그립던 가족들, 정다운 친구들과 함께 참으로 푸근한 시간이었다. 즐거운 시간은 어찌나 빨리 지나가는지 방학을 마치고 상경하는 발걸음이 내내 무거웠다. 화학공학과가 과연 내 적성에 맞는가? 이렇게 재미없는 생활을 계속해야 하는가? 이렇게 딱딱하고 어렵기만 한 과목을 공부해서 내가 앞으로 무엇을 하고, 어떻게 살아야 하나? 여러 고민과 방황 끝에 나는 마침내 휴학을 결심했다.

눈발이 흩날리던 어느 날, 휴학원서를 손에 들고 캠퍼스 백양로를 걸어 나왔다. 참으로 착잡하고 무거운 마음으로 한숨을 쉬며 발걸음을 옮길 때 문득 가족들의 얼굴이 떠올랐다. 방학이 끝나고 서울로 올라올 때 아쉬운 표정을 애써 감추시던 부모님의 얼굴, 태극호(호남선) 열차에 짐 보따리를 가득 실어주고 열차가 보이지 않을 때까지 플랫폼에 서 계시던 어머니의 모습이 내 머릿속을 꽉 채웠다. 만약 여기서 휴학을 해버리면, 멀리 있는 자식을 위해 무엇 하나라도 더 챙겨주려고 애쓰시던 부모님은 얼마나 낙심하실까?

나도 모르게 그 자리에서 휴학원서를 찢어버렸다. 그래, 한 학기만 더 다녀보자. 그 대신 생각을 바꾸어 '적극적'으로 최선을 다해 살아보자. 내가 먼저 손을 내밀어 친구도 사귀고, 교수님도 만나고, 전공의 재미를 찾을 수 있도록 한번 뛰어들어 보자. 눈 쌓인 캠퍼스 한가운데 서서 나는 그렇게 결심했다. 그래서 찾아간 곳이 대학 신문사인 연세춘추사였다. 나는 당시 이공계 학생으로는 드문 학생기자가 되었다.

새로운 생활, 바쁘고 분주한 나날이었다. 학과공부에도 능동적으로 뛰어들어 각종 실험에 적극적으로 참여했다. 교우의 폭도 넓혀갔다. 동기와 선후배 할 것 없이 내가 먼저 다가가서 말을 트고, 자리를 함께하며 가까워졌다. 학생기자로서 학내외 소식을 알리기 위해 기삿거리를 발굴하고 취재하며 이리저리 뛰어다녔다.

일체유심조(一切唯心造), 모든 것이 마음먹기에 달려 있다고 하지 않았던가. 전과는 전혀 다른 생활이 나에게 다가왔다. 모든 것이 활기차게 움직였고 신이 났다. 어렵기만 하던 공부 속에서 학문을 알아가는 기쁨 또한 느낄 수 있었다. 사람들과의 관계 속에서도 내 삶이 풍요로워지는 것을 느꼈다. 그후 나는 교내 화학공학회 회장으로 당선되었고, 4학년 때는 전국 공과대학 화학공학과 학생연합회 회장을 맡게 되었다.

1961년 어느덧 졸업이 다가왔다. 졸업과 동시에 나는 대구에 있는 삼호방직공업주식회사에 입사하여 사회생활의 첫발을 내딛게 되었다. 함께 입사한 동료 셋이 하숙을 하며 회사를 다녔는데 수습사원이라 고생이 이만저만이 아니었다. 주말에는 하숙집에서 점심을 주지 않았기 때문에 풀빵으로 점심을 때우기도 하고, 가진 돈이 다 떨어져 전당포 신세를 진 적도 있었다. 그래도 처음 해보는 회사생활, 사회생활이라 재미가 있었다. 새로운 일을 배워간다는 보람과 호기심이 넉넉지 못한 생활에도 의욕을 가지고 적극적으로 뛰어들게 한 힘이 되었던 것 같다.

그러던 중 입대를 하게 되었고, 제대 후에는 학문에 대한 욕심이 생겨 회사에 돌아가지 않고 늦게나마 대학원에 진학했다. 새로 시작하는 공부라 어려웠지만 깊이 있는 학문 탐구의 호기심으로 더 큰 열정을 가지고 몰입할 수 있었다. 시행착오도 많았지만 배움이 주는 즐거움은 그 무엇보다도 컸다. 석사학위 논문을 위한 실험장치를 꾸미기 위해 하루 종일 청계천 부속 가게들을 돌아다니며 기구를 모으고, 시료와 시약 값이 너무 비싸 여기저기서 조금씩 얻기도 하고, 실험실에서 비커에 물을 끓여 라면으로 점심을 때우고, 그러다가 실험결과가 잘 나오면 뛸 듯이 기뻐하고……. 새우잠을 자며 고생을 하면서도 그때 처음으로 나만이 느낄 수 있는 창조의 기쁨, 성취의 쾌감을 느껴보았다.

석사학위를 받은 후에는 못다한 공장생활에 대한 미련으로 경기도 시흥에 작은 공장을 빌려 동업으로 회사를 운영하기도 했다. 비록 작은 규모였지만 관리와 운영이라는 또 다른 세계를 경험할 수 있었고, 한 조직의 책임자가 된다는 것이 얼마나 큰 의무와 책임을 요구하는지를 배울 수 있었다. 사회구조는 생각하는 것 이상으로 복잡다단하며, 세상은 그렇게 만만치 않다는 산 경험도 하게 되었다. 길지 않았지만 그 시간은 오랫동안 나에게 교과서 같은 힘이 되었다.

어느 곳에 가든 주어진 일에 정성을 다해 적극적으로 뛰어들었던 내 노력이 좋은 평가를 받았던 것일까. 1968년 봄, 모교 화학공학과에 전임강사로 부임했다. 당시 교수는 나를 포함해 네 명이었는데 그중 한 분은 보직을 맡으셔서 대부분의 강의는 세 명의 교수가 나누어 맡게 되었다. 가장 신참이었던 나는 학과 업무와 관련된 궂은일을 도맡았고, 동창회 일도 꾸려 나갔으며, 심지어는 전혀 배우지 않았던 과목을 강의하기도 했다. 잘 알지 못하는 과목이기에 호기심과 함께 땀을 흘리며, 더 잘 가르쳐야 한다는 책임감으로 밤을 새워 공부하고 열심히 강의노트를 만들어 학생들을 지도했다.

돌이켜보면 그 많은 일을 어떻게 다 소화해 냈을까 할 정도다. 아마도 당시 나를 지탱해주던 힘은 '신바람', '사명감', '책임감'이 아니었을까. 우선 모교에서 후배들을 가르친다는 신바람, 우수한 학생들을 누구보다도 잘 지도해야 한다는 사명감, 주어진 일에 적극적으로 최선을 다한다는 책임감이 나를 부채질하고 용기를 불어넣어주는 원동력이 되었다. 그러나 한편으

로 깊이 알지 못한 상태에서 오직 열정만을 가지고 학생들을 가르친 것을 생각하면 제자들에게 미안한 마음을 금할 수가 없었다. 그런 감정이 풀지 못한 매듭처럼 마음속에 남아 있었는지, 1년 반 동안 미국에 유학 갔을 때 거의 독학으로 공부해 가르쳤던 그 과목을 학부 강의실에 들어가 다시 들으며 강의노트를 새로 만들었다. 그때 만든 일곱 권 분량의 강의노트는 귀국 후다시 강단에 섰을 때 다듬어진 내용을 여유 있게 강의할 수 있는 좋은 재산이 되었다.

점점 시간이 지나 교수로서의 경험이 쌓이면서 학교의 주요 보직을 맡게되었고, 마침내 2000년 8월에는 제14대 총장으로 취임하게 되었다. 단신으로 서울에 올라온 시골 학생이 자신이 다닌 대학의 총장까지 이르게 된 힘은 아마도 하늘의 도움은 물론이고, 스스로에 대한 믿음과 주어진 일에 대한 적극적이고 정성스런 노력의 소산이었을 것이다.

오랜 교수생활을 하면서 중요한 결정을 해야 하는 몇 번의 갈림길이 있었다. 정교수로 승진되었을 때 나는 앞으로 어떤 유형의 교수가 되어야 하며,

어떤 방향으로 나가야 하는지를 고민했다. 세계적인 학자와 뛰어난 교육행정가. 유사하지만 상반된 두 가지 목표를 놓고 먼저 내 자신을 되돌아보며 내 능력과 이상을 최대한 객관적으로 곰곰이 생각해보았다. 학생회장을 지내면서 깨달았던 리더십의 중요성, 공장을 운영하면서 얻었던 관리자로서의 경험, 경영전략을 현장에 접목하는 노하우……. 다양한 경험을 돌이켜보았을 때 나에게는 대학자보다 교육행정가로서의 가능성이 더 많다는 판단으로 후자의 길을 택하게 되었다.

또 한번은 교수평의회가 주관한 총장직선에서 1위 득표를 했는데 재단이 사회에서 인정을 하지 않은 일이 있었다. 많은 교수들이 정당한 투표결과를 받아들이지 않는 재단 나름의 규정에 항의해 재단이사회와 대결국면에 처하는 위기를 맞게 되었다. 논란의 핵심에 있던 나는 이 문제를 어떻게 해결하는 것이 가장 지혜로운가를 고민했다. 그 결과 대국적 차원에서 대학 질서를 위해 나 자신이 물러서는 것, 그것만이 구성원 간의 평화를 지키는 일이라 판단하고 즉시 승복의 성명서를 발표하고 물러났다.

이후 대외 부총장, 공학교육인증원의 초대원장을 거쳐 2000년 8월 연세대학 역사상 최초로 공대출신 총장에 선출되었다. 그로부터 2004년 2월 총장직 사임까지의 약 4년여 기간 동안 나는 인화를 바탕으로 특성화·정보화·세계화라는 3대 슬로건을 걸고 학교발전을 위해 적극적으로 유감없이 활동했다.

나는 지금도 "다스림[政治]의 기본은 덕(德)이요, 덕은 인화(人和)로부터 나오고, 인화는 서로 간에 한걸음씩 양보하며 상대방을 이해하고 존중할 때 가능하다"고 역설한다. 나름대로의 철학과 원칙에 따라 주어진 일에 최선을 다하되 타인과 더불어 살아가는 삶, 그것이 가장 좋은 길임을 잊지 않고 실천하고자 노력한다.

2003년 11월 어느 날, 청와대에서 비서실장을 제의해 왔다. 나는 비서실장이 무엇을 하는 자리인지도 모를 뿐더러 정치에 아무 경험도 없었기 때문에 이를 거절했다. 일부 동문들과 가족들도 벼슬도 좋지만 대학총장이 비서실장을 맡는 것은 적절치 않다며 반대했다. 그후 수락을 청하러 청와대에서 두세 번 더 사람이 왔다. 또다시 선택의 갈림길에 서서 기도를 하며 생각을 정리했다. 만약 이것이 나에게 주어진 하늘의 소명이라면 기꺼이 받아들이자. 이번 기회가 나라와 국민을 위해 꼭 필요한 때라면 사명감을 갖고 감사한 마음으로 봉사하자.

2004년 2월 14일 청와대 비서실장직에 임명되었고, 처음으로 국가관리라는 중책을 경험하게 되었다. 재임기간 동안 많은 사람을 만났고, 다양한 경험을 하였으며, 그만큼 배움도 컸다. 1년 5개월이 지나 이제 그만둘 때가 되었다고 판단한 나는 참여정부 5년 중 딱 절반인 2005년 8월 25일 오후 5시, 홀가분한 마음으로 정든 청와대 가족들 앞에서 퇴임식을 가졌다.

그후 바로 미국에 갔는데, 총장 재임시 계획했던 '우리나라 역대 대통령의 리더십 연구센터'를 만들기 위한 기획의 일환이었다. 보스턴의 케네디센터, 애틀랜타의 카터센터, LA근교의 레이건센터를 견학하며 연구센터의 운영실태를 살펴보았다. 연세대학에서는 명예교수 직위와 함께 국가관리연구원 고문으로 위촉했고, 이를 바탕으로 매주 관계자들과 심도 있는 회의를 통해 연구센터 건립 사업에 박차를 가했다. 한편으로는 21세기 지식기반사회 국가경쟁력의 제1동력인 과학기술 발전에 기여하기 위해 '창의공학연구센터' 사업을 본격화했다. 이 또한 총장으로 재임할 당시, 우리가 세계적인 경쟁력을 갖기 위해서는 창의력 계발이 무엇보다도 중요하다는 판단 아래 구상한 것으로 2005년 11월 말, 사단법인 창의공학연구센터로 법인화했다.

2006년 1월 2일, 병술년 새해의 시작과 함께 나는 부총리 겸 과학기술부장관에 내정되었고, 인사청문회를 거쳐 2월 10일 공식 임명되었다. 그동안 나는 주어진 상황에 적극적으로 대처하고, 최선을 다해 노력한다는 것과 나타난 결과를 겸허히 받아들인다는 나름대로의 원칙을 갖고 살아왔다. 더불어 스스로에 대한 신뢰를 바탕으로 주위 사람과 하느님 앞에 부끄러움 없는 삶을 살기 위해 끊임없이 노력해 왔다고 생각한다.

이제 많은 세월이 흐르고, 적지 않은 나이로 삶의 또 다른 자리에서 새로운 일을 시작하며 더욱 철저한 자기관리와 주변관리를 통해 끊임없는 검증을 거듭하며 살아야 한다는 생각을 갖게 된다. 나에게는 엄격하고, 타인에게는 너그러운 그 길이 함께 앞으로 나아갈 수 있는 인화의 제1원칙이 아니겠는가.

승자독식의 원칙이 지배하는 글로벌 무한경쟁시대, 국가발전의 핵심 원동력은 바로 과학기술이다. 나는 우리나라 과학기술 발전을 이끌어가는 과학기술부총리로서 국가발전에 보탬이 되도록 최선을 다해 노력할 것이다. 내 나라, 내 민족의 풍요로운 미래를 위해 나를 바쳐 봉사하는 헌신자로서의 역할을 다해야 한다고 다짐해본다. 바로 이 순간 내가 서 있는 이곳에서 적극적으로, 최선의 노력을 다하자고 각오를 다진다.

김정숙

서울대학교 약학대학에서 1973년 학사, 1975년 생화학전공으로 석사학위를 받고 약 6개월간 국립보건원에서 연구생으로 일하다가 미국으로 유학을 갔다. 미네소타대학교에서 생화학석사, 워싱턴대학교에서 박사학위를 받고 하버드 의과대학, 매사추세츠 종합병원, 슈라이너 화상 연구소 등에서 포스트닥터와 전임강사, 교수요원, 연구원 등을 역임했다. 1994년부터 한국한의학연구원에 책임·수석연구원으로 재직하며 여러 보직을 역임했다. 여성 최초로 정부 출연연구기관장의 공모에 응해 이사회에서 선출되었으나 발령을 받지 못했다. 2004년 9월 정부조직상 최초의 여성청장인 6대 식품의약품안전청장에 취임했다. 1988년 제10회 올해의 과학자상 (Lindberg Award)을 수상했고, 2002년 미국 국립보건원 산하 대체의학연구소(NCCAM: National Center for Complementary and Alternative Medicine) 주최 심포지엄에서 최우수논문상을 수상했다. 일요일에는 꼭 교회에 가야 한다고 생각하며 살고 청계산과 우면산에 열심히 간다. 엄마·아내·과학자로서 세 가지 역할의 균형을 유지하고자 애쓰며 산다.

도전하는 과학자의 삶은 아름답다

이월인데도 무척이나 포근하고 따스한 햇볕이 비추는 한가로운 오후시간이다. 커피 한 잔을 들고 바이올린 선율이 뭉클하게 다가오는 클래식에 잠긴다. 정말 오랜만에 누리는 삶의 여유이고 행복이어서 사치가 아닌가 하는 생각마저 들 정도다.

내 나이 오십 중반인 지금 다시 학창 시절로 돌아간다면 어떤 삶을 선택할 것인가 생각해본다. 나는 여전히 내가 살았던 삶을 선택할 것이라고 자신 있게 대답할 것이다. 왜냐하면 내 삶의 주인은 항상 나였고, 선택의 기회가 있을 때마다 하나님께 기도하면서 내 의지대로 추구했기 때문이다. 앞으로도 나는 운명이나 팔자라고 말하기보다는 하나님께서 나에게 주신 가장 큰 삶의 의미라고 생각하면서 항상 감사하며 살 것이다.

30여 년 전 대학 시절에는 인간으로 살 것인가 여자로 살 것인가 하는 고민도 많이 했고, 한때는 제멋대로 철학논제를 놓고 친구들과 토론도 했다. 여자이기 전에 한 인간으로 살겠다고 마음을 정한 후에도 순탄하고 햇빛이 빛나는 멋있는 삶만 있었던 것은 아니었다. 다만 좌절의 순간에도 결코 포기하지 않고 꿈을 이루기 위해 끝까지 노력할 수 있었던 것은 나를 지원해주신 부모님, 가족, 선후배들이 계셨기 때문이라고 생각한다.

나는 1남7녀 8남매 중 셋째 딸로 태어났는데 유일한 아들인 오빠는 항상 왕자님이었고, 3대 만에 태어난 딸인 큰언니를 제외한 나머지 여섯 명의 딸은 있으나 마나한 아이들이었다. 이러한 환경 때문에 가슴속 깊이 남녀차별에 대한 불만이 가득했지만 동시에 대가족 속에서 매사에 타협하고 내 의지를 주장하기보다는 모나지 않은 성격을 지니게 되었다. 이런 성격이 실험실에서 오로지 연구생활만 했으면서도 훗날 다른 분야의 사람들과도 비교적 잘 융화하게 한 요소였던 것 같다.

나는 새로운 시도를 하는 데 주저하지 않았고 새로운 분야에 대한 도전을 즐겁게 받아들였다. 그래서 내 이력을 되돌아보아도 약학대학에서의 연구, 농과대학 후속인 생물과학대학에서의 생화학연구, 의과대학의 화상연구와 임상약리학연구, 한의학에 대한 도전 등 다양한 분야의 연구를 거쳤다. 훗날 식품의약품안전청장이라는 기관장 역할을 수행할 때 내가 '혁신'이라는 용어를 외쳐서가 아니라 이러한 내 경험과 사고 자체가 다른 사람들의 눈에는 '혁신'으로 비쳐졌을지도 모르겠다.

내 인생에서 가장 중요한 결정은 미국 유학이었다. 당시의 내 상황에서는 상상할 수도 없는 일이었는데 지금 생각해도 그때는 참 용기가 있었다고 느낀다. 어디에서 그런 대담한 용기와 무모하기까지 한 도전의식이 생겼을까? 아무튼 그 결과 다른 사람보다 한발 앞선 사고와 국제적인 안목을 얻을 수 있었고, 뒷날 식품의약품안전청장으로 식품과 의약품의 안전관리를 위한 많은 규제 기준을 국제적 수준에서 결정할 수 있는 배경이 되었다. 이제 내가 성장한 환경에 대해 조금 더 설명이 필요할 것 같다.

한국전쟁 중에 태어난 나는 전쟁으로 인해 모든 것이 폐허가 된 비참한 상황의 가난한 농촌에서 어린 시절을 보냈다. 그때는 겨울도 왜 그렇게 추웠는지. 이른 봄에는 먹을 것이 없어서 매일 아침 우리 집에 밥을 얻으러 오는 사람들이 20명이 넘었고, 어머니는 그들에게 줄 보리밥과 된장찌개, 김치 등을 미리 준비해 나누어주셨다. 어머니는 가끔 눈에 띄지 않는 사람들의 안부를 묻기도 하고, 아이들이 있는 사람들은 학교에 보내라고 걱정도 해주셨으며, 그렇게 밥을 얻어먹은 사람들은 설거지나 빨래를 해주고 마당도 쓸어주고 갔다. 요즘 식으로는 거지와 집주인 관계일 것 같지만, 그때는 모두가 가난했기 때문에 서로가 그런 생각보다는 콩 한쪽도 나누어 먹는다는 생각으로 살았던 기억뿐이다. 초등학교 친구들의 반은 도시락을 못 가지고 와서 미국의 구호물자로 만든 강냉이죽이나 빵(요즘 얘기하는 콘브레드), 또는 분유를 더운 물에 탄 우유를 먹던 때였다.

우리 8남매는 지방의 한 소읍에서 부모님과 증조할아버지, 할아버지, 할머니와 함께 낡은 한옥에서 살았다. 아버지는 일꾼들을 데리고 식량 걱정은 안할 정도의 쌀농사를 지으셨고 상당히 큰 과수원도 하셨다. 우리는 굉장히 보수적이고 유교 전통이 강한 영남사학파의 한 집안에서 가풍을 중요시하시던 부모님께 복종하면서 살았다. 5일장이 서는 날이면 산골마을의 문중 어른들이 읍내에 있는 우리 집에 들러 점심이나 저녁을 잡수시고 가셨고, 대구에 볼 일이 있으면 기차역이 가까운 우리 집에서 주무시거나 쉬어가기도 하셨다.

그래서 우리 집은 항상 손님들로 붐볐는데, 식사 때가 되면 어머니는 내게 손님이 몇 분인지 그분들이 눈치 채지 않게 살며시 확인해 오라고 시키셨다. 그래야만 부엌에서 알맞게 식사준비를 할 수 있었기 때문이다. 만일 숫자가 틀리면 밥이 남아서 찬밥을 먹거나 아니면 모자라서 밥을 굶어야 했다. 하지만 할아버지와 증조할아버지가 계시던 사랑채와 중사랑채의 사랑방에는 여자아이가 쉽게 들어갈 수 없었다. 그래서 나는 댓돌 위의 고무신이나 구두 숫자를 열심히 셌는데, 사랑방과 행랑채, 그리고 안방의 여자 손님들까지 많던 방을 돌아다니면서 끼니때마다 열심히 숫자를 세야 했다. 이것이 우리 8남매에게 부모님이 가르친 수의 개념이었고, 그 숫자는 추상적인 개념에 그치지 않고 사회적인 의미 또는 실용적인 내용을 포함하고 있었다.

언니와 오빠가 모두 서울에 있는 대학에 입학했기 때문에 초등학교 6학년 1학기가 거의 끝날 무렵 아버지는 나를 서울 초등학교로 전학을 시키셨다. 공부를 열심히 한 기억은 별로 없지만 그때 서울의 초등학생들은 중학교 입학시험이 있어서 어려운 산수 문제를 열심히 풀었고 나도 참 재미있었다. 중학교 2학년 무렵에는 내가 과학을 좋아한다는 것을 깨닫고 퀴리 부인 같은 유명한 과학자를 꿈꾸게 되었다. 사촌오빠들이 얘기하는 생화학이 멋져 보였고 그때 처음 소개된 DNA가 너무 신기해서 나도 생화학을 공부하고 외국으로 유학도 가야겠다고 생각했다.

부모님은 내가 전문직에 종사하기를 원하셨다. 나는 잘 알지도 못하면서 오로지 생화학을 공부하겠다고 우겼고, 약학대학에서 생화학을 공부할 수 있다고 해서 약학대학으로 절충을 보았다. 대학 1학년 때부터 분석화학실험실에서 교수님을 도우면서 가장 중요한 실험과 분석에 관한 기본자세와 철학, 그리고 실험방법들을 배우게 되었다. 그때의 경험은 내 인생의 대부분을 차지하는 연구생활의 기초가 되었다.

당시만 해도 여자들은 대부분 대학 졸업과 동시에 결혼을 했다. 나는 대학원에 진학해서 생화학을 공부했는데 석사학위논문은 녹용, 녹각, 서각의 황산콘드로이친(chondroitin-sulfate)과 글루코사민(glucosamine)을 정량하고 콜라겐(collagen)을 분리정제해서 각각의 시료에 함유된 성분들을 비교분석하는 것이었다. 실험을 하면서 성분들을 분석만 할 것이 아니라 왜 한약에서 효과가 좋다고 하는지 그 효능을 측정하고 비교해야 하는 것 아닌가 하는 의문으로 논쟁을 한 적도 있었지만, 연구비도 없고 효능 측정방법을 찾는 것도 쉽지 않아서 포기하고 미국으로 유학을 갔다. 그로부터 30년이 지난 지금 미국 국립보건원에서 콜라겐을 작은 단위로 효소분해하여 관절염이나 노화예방에 사용하고, 글루코사민이나 황산콘드로이친이 관절염의 예방에 좋다고 임상실험을 하는 것을 보면서 왜 그때 좀더 철저하게 연구하지 못했을까 후회한 적도 여러 번 있었다. 요즘 건강기능식품으로 상당히 각광을 받는 분야다.

당시는 결혼도 안 한 여자가 유학을 간다는 것은 상상도 할 수 없는 때였다. 특히 보수적인 우리 집에서는 말도 꺼낼 수 없는 상황이었다. 유학은 가고 싶고 돈은 없는 상황에서 나는 방법을 찾기 위해 여러 교수님과 선배들을

쫓아다니며 조언을 구했다. 그때 나는 유학병에 걸렸던 것이다. 나는 요즘 문제가 되는 비정규직으로 식품의약품안전청 전신인 국립보건원에 최말단 연구생으로 취직을 했다. 그 말단 연구생이 30년 후에 식품의약품안전청 최고경영자가 되었다는 사실만으로도 인생은 추구해볼 가치가 있는 것 아닐까?

집에는 직장을 못 구했다고 거짓말을 하고 번 돈으로 유학을 준비하는 중에 한 교수님이 약사면허가 있으니 미국에 약사이민을 가서 영주권을 받고 일하며 공부하라고 추천해주셨다. 선배 한 분이 부모님 몰래 유학을 준비하느라 힘들어 하는 나를 위해 약사이민과 미국 대학의 지원서들을 신청하고 제출하는 것을 도와주었는데, 그 선배는 입학허가를 못 받고 나만 여러 군데에서 입학허가를 받았다. 미네소타대학을 결정한 이유는 여자선배 한 분이 그 대학에 유학 중이어서 도움을 받을 수 있을 거라고 생각했기 때문이었다. 당시 미국 유학비용이 1년에 최소한 1만 불 정도였는데 그때 우리나라는 국민 1인당 소득이 약 100불도 안 되었고, 동교동의 보통 집 한 채가 약 200~300만 원으로 4000~6000불이었다. 내가 미국 유학 얘기를 꺼내자 부모님은 예상대로 반대하셨고 형제들 가운데서도 유학을 도와주는 사람은 단 한 명도 없었다.

유학을 강행하기 위해 홀트 에스코트를 신청했다. 미국에 입양되는 아이들을 데리고 가는 홀트 에스코트 제도는 미국 왕복 비행기 값을 5분의 1 이하로 내는 대신 미국에 가는 동안 20~30명의 어린아이를 계속 돌봐야 하는 일종의 아르바이트였다. 그렇게 하지 않으면 도저히 유학을 갈 수 없는 형편이어서 홀트 에스코트를 신청해 출국 시간을 정해놓고, 시골집에 가서 3일간 단식투쟁을 한 후에야 부모님께 허락을 받았다. 그렇게 선택한 미국 유학이었기에 그후 어떤 힘든 일이 있어도 극복할 수 있었다. 지금 내가 다시 20대로 돌아간다 해도 정말 힘들었던 지금까지의 길을 주저 없이 다시 선택할 것이라고 생각한다. 특히 대부분의 사람들은 상상할 수도 없는 힘든 상황에서 부모님을 등지고 무모하게 유학을 떠났던 그때의 용기를 나는 항상 자랑스럽게 생각한다. 도전은 힘들고 어렵지만 성공했을 때 맛보는 희열이 있기에 용기를 갖고 새로운 것에 도전하게 되는 것이다.

결혼과 함께 학교도 워싱턴대학으로 옮기고 전공도 바꾸어서 박사학위를 마쳤다. 또 포스트닥터와 전임강사는 하버드 의과대학, 하버드 의과대학 부속병원인 매사추세츠 종합병원, 슈라이너 화상 연구소에서 화상으로 인한 생리적 변화를 연구하면서 임상약리학 연구를 했고, 모 제약회사 신약 임상실험 참여와 의약품 동등성에 관한 임상연구를 수행했다. 미국은 이미 그때 임상약학의 중요성이 부각되어 임상교육을 강화했지만 한국은 20년이 지난 지금에야 임상에 대한 여러 중요성과 필요성이 부각되어 약학교육이 6년제로 바뀌게 되었다. 또한 미국은 어느 대학 출신이든지 상관없이 필요한 분야를 과감하게 개방하여 인재를 최대한 활용한다. 합리성에 기반을 둔 이러한 정책이 미국을 선진국가로 만든 것이 아닌가 생각한다.

내 인생의 가장 큰 시련은 미국에서 직장생활을 하다가 귀국한 후에 시작되었다. 직장을 쉽게 구할 수가 없었는데, 그 까닭은 여자라는 것과 너무 좋은 대학에서 근무한 경력 등 여러 가지가 있었다. 이제 생각해보면 미국식 사고에 익숙해져 있던 나는 한국적인 눈으로 보면 너무 미국적인 사람이었다. 한국생활의 새로운 환경에 적응하는 것이 참 힘들었다. 그러다가 보건복지부 산하 출연연구기관에 취직했는데 겪어보지 않은 사람은 도저히 이해하기 어려운 많은 일들이 있었다. 내가 그 순간들을 극복할 수 있었던 유일한 방법은, 내가 태어나고 살았던 한국에서 적응하지 못하고 미국으로 돌아간다면 나는 영원한 실패자가 될 수밖에 없다고 나 자신을 설득하면서 인내하는 길뿐이었다. 이런 나를 사람들은 혁신적이고 개혁적인 사람이라고 했지만, 내 사고로는 불합리한 것들을 인정하고 용납하는 것이 참 힘들어서 내 나름대로의 길을 고집스럽게 지켰을 뿐이다.

연구원에 근무한 지 10년이 가까워질 무렵 약 1년 5개월 동안 식품의약품안전청장으로 국민에게 봉사할 소중한 기회가 주어졌다. 모든 문제를 판단할 때마다 국민의 입장에서 생각하려고 했고, 힘들고 그늘진 곳에서 신음하는 사람들의 마음을 헤아릴 수 있도록 나름대로 노력했다. 식품의약품안전청은 식품, 의약품, 건강기능식품, 특수영양식품, 생(한)약, 의료기기, 화장품 등 모든 국민들의 건강과 직결된 분야를 관리하고 있다. 국민의 관심도 많고 업무가 과중해 밤늦도록 일하는 공무원들이 대부분이었다. 일반적으로 공무원들은 정시에 출퇴근하는 줄 알았지만 식품의약품안전청 직원들은 매일 저녁 10시 넘어서 퇴근하고 화장실 갈 시간도 없을 정도로 바쁘다. 여러 분야의 기술행정에 대한 최종판단을 할 때는 다양한 분야에서 연구했던 내 많은 경험이 큰 도움이 되었다. 예를 들면 의학 · 임상 관련업무, 연구 업무, 생화학 · 유전학 관련업무, 약학 · 한약 관련업무, 기능성식품 관련업무 등.

식품의약품안전청장으로 부족함도 많이 있었으나 무사히 그 짐을 벗고 가벼운 마음으로 여러 생각을 정리할 수 있어 참으로 감사한다. 그동안 모든 사람이 그렇듯 생활에 대한 걱정에서 벗어나지 못하는 삶을 살아왔지만, 내가 택한 전문분야에 대해서는 긍지와 성취감에서 만족한다고 말하고 싶다. 어렵고 힘든 시간도 많았다. 삶은 결코 쉽지 않지만 항상 어렵기만 한 것은 아니고, 과학자는 새로운 일에 도전할 때 삶의 보람을 찾을 수 있으며 사회에 기여할 수 있다. 과학자로서의 삶에서 여러 가지 의미를 찾을 수 있으나, 궁극적으로는 사회와 국가, 나아가서는 인류에 기여하는 데서 가장 큰 보람을 느낀다고 믿는다.

김진애

'김진애너지'라는 별명으로 불리는 김진애는 서울대학교 공과대학 800명 동기 중 유일한 여학생으로 건축학과를 졸업했다. MIT에서 건축 석사와 도시계획 박사 학위를 한 후 '산본 신도시, 인사동길 설계' 등을 통해 이른바 '남자 분야'로 여겨지는 건축도시 분야에서 독보적인 위치를 개척했으며, 1994년 미국 《타임》지가 '21세기 글로벌 리더 100인' 중 유일한 한국인으로 꼽아 세간의 주목을 받았다. 《이 집은 누구인가》, 《우리도시예찬》, 《나의 테마는 사람 나의 프로젝트는 세계》 등 15권의 책을 저작했으며, (주)서울포럼을 운영하는 한편 1997년부터 도시건축웹진(www.archforum.com)을 기획해왔다. 대통령자문 21세기위원회, 세계화추진위원회, 서울시 도시계획위원회 및 건축위원회 위원 등을 역임했고 현재는 대통령자문건설기술건축문화선진화위원회 위원장 및 행정중심복합도시건설추진위원회와 용산민족역사공원건립추진위원회 위원 등 공공활동을 하고 있다.

사람과 사람 사이의 끈을 이어주는 기술 – 공간 만들기

건축의 선진화?

글을 쓰는 지금, 나는 꽤 긴 이름의 위원회 민간위원장을 맡고 있다. '대통령자문 건설기술 · 건축문화선진화위원회.' 이 이름은 세 가지 점에서 특이하다. 첫째는 선진화라는 기치가 달려 있다는 점, 둘째는 대통령자문이라는 점, 셋째는 건설기술과 건축문화라는 두 개의 테마가 같이 어울려 있다는 점. 이 세 가지는 우리 시대와 건축 분야의 복합적이고 딜레마적인 성격을 드러내주는 말이다.

첫째, 선진화라는 이름. 우리나라 건설 · 건축 분야 수준이 어떠하기에 선진화라는 말을 붙였는가 하고 생각할 수도 있겠다. '선진(先進)사회'라는 개념은 '품질과 성과에 의해 일이 행해지고, 투명하고 예측 가능하여 신뢰도가 높고, 전문가들이 신나게 일하며, 보통 사람이 자신의 삶을 뿌듯해 하고 행복하게 느끼는 사회' 아니겠는가. 그렇다면 지난 반세기 동안의 공헌에도 불구하고 우리 건축은 여전히 선진화된 분야라 보기 어렵다. 우리 사회의 허점과 맹점이 아직도 크게 작용하는 분야가 바로 이 세계이기 때문이다. 그만큼 건축 분야는 사회적 속성이 강하다.

둘째, 왜 대통령 자문일까? 건설 분야는 마치 실핏줄처럼 사회 운영 곳곳에 스며들어 있다. 단순히 건설교통부만의 업무가 아니고 문화관광부, 환경부, 농림부, 해양수산부, 보건복지부, 행정자치부, 재정경제부, 과학기술부 등 다양한 부처의 업무와 연동될 뿐 아니라 모든 지방자치단체의 일상적 업무와도 깊이 연관된다. 통상 건축법이나 도시계획법을 떠올리지만, 실제로는 약 167개의 법이 관여되며, 그중엔 국가계약법 같은 큰 제도까지 포함하는 방대한 업무이다. 그만큼 이 분야는 경제적 · 정치적 · 사회적 · 문화적 · 복지적 · 환경적 · 예술적 함의를 아우르는 종합 · 통합 · 복합 분야로서, 사회 제 분야가 힘을 합해야 혁신이 이루어지는 영역이다. 그렇기 때문에 이를 통할하는 국가 CEO의 각별한 관심과 기획이 필요한 것이다.

셋째, 건설기술과 건축문화가 왜 한 몸통이 되어야 하는 걸까? 나는 '건설기술'을 좌청룡으로 '건축문화'를 우백호로 삼는다고 우스개처럼 말하곤 하는데, 사실 이것은 건축 분야의 근본적 속성을 묘사하는 말이다. 즉 '기술'을 통해 '문화'를 만드는 것이다. 인간이 하는 모든 일이 기술을 통해 문화를 만드는 것이라 할 수 있지만, 특히 건축도시 분야는 우리가 24시간, 365일, 평생을 사는 공간을 만드는 일이고 또 그 공간이 후대에 이어지기 때문에 문화적 가치가 크다. 따라서 그 공간문화를 만드는 기술은 끊임없이 세련되고 정교해져야 하며, 무엇보다 목적에 맞는 기술의 전략적 선택이 필요하다.

뭉뚱그리자면, 건축 분야는 사회적 속성이 강하고 복합적인 공공 정책이 작용하며, 기술과 문화가 하나의 목적으로 연동되는 분야다. 사회 마인드, 공공 마인드, 정책 마인드, 경제 마인드, 기술 마인드, 문화 마인드가 통합되는 것이 건축 분야다. 이때의 건축은 건축, 도시, 조경, 토목 등 이른바 '공간'을 만드는 인간의 모든 분야를 포함한다.

건축 작업 예찬과 건축 현실 비판

이런 속성 때문에 건축은 참 매력적이다. 나는 건축 작업을 다음과 같이 예찬한 바 있다.

"건축 작업은 사람이 중심이고, 논리적인 한편 감성적이고, 큰 그림과 정교한 디테일이 같이 필요하고, 미래를 만들며 역사를 돌아봐야 하고, 예술이자 또한 실용이고, 건설 속에 문화가 스며들며, 지역성과 함께 세계성을 포괄하고, 하드웨어 속에 소프트웨어를 녹이고, 전문적이면서도 여러 분야를 넘나들어야 하고, 아는 것 이상으로 만들어내야 하고, '무언가 만들고 싶다'는 인간의 깊은 심성에 부합한다. 건축은 복합적이고도 흥미로운 작업이다."(김진애, 《매일매일 자라기》, 서울포럼, 2005)

그러나 다른 한편, 건축의 복합적 속성 때문에 '업으로서의 건축'은 참으로 피곤한 현실 속에서 일할 수밖에 없다. 이른바 부정부패, 비리, 부실 등으로 얼룩지기 일쑤이고, 경쟁이 치열한 것은 인정한다 하더라도 그 경쟁이 기술과 문화의 실력 중심이 아니라 자본이나 연줄이나 로비에 의한 것이기 일쑤이며, 전체의 생산과정이 그리 투명하지 않아서 전문가들이 일하기도 힘들거니와 주문자와 소비자들이 영 믿지 못하겠다는 사례도 속출한다. 이런 상황에서는 기술혁신이 이루어지기 힘들며, 몇몇의 우수 사례는 생길지 몰라도 건축물들이 모여 있는 우리의 도시 환경은 졸속이 될 수밖에 없는 난감한 상황이다.

건축을 택하던 때의 호기심과 끌림을 잃지 않으려면

고백하자면, 내가 고등학교 1학년 때 건축 분야의 이런 사회 · 정치 · 경제 · 문화 · 기술 · 예술이 종합된 복합적 속성을 알고 건축을 택했느냐 하면, 전혀 그렇지 못하다. 호기심, 어쩐지 끌리는 마음, 막연한 동경이 작용했을 뿐이다. 사실은 요즘도 그런 것 같다. 건축이 얼마나 매력적인 분야인지에 대해서는 많은 이야기가 회자되고 영화나 TV에서도 동경을 키우지만, 건축이라는 업(業)이 얼마나 골치 아픈지 또한 건축의 사회적 역할이 얼마나 큰지에 대해서는 잘 모르고 택하는 경우가 많다. 그래서 실망도 크고 현실에서 좌절하는 경우도 많다. '건축은 처음 배울 때 헤매며, 잘 자라기 어렵고, 자라도 일을 잘하기 어렵다'는 것이 나의 정의다.

하지만 크나큰 비전과 확고한 의지를 가지고 자신의 전공을 택하는 사람은 좀 '이상한' 사람이라고 나는 생각하는 편이다. 여느 사람들, 말하자면 99퍼센트 정도의 사람들은 자기가 택하는 전공의 속성이 어떤 것인지 잘 모른 채 호기심과 끌림과 동경에 의해 선택한다. 관건은, 자신의 전공에 입문해서 배우고 실무에 나서서 일하고 자라는 과정에서 얼마나 호기심을 잃지 않느냐, 처음 접했을 때의 그 두근두근거림과 설렘을 간직하느냐, 이력이 붙어도 항상 새로운 자세로 자신의 일을 대하느냐에 달려 있는 것 아닐까? 최고의 방식은 역시 끊임없이 '새로운 일'을 통해 '새로운 문제'에 부딪혀보는 것이다.

대학 졸업 후 첫 주택 현장의 그 설렘을 나는 아직도 깊이 기억한다. 생동하는 현장의 생생한 감각이다. 도면 위에서 만든 것, 모형 위에서 구상한 것이 실제 '만들어지는 과정'에서 수많은 것을 배웠다. 그림만으로 되는 것이 아니라 구체적 기술과 경비와 작업을 통해서, 나 혼자가 아니라 여러 팀이 얽혀서 만든다는 것이 생생하게 다가왔다. 현장에서는 얼마나 모르는 것이 많던지, 나 자신이 아주 작아지는 느낌이었다. 그런가 하면 해내고 싶은 꿈은 어찌나 크던지. 이 사이에서의 갈등이 바로 언제나 잃지 않아야 할 '첫마음'이다.

자신을 넓히는 경험도 꼭 필요하다. 박정희 정권 말의 '임시행정수도 마스터플랜 팀'에서 일하게 된 것은 내 인생의 길을 넓혀준 계기였다. '건축'이라는 다소 좁은 정의에서 '도시'로의 넓은 영역으로, 나의 관심 영역뿐 아니라 활동 영역까지 확장시켰다. 자신의 탐구 테마를 갖는 것은 아주 중요한 일이다. 끊임없이 관심을 가지고 있었던 나의 테마들, 즉 '이상도시, 도시의 사회적 융합, 커뮤니티, 도시의 공공성'은 대학 시절부터 지금까지 계속 따라다닌다. 아마도 그때 임시행정수도팀에 참여하지 않았더라면, 나의 연구 테마들은 더 발전하지 못했을지도 모른다.

내가 학위를 받은 여느 사람들처럼 교수직이나 연구직에서 일을 했더라면 과연 새로운 일에 도전하는 데 효과가 있었을까? 유학에서 돌아와 3년

동안 대한주택공사 주택연구소에서 일하고 난 뒤 민간의 현장, 그것도 기존 조직이나 대기업이 아니라 '창업'이라는 형태로 독립한 것은 내 독립정신과 새로움의 정신을 유지하는 가장 좋은 방식이었다. 내 인생에서 가장 어려운 결정이었지만, 가장 잘한 결정이기도 했다.

치열한 경쟁이 일상적인 곳이 민간 분야인지라 생존에 적잖이 힘이 들지만, '독립'이라는 것은 역시 좋다. 독립을 유지하면 재량 선택의 폭이 넓어진다. 시장의 일도 할 수 있고 공공정책에 관련된 일도 할 수 있다. 독립을 유지하려면 언제나 '현장정신'이 필요하다. 현장에서 필요한 것이 무엇일까에 대해 끊임없이 생각해야 하기 때문에 자신을 단련할 수밖에 없다. 나는 프로의 덕목 가운데 투철한 '현장정신'을 가장 중요한 것으로 꼽는다.

MIT는 학교가 아니라 '현장'이었다

내가 '현장정신' 갖추기에 투철해진 것은 MIT에서 보낸 시간 덕분이 아닌가 싶다. "MIT에 가지 않았더라면 지금의 김진애가 되었을까?"라고 묻는 사람들이 더러 있다. 그렇게까지 비약하고 싶지는 않지만, MIT 유학은 행운의 선택이었다. 그렇게 괜찮은 학교인지는 전혀 모르고 갔다. 놀랐던 것은

MIT가 그저 공대만이 아니라는 사실이었다. 기술혁신과 인간 탐구와 세계 교류가 말 그대로 '시너지(synergy, 융합)'를 이루는 곳, MIT는 학교라기보다 현장이었다.

MIT 첫 1년을 내 인생의 카메오라 불러도 좋을 것이다. 영어를 잘 못하는 것도 큰 문제가 될 수 없었다. 알고 싶고 듣고 싶고 만나고 싶고 하고 싶은 게 너무도 많았다. 어떻게 이렇게 머리가 부풀까, 날개가 돋을까, 가슴이 뛸까. 그 놀라움이 마냥 계속된 것만은 아니지만 몰입과 각성의 1년이었다.

신기하게도 '인식론'이 건축과의 필수 과목이었는데 유대인 인류학 교수가 던진 "너의 믿음을 흔들어보라(Suspend your belief!)"는 말은 지금도 되새기고 있다. 철학 출신 계획론 교수의 '성찰적 실무자(Reflective Practitioner)'라는 개념은 나의 실천 좌표가 되기도 했다. 인종차별로 얼룩진 남아공 출신의 교수가 펼치는 '도시형태론' 중 19세기 파리와 런던 강의 시간에 나는 정치 · 경제 · 사회 · 문화 · 기술 · 예술의 역학에 감격했고, 그 강의를 세 번이나 더 들었다. 90분 강의로 사람의 영혼을 뒤흔들 수 있다는 것은 얼마나 근사한 일인가.

MIT에서 얻은 배움을 나는 세 가지로 정리한다. 어느 누가 특별히 가르쳐준 것도 아니지만, 배우고 일하고 토론하고 당하고 깨지고 도전하고 실패하고 성공하는 수많은 프로젝트 과정 속에서 스스로 깨달은 것들이다.

첫째는 문제 창조 마인드(problem-creating). 많은 사람들이 문제 해결능력을 강조하지만 문제를 잘 설정하는 것이 훨씬 더 중요하다. 해결은 문제 자체에 녹아 있다. 문제를 창의적으로 풀 수 있도록 독창적인 문제를 창조하는 능력이야말로 핵심 마인드다.

둘째는 현장 감각(grounding 또는 down to earth). 땅에 뿌리를 내리지 않으면 어떤 나무가 자랄 수 있으랴. 현장의 문제로부터 출발하는 사고에서 실천적 이론이 등장할 수 있다. 모든 강의는 항상 현실에 근거했고 모든 프로젝트는 현장의 문제에서 출발했다.

셋째는 기업가 정신(entrepreneurship). 아는 것으로 끝나지 않고 무언가 구체적으로 만들어서 인간과 사회에 유익함을 돌려주는 실천정신이다. 유난히 벤처와 프로젝트들이 많던 MIT. 조용한 가운데 끊임없이 무언가 만들어내는 것이 신기할 정도였다.

이 세 가지 정신의 뿌리는 '실천'일 것이다. 어떤 지식보다도 중요한 깨달음이었다. 우리 사회에서 이런 정신을 꽃피우는 대학이 성장하기를 나는 정말 바란다. 정식 교육계에 종사하지 않더라도 내가 '자라기'를 아주 중요한 가치로 생각하는 이유이기도 하다. (김진애 외, 《젊은 날의 깨달음》, 인물과 사상사, 2005)

감동의 순간을 지속하는 비결

사실 한 분야에서 오래 일을 하다보면 지루해지고 매너리즘에 빠지는 것도 사실이다. 이 점에서 건축도시 분야는 다른 분야보다 축복받은 분야다. 언제나 새로운 도전이 있기 때문이다. 현장과 이론을 넘나들어야 하고, 인문과 기술을 넘나들어야 하고, 문화예술과 정치경제를 넘나들어야 하기 때문이다.

하지만 '감동하는 힘'을 유지하는 데에는 각별한 노력이 필요하다. 기술을 통해 문화를 만드는 작업은 궁극적으로 사람에게 감동을 선사하는 작업이다. 다른 사람에게 감동을 선사하려면 자신이 감동할 수 있는 힘이 절대적으로 필요하다. 감동할 줄 아는 사람만이 감동을 만들 수 있다.

내가 끊임없이 책을 쓰는 것도 사실은 내 감동의 순간을 붙들기 위한 작업이다. 감동이 느낌으로만 남는다면 그냥 지나가고 만다. 그 감동의 속성, 그 감동의 실체를 표현해내는 작업이 필요하다. 이 점에서 글은 아주 쉬운 수단이며, 과학기술을 하는 모든 사람들이 끊임없이 훈련해야 하는 것이 글쓰기다. '커뮤니케이션'은 설득을 위해서 뿐만 아니라 자신의 성장을 위해서도 꼭 필요하다. 가장 좋은 훈련은 자기가 하는 일에 대한 정의를 계속해

보는 것이다. 나는 다음과 같이 건축과 도시를 정의하곤 한다.

'사람과 사람 사이의 보이지 않는 끈을 연결해주는 것이 도시건축.'

'소프트웨어를 하드웨어를 통해 완성해주는 도시건축.'

'보이지 않는 것을 보이게 만들어주는 것이 도시건축.'

'자연에 죄를 지을 수밖에 없지만 자연의 축복을 높일 수 있는 도시건축.'

'사람들을 행복하게 해주는 것이 도시건축.'

'인류가 사는 한 영원히 필요한 도시건축.'

일하는 과정의 순간순간 이런 정의를 내려보면, 내가 하는 일의 귀중함이 새삼 다가온다. 아무리 작업의 현실이 힘들다 하더라도.

김호길

1956년 서울대학교 문리과대학 물리학과를 졸업하고, 곧바로 공군 장교
로 입대해 공군사관학교 물리학 교관으로 근무하다 전역했다. 1959년부
터 원자력연구소에 촉탁으로 근무하던 중 1961년 국제원자력기구(IAEA)
연수생으로 영국 버밍엄대학교로 유학하여 1964년 같은 대학에서 박사학
위를 취득했다. 1964년부터 1966년까지 미국 로렌스버클리연구소 연구
원으로 재직했으며, 1966년부터 1978년까지 미국 메릴랜드대학교 물리학
과 및 전기공학과 교수로 재직했다. 1978년부터 1983년까지 로렌스버클
리연구소의 선임과학자로 근무하다 1983년 연암공업전문대학 초대학장으
로 부임했다. 1985년 포항공과대학교 초대학장으로 부임하여 이 대학을
설립했고, 1987년 포항가속기연구소를 설립했으며 포항공과대학교 총장
재임 중 1994년 4월 30일 타계했다. 국민훈장 동백상과 상허대상을 수상
했으며, 타계 후 국민훈장 무궁화장이 추서되었다. 평소 역사와 한학에 깊
은 관심을 가졌고, 1987년 박약회를 설립하여 유학의 근대화 운동을 선도
하는 한편 '난사회(蘭社會)'라는 한시 창작 모임에 즐겨 참석했다.

멋과 빛과 향기를 남긴 김호길

김호길 박사는 한국 과학기술계의 거목이었다. 그는 1985년 포항공대 초대
학장으로 부임한 후 9년의 짧은 재임기간 동안 포항공대를 세계적인 명문대
학으로 발전시킨 탁월한 능력의 소유자였다. 그는 평소 과학기술을 발전시
켜야 나라가 산다는 강한 신념과 철학을 갖고 있었다. 뿐만 아니라 대학교
육이 '교육중심'에서 '연구중심'으로 개혁되지 않고는 선진국으로 도약할
수 없다며 포항공대를 모델로 우리나라 대학교육을 개혁하는 데 앞장섰다.
김호길 박사는 과학에만 관심이 머문 것이 아니라 인문사회과학 분야에도
해박한 지식을 겸비한 선비였다. 다양한 분야에 대한 그의 관심과 성격은
아호인 '무은재(無垠齋)'란 호제(號題)에 잘 반영되어 있다. '학식은 동서고
금의 학문에 막힘이 없고 호방한 성격은 마치 모든 것을 끌어안고 흐르는 큰
물과 같다'고 하여 아호를 '무은재'로 지어줄 때 호제로 '대하동류(大河東

이 글은 포항공과대학교 신소재공학과의 김규영 교수가 집필했다. 그는 1981년 코네티컷대학교에서 금속공학 박
사학위를 취득한 후 IIT Research Institute(Chicago, IL)와 Kelsey-Hayes R&D Center(Ann Arbor, MI)에서 금
속부식을 연구했다. 1986년 포항공과대학교 설립에 동참해 철강대학원을 설립했으며 초대원장을 역임했다. 김호
길 박사 서거 후 기념사업회를 조직하여 실무위원장으로 활동하고 있다.

流) 호호무은(浩浩無垠)' 이라 표현했다. 김호길 박사의 정열적인 삶은 과학
기술인들에게 새로운 비전을 제시했으며 일반 국민들에게도 삶의 귀감이 되
기에 충분하다.

김호길 박사는 1933년 유학의 본고장인 경북 안동군 임동면 지례동 산골 마
을에서 교육자인 김용대 옹의 4남4녀 중 셋째로 태어났다. 아홉 살이 되던
해에 집 가까이에 있던 간이학교에 2년간 다니다가, 집을 떠나 안동군 도산
면에 있는 고모부 댁에서 정식 초등학교인 도산초등학교에 유학했다. 어린
김호길은 초등학교 시절, 진로와 삶의 자세에 깊은 영향을 끼친 이원강 선
생님과 이탁 옹 두 분을 만나게 된다. 이원강 선생님은 수학을 가르쳐 학문
적 기초를 다지게 했으며, 고모부인 이탁 옹은 퇴계 이황 선생의 후손이며
유학을 공부한 선비로서 김호길에게 소학을 가르쳐 한문과 역사 공부의 바
탕을 이루게 했다. 이러한 인연으로 김호길은 평생 유자(儒者)의 길을 걸으
며 최첨단 과학을 연구하는 학자이자 한시(漢詩)도 짓는 특유의 멋을 가진
선비로서, 훗날 '박약회(博約會)'를 설립하여 도덕성 회복과 유학의 현대화
를 선도하기도 했다.

김호길 박사가 공부하던 어린 시절은 일제의 강점에서 해방이 되고, 정치사
회적 혼란을 틈타 북한이 6 · 25전쟁을 일으켜 나라가 존망의 위기에까지 내
몰렸던 시기였다. 이러한 격동기에 김호길은 제대로 된 학교수업 대신 독학
으로 공부해야만 했다. 1945년 해방으로 일제강점기에 억눌렸던 국민들의
교육열과 향학열이 폭발하여 많은 중고등학교와 대학이 세워졌지만 자격 있
는 교사가 없는 가운데 많은 학교가 생겼기 때문에 영어교사가 영어도 제대
로 모르고, 수학교사가 일차방정식 문제도 풀지 못하는 사람도 많았다. 김
호길이 안동중학교 2학년 때 자격이 부족한 수학교사가 수학의 범위를 좁게
정하고 문제를 쉽게 내서 학생들에게 영합하려는 일이 생겼다. 이때 그는

보다 자격이 있는 수학선생님을 구해달라고 요구하며 백지동맹을 주도했다. 이 사건 이후 그는 학교를 다니는 데 흥미를 잃어 중학 2학년을 마친 후 학교를 그만두고 독학으로 공부하게 된다.

그후 의성공업학교에 재직중이던 사촌형의 권유로 편입해 공부했으나, 사촌형이 전근을 가자 생활이 어려워 학교를 다시 중단했다. 6·25전쟁 후 안동사범학교에 등록하여 1952년 졸업했다. 하지만 의성공업학교나 안동사범학교가 대학진학을 위한 정규학교가 아니었기 때문에 대학진학을 위해서는 수학, 영어, 국어, 물리 및 화학을 독학해야만 했다. 그의 독학은 대학입학 후 박사과정을 마칠 때까지 계속되었다. 대학에 다닐 때는 형편이 어려워 아르바이트를 하느라 결석을 많이 하게 된 탓에 독학해야 했고, 졸업 후 공군사관학교 교관시절에는 재학 중에 하지 못한 대학과정 과목을 익히기 위해 독학했다. 영국으로 유학 갔을 때는 강의시간에 영어를 알아듣지 못해 결국 좋은 교수를 두고도 교과서를 혼자서 독학해야만 했다. 그러나 영어에 익숙해져서 세계적으로 유명한 교수들의 강의를 들었을 때 그는 좀 더 일찍 그들의 강의를 알아듣지 못한 것을 한스럽게 생각했다. 그때부터 그는 우리나라에 세계적 수준의 대학을 세워 독학의 가시밭길이 아니라 정상적 교육으로 후배들이 공부할 수 있게 해야겠다는 생각을 했다. 독학은 정규교육이 불가능할 때의 차선의 방법이고, 최선의 공부 방법은 역시 스승을 따라 배우는 것이라 믿은 김호길 박사는 그때의 생각이 바탕이 되어 영재교육을 위해 포항에 오게 되었다.

독학으로 서울대 물리학과에 합격했을 때는 서울대가 부산에 피난해 있을 때였다. 많은 학생들이 가정이 어려워 집에서 학비를 받아 대학을 다닐 형편이 아니었다. 김호길도 기상대 관측요원으로 일하며 공부했는데 이때 함께 고생한 친구들 모두가 그의 인간성과 친화력에 매료되었다고 한다. 서울이 수복되자 서울대학은 동숭동의 옛 캠퍼스로 돌아갔다. 서울에 와서도 고계고등학교(현 장충고등학교) 강사로 일하던 김호길은 아예 안동중학교 전임 선생으로 일하러 고향인 안동으로 내려가 시험 때만 상경해 시험을 보곤 했으나 차질 없이 4년 만에 졸업을 했다. 이렇게 어려운 시절에 함께 공부하며 동고동락했던 친구들이 그의 뛰어난 학문적 자질과 인간적 심성에 매료되어 후일 포항공대를 설립할 때 직간접적으로 큰 도움을 주었다. 이용태 박사(전 삼보컴퓨터 회장)는 "김호길은 타고난 호인이어서 모든 사람을 좋게 보고, 좋게 이야기하고, 또 좋은 사람들끼리 서로 소개를 해주어 항상 그 옆에는 사람들이 모이고 그 사람들이 서로 친하게 지냈다"고 회고했다.

공군사관학교를 제대하던 1959년에 국제원자력기구(IAEA)에서 1년간 해외 연수생을 모집했는데 김호길은 여기 지원해 합격했고, 그것을 계기로 원자력연구소의 촉탁으로 취직했다. 1961년 그는 IAEA 연수생 자격으로 영국 버밍엄대학에 갔으나, 박사학위 '조건부' 학생으로 등록해야 했다. 당시만 해도 영국에서는 서울대학을 잘 몰랐을 뿐 아니라 한국의 대학 성적을 제대로 인정하지 않았기 때문이다. 조건부라는 것은 1년간 청강생으로 다닌 뒤 박사학위 예비시험을 치러 합격이 되면 그동안의 연수를 소급해서 인정해주고, 불합격되면 한국으로 돌아가야 한다는 것이었다. 김호길은 열심히 공부한 결과 박사학위 자격시험에 수석으로 합격하여 정식 박사과정 후보가 됨과 동시에 연구원 자격으로 봉급도 받으며 공부할 수 있었다. IAEA 펠로십의 조건이 실험물리학이었기 때문에 그는 가속장치에 대한 연구를 시작했고, 이것이 계기가 되어 방사광가속기 분야의 세계적 권위자로 성장할 수 있었다. 김호길은 2년 반 만에 박사학위를 취득하여 버밍엄대학 개교 이래 3년 미만에 박사학위를 취득한 첫번째 사람이 되었는데, 당시 그의 박사학위 지도교수였던 빌 파월 교수는 다음과 같이 회고했다. "김호길은 대단한 능력을 가진 수학자였으며, 이론적으로 난해한 문제가 생길 때마다 그 해결방법을 가르쳐주었다. 그는 조국인 한국을 무척 사랑했으며 한국의 전통과 한국의 미래에 깊은 관심을 보였다."

1964년 박사학위를 취득하고 미국으로 건너가 1983년 한국으로 귀국하기까지 20년 동안 김호길 박사는 학문적으로는 방사광가속기 물리학 분야의 세계적 석학으로 성장했으며, 한국 과학기술 발전을 위해 재미동포 과학자들이 학문적 유대를 강화할 수 있도록 '재미과학기술자협회'를 창립하는 데 산파 역할을 했다. 그의 학위논문은 입자가속기에서 빔을 끄집어내는 독특하고 새로운 방법에 관한 내용이었으나, 차츰 핵물리학 실험, 핵물리학 이론, 그리고 플라즈마 물리학으로 연구 분야를 다양화해 가며 연구 역량을 키워나갔다. 박사학위 취득 후 첫 직장이었던 미국 캘리포니아 버클리대학 로렌스방사광가속기연구소에서 그는 사이클로트론(Cyclotron: 원자핵 파괴장치)에 대한 연구에 참가했다. 함께 일했던 헤르만 그룬더에 의하면 김호

길 박사는 분석적인 이성과 훌륭한 듣기 능력, 그리고 대단한 성실성을 겸비하고 있다는 평가를 받았다. 그의 능력이 학계에서 인정되자 새로운 형태의 가속기를 만들 계획이던 메릴랜드대학에 교수로 초빙되어 물리학과와 전기공학과의 겸임교수로 재직했다. 당시 김호길은 사이클로트론의 입자가속을 위한 '킴스 코일(Kim's Coil)'이라는 새로운 발상으로 학계에 큰 관심을 불러일으켰다.

한편 1969년 국제가속장치학회가 구 소련연방의 하나인 아르메니아의 수도 예레반에서 개최되어 김호길 박사도 소련과학아카데미의 초청인사 중 한 사

람으로 선정되었다. 한국과 소련이 정식 외교관계를 수립하지 않은 당시 우여곡절 끝에 이뤄진 이 방문은 한국 국적 학자가 처음으로 소련 땅을 밟게 된 역사적 사건이 되었다. 모스크바 학회에 참석한 후 〈한국일보〉의 요청으로, 철의 장막을 뚫은 최초의 한국인 과학자로서 보고 느낀 소련의 과학기술 및 일반 사회생활에 대해 소개하기도 했다. 그는 소련이 과학기술은 대단히 발전했으나 사회전반은 공산주의 체제의 취약점이 그대로 반영되어 일반 국민들의 생활은 피폐해져가고 사회 운영시스템은 와해된 느낌을 받았다고 전했다.

김호길 박사가 메릴랜드대학으로 옮긴 뒤 그에게는 하나의 역할이 더 추가되었다. 주미 한국대사관에서는 워싱턴을 찾아오는 한국의 귀빈을 으레 그에게 소개했다. 그는 고국의 주요 인사들을 자기 집으로 초청해 밤새도록 대화하거나 토론을 했다. 워싱턴을 찾은 사람들 대부분은 정치인, 정부 고위관료, 언론인 등 비과학계 인물이었지만 그들은 하나같이 김호길의 우국지변에 압도당했다고 한다. 그는 사물을 관찰하는 능력이 보통사람보다 뛰어났고, 풍부한 한문지식과 고사를 인용하여 잘못된 점을 통렬히 비판하며 한국이 나아가야 할 길을 제시하되 그 생각이 참신하고 또 식견이 높아 의표(意表)를 찌르는 것이었으므로 그들은 신선한 충격을 받곤 했다. 이러한 인사들과의 돈독한 교류가 '과학기술만이 살 길이다' 라는 김호길 박사의 종교와도 같은 신념에 공감하여 서울이 아닌 포항 땅에 세계적 수준의 포항공대를 설립하는 데 지대한 역할을 했다.

김호길 박사가 메릴랜드대학에 재직하던 1950~1960년대는 미국에서 학위를 취득한 많은 학자들이 귀국하지 못하고 미국에 체류하던 시기였다. 한국의 취약한 과학기술이 앞선 학문과 기술을 연마한 귀중한 인재들에게 학술이나 연구에 종사할 여건을 마련하지 못했기 때문이다. 1968년 한국과학기술연구소(KIST)가 정식으로 발족되었고, 곧이어 국방과학연구소와 한국과학기술원(KAIST)의 필요성도 한창 강조되고 있었다. 이때 과학기술처 장관으로 부임한 최형섭 박사는 인재 유치에 어려움을 겪었던 KIST 초대소장 때의 경험을 바탕으로, 과학기술 도약을 위해서는 능력 있는 재외 한국 과학기술인의 귀국 유치가 무엇보다도 시급하다는 것을 잘 인지하고 있었다. 이일은 과학기술처의 김형기 이사관에게 일임되었고, 워싱턴에 온 그는 가장먼저 김호길과 접촉했다. 두 사람은 재미과학자들에게 재미한국과학기술자협회(이하 재미과협)의 창립 목적과 의의를 설명하고 창립총회에 참석해줄것을 요청했다. 김호길 특유의 친화력과 설득력에 공감한 학자 69명이 자비를 들여 창립총회에 참석했다. 창립총회에서 필라델피아 템플대학 화학과교수로 재직한 김순경 박사가 초대회장으로 선임되었고, 김호길은 초대 간사장으로 선정되었다. 재미과협은 어려웠던 초창기에 김호길의 헌신적인봉사와 노력으로 반듯하게 성장 발전할 수 있었고, 포항공대가 설립되자 석학유치에 직접적으로 활용되었다. 참고로 재미과협 회장이나 간사로 일했던 분으로 포항공대 창설에 일익을 담당한 이들 가운데는 이정묵, 최상일, 김동한, 박찬모, 장수영, 염영일, 남궁원 등이 있었다.

한국은 1960년대 경제개발계획을 세워 산업화를 시작한 이래 1970년대 섬유산업 같은 노동집약적 경공업으로 수출시장을 확대해 왔다. 그러나 산업화가 다변화되고 고도화되면서 고급두뇌의 필요성이 강조되고 있었다. 그때까지만 해도 한국 대학들은 강의에만 충실했을 뿐 국제 수준의 과학기술교육은 엄두도 내지 못했다. 이를 극복하기 위해 1983년 LG그룹은 경남 진주에 4년제 공과대학의 설립을 준비하고 있었고, 1985년에는 포항제철이포항공대를 설립하기 위한 준비를 시작했다. LG그룹은 정부와 내부적으로연암공대(가칭)의 승인을 받고 학장 후보를 물색하던 중 학계에서도 국제적석학으로 인정받고 국가관과 애국심이 투철한 김호길을 찾아 초대학장으로 초청했다. 그러나 정부는 당초 약속인 4년제 공과대학이 아니라 2년제 연암 공업전문대학으로 인가를 했다. 김호길 박사가 군사독재정권 시절의 전두환 대통령에게 진정서를 냈으나 결국 4년제 공과대학의 인가는 나지 않았다. 김호길은 정부가 그런 식으로 식언을 일삼는 나라라면 그게 사기공화국이지 민주공화국일 수 있느냐며 분개했다.

이 사건이 계기가 되어, 박태준 포항제철 회장이 포항공대 초대학장을 찾을 때 청와대에서 김호길 박사를 추천했다. 철광석이나 코크스가 전혀 나지 않는 우리나라에 세계 굴지의 제철회사를 세운 박태준 회장은 포항공대를 기필코 세계적 대학으로 발전시켜야 한다고 믿으며 포항공대 설립을 국가적 과업으로 여기고 있었다. 그리고 이러한 사업은 그 일을 할 만한 인물이 있어야 가능하다는 사실을 그는 누구보다도 더 잘 알고 있었다. 그러나 정부에 한번 사기를 당한 김호길은 포항제철의 권유에도 아랑곳하지 않고 오직 연암공전의 발전에 힘을 쏟았다. 접촉을 시도한 지 한참이 지난 후에야 박태준 회장은 그를 면담할 수 있었다. 김호길 박사와의 첫 대면을 박 회장은 다음과 같이 회고했다. 김호길 박사는 "제철소 하나는 그럴 듯하게 지었다만 대장장이가 대학을 어찌 알겠느냐"는 오만을 보였고, "의욕만 가지고 훌륭한 공과대학이 만들어지는 것은 아니다"라며 냉소적인 언급을 하기도 했다. 그러나 "과학 분야를 지금 같은 수준으로 버려두고는 나라의 장래가 없다. 포철이라도 나서서 지금부터라도 투자를 해야 한다"는 그의 의견에 박 회장은 "그래, 이 사람이다"라는 확신을 갖고 그의 손을 덥석 잡았다. 그 순간 대한민국의 대학 역사는 새로이 씌어지고 있었으며, 마침내 '연구중심 대학'인 포항공대가 설립되었다.

김호길 박사의 꿈은, 퇴계 이황 선생이 서울이 아닌 안동에서 관학이 아닌 도산서원을 설립하여 조선의 인재를 바르게 교육했듯이, 서울이 아닌 포항에서 사립학교인 포항공대를 국제적 대학으로 발전시켜 현대판 도산서원으로 만들고자 하는 것이었고, 그는 이 꿈을 이루기 위해 동분서주했다. 그러나 현실은 기대와는 달라서 그는 교수 초빙에서부터 어려움에 봉착했다. 김호길은 특유의 달변과 화술로 때로는 설득하고, 때로는 국가적 과업인 포항공대 창설에 동참하지 않으면 민족의 역적이 될 것이라고 윽박지르기도 하면서 지구를 세 바퀴나 도는 대장정을 했다. 아래의 시는 김호길 박사가 교수 초빙을 위해 해외에 나갔을 때의 심경을 읊은 한시(漢詩)로서 그의 열정과 투지를 엿볼 수 있다.

大海氷原萬里行 招賢事重屈身輕
赤誠烈焰融鋼鐵 相約三韓振學名
큰 바다 얼음 평원 만리길 가는 것은,
어진 사람 초빙하는 일이 무겁고 내 몸 굽히는 것은 가볍기 때문이라
강철을 녹일 것 같은 붉은 정성으로
학교이름 떨칠 것을 서로 약속하나니

이러한 그의 노력으로 포항공대가 개교하던 1986년 12월 3일, 지방인 포항 땅에 몇 명의 박사가 오겠느냐는 기우를 깨고 창립 교수 요원이 33명에 달하는 기록을 세웠다. 지방대학에서 우수한 학생들을 유치하기가 하늘의 별을 따기만큼 어려운 한국에서 신생 포항공대가 우수한 학생을 유치하는 것은 거의 불가능에 대한 도전이었다. 그러나 김호길 학장은 스스로 홍보과장이라 자처하면서 전국을 돌며 학생과 학부모, 교사들을 설득했다. 앞으로 과학기술자가 되려는 사람으로서 오로지 자기 능력으로 평가받기를 원하는 학생은 포항공대로 오고, 동창이나 학맥의 덕으로 출세하려는 사람은 서울로 가라고 아예 분명한 판단기준을 제시하기도 하며, 과학자는 '계산된 모험(Calculated Risk)'을 할 수 있는 도전정신 없이는 될 수 없다며 학생들의 모

험정신에 호소하기도 했다.

포항공대가 영재교육 기관으로 자리매김할 수 있었던 일화 하나를 소개한
다. 당시의 입시는 학력고사 성적으로 우선 대학에 지원해서 논술고사만 보
고 합격여부가 결정되는 이른바 선시험 후지원 제도였다. 김호길 학장은
280점 이하는 아예 지원받지 않겠다는 결단을 내렸다. 학력고사 280점이면
서울의 최우수 대학에 무난히 합격할 수 있는 성적이라 모두들 정원 미달을
걱정했으나, 정작 그는 정원이 미달되면 우수한 연구시설에서 교수들이 '가
르치는' 부담 없이 '연구에만' 전념하도록 하겠다는 배짱으로 느긋했다. 그
러나 그의 계산된 모험은 적중했고, 평균 2.2대 1의 경쟁률을 기록하며 합
격자 평균점수가 300점을 넘어 포항공대는 첫해부터 명문대학의 입지를 굳
히게 되었다. 이때 포항공대는 우리 국민들에게 지방에서도 명문대학으로
성공할 수 있다는 믿음을 심어주었으며, '연구중심대학'이란 기치를 내걸
고 국내대학들이 강의에만 치중했던 대학교육을 연구도 병행하면서 세계적
수준으로 끌어올리는 계기를 만들었다.

김호길 박사의 또 하나의 꿈은 포항공대에 방사광가속기를 설립하는 것이었
다. 자신의 전문분야였기에 더욱 애착을 보이기도 했지만 방사광가속기는
한국 과학기술이 한 차원 더 높게 발전하기 위해서 꼭 필요한 거대 연구시설
이기도 했다. 기초 및 응용과학 분야에 폭넓게 활용되는 장치인 방사광가속
기는 10~12그램의 초미량 원소분석에서 화학결합 구조까지도 분석할 수
있기 때문에 4기가 D램 이상의 초고집적 회로의 제작에서 단백질 연구로 신
약 개발에 이르기까지 다양하게 활용되고 있다. 1987년 여름 포항제철로부
터 1500억 원에 달하는 건설경비를 승인받았을 때 정작 포항공대에는 방사
광가속기를 건설해본 과학기술자가 한 사람도 없었다. 다만 방사광가속기
를 이용한 연구 경험이 있는 사람이 그를 포함해 세 명 있을 뿐이었다.

따라서 포항제철이 가속기 건설은 R&D방식이 아니라 공장건설처럼 턴키(Turn-Key)방식으로 해야 한다고 주장한 것도 무리는 아니었다. 그러나 김호길 박사는 1500억 원을 쏟아 부어 실패한 경험도 있어야 우리나라 과학기술이 한 차원 더 발전할 수 있다는 특유의 고집으로 결국 포항공대의 유능한 젊은 교수들이 설계를 맡아 건설하게 되었다. 우리나라에 건설된 공장들의 대부분이 턴키방식으로 도입되어 가동되었기 때문에 매년 엄청난 기술료를 내면서도 우리 기술은 그만큼 발전하지 못한 것을 그는 애석하게 생각했다. 하지만 그의 새로운 발상은 국내 과학기술계에도 신선한 충격이 되지 못했고, 국제 방사광가속기 분야에서도 우려를 표하는 데 주저하지 않았다. 김호길 박사는 젊은 교수들에게 방사광가속기에 대한 원리와 기초적인 이론을 직접 가르치며 열심히 준비했으나, 포항공대 참여교수팀을 방문한 미국 브룩헤이븐 연구소의 방사광시설 NSLS 책임자인 노텍 박사는 "NSLS의 설계도면과 필요부품을 다 공급해주어도 가속기를 조립할 능력조차 되지 않는다"고 혹평했다. 이러한 모든 난관을 극복하고 1994년 11월 2GeV의 최첨단 제3세대 방사광가속기 건설이 완료되었다.

그러나 정작 김호길 박사는 그의 분신과도 같은 방사광가속기의 완공을 보지 못하고 유명을 달리했다. 그때 방사광가속기 건설에 참여했던 젊은 포항공대 교수들은 이제야 나라가 필요로 하는 인재를 길러내기 위해 어려운 결정을 했던 고인의 비범한 안목에 감사하고 있다. 포항공대 교수들이 직접 설계한 연구장치들이기 때문에 가동중에도 항상 수리가 가능하고, 또한 필요에 따라 설계를 변경할 수도 있었다. 만약 턴키방식으로 제작되었다면 엄청난 기술료 지급은 물론이고, 연구대상에 따라 적절하게 설계를 변경해야만 하기 때문에 과학기술 연구장비로서 제 기능을 다하기 어려웠을 것이다. 이렇게 하여 김호길 박사는 포항의 세 가지 기적이라고 말하는 포항제철과 포항공대, 그리고 포항방사광가속기 중에서 두 가지 기적을 이루고 타계했다.

김호길 포항공과대학 총장은 1994년 4월 30일 교내 운동장에서 같은 캠퍼스 내에 있는 포항산업과학연구원(RIST)과의 친선체육대회 도중 불의의 사고로 동료 교직원들과 연구원들이 지켜보는 가운데 세상을 떠났다. 그는 생의 마지막 순간까지도 그만의 독특한 사랑과 열정을 포항공대에 바치고 유명을 달리했다. 무은재 김호길, 그의 삶에는 멋이, 그의 꿈에는 빛이, 그리고 그가 지나간 자리에는 향기가 남아 있다. 삼가 고인의 명복을 빈다.

이 글은 김호길 수상집《자연법칙은 神도 바꿀 수 없지요》, 김호길 박사 기념사업회에서 발간한 유고집《멋과 향기를 남긴 인생》, 그리고《학장님, 우리 학장님》에서 발췌하여 작성했음을 밝힌다. 내용상 오류나 미비한 점이 있다면 위대한 과학자요 교육자인 박사님의 철학과 삶을 이해하지 못한 필자의 소치이므로 널리 양해를 구한다.

나도선

서울대학교 약학과를 졸업하고 동대학원에서 생약학 전공으로 석사를 받았으며, 미국 북일리노이대학교 화학생화학과에서 박사학위를 취득했다. 앨라배마 의과대학 포스트닥터 연구원, KIST 생화학연구실장, 울산대학교 의과대학 교수 등을 역임하고 현재 한국과학문화재단 이사장으로 재직하고 있다. 1986년 국내 최초로 생명공학 기술을 이용해 인간 단백질을 생산했으며 평생을 생명과학 연구현장에 있었다. 한국생화학분자생물학회 회장, 여성생명과학기술포럼 회장, 한국여성과학기술단체총연합회 회장을 역임했으며 한국과학기술한림원 종신회원이다. 2002년 대한민국 과학기술훈장을 비롯하여 생명약학학술상, 로레알-유네스코 여성생명과학상, 과학기술부 올해의 여성과학자상, 삼성생명 비추미 여성대상을 수상했다. 요즈음은 우리나라의 과학문화 확산을 위해서 '사이언스 코리아 운동'을 총괄하고 있다. 국내외에 130여 편의 연구논문, 특허, 보고서를 냈으며, 번역서로 《생물정보학》, 《생화학》, 《로잘린드 프랭클린과 DNA》 등이 있다.

과학문화를 전파하는 과학자

얼마 전 나는 미국 세인트루이스에서 개최된 미국과학진흥협회(AAAS) 연례
회의에 참석했다. 1848년 창립된 미국과학진흥협회는 세계적인 과학저널
지 《사이언스》를 발행하는 것으로 더 유명한데 '일반인이 이해하기 쉬운 과
학'에도 많은 관심을 쏟고 있다. 연례회의는 과학자뿐 아니라 과학기술 정
책전문가, 과학교사, 과학 저술가, 학생, 일반인 등 수천 명이 참가하여
'과학'을 주제로 토론하는 만남의 장이다. 과학진흥협회는 여성과 사회적
약자 그룹이 자신들의 역량을 최대한 발휘하여 과학기술 발전에 기여하도록
하는 정책 수립에도 큰 기여를 해왔는데 금년에도 이러한 주제에 대한 조찬,
심포지엄, 워크숍 등 활발한 활동이 이루어졌다.

　나는 조찬으로 개최된 고등학생을 위한 멘토링 워크숍과 여성과 사회적
약자를 위한 워크숍에 참가했다. 대학, 산업계, 연구소의 지도자급 과학자
들이 직접 젊은이들에게 미래에 대한 비전을 갖도록 격려하고 질문에 일일
이 대답하는 것이 인상적이었다. 나는 '한국과학문화재단의 이사장이며 한
국 최초의 여성과학기술계 기관장'이라고 자신을 소개하고, 즉석연설로 우

리나라의 실정을 소개하여 큰 박수를 받았다. 우리보다 몇십 년 앞서 여성과 사회적 약자에 대해 적극적인 정책을 펴왔고 여성과학자의 비율이 30퍼센트가 넘는 미국에서, 여성인력의 활용을 위해 아직도 갈 길이 멀다고 강조하는 것은 신선한 충격이었다.

생활 속의 과학, 과학문화

사람들이 보통 과학기술에 대해 연상하는 것은 공장, 발전소, 기계, 로봇 등 딱딱하고 이해하기 어려운 분야라는 것이다. 그러나 현대사회에서 과학기술은 우리 생활의 모든 부분을 지배할 뿐 아니라 일상생활 곳곳에 스며들어 있다. '과학문화'는 과학도 음악이나 미술처럼 문화의 일부로 인식되어야 한다는 선진사회의 개념이다. 과학기술 선진국은 일반 국민들이 과학기술에 대해 폭넓은 관심과 이해를 가지고, 합리적인 과학정신이 행동양식의 바탕이 되는 '과학문화'의 선진국일 때 가능한 것이다. 그러므로 과학문화는 과학자만이 향유하는 고급문화가 아니라 우리 생활에 스며 있는 자연스러운 대중문화가 되어야 한다. 과학문화는 우리나라를 선진국으로 발전시키는 핵심 키워드이며, 사회와 국가를 혁신시키는 토대이다.

평생을 현장과학자로 살아온 나는 지금 한국과학문화재단 이사장으로서 우리나라의 과학문화 활동을 총괄하는 역할에 전심전력을 기울이고 있다. 한국과학문화재단의 대표적 사업은 2004년에 출범시킨 '사이언스코리아 운동'인데, 국민 모두가 과학을 쉽게 배우고, 참여하고, 즐기면서 '생활의 과학화, 과학의 생활화'를 이루자는 범국민적 운동이다. 전국 동사무소에서 열리는 '생활과학교실'과 초중고 학생의 동아리 활동인 '청소년 과학탐구반', 그리고 시민들이 참여하는 '과학축제' 등이 주요 오프라인 활동이다. 온라인 활동인 인터넷과 푸시메일을 이용하여 다양하고 재미있는 과학정보도 제공하고 있다.

과학자 엄마의 자녀교육

짧은 기간 동안 여성의 사회활동이 급격히 증가하면서 저출산 현상이 심각한 문제로 대두되고 있다. 세계 최저의 출산율로 국가의 미래 성장 동력 확보에 빨간불이 켜져 있다. 젊은이들이 직장을 얻기도 어렵지만 치열한 경쟁 때문에 직장생활을 유지하는 것은 더 어렵게 느끼고, 거기에 탁아시설의 부족과 높은 사교육비 등이 출산을 기피하게 하는 이유일 것이다. 이 책에 실린 여러 훌륭한 과학자들의 이야기에서 빠진 부분이 여성과학자가 가정과 직장에서 어떻게 성공하느냐는 부분이라고 생각되어 이에 대한 이야기를 쓰고자 한다.

모든 직장여성들처럼 나도 아이들과 많은 시간을 함께할 수 없었다는 것이 평생 마음의 짐이었다. 나는 아이들의 '자립정신'을 키워주어 엄마와 함께 지내는 시간의 부족을 스스로 극복하게 하는 데 초점을 두었다. 내 어린 시절을 되돌아보면 부모님이 간섭하지 않고 나를 인격체로 대우해준 덕분에 자립심이 강해졌고 살아가는 능력도 계발되었다고 생각했기 때문이다.

자녀교육의 모델을 보여주신 아버지

아버지는 당시로서는 매우 이례적으로 양성평등과 홍익인간의 정신을 실천하신 분으로 내 마음의 영원한 스승이다. 아버지가 평생 실천적으로 보여주신 교육자와 지식인으로서의 자세와 가족에 대한 헌신적인 사랑은 내가 평생 본받고 따르고자 했고, 지금도 부단히 노력하는 부분이다. 이러한 아버지와 알뜰살뜰 살림을 꾸리는 어머니가 일구신 화목한 가정은 지금 되돌아보아도 우리 사회가 지향해야 하는 궁극적 모델이라는 생각이 든다.

지금 우리 사회는 핵가족을 넘어 개인 단위로 분열되고 있으며, 대학입시 때문에 찌든 가족들은 대화할 시간도 없어 아이들의 인성은 메말라만 가고 있다. 당장 시험점수 몇 점 올리는 데는 과외공부가 효과적일지 몰라도 부모의 인성교육이야말로 아이들이 건강한 사회인이 되고 리더로 커 나가는

데 꼭 필요한 조건이다. 나는 지금도 온 가족이 모여 앉아 함께 저녁을 먹던 어린 시절을 생각하면 마음이 훈훈해진다. 저녁식사 때 각자가 그날 있었던 일을 이야기하다 보면 1시간이 훌쩍 넘는 경우도 많았다. 나에 대한 부모님의 한없는 사랑과 믿음은 살아오면서 힘들고 어려운 일에 부딪쳐도 이겨낼 수 있었던 힘의 원천이 되었다. 아무리 어려워도 부모님의 사랑을 생각하면 포기할 수가 없었기 때문이다. 또 과학자라는 결코 수월하지 않은 직업을 가지고도 최대한 두 아이를 내 손으로 돌보고자 노력했던 것도 부모님께 받은 사랑을 부족하나마 아이들에게 물려주고 싶었기 때문이다.

아무리 바빠도 나는 하루 30분 이상은 아이들과 대화를 나누려고 노력했다. 특히 아이들의 얘기를 들으면서 중간중간 한마디씩 질문을 던져 스스로 결론을 내도록 한 것이 아이들의 정신을 살찌운 것 같다. 나는 아이들이 자립정신을 기르고, 건강한 사회인으로 크도록 돕는 것이 부모의 역할이라는 당연한 점을 실천하기 위해 애썼다. 미래 가족은 맞벌이가 주류가 되리라고 보고, 집안일을 배우는 것이 행복한 가정을 갖는 데 도움이 될 것으로 생각해 아들딸 구별하지 않고 집안 청소나 설거지, 요리 등 집안일을 배우게 했다. 공부도 학원이나 과외에 의존하기보다는 조금 늦더라도 혼자서 자신의 속도로 배우게 했다.

많은 독서와 자율적 학습이 공부 잘하는 지름길

아이들이 일류대학에 진학하고부터 가끔씩 듣는 질문이 '아이들을 공부 잘하게 하는 비결'이 무엇이냐는 것이다. 내 대답은 아주 간단한데 "아이들에게 자립심을 키워주고 어릴 때부터 많은 독서를 하게 하라"는 것이다. 우리 부부가 네 살과 여섯 살인 아이들을 데리고 미국 유학을 간 관계로 아이들은 초등학교 시절을 미국에서 보냈다.

주부이자 박사과정 학생으로 내 능력의 한계까지 써야 하는 생활에서 사실 나는 아이들이 떼쓰지 않고 학교에 다니는 것이 고맙기만 한 실정이었다.

박사과정 학생인 내 코가 석 자인 관계로 아이들을 방치할 수밖에 없었는데, 1년이 지나자 아이들이 영어로 읽고 말하고 쓰는 것을 발견하고는 깜짝 놀랐다. 결과론이지만 아이들에게 교육환경만을 제공하고 그대로 내버려둔 것이 아이들의 능력계발에는 최고의 정책이 되었던 것 같다. 요즈음은 한 자녀 가정이 많은데 나는 아이가 둘이어서 오히려 수월했다고 생각한다. 자기들끼리 친구로 잘 놀아서 내가 놀아줄 필요가 없었고, 경쟁하면서 능력도 자연스럽게 계발되었기 때문이다.

아이들을 자율적으로 키운 결과 학교생활에 잘 적응하고 능력계발도 스스로 하는 것을 지켜본 것은 큰 충격이었으며, 이러한 경험으로 나는 아이들 교육에 자신감과 신념을 갖게 되었다. 미국에서 귀국해 KIST에 근무할 때, 4학년과 6학년을 마친 아이들이 한국 생활에 적응하는 과정에서도 다른 부모들처럼 노심초사하지 않고 마음의 여유를 갖고 지켜볼 수 있었다. 우리말과 글도 제대로 하지 못하는 아이들에게 한영사전과 영한사전 사용법을 가르쳐주고 그대로 방치했는데 1년 후에는 학교 공부를 잘 따라갔다. 아이들에게 과외공부를 시키고 싶지도 않았지만, 더욱이 당시는 과외가 엄격히 금지되어 있었기 때문에 원한다고 해서 시킬 수도 없었다. 초조해 하는 아이들에게 시간이 해결해줄 것이니 급하게 마음먹지 말라고 조언하곤 했는

데, 내가 이렇게 대범하게 행동한 것이 오히려 아이들이 부담을 갖지 않고 학교생활에 적응하는 데 큰 도움이 되었던 것 같다.

아이들은 학교공부와 입시준비도 스스로 계획을 세우고 그에 따라 공부해 원하는 대학에 진학했다. 내가 해준 것이라고는 스스로 공부하도록 끊임

없이 격려해준 것이 전부였다. '자율적 학습'이라는 원칙을 끝까지 견지할 수 있었던 것은 평생 공부한 사람으로서 자습이야말로 가장 효율적인 방법이라고 믿었기 때문이다. 딸은 대학졸업 후 결혼하여 미국 대학의 장학금을 받아 유학을 갔는데, 작년에 신경생물학 전공으로 박사학위를 받고 첫아이도 출산하여 기쁨이 두 배가 되었다. 아들은 의과대학 졸업 후 미국에서 병리학 전공으로 레지던트를 마치고 지금은 생명과학 분야의 연구에 종사하고 있다.

공공도서관은 자율학습의 산실

미국에는 마을마다 우리나라 동사무소 규모의 도서관이 있는데 이곳이 주민의 평생교육에 큰 역할을 하고 있다. 도서관에서는 한 번에 열 권까지의 책을 2주간 빌려볼 수 있다. 처음 도서관에 갔을 때 아이들은 유치원생과 초등학교 2학년이었는데 2주마다 빠짐없이 도서관에 데리고 간 것이 아이들의 정신을 살찌웠던 같다. 책에 나오는 위인들의 이야기와 흥미진진한 공상과학, 자연의 세계, 꿈을 키워주는 소설을 읽으면서 저절로 공부도 잘하게 되었으니 도서관은 돈도 안 들고 품질도 높은 과외공부를 제공한 셈이다. 우리나라에도 미국과 같은 동네 도서관이 많이 생긴다면 요즈음 큰 이슈가 되고 있는 사회 양극화 해소에도 크게 기여할 것이다. 공공도서관은 소득 격차로 인한 교육기회 격차를 해소하는 기능이 크기 때문이다.

미국 유학으로 과학에 눈 뜨다

1979년 한국에서는 성차별이 많았으나 우리 부부는 미국 북일리노이대학에서 장학금을 받게 되어 유학을 떠났다. 사실 나는 박사과정 공부를 제대로 해낼 수 있을지 자신이 '하나도' 없었다. 나이도 많고, 실력도 부족하고, 영어도 서툴고, 집안일은 물론 아이까지 돌보아야 되는 환경 등 무엇 하나 시원한 것이 없었기 때문이었다. 처음 1년간 오직 해내고야 말겠다는 집념

하나로 열심히 공부한 끝에 박사학위 논문제출 자격시험을 통과하고서야 약간의 자신감이 생겼다. 사실 자격시험 통과보다 더 중요한 것이 연구결과를 내는 것인데 연구 또한 순조롭게 진행되어 1982년 생화학 전공으로 박사학위를 받을 수 있었다. 박사학위 논문은 요즈음 많은 논란을 일으키고 있는 체내의 '활성산소'를 제거하는 효소 '퍼옥시다제'의 작용기전을 밝힌 것이었다. 한국을 떠나올 때와 비교하면 자신감과 의욕 넘치는 새로운 사람으로 태어난 것 같았고, 지도교수로부터 '최근 10년 만의 가장 우수한 학생'이라는 추천서도 받아 날아갈 것 같은 기분이었다. 결과적으로 내가 평생토록 '혼자' 공부하는 능력을 배양한 것이 박사과정을 성공적으로 마치게 된 요인이었다고 생각한다.

박사학위를 받은 후에도 무언가 미진하다는 생각을 떨칠 수 없어 당시 막 태동된 생명공학 분야를 더 공부하기로 마음먹었다. 나는 이 분야의 리더 중 한 사람인 앨라배마대학 생화학과 과장 로버트 웰스 박사에게 편지를 보내 그의 연구실에서 포스트닥터로 근무하게 되었다. 연구는 'DNA의 미세구조와 기능의 관계'에 대한 것이었는데 처음 1년간은 연구에 진척이 없어 마음이 답답하고 울고 싶을 정도로 괴로운 날도 많았다. 게다가 그 전해에 입은 골절상으로 건강도 좋지 않아 일을 마치고 집에 오면 소금물에 젖은 솜처럼 지쳐버리기 일쑤였다. 그래도 도전에 도전을 거듭한 끝에 2년 8개월을 근무하면서 다섯 편의 논문을 발표할 수 있었다. 1985년 발표한 논문은 DNA 이중나선 구조의 변형인 'B-Z Junction'에 이중나선의 변형 구조가 존재한다는 것을 밝혀낸 것이었는데, 20년 만인 2005년 이 분야의 미세구조를 밝혀낸 한국인 과학자 논문이 《네이처》의 표지논문으로 게재되어 감회가 깊었다.

국내 최초로 유전자 재조합 단백질 생산

세계적인 생명과학 조류에 따라 한국에서도 1983년 유전공학 특별법이 제정되고, '유전자 재조합 기술'에 대한 국민적 관심이 싹트기 시작했다. 국내 최고의 과학기술 전당인 한국과학기술연구원(KIST)도 이 분야의 연구를 시작했으나 이를 전공한 국내 과학자가 전무하여 당시로는 상당히 파격적으로 여성인 나를 '초빙 과학자'로 선임했다. KIST에서 전 가족의 여비와 이사 비용, 귀국 후의 주거를 제공받고 1985년 7월 귀국했다.

KIST에서 처음으로 맡은 일은 생명공학기술인 유전자 재조합 단백질 생산기술을 확립하는 것이었다. 두 명의 연구원과 한 팀이 되어 밤낮으로 연구에 몰두한 끝에 1986년 6월 대장균을 이용해 암세포를 죽이는 기능이 있는 면역조절 단백질 인터루킨-2를 생산하는 데 성공했다(우리나라 최초의 유전자 재조합 단백질). 이어서 유전자 재조합 단백질 2호인 종양 괴사인자와 3호인 아넥신도 생산하여 말 그대로 유전자 재조합 기술을 확립했다. 남성 위주의 조직문화인 KIST에 5년간 근무하면서 어려움도 많았지만 생화학 연구실장, 기획위원회 위원, 인사위원회 위원이 되어 연구소 리더그룹의 일원이 되었다.

그러나 유전공학센터가 1990년 6월 대덕연구단지로 이전하는 계획이 진척되자 당시 중학교와 고등학교에 다니던 아이들을 두고 떠나야 하는 것이 고민이었다. 비로소 안정된 직장을 버리고 새로운 직장으로 옮기고 싶지 않았으나 학령기의 아이들을 돌보아야 한다는 생각으로 1988년 신설된 울산대학 의과대(서울시 송파구 소재) 공채에 응모하여 1990년 3월 생화학 분자생물학 교실 부교수로 부임했다.

울산대학 의과대에서는 모든 것을 새로 시작해야 했는데, 열심히 노력한 결과 연구비 수주에 있어서 수년간 의과대 교수들 중 1위를 차지하여 많은 어려움이 해결되었다. 연구실도 자리를 잡아갔고, 생화학 분자생물학 교실 주임교수와 분자생물학 연구실장을 역임하면서 리더십도 키워갔다. 염증의 기전과 항염증제의 개발을 주제로 한 연구에서도 성공을 거두어 많은 논문과 특허를 발표할 수 있었다. 학문적 업적과 과학기술계의 리더십을 바탕으로 한국과학기술한림원 종신회원이 되었다.

학회참여와 봉사의 정신으로 리더십을 기르다

내가 KIST의 연구책임자가 된 1985년에는 여성이 과학기술계에서 번듯한 직장을 얻기도 어려웠으며, 사회 분위기도 매사에 성차별적 요소가 당연시 되던 시절이었다. 나는 저녁 술자리에서 오가는 고급정보로부터 소외되는 것을 극복하기 위해 여러 학술대회에 빠지지 않고 참가하여 학자들과 교분을 쌓으려고 노력했다. 1993년 나는 한국생화학분자생물학회 26년 역사상 여성으로는 최초로 임원(편집간사)이 되어 남성들만의 무대였던 학회운영에 참여했다. 학교일과 연구로 바쁜 나날 속에서도 최선을 다해 호의적인 평가를 받았다.

이후 나에게 계속 주어진 학술지 편집위원회 위원장, 간사장 등 여러 직책을 맡아 10년이 넘는 세월을 봉사하면서 리더십을 키웠고, 2005년에는 회장이 되었다. 내가 학회에서 맡은 역할은 모두 여성으로는 최초였다. 2001년에는 여성 최초로 한국과학재단의 전문위원이 되어 대덕단지에서 1년간 파견 근무를 했고, 과학기술부 생명공학 종합정책 심의회 등 정부 위원회 위원으로도 활동하게 되었다. 되돌아보면 학회 봉사를 하면서 상당히 많은 시간을 할애해야 했지만 학자들과의 인적 네트워크는 나의 연구역량을 증진시켜 연구에도 큰 도움이 되었으며, 과학계에서 나의 리더십을 키우는 결정적인 계기를 제공했다.

이공계 여성들의 역할모델

내가 한국과학문화재단의 이사장이 된 것은 나 개인의 영예를 떠나 과학기술계에 종사하는 많은 여성들과 이공계 여학생들에게 희망의 메시지가 되었다고 생각한다. 요즈음 나는 여성과학자를 더 많이 배출해내기 위해 다양한 활동을 하고 있다. 우선 여학생들이 보고 배울 만한 선배 모델의 역할을 충

실히 하고자 이공계 여학생들의 멘토(mentor) 역할을 하고 있으며, 대중강
연도 적극적으로 하고 있다. 또한 2005년에는 61명의 여성과학자들이 살아
온 삶과 꿈, 역경 등을 한 권의 책으로 엮어 《여성, 과학을 만나다》를 펴냈
다. 많은 청소년들이 이 책 속에서 여성과학자들과 만나고 간접 대화를 통
해 영감과 용기, 그리고 비전을 얻고 있다.

여성과학기술인 단체 창립, 시상 제도 마련

학회 및 단체 활동을 하면서 나는 이러한 활동이 리더십 형성에 크게 기여한
다는 것을 깊이 깨닫게 되었다. 나는 여성과학기술인들의 리더십 훈련을 위
한 활동 무대의 필요성을 절감하고, 2001년 여성과학기술인 400명의 뜻을
모아 여성생명과학기술포럼을 창립하고 초대회장으로 활동했다. 회장으로
재임하는 동안 로레알 코리아와 함께 '한국로레알–유네스코 여성생명과학
상'을 제정한 것은 큰 보람이었다.

 2003년에는 한국의 여성과학기술단체를 모두 아우르는 한국여성과학기
술단체총연합회의 창립을 주도하고 초대회장이 되었다. 참으로 기쁘고 감
사한 일은 2005년 주식회사 태평양과 함께 여성과학자에 대한 시상으로는
국내 최고의 상금을 내건 'AMOREPACIFIC 여성과학자상'을 제정한 일이
다. 이 상이 앞으로 최고의 권위를 가진 상으로 자리매김하기를 기대한다.

과학기술에 대한 오해는 과학문화 활동으로 풀어야

과학기술의 발달은 밝은 빛과 함께 어두운 그림자도 드리우고 있다. 예를
들어 과학기술의 발달이 환경오염에 의한 생태계 파괴와 재해 발생의 주범
이라는 오해가 널리 퍼져 있다. 사실 환경이나 인간성을 망가뜨리는 것은
과학기술 자체가 아니라 과학기술을 잘못 사용하거나 남용한 사업가의 탐욕
때문이다. 훼손된 환경을 생명이 약동하는 요람으로 되돌릴 수 있는 것은
새로운 과학기술뿐이다. 예를 들어 공장폐수나 하수로 오염된 호수도 미생

물을 이용하는 등의 정화기술로 깨끗한 환경을 만들 수 있다. 따라서 새로운 과학기술이 정해진 규칙대로 제대로 쓰이고 있는지 감시하는 사회 시스템의 확립이 중요한 문제로 대두된다. 방사성 폐기물이나 천성산 터널 등은 과학문화가 잘 정착됐더라면 막대한 사회적 비용이 절감될 수 있었던 문제들이다. 과학자들은 대부분 국민의 세금으로 조성된 정부자금으로 연구를 하는 만큼, 자기 시간의 일부를 적극적인 과학문화 활동에 할애해야 한다.

정부에서도 연구비 중 일정부분을 과학문화 활동 관련 예산으로 책정하도록 하는 정책을 2005년부터 시행하고 있다. 과학문화의 꽃을 활짝 피우기 위해서는 정부, 학계, 시민단체, 그리고 모든 국민이 함께 참여하고 노력해야 할 것이다.

노기호

1972년 한양대학교 화학공학과를 졸업한 후 동 대학원에서 석사학위를 마쳤다. 1973년 LG화학의 전신인 락희화학공업사에 입사해 2005년 말 CEO로 퇴임할 때까지 기획, 개발, 구매, 공장운영, 기술 등 각 부문을 두루 거쳤다. 1991년 임원이 된 후 LG석유화학의 부공장장, LG화학의 나주 공장장, 장식재 사업부장, 중국지역 본부장, 화성사업 본부장, 합작사인 LG Dow 폴리카보네이트 대표이사, LG석유화학 대표이사를 거쳐 2001년부터 LG화학의 대표이사로 근무했다. 그 외 대외활동으로 전지연구조합 이사장, 한국화학공학회 회장, 한국RC협의회 회장, 한국석유화학공업협회 부회장 등을 역임했다. 2002년 발명의 날에 금탑산업훈장, 2000년 에너지 경영대상, 2003년 테크노 CEO 등을 수상했으며, 2005년에는 전경련에서 주는 경영대상 및 경실련에서 주는 정도경영인상을 수상했다. 좌우명은 종선여류(從善如流)와 역지사지(易地思之)이며 등산을 좋아한다.

정직한 과학을 실천하는 이공계 산업현장

2001년 LG화학 대표이사로 취임할 때 "LG화학을 어떤 회사로 키울 계획인가?"라는 질문을 받고 나는 "인재가 마음껏 뛰놀 수 있는 회사를 만들고 싶습니다"라고 대답했다. 5년 후 대표이사 자리를 물러나면서 과연 그때의 계획을 달성했는지 생각해봤다. 판단은 후세가 내릴 일이지만 그동안 LG화학이 많은 성장을 한 것은 사실이었다. 외형뿐 아니라 질적인 면에서도 국내외적으로 차별화되었으며 이런 점은 나 스스로도 무척 뿌듯하게 여기고 있다.

어린 시절과 지금

일찍이 부친을 여의고 편모슬하에서 자란 나는 아버지라는 단어를 잘 모르고 성장했다. 심지어는 아버지와 같이 다니는 아이를 이상하게 생각할 정도여서 가족에는 당연히 아버지가 있다는 것을 안 후에는 상당히 혼란에 빠진적도 있었다. 초등학교 선생님이던 어머니의 후광으로 어려움은 없었다. 초등학교 고학년 혹은 중학생 즈음부터 어머니는 공대를 나와야 취직도 잘되고 안정된 직업을 가질 수 있다며, "의대는 6년을 공부하니까 너무 길고

문과는 직장을 구하기가 쉽지 않으니 문전걸식하기 딱 맞다"는 말씀을 귀가 아프도록 하시곤 했다.

1950년대 말부터 1960년대 초까지 우리나라는 세계에서 가장 못 사는 나라 중 하나였다. 지금 우리가 후진국이라고 낮추어 보는 필리핀이나 인도네시아가 오히려 잘 사는 나라였다. 우리는 6 · 25전쟁의 후유증에서 벗어나지 못한 채였고, 정치적으로도 이승만 독재정권, 민주화 과도기, 4 · 19와 5 · 16 등을 거치면서 경제는 뒷전에 있었기 때문에 일자리가 제대로 있을 리 없었다. 결국 어떻게 취직을 하느냐가 당시 사람들에게도 가장 큰 과제였다.

어머니의 말씀대로 공대에 진학한 후 지금까지 30여 년간을 엔지니어로서 한 우물을 팠으나 후회는 없다. 이공계를 나온 것은 나에게 큰 보람이었고, 그 덕에 대한민국 아니 세계 굴지의 화학회사 CEO까지 지냈으니 말이다. 최근에는 기술의 중요성이 더욱 강조되어 기술을 모르는 전문경영인이 기업을 경영하는 데는 더 많은 애로가 있다. 요즘 기업에서는 테크노 CEO를 선호한다. 제조업의 경영인에게는 이러한 요구가 더욱 강해진다. 현대는 기술 중심 사회이며 경쟁 우위의 최대 관건이 바로 기술이다. 이공계 졸업생이 아니면 누가 테크노 CEO가 되겠는가?

회사에 들어와서

국내 굴지의 화학회사인 LG화학도 1970년대 초에는 그저 그런 화학회사에 지나지 않았다. 왜냐하면 화학의 꽃이라고 할 수 있는 석유화학이 없었기 때문이다. 당시만 해도 화학제품의 원료는 수입하거나 국내 독점 생산회사의 눈치를 살피며 구매해야 할 정도로 LG화학의 입지는 초라했다. 근 40년이 흐른 지금과 비교하면 격세지감을 느끼지 않을 수 없고, 그러한 격동의 현장에서 변화와 혁신으로 세월을 보낸 나로서는 가슴 뿌듯한 심정을 가눌 수 없다.

입사 당시 나는 대학원 재학중이었다. 가정 형편상 취업과 학업을 놓고 고심하던 차에 마침 LG화학의 신입사원 모집이 있어 이것저것 생각하지 않고 지원했다. 다행히 졸업논문은 1학기에 완성을 해놓았기 때문에 편하게 응시할 수 있었다. 대학원 자격은 인정하지 않는다는 인사부의 말에 주저하는 마음도 있었지만 입사 후 실력을 인정받는다면 대학원 이상의 경력도 인정할 것 아니겠는가 생각하고 입사를 결심했다.

처음으로 발령받은 곳은 부산에 위치한 동래공장이었다. 공장에 도착한 나는 실망감을 감출 수 없었다. 거대한 증류탑은 아니더라도 단위 조작에서 배운 대형 장비들이 돌아가고 있는 화학공장을 기대했는데 공장은 생각보다 초라했다. 그러나 처음 현장을 견학하는 자리에서 학부 시절에 같이 공부한 동료들의 조언으로 마음을 굳힐 수 있었다. 이미 LG화학에는 나와 동문수학한 친구들이 근무하고 있었다. 그중 한 친구는 "처음에는 실망할 수도 있겠지만 여기도 나름대로 배운 것을 활용할 수 있는 기회가 있고, 무엇보다 많은 발전 가능성이 있으니 근무하는 것도 나쁘지 않을 것"이라고 조언을 했다. 또 다른 기업에서 근무하던 중 인적 차별에 반감을 느껴 이 회사로 이직했다는 다른 동료의 이야기를 들으며, 이 회사는 경영철학에 나타난 대로 인화(人和)만큼은 확실하다고 느껴 자리를 잡게 되었다. 동래공장에서의 근무는 1년간의 짧은 기간이었지만, 나는 여기에서 많은 것을 배웠다.

이공계만이 느끼는 보람

서울로 발령이 나고 얼마 지나지 않아 수출부 부장이 나를 찾았다. 바이어로부터 우리 제품의 특징을 설명해달라는 요청을 받고 나를 부른 것이었다. 나는 중금속 처방을 쓰지 않고 무독성 안정제를 써야 하는 이유와 우리 제조공정의 장점 등을 차근차근 설명했다. 내 설명에 흡족했던 그 부장은 무척 고맙게 생각하며 두고두고 인사를 했다. 나만이 알고 있는 전문지식을 문과 출신 사원에게 한껏 뽐내며 가르칠 때의 기분, 내가 아니면 불가능했을 새로운 제품을 개발했을 때의 기분, 획기적인 공정 혁신으로 엄청난 원가를 절감했을 때의 기분은 정말 이공계 출신이 아니고는 맛볼 수 없는 희열이다.

1981년 럭셔리한 마블 효과가 나는 바닥재 럭스트롱을 개발할 때의 일이다. 지금에야 세계 최초의 제품 개발을 목표로 하고 있으나 당시에는 미국 제품을 모방하여 개발하는 것이 고작이었다. 제품 표면을 형성하는 칩의 처방과 제조는 그런 대로 쫓아갔으나 원하는 상태로 배열이 되지 않았다. 원제조사인 암스트롱사의 특허를 조사하여 특수 진동배열기를 이용해 만든다는 것은 알아냈지만 어디 가서 구하는지 알 수가 없었다. 미국 각처를 수소문한 끝에 오대호 근방의 소도시에서 제조회사를 찾았다. 자신들이 진동배열기를 만들고 있으며, 암스트롱에도 납품을 한 적이 있다고 들었을 때의 기분은 이루 표현할 길이 없었다.

그러나 본사로 즉시 연락하고 샘플을 구입하여 부푼 마음으로 테스트를 했을 때 원하는 배열은 나오지 않았다. 실망하지 않고 우리 조건에 맞게 여

러 장치를 추가하여 시도한 결과 결국 3년 만에 성공했다. 역시 많은 시행착오를 거쳐 하나의 제품이 탄생한다는 진리를 다시 깨우친 것이다. 그후 우리는 럭스트롱의 국내 최초 개발이라는 쾌거를 이루었고, 모노륨 일색의 바닥재 시장에서 베스트셀러로 수년간을 군림할 수 있었다. 1957년 비닐 꽃장판 출시 이래 국내 바닥재 시장을 선도한 LG화학이 지금까지 신제품을 개발하며 지속적으로 시장에서 1등을 유지하는 것은 끊임없는 혁신과 개발이라는 정신이 있었기에 가능했다. 물론 1등을 지켜나가는 데에 이공계가 그 주역을 담당했음은 불문가지다.

석유화학의 꽃 NCC 건설에 참여

1988년 LG화학은 NCC(나프타 분해 센터) 사업에 진출하기로 결정했다. NCC는 석유화학 산업의 가장 핵심 공정으로, 석유화학의 쌀이라고 부르는 에틸렌을 비롯한 프로필렌, 부타디엔, BTX 등을 생산하는 공장이다. 당시 국내에서는 두 개 업체만이 생산을 하고 있었으며 대기업들은 너나 할 것 없이 눈독을 들이고 있던 사업이었다.

노태우 정권이 들어서자 사업인가가 정부 규제 일변도에서 업계 자율화로 바뀌는 바람에 삼성, LG, 현대, 한화, 롯데, 대한유화 등 6개 기업이 NCC공장의 건설을 계획하고 있었다. 한꺼번에 6개 공장이 들어서면 국내의 적은 수요를 충당하고도 반 이상이 남아 도저히 한 번에 짓는 것은 무리였음에도 불구하고 삼성과 현대는 수출을 하는 조건으로 정부의 인가를 받았다. 이렇게 되니 기술도입부터 기자재, 건설작업자까지 모든 것이 부족했다. 모든 회사들은 007작전을 방불케 하는 첩보전으로 세계에서 서너 군데만이 보유하고 있던 NCC 설계기술을 도입하기 위해 혈안이 되어 있었고, 심지어 한 기술사를 두고 두세 군데 기업이 쟁탈전을 벌이기도 했다. 기술자가 상담을 위해 공항에 도착하면 서로 모셔가려고 갖은 방법을 다 동원했던 웃지 못할 에피소드도 있었다.

우여곡절 끝에 6개 기업이 공장 착공식을 시작했는데 정부 고위직을 식장에 초빙하기 위해서도 보이지 않는 경쟁이 벌어졌다. 순진한 LG는 동력자원부 장관을 모시고 착공식을 했으나 다른 업체는 대통령까지 초빙했다. 당시 관례상 준공식에 대통령을 모시는 일은 종종 있었으나 착공식에까지 모시는 것은 도를 넘어서는 일이었다. 그만큼 이 프로젝트에 모든 회사가 심혈을 기울이고 있었다.

기자재 구입을 위한 기술적 검토와 공학적인 센스가 필요한 이공계가 구매부에 근무하는 것이 필요했기 때문에 나는 그때 구매부장을 맡고 있었다. NCC 공장을 건설하기 위해서 당시 대략 5000~6000억 원이 소요되었는데 지금 돈으로 환산하면 아마 그 열 배는 되리라 본다. 그중 구매 예산이 약 2500억 원으로 내가 책임을 갖고 집행해야 할 액수였다. 기획부장 시절 50~60억 원의 예산도 벌벌 떨면서 썼던 기억이 있는 나로서는 상상도 할 수 없는 큰 액수였다. 그 정도의 대규모 프로젝트에서 중추적 역할을 맡아 일을 진행하고 있다는 것에 나는 큰 자부심을 느꼈다.

그러나 그것도 잠시, 6개 업체가 한꺼번에 공장건설을 하니 사람과 물자가 얼마나 부족했겠는가? 결국 공장건설 단가는 폭등할 수밖에 없었고, 건설인부도 구하기가 힘들었을 뿐 아니라 노임 또한 예산을 훨씬 초과했다. 다행히 그러한 악조건 속에서도 모두 노력한 끝에 준공기간을 단축해 NCC 공장건설을 무사히 완료했다. 이는 세계적으로도 유례를 찾아볼 수 없는 획기적인 성과였다.

그 당시의 한 일화를 소개한다. 순조롭던 공장건설이 증류탑을 납품하기로 한 건설업체의 파업으로 삐걱거리기 시작했다. 공장 완공이 늦어지는 것은 물론 하루가 늦어질 때마다 엄청난 손실을 감내해야 할 판이었다. 그대로 앉아 있을 수만은 없었다. 파업 노조원들이 진을 치고 있는 현장으로 달려갔더니 우리 증류탑은 완성된 채 공장 바닥에 놓여 있었다. 가져가기만 하면 되었으나 길이 100미터 직경 5미터의 탑을 어떻게 운반할 것인가?

방법은 타워크레인을 운전하여 바지선에 싣는 것뿐인데 문제는 농성장의 노조원이 열쇠를 가지고 있다는 것이었다. 겁을 먹고 긴장했지만 우리 사정을 십분 설명하여 노사 양측을 설득하고, 노조로부터 타워크레인의 열쇠를 받아 증류탑을 무사히 바지선에 옮길 수 있었다. 그러한 전 과정을 골리앗 크레인 꼭대기에서 농성하던 노조원들도 보고 있었지만 그들 또한 다행히 제지하지 않았다. 만약 그리되었다면 물리적 충돌은 피할 수 없는 상황이었고, 공장 완공은 더욱 멀어졌을 것이다. 우리는 노조원들의 따가운 시선을 뒤로 하고 여수 건설현장으로 돌아왔다.

공장건설을 마치고 시운전을 할 때 우리는 유독 많은 애로를 겪었다. 제대로 정상제품은 나오지 않는 데 굴뚝 매연과 소음으로 주민들과 잦은 언쟁까지 해야 했다. 그것이 나중에는 언쟁으로 그치지 않고, 위험한 석유화학공장을 자기 고장에서 가동할 수 없다며 아예 정문을 막고 모든 차량의 통행을 방해하는 지경에 이르렀다. 공장 심장부인 조정실까지 점령당하는 험악한 사태가 야기됐고, 급기야는 연료를 조달받지 못해 시운전을 중단해야 할 상황이 되었다. 갖은 설득을 다했으나 막무가내였다.

그러나 '하늘은 스스로 돕는 자를 돕는다'고 했던가? '육로로 운반하지 않고도 다른 방법이 있지 않겠는가? 그래, 해상으로 운송한다면 정문을 통과할 필요가 없지.' 우리는 재빨리 하역 부두에 임시 배관공사를 하여 연료를 조달받음으로써 시운전을 계속할 수 있었다. 그렇게 갖은 고초를 겪으면서 정성들여 시운전을 했으나 도대체 정상제품이 나오지 않았다. 천신만고 끝에 정상제품을 뽑고 즐거워하던 것도 순간이었고 다시 불합격 제품이 나오기를 반복했다. 당시 사장이었던 성재갑 화학산업연합회 회장은 조정실에서 근무자들과 함께 날을 새고 있었다. 독실한 불교신자인 그분이 부처님께 빌고 또 빌었겠지만 효험이 없었다. 현장에서는 전문가들이 "이런 사례가 없었는데……" 하며 해결책을 모색하고 있었다.

문제점은 의외의 곳에서 밝혀졌다. 건설부장인 김홍익 부장이 처음부터 다시 점검을 하기 위해 도면을 보던 중 이상한 사실 하나를 발견한 것이다. 에틸렌과 수소를 분리하는 냉각 박스의 P&ID(Pipe and Instrument Diagram: 배관과 계장 설비가 같이 배치되어 있는 공장 기초 설계도면)와 공사용 배관 도면의 배관 연결구 위치가 서로 바뀌어 있는 것이 아닌가? 눈이 번쩍 뜨였다. 즉시 모여 회의를 거듭한 결과 바뀐 배관이 주원인이라고 만장일치의 결론을 내렸고 그 이후는 일사천리로 진행되었다.

배관연결 수정 공사 후 시운전 결과는 다시 돌린 지 반나절도 안 되어 정상제품으로 나오기 시작했다. 우리 기쁨은 이루 말할 수 없었다. 특히 지루한 시운전을 현장에서 끝까지 지켜본 성재갑 사장의 기쁨은 우리 이상이었다. 우리는 시간이 날 때마다 이 순간을 이야기하곤 했다. "어떻게 이런 실수가 생길 수 있었을까? 어떻게 김 부장은 이것을 발견했을까?" 당시 김 부장은 우리의 구세주였다. 나는 여기서 배운 것이 많았다. 아무리 큰 공사이고 완벽을 기한 프로젝트라 하더라도 사소한 것이 큰 문제로 야기될 수 있으며 또한 해결방법도 항상 있다는 것을 말이다.

당부의 말씀

해마다 신입사원이 들어오면 내가 꼭 하는 말이 한마디 있다. 이공계 출신은 반드시 공장 경험을 하라는 것이다. 그것도 빨리 하는 것이 좋다. 제조현장을 모르고 어떻게 이공계가 행세를 할 수 있는가? 최근에는 서울 근처에서 근무를 하려는 경향이 농후한데 이러한 현상이 이공계를 기피하는 이유의 하나가 되었다고 본다. 그러나 일반 대기업에서는 사원을 한 자리에 장기간 근무하게 놔두지 않는다는 점을 알아야 한다. 경력관리상 여러 부서를 경험하다 보면 자연히 수도권 근무의 기회도 주어진다. 공장의 현장경험은 본사에서 근무할 때, 자신의 업무수행만이 아니라 주위의 여러 부서에도 도움을 줄 수가 있다.

뭐니뭐니해도 제조회사의 꽃은 공장장과 사업부장직이다. 공장장은 제조의 책임자요, 사업부장은 개발 · 생산 · 마케팅 · 판매 · 애프터서비스까지 전 비즈니스 시스템을 총괄 관장하는 소규모 CEO로 대개 20년 이상의 경력을 가져야 맡을 수 있는 자리다. 회사에 들어와서 사업부장까지 맡으면 거의 다 이루었다고 생각한다. 대표이사까지 맡는다면 그만큼의 영광이 없겠으나 이것은 운도 좌우하니 운명에 맡길 수밖에 없다.

나는 여러분에게 사명감이나 애국적 견지에서 이공계 진학을 강요하지는 않는다. 다른 분야를 공부하더라도 국가에 기여할 수 있는 방법은 많다. 그러나 이공계에는 다른 분야에서 느낄 수 없는 무엇이 있다. 이학, 공학은 거짓말을 못한다. 과거 연금술사가 실패했던 것처럼 보통 금속으로는 금을 만들 수 없다는 말이다. 질량불변의 법칙, 에너지 보존의 법칙, 열역학 법칙처럼 과학은 정직하다. 노력한 만큼의 성과가 나오고 반드시 답이 나오게 되어 있다. 물론 많은 시행착오를 거치지만 해답은 존재하게 마련이다. 이것이 과학자가 갖는 진정한 보람이 아니겠는가?

나의 포부

나는 항상 일선에서 경영자가 가져야 할 가장 큰 능력은 통찰력이라고 이야기해왔다. 통찰력은 모든 사물과 사건을 한눈에 파악하고 미래를 읽는 혜안으로 경험과 지식에서 나온다. 그렇기 때문에 기업에서는 많은 부서를 두루 경험하여 경력관리를 하는 것이 중요하고, 지식을 습득하기 위해 끊임없는 교육이 필요한 것이다. 또한 통찰력은 철저한 전략적 사고에 바탕을 두어야 한다. 그것을 위해서는 논리적이어야 하고 분석적인 사고를 가져야 하며 기획을 하는 능력이 따라야 한다.

나는 이공계 출신으로서 할 만한 것은 다 이루었다고 본다. 다만 당초의 희망대로 강단에 서서 후진을 가르칠 수 있다면 더 이상 바람은 없다. 기업체에서 30여 년 동안 근무하며 습득한 경영 노하우를 어떤 방법으로든 후배에게 전수하고 싶다. 나의 희망인 후진 교육도 곧 기회가 오리라고 믿는다. 이것이야말로 맹자가 말하는 군자유삼락(君子有三樂)이 아니겠는가.

류종열

1961년 육군사관학교를 졸업한 후, 1963년 육군사관학교 교수요원으로 선발되어 미국 퍼듀대학에서 공학석사학위를 취득했고, 미국 일리노이공대 기계과에서 박사학위를 취득했다. 1980년까지 육군사관학교 병기공학과 교수 및 학과장, 국방과학연구소 위촉연구원 등으로 재직했다. 국가보위비상대책위원회 상공자원분과위원, 대통령 비서실 경제비서관, 중소기업진흥공단 이사장 등을 역임하고, 민간산업 분야로 진출해 효성그룹에서 10년간 회사 여러 부문의 대표이사를 역임했다. 그리고 1998년 기아자동차와 아시아자동차의 법정관리인인 기아그룹 회장으로 기아사태를 정리한 후, 독일 화학재벌 바스프가 외환위기 때 대규모 투자를 한 한국바스프(주)의 대표이사 회장을 역임했다. 2000년 은탑산업훈장과 2001년 한국능률협회의 한국경영대상을 수상했으며, 현재는 동독의 경제개발을 위해 설립된 독일투자진흥공사의 선임고문으로, 동독 경제개발의 교훈을 배우고 있다.

군인에서 기계공학교수로,
그리고 전문경영인으로의 변신

육군사관학교 진학과 미국 유학

1957년 경기고등학교 졸업을 앞두고 있던 나는 서울대학 화공과를 지망하고 있었다. 그런데 고등학교 선배인 당시 이상훈 대위(국방장관 역임, 현 재향군인회 회장)와 이종찬 육군사관학교 1학년 생도(국가정보원장 역임, 현 정치인) 등 여러 명의 선배들이 육사를 홍보하기 위해 학교를 방문했다. 또 육사를 지망하던 가까운 급우가 육사의 장점과 발전 가능성을 설명해줬고, 그즈음 시중에는 미국 육군사관학교인 〈웨스트포인트〉라는 영화가 상영되고 있었다. 선배들의 입학 권유와 급우의 설득, 그리고 영화의 감명으로 갑자기 진학 목표가 바뀌어 육사로 진학했다.

1961년 육사 17기로 졸업 후 광주 보병학교 과정과 최전방 비무장지대의 경계초소장을 거쳐 일선 보병중대 소대장으로 근무하고 있었다. 그때까지도 내 목표는 야전지휘관으로 성공하는 것이었다. 졸업 후 2년이 지나갈 때 육사 교수부에서 교수부 교관요원 선발시험이 있으니 응시하라는 연락이 왔다. 외출이나 휴가가 힘들던 당시에 시험을 보면 특별휴가를 받을 수 있었으므로 다만 휴가를 얻기 위해 응시했다. 교수요원이 되겠다는 생각이 없었던 나는 준비도 하지 않은 상태에서 시험을 쳤다.

선두그룹 네 명은 미국으로 석사과정을, 나머지 선발 요원들은 서울대학 3학년으로 편입하는 과정이었다. 뜻밖에 병기공학과에서 나를 유학과정에 지명해 네 명의 그룹에 포함시켰다. 아마도 3등으로 졸업한 것이 결정적 이유였을 것으로 짐작된다. 이렇게 해서 국비장학금으로 인디애나주에 있는 퍼듀대학 기계과 석사과정을 마치고 1965년 귀국했다. 나는 병기공학과에서 희망하는 유체역학, 열역학, 로켓-제트 추진 계통을 공부했다.

1년 정도 생도들에게 병기공학을 강의하고 있을 때 미국 일리노이 공과대학에서 박사학위 과정 제의가 있었다. 퍼듀대학에서 함께 공부했던 중국계 친구가 일리노이 공과대학으로 박사학위 과정을 옮기면서 자기 주임교수에게 나를 천거한 것이었다. 나는 뜻밖의 제안에 약간 당황했다. 그때까지도 나는 2~3년 후에 다시 야전근무를 하겠다는 계획이었다. 병기공학과는 물론이고 1965년 말 결혼한 아내 역시 박사학위 취득을 적극 권장했다. 미국 유학도 함께하고 영어과에 근무하던 가까운 김동진 동기(육군참모총장과 국방장관 역임)도 특별한 기회이니 놓치지 말라고 했다. 야전으로 가는 것만이 국가를 위하는 길은 아니라는 충고였다. 결국 이때부터 내 인생경로는 초기의 목표와는 다른 방향으로 향하고 있었다. 계속해서 새로운 제안이 나를 유도했다.

1970년 미국 일리노이공대 기계과에서 박사학위를 취득하고 귀국했다. 육사 병기공학과에서 강의를 하고 서울대학 공대 출강, 과학원 학사자문, 1971~1980년까지 대한주택공사 기술자문 등을 하면서 실질적인 프로젝트 관리자로서 국내 최초로 구반포 지역의 대규모 고온수지역 난방시스템을 총괄했다. 1974~1980년까지는 국방과학연구소 위촉연구원으로 특히 군용차량 개발에 적극 참여했고, 1976~1980년까지는 병기공학과 과장으로 재직했다. 1980년까지 전공과 관련된 여러 분야에서 적극적으로 활동하며 공학도로서 교수로서의 목표를 세우고 있었다.

또 다른 시작

그러나 기계공학도와 교수로서의 내 진로는 또다시 계획과는 다르게 변화되고 있었다. 1980년 6월에 국가보위 비상대책위원회 상공자원 분과위원으로 차출되어 분과위원회 간사를 맡았다. 당시 우리 경제는 박정희 대통령 시해에 따른 정치적·사회적 혼란과 더불어 전 세계를 강타한 오일쇼크로 심각한 위기에 처해 있었다. 마이너스 성장 및 높은 물가상승률, 박정희 대통령의 강력한 리더십 하에 적극적으로 추진되던 중화학프로젝트는 여러 분야에 걸쳐 재벌들의 과잉중복투자로 어려움을 가중시키고 있었다. 제5공화국 수립 후, 나는 고등학교 동창이었던 김재익 경제수석의 추천으로, 1980년 10월 대통령 비서실 경제비서관으로 보직되어 동력자원부와 상공부의 중공업 부문 담당 비서관이 되었다. 지금은 한국중공업을 거쳐 두산중공업이 된 한라중공업이 곤경에 처해 있었고, 조선·자동차·중전기 분야 모두 어려움에 처해 있었다. 더욱이 중동으로부터의 원유공급도 어려웠고, 에너지 문제도 심각한 상태였다. 내가 담당한 분야 전부가 위기에 직면해 있었다. 부처 담당자들과 함께 사명감을 가지고 열심히 타개방안을 찾았다.

그중의 한 가지만 언급하고자 한다. 전문가들의 의견을 종합하여 나름대로 분석해보니 자동차 공업이 향후 우리나라의 수출 전략 육성업종이라는 확신이 섰다. 하지만 완성차 공업 육성을 강하게 반대하는 의견도 만만치 않았다. 에너지 소비증가, 대기오염, 교통혼잡 유발 등이 반대 이유였다. 그러나 미국 MIT의 서남표 교수도 한국의 전반적인 공업수준, 국민소득 등을 고려할 때 자동차공업을 육성하기에 적합한 세계에서 몇 안 되는 국가라며 자동차공업의 전후방 산업연관효과를 생각해보라고 권유했다.

한 달 동안 자동차공업 육성방안을 작성해 대통령에게 보고하고 결재를 받았다. 내친김에 자동차, 특히 승용차의 수요 창출을 위하여 공무원의 자가운전 제도를 도입했다. 당시는 중앙부서의 국장급에게 운전사를 배정해 주었는데 조그만 포니를 타면서도 운전사를 고용하는 것이 관례였다. 국장

급의 운전기사 배정을 없애고 대신 수당을 지급하도록 했다. 또한 교통관련 규정을 선진국 수준으로 개선하기 위해 관련부서의 실무자들과 합동으로 회의를 해서 교통사고 관련법규를 개선했다. 당시에는 교통사고가 발생하면 무조건 운전자가 구속되는 게 관례였다. 오늘날 우리나라 자동차공업의 발전상을 보면서 과거를 회상하며 당시 함께 고생한 이원 과장(산자부 차관보 역임)과 홍병유 박사(캐나다 이민)에게 감사를 드린다.

중소기업진흥을 위해

열심히 업무를 수행하던 중 또 다른 변화가 나를 기다리고 있었다. 1982년 4월에 중소기업진흥공단 이사장으로 임명되어 대기업 관련 업무에서 중소기업 업무로 바뀐 것이다. 중소기업은 자본주의 시장경제의 초석으로, 중소기업이 번창해야 중산층이 두터워지고 양극화가 해소된다. 더욱이 중소기업은 대기업보다 고용창출 효과도 높아 모든 경제 선진국들은 중소기업 육성정책을 강력하게 추진하고 있다. 견실한 중소부품업체의 뒷받침이 있어야 대기업 조립산업도 국제경쟁력을 가지게 되는 것이다. 이렇게 해서 군인에서 교수로, 그리고 정부 관료에서 공기업의 장으로 변신하게 되었다.

당시의 진흥공단은 설립취지에 못 미치고 활력을 잃어 존폐기로에 처해 있었다. 중소기업진흥공단 활성화가 나의 새로운 임무였다. 취임 후 업무 파악을 한 나는 당시 중소기업 기술지도를 위해 발족한 생산기술사업단을 흡수통합했다. 임명 당시 중소기업 자금지원을 위해 필요하면 신용보증기금도 흡수합병하라는 내락을 받았다. 그러나 검토 결과 흡수합병해서는 안 되겠다는 결론을 내리고 김재익 수석에게 불가를 보고했다. 취임 당시 마흔넷이었던 나는 아마 최연소 국영기업체장이었을 것이다. 요즘 말로 낙하산 인사였다. 이범석 비서실장과 김재익 경제수석이 진흥공단을 방문해 직원들을 격려하며 내 입지를 강화시켜주었는데, 이 두 분은 랑군 사태 때 순국했다.

　공단의 주요업무는 중소기업에 대한 기술지도, 경영지도, 최고경영자 및 직원들에 대한 교육연수, 필요에 따른 자금지원 등이었다. 공학전공의 배경과 교수경력, 그리고 과거 연구자문 등의 배경은 공단업무 파악과 업무개선에 많은 도움이 되었다. 부임 후 수개월이 지난 어느 날 출근하던 나는 전두환 대통령의 호출을 받고 청와대로 갔다. 대통령께서는 수고한다고 격려하며 어떤 어려움이 있는지, 그리고 혹 건의사항이 있는지를 물었다. 나는 무역진흥 확대회의처럼 중소기업진흥 확대회의도 대통령께서 직접 청와대에서 주재해달라고 건의했고 대통령은 흔쾌히 수락했다. 그후 경제부처, 은행, 연구소, 중소기업진흥공단 등 중소기업지원 유관기관이 청와대에 모여 각자의 지원방안, 지원사례 등을 발표했고, 이 회의는 내 임기가 끝날 때까지 계속되어 많은 유망 중소기업이 발굴되고 지원되었다.

　6년간의 국영기업체장을 마지막으로 공직을 떠났다. 1988년 하반기에 고등학교와 일리노이공대 선배인 효성그룹 조석래 회장에 의해 또다시 새로운 인생경로가 시작되었다.

민간의 전문경영인으로

민간부문에서 전문경영인으로 출발하게 된 것인데 제조업회사의 대표이사로 활동하는 데도 공학전공 배경은 역시 많은 도움이 되었다. 1988년 말 효성에 취임하여 사출 및 조립기술에 대한 이해가 요구되는 비디오카세트 제작회사인 미국과의 합작사 효성B&H(주)를 시작으로, 1991~1994년까지 독일 화학회사와의 합작인 효성BASF(주) 대표이사, 계속해서 그룹 내 여러 분야 제조회사의 대표이사를 역임했다. 1994~1998년까지 효성중공업(주)의 대표로 초고압 변압기 및 차단기 개발생산에 진력했고, 한국전력의 수요에 의해 765킬로볼트용 변압기 및 차단기 개발을 위해 일본의 히타치와 기술제휴를 끝으로 효성을 떠났다. 여러 분야의 제조업체 사장을 겸직하기도 하면서 제조과정을 이해하고 업무를 쉽게 숙지할 수 있었던 것은 모두 공학을 전공한 배경이 있었기 때문이었다. 효성중공업 사장으로 있던 1995년 7월에는 능률협회로부터 IE대상: 최고경영자상을 수상했다.

1998년 3월 효성중공업 부회장으로 승진했고, 효성에 온 지도 10년이 지나가고 있었다. 평소 잘 알고 있던 진념 기획예산처 장관에게 전화가 와서 만났더니 공기업사장을 해보지 않겠느냐고 제안했다. 관심이 있다면 추천하겠다는 것이었다. 대상 공기업을 확인한 후 이력서를 보내고, 며칠이 지나 만나자는 연락이 와서 약속장소에 갔더니 산업은행 김영태 총재가 동석하고 있었다. 내용인즉 부도난 기아자동차와 아시아자동차의 법정관리인을 맡아 달라는 것이었다. 인선위원회에서 내 이력서를 보고 공직, 공기업, 사기업을 두루 거쳤으니 공기업보다 문제의 기아/아시아자동차의 법정관리인을 맡기자고 합의가 되어 이미 대통령에게도 보고되었다는 것이었고 산업은행이 주간사 은행이었다. 이렇게 하여 자동차 분야와의 남다른 인연이 또 시작되었다.

기아/아시아자동차는 당시 외환위기를 촉발시킨 주범으로 지목되고 있었다. 1998년 4월부터 1999년 3월까지 기아자동차(주) 및 아시아자동차(주)의 법정관리인 겸 기아그룹 회장을 맡아 세 차례에 걸친 국제입찰을 통해 현대자동차에 낙찰되었다. 하루 빨리 현대가 정상 운영할 수 있도록 현대자동차와 공동관리하겠다고 건의했고 이것이 받아들여졌다. 현대자동차가 인수 잔금을 납부한 3월 말 법원에 관리인 사직서를 내고, 다음날인 1999년 4월 1일부터 한국바스프(주) 대표이사 회장직을 맡았다.

세계적 화학재벌인 독일 바스프(BASF)는 외환위기 무렵 한국에 대규모 투자를 했다. 합작회사인 효성바스프와 한화바스프의 지분을 인수하고, 대상그룹의 라이신사업, 동성화학의 폴리올사업을 인수하여 바스프가 전액

투자한 바스프코리아 등 5개의 기업을 통합한 큰 규모의 외국인 투자기업을 출범시켰다. 각각 다른 기업문화와 사규 및 임금체계를 하나로 통일하고, 조직안정화 및 기업문화의 융합을 통한 단일조직의 경영체제를 구축해 새로운 회사로 재도약시키는 것이 나에게 주어진 임무였다.

내가 한국바스프(주) 회장직을 맡은 몇 달 후에 본사 스트루베 회장이 아시아 담당이사와 함께 한국을 방문했다. 나는 청와대 비서실의 협조를 받아 김대중 대통령과 스트루베 회장의 면담을 주선했고, 면담에 배석했다. 이 자리에서 김대중 대통령은 "나는 외국인 직접투자(FDI)를 가장 선호한다. 외국인의 직접투자로 외화가 도입되고, 선진 기술과 선진 경영기법이 전수되며 해외시장이 소개된다"고 말씀했다. 두 분은 의기투합하여 거의 한 시간 가까이 대화가 계속되었다. 배석했던 이기호 경제수석의 말로는 외국 기업인의 의례적 방문은 대략 15분 내지 20분 정도가 통상적이므로 확실히 특별한 예외라는 것이었고, 감명받은 스트루베 회장은 이러한 대통령이 있는 한 대한민국에 적극 투자하겠다는 결심을 밝혔다. 그후 김대중 대통령의 유럽 순방시 프랑크푸르트에서 다시 만난 스트루베 회장은 4억 불(미화)투자를 약속했고 실제로 이를 실행했다. 이때도 나는 두 분의 면담에 배석했다.

2000년 11월 수출에 따른 공로로 은탑산업훈장을, 2001년 3월 한국능률협회로부터 한국경영자상을 수상했다. 2003년 3월말 4년간의 한국바스프 대표이사 회장직을 끝으로 20년이 넘는 대표이사직을 마감하고 현업에서 은퇴했다.

또 다른 미래를 위해

2004년 2월부터 동독 경제개발을 위해 연방정부와 동독 주정부가 공동으로 설립한 투자진흥공사(Industrial Investment Council)의 선임고문직을 맡아 독일의 교훈을 배우고 있다. 차후에 우리에게도 도움이 되리라고 믿기 때문이다.

나는 초기의 목표와는 다른 길을 걸어왔으나, 나름대로 보람이 있었다는 자부심을 갖는다. 또 나름대로 성공적인 길을 걸어 왔다고 생각하며 그 근저에는 공학전공의 배경이 많은 도움이 되었다고 믿는다. 우수한 젊은이들이 이공계를 전공하여 과학기술 분야는 물론이고 전문경영인, 정치인 등 다방면으로 진출할 수 있기를 바란다. 때마침 정부에서 과학자 우대정책을 도입한다니, 가까운 장래에 우리나라의 선진국 진입을 기대해 본다.

민계식

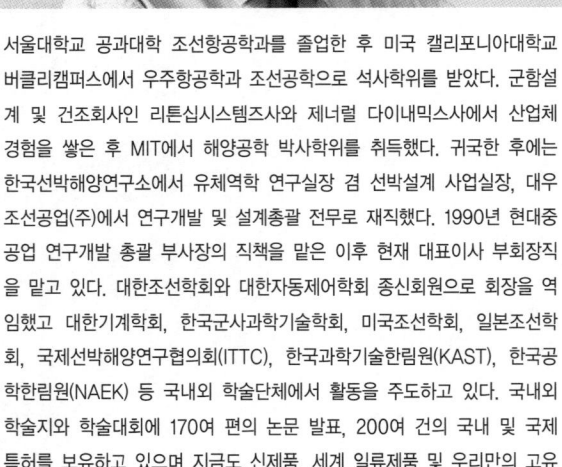

서울대학교 공과대학 조선항공학과를 졸업한 후 미국 캘리포니아대학교 버클리캠퍼스에서 우주항공학과 조선공학으로 석사학위를 받았다. 군함설계 및 건조회사인 리튼십시스템즈사와 제너럴 다이내믹스사에서 산업체 경험을 쌓은 후 MIT에서 해양공학 박사학위를 취득했다. 귀국한 후에는 한국선박해양연구소에서 유체역학 연구실장 겸 선박설계 사업실장, 대우조선공업(주)에서 연구개발 및 설계총괄 전무로 재직했다. 1990년 현대중공업 연구개발 총괄 부사장의 직책을 맡은 이후 현재 대표이사 부회장직을 맡고 있다. 대한조선학회와 대한자동제어학회 종신회원으로 회장을 역임했고 대한기계학회, 한국군사과학기술학회, 미국조선학회, 일본조선학회, 국제선박해양연구협의회(ITTC), 한국과학기술한림원(KAST), 한국공학한림원(NAEK) 등 국내외 학술단체에서 활동을 주도하고 있다. 국내외 학술지와 학술대회에 170여 편의 논문 발표, 200여 건의 국내 및 국제 특허를 보유하고 있으며 지금도 신제품, 세계 일류제품 및 우리만의 고유 기술 개발에 열중하고 있다. 2005년 한국경영대상 등을 비롯해 수많은 상을 수상했다.

기술을 지배하는 자가 미래를 지배한다

서 언

존경하는 역사적 인물이 여러 분 있지만 그중에서도 인생의 지침으로 삼는 분, 즉 인생의 벤치마크(benchmark)인 분이 두 분 있다. 한 분은 일상생활의 정신적 지주로 삼는 독일의 시성 괴테이고, 또 한 분은 전문분야의 지침으로 삼는 미국의 발명가 에디슨이다.

다섯 살 때 아동용으로 편집된 에디슨의 전기를 읽었다. 이야기는 이렇게 시작된다. 에디슨이 동네 친구에게 카바이드와 물을 먹이고 친구가 공중에 뜨는지 실험을 하고 있다. 잘 알려진 것처럼 카바이드에 물을 부으면 아세틸렌가스가 발생하는데, 아세틸렌가스는 공기보다 가벼워 고무주머니에 가득 채우면 고무주머니가 둥둥 떠서 하늘로 올라간다. 에디슨은 사람도 그렇게 되는지 실험을 한 것이다. 그 전기를 읽은 후부터 에디슨은 내 인생의 목표가 되었다. 그러니까 나는 아인슈타인 같은 위대한 이론적 과학자보다는 에디슨 같은 실용적 발명가가 되기를 꿈꾸어 온 것이다. 이러한 내 결심은 평생 변한 적이 없으며 그래서 어릴 때부터 공학을 전공하기로 결심했다.

공학 중에서도 조선공학이라는 전문분야를 선택한 것은 우리나라가 국토도 좁은데다 3면이 바다로 둘러싸여 있어 대양으로 진출하여야 한다는 지정학적 의식 때문이었다. 이러한 생각을 갖게 된 것은 고등학교 1학년 때였는데, 서울대학 공과대 조선항공학과에서 조선공학을 전공한 이래 철두철미 조선해양 공학자로 살아왔다. 조선공학은 고전적인 학문이기 때문에 학문 자체로서는 매력이 적다는 것을 알게 되었지만 내 분야에서는 세계 최고의 권위자가 되고자 노력했다.

내 인생의 지침으로 삼은 두 분은 모두 성공적이고 행복한 생을 영위했다. 괴테는 여러 분야에 걸친 많은 업적으로 불후의 명성을 쌓았을 뿐만 아니라 사회적으로도 높은 지위에 이르러 부유한 생활을 영위하였으니 행복한 사람이라고 하지 않을 수 없다. 더구나 노년에도 정신적인 젊음을 유지했으니 참으로 부러운 일이다. 에디슨 역시 생활과 사업에서 모두 크게 성공해 아메리칸 드림을 성취했으므로 행복한 사람이다. 그러나 그러한 성공은 세상을 좀더 보람 있게 살기 위해 범인의 행위를 초월하는 많은 노력을 기울인 결과임을 알아야 한다. "내 발명은 99퍼센트의 노력과 1퍼센트의 영감으로 이루어졌다"고 에디슨은 말하지 않았던가!

성장 배경

부모님이 마흔 넘어 4남3녀 중 막내아들로 태어난 나는 늦게 태어난 데다가 태평양전쟁과 한국전쟁 등으로 제대로 섭생을 못하여 어릴 때는 몸이 약하고 잔병이 많았다. 아버지는 오늘날 서울대학 의과대 전신인 경성제국대학 의학부 2회생이었고, 어머니는 서울대학 사범대 전신인 경성사범 1회생이었다. 어릴 때부터 아버지는 내 생애의 생활지침이 된 3대 인생관을 철저히 교육시켜주셨고, 어머니는 엄격한 스파르타식 교육을 시키셨다.

나는 마당이 넓은 집에서 비교적 풍족하게 자라났다. 앞마당도 넓었지만 뒷마당은 엄청나게 넓어서 동네 아이들과 야구도 하고, 겨울에는 물을 뿌려 얼려서 스케이트도 타고 놀았다. 특히 진흙이나 나무로 장난감과 모형을 만들거나 여러 가지 물건을 만드는 것을 좋아했다. 유치원 시절에는 대청마루 벽에 걸려 있던 벽시계를 비롯하여 형이나 누이 방에 있던 괘종시계를 뜯어보고 다시 맞추지를 못해 난감한 적이 몇 번 있었지만 부모님으로부터 꾸중을 들었던 기억은 없다. 아버지는 "이놈아, 뜯어보았으면 다시 조립해 놓아야지!" 하시며 동네 시계방에서 고쳐 오시곤 했다.

이처럼 마음 내키는 대로 물건을 만들어보고 뜯어보기도 하고 상상을 하면서 지낸 어릴 때의 생활이 창의력 함양에 큰 도움이 되었다고 생각한다. 강인한 체력을 갖도록 길러주시고 건전한 정신교육을 시켜주시고 나를 이해하고 격려해주신 부모님께 항상 감사한 마음이다. 중고등학교 때도 정규 공부보다 산악반, 육상반, 물리반 등 과외활동을 더 열심히 했고, 고등학교 3학년 12월까지 대외 운동경기에 한 해도 거르지 않고 출전했다. 대학에 가서도 1, 2학년 때는 실험실습에 더 열중하고 강의에 등한한 편이었으나 3, 4학년 때는 강의에 충실하여 외국 유학에 어려움이 없는 성적을 유지했다.

미국 유학 및 산업계 경험

당시는 일자리가 귀해서 공과대학을 졸업해도 취업하기가 어려웠다. 대학을 졸업하고 ROTC 장교로 임관하여 복무하면서 제대가 가까워올 즈음 대한조선공사에서 2년 이상 유경험자를 채용한다는 정보를 입수했다. 군 경력을 경험으로 원서를 제출했고, 입사시험을 통해 사원이 된 후 미국 유학을 가기까지 약 4개월 동안 우리나라 산업계의 현장경험을 할 수 있었다. 당시 우리나라 조선공업은 대한조선공사라는 국영기업의 이름만 있을 뿐 거의 실적이 없었다. 근무하는 동안 기억에 남는 일이라고는 포항–울릉도를 취항하는 280톤급 화객선(청룡호)의 진수식 때 박정희 대통령 내외분이 참석했다는 것 정도다. 지금 생각하면 '그것도 배냐!'고 할 만큼 손바닥만한 선박이었으니 호랑이 담배 피우던 시절의 일이었다.

1967년 8월말 미국 캘리포니아대학 버클리캠퍼스(이하 UCB)로 유학을 떠났다. MIT에서도 입학허가를 받았는데 재정지원으로 MIT에서는 RA(Research Assistantship)를 받았고 UCB에서는 펠로십을 받아 조건이 더 좋은 UCB로 결정한 것이다. UCB에서는 20세기 세계 3대 유체역학자 중 한 사람이라고 불리던 위하우젠 교수를 지도교수로 모시는 행운을 얻었다. 그분은 특정과에 소속되지 않고 조선공학과, 기계공학과, 토목공학과, 항공공학과 등 여러 과에서 강의하고 있었다. 지도교수가 조선공학과 항공공학의 유체역학이 비슷하니 세상을 살아가면서 융통성(flexibility)을 위해 두 가지를 모두 공부하는 것이 어떻겠느냐고 권고하여 우주항공학 공부를 먼저 시작했다. 그래서 1969년 6월에는 우주항공학 석사를, 1970년 6월에는 조선공학 석사학위를 취득했다.

그동안 한 가지 문제가 생겼다. 미국에 유학 온 지 1년쯤 지나 1968년 가을학기가 끝난 12월 초 결혼을 했는데 1969년 9월 출산 예정이던 첫 아기가 6월 9일 세상에 나왔다. 아내의 자궁이 작아서 조산한 아이는 1.8킬로그램이었다. 죽을지 살지도 확신하지 못하는 상황에서 2개월 이상 인큐베이터에 머물며 여러 치료와 보살핌을 받아 3개월 후에는 거의 정상이 되어 퇴원했다. 그러나 그동안의 막대한 병원비가 청구되어 수시로 독촉장이 배달되었다. 지금은 미국 사회를 잘 알지만 당시에는 몹시 겁이 나서 학교에서 받는 것 외에 과외로 일을 하여 조금씩 갚아나가기로 했다.

가장 먼저 시작한 일은 학교에서 멀지 않은 큰 백화점의 여자 화장실을 청소하는 일이었다. 비록 화장실 청소부였지만 집안의 교육과 내 철학은 무엇을 하든지 세계 제일이 되도록 하자는 것이었다. 열심히 청소를 한 지 일주일 후 백화점 책임자가 일하는 자세에 감탄했다고 하면서 다른 부서(품질통계부)에서 일하도록 해주었다. 그러나 급여가 얼마 되지 않아 시간당 급여가 더 많은 곳으로 여러 번 일자리를 옮겨야 했는데 델몬트 통조림공장, 오클랜드 부두 하역노동자 등을 거쳐 유학생활 중 마지막으로 한 노동은 애리조나주에서 샌프란시스코시에 있는 페어몬트 호텔로 고기를 운반하는 대형 냉동트럭을 운전하는 일이었다.

　그러나 아무리 열심히 일해도 틈틈이 하는 일이라 수입도 얼마 되지 않고, 일을 끝내고 강의에 들어가서는 기진맥진해 공부도 잘 안 되서 1년 동안 내 전문분야에서 정식으로 일을 하여 병원비를 갚고 다시 학교에 돌아오기로 계획했다. 지도교수는 처음에는 반대했으나 몇 번 청원하여 허락을 받았

다. 그리고 지도교수의 추천서로 '리튼십시스템즈' 라는 대형회사에 취업할 수 있었다. 이 회사는 리튼 인더스트리얼 그룹 내의 계열회사로 항공모함, 구축함 등 군함의 설계와 건조를 하는 회사였다. 1년만 일하고 학교로 돌아간다고 했지만 결국 이 회사에서 2년, 그리고 원자력 잠수함을 설계하고 건조하는 제너럴 다이내믹스라는 회사에서 2년, 도합 4년간을 산업계에서 일했다.

　그동안 나는 내 전공 외에도 가능한 한 많은 지식을 배우려고 노력했고, 그 결과 전공 외의 분야에서도 그 분야 전문가보다 더 일을 잘한다는 평가를 받게 되었다. 4년 동안의 산업계 경험은 평생을 통해 큰 도움이 되었다. 또한 그즈음에 우리나라에서도 대규모 조선산업을 시작했다는 소식을 듣고, 공부를 마치고 귀국하면 우리나라 조선공업을 세계 제일로 성장 발전시키기 위해 온몸을 불사르겠다는 굳은 결심을 하게 되었다. 미국의 대표적인 두 조선회사에서 일하면서 또 한가지 인지하게 된 것은 공학부문에는 역시 MIT 출신의 책임자가 많다는 사실이었다. 그래서 학교를 바꾸면 공부를 마치는 데 몇 년의 시간 손실이 있겠지만 그것을 감수하고라도 이왕이면 MIT에 가서 학교 공부를 마치기로 계획을 바꾸었다.

직장생활

1978년 MIT 해양공학과에서 박사학위를 취득하고 시애틀에 있는 보잉사에서 일하기 시작했다. 그곳에서 꼭 3년만 일하고 귀국하리라 생각했는데 일을 시작한 지 3개월 후에 아버님의 중병으로 모든 것을 다 정리하고 급히 귀국했다. 귀국 후 한국선박해양연구소에서 유체역학 연구실장 겸 선박설계 연구실장으로 일하다가 개인적으로 불행한 일을 당하여 1979년 말 대우조선공업(주)으로 직장을 옮겼다. 대우조선에서는 단 세 명의 직원으로 설계부를 설립했는데 회사의 틀이 다 갖추어지기도 전인 이때 영국의 벤라인이라는 해운회사로부터 14만 톤급 살물선을 수주했고, 1979년 12월 설계부원이 12명으로 늘었을 때는 일본의 유수 조선회사와 경합해 노르웨이 국영석유회사 스타트오일에서 발주하는 세계에서 가장 복잡한 12만 5000톤급 북해 유조선을 거의 동일한 가격으로 수주했다. 이러한 사실은 당시 이 사업을 알던 사람들 사이에서는 지금도 전설적인 이야기로 회자되고 있다. 대우조선은 초기 설계부원 12명이 모체가 되어 현재의 막강한 설계부로 발전했으며 나는 11년 동안 영업, 설계, 연구개발, 그리고 일부의 생산까지도 맡아 혼신의 힘으로 회사발전을 위해 노력했다. 초기 설계부원들은 요즈음도 정기적으로 모여 당시의 전설적인 일들을 회상하며 감회에 젖는다.

그러나 내 개인적인 삶에 큰 획을 그은 것은 고 정주영 명예회장님과 그 아들인 정몽준 의원의 권유로 1990년 현대중공업 선박해양연구소 소장으로 일하면서부터이다. 이때부터 '기술이 미래를 지배한다'는 기술에 대한 내 철학을 펼칠 수 있었다. 기술도입 등 외국 기술에 의존하기보다 우리가 직접 개발하도록 연구개발에 지원을 아끼지 않으셨던 명예회장님을 생각하면 그 선견지명에 머리가 숙여지고 고마움에 나도 모르게 눈물이 흐른다.

당시 시베리아의 자원개발을 위해 대규모 인력을 운송할 일이 발생했다. 그래서 포항이나 울산에서 약 400해리 떨어진 소련의 나호트카까지 인력을 운송할 고속선이 필요했다. 특수선 사업부에서 목적에 적합한 초고속선 설계도면을 구입하기 위해 2개월 이상 전 세계 관련기관을 방문했지만 결국 적절한 설계를 구할 수 없었다. 그리하여 선박해양연구소에서 목적에 맞는 선박의 설계업무를 수행하게 되었는데 결과적으로 세계에서 가장 우수한 300인승 45노트급 장거리 초고속 여객선(한마음 1호와 2호)이 탄생했다. 나는 단 세 명의 연구원으로 대부분의 설계를 직접 수행했고, 1년 만에 설계 및 건조를 완료함으로써 그에 대한 공으로 제1회 대한민국 공학상을 수상했다.

1995년 세계적인 추세에 따라 기술개발업무를 좀더 체계적이고 효과적으로 수행하기 위해 독립적으로 운영되던 세 개 연구소를 통합해 기술개발본부를 설립하고 초대본부장으로 취임했다. 이후 수없이 많은 연구개발 과제를 직접 수행했고, 세계에서 가장 우수한 초고속선 개발을 비롯하여 연료경제선형 설계기술, 선박의 연료절약장치, 중형디젤엔진 독자(고유)모델, 지하철이나 고속철용 각종 전장품, 해저 파이프 자동용접기 등 많은 신기술, 신제품을 성공적으로 개발해 왔다.

현재 현대중공업에는 기술개발본부 산하에 네 개의 국내 연구소(순수 연구원만 600여 명)와 두 개의 해외 연구소(헝가리와 미국)가 있으며 가까운 장래에 중국에도 두 개의 연구소를 설립할 예정이다. 또한 여섯 개의 사업본부마다 기술개발 전담부서를 보유해 유기적인 공동연구, 또는 협동연구가 이루어지고 있으며 진정한 글로벌 R&D 네트워크를 갖추어 가고 있다.

1980년대에 두 번이나 모교에서 교수초청을 했으나 매번 거절했다. 많은 사람이 학교로 진출하기 위해 애를 쓰지만 나는 내가 설계하거나 연구개발한 결과가 제품이 되어 세상에 탄생하는 것을 보고 싶었고, 그것이 가능한 곳은 산업계밖에 없었기 때문이다. 그런 면에서 나는 성공한 행운아라고 자부한다.

후 기

오늘날 세계 경제는 토지와 노동과 자본을 중심으로 하던 종전의 자원기반

경제에서 지식과 정보, 창의성을 중심으로 한 지식기반경제로 이동하고 있으며 우리도 결국 세계적 추세에 따라 변화해야만 한다. 특히 변화의 중심에 있는 산업체로서는 세계 최고의 기술 및 제품들과 경쟁해야 하기 때문에 대내외적으로 많은 도전과 변화에 직접적으로 대응해야 하는 과제를 안고 있다. 이러한 격변의 불확실성 시대, 그리고 불연속성과 다양성의 시대에 경쟁력을 가지고 살아남기 위해서는 새로운 개념의 자원이 요구되는데 그중 가장 중요한 것이 우리만의 고유기술이다. 이 난국을 헤쳐나갈 수 있는 길은 오직 끊임없는 기술개발뿐이다. 기업경영에서 기술개발을 해야 하는 이유를 간단명료하고 극적으로 표현한다면, '경제상황은 부침이 있지만 기술은 발전하는 쪽으로만 간다'고 할 수 있다. 기술을 지배하는 자가 미래를 지배한다. 우리는 기술만이 미래를 보장해주는 시대에 살고 있다는 현실을 직시하고, 혁신적인 기술개발이 이루어질 수 있도록 범국가적인 노력을 기울여야 한다.

세상을 보람 있고 성공적으로 살기 위해서는 우선 어떤 일을 하겠다는 결의와 얼마만큼 하겠다는 목표를 정하는 것이 중요하다. 이것은 빠를수록 좋다. 그리고 '하늘은 스스로 돕는 자를 돕는다'는 자조의 정신을 가지고 어려움을 참으며 노력하면 누구나 어느 정도의 성공은 이룰 수 있다고 생각한다. 이러한 생활 자세는 한마디로 요약해서 내 좌우명인 '진인사대천명(盡人事待天命)'의 철학이라고 할 수 있다.

박대연

1975년 광주상고를 졸업하고 1988년까지 한일은행 전산실에 재직 후 30대 늦은 나이에 유학길에 올랐다. 미국 오리건대학교에서 컴퓨터학 학사 및 석사 학위를 받고, 남가주대학교에서 컴퓨터학으로 공학박사 학위를 받았다. 귀국해 한국외국어대학교 제어계측공학과 교수를 역임한 후 1998년부터 KAIST에서 전기 및 전자공학과 교수로 재직하고 있다. 1997년 기업용 시스템 소프트웨어 개발업체인 '티맥스소프트'를 설립하고 R&D센터장을 맡아, 독자 기술력으로 미들웨어, 데이터베이스를 비롯한 10여 종의 국산 소프트웨어 개발에 성공하여 한국을 대표하는 소프트웨어 개발자로 평가받고 있다. 회사 또한 외산 미들웨어 제품들을 누르고 국내시장 1위를 차지하면서 한국 최대 소프트웨어 기업으로 성장하고 있고, 이러한 공로로 2005년 은탑산업훈장을 받았다. 평소 꾸준히 조깅과 등산으로 건강관리를 하며 연구에 열정을 쏟고 있다.

세계적인 소프트웨어 개발에 혼을 바친다

'윈도우(Windows)'라는 제품 하나로 남녀노소가 이름을 기억할 만큼 유명한 세계 1위 소프트웨어 기업 '마이크로소프트', 컴퓨터기업의 종가로 세계 10대 기업의 하나인 'IBM', 10년 남짓한 기간에 전 세계 데이터베이스 시장의 선두를 굳힌 '오라클'……. 한국의 대표 기업인 삼성전자가 세계 최고의 반도체 기업으로 자리매김한 것처럼, 세계적인 소프트웨어 기업이 한국에서 나올 수는 없는 것일까?

찢어지게 가난했던 어린 시절을 가진 독특한 이력과 30년 넘게 소프트웨어 한 길만을 걸어온 나를 주변 사람들은 괴짜, 낙천주의자, 돈키호테라고도 하고, 한국의 빌 게이츠라며 조금은 과분한 별명으로 부르기도 한다. 나는 외국 대형 소프트웨어 기업들이 만든 제품들보다 더 우수하고 경쟁력 있는 제품을 개발하기 위해 며칠 밤을 지새우기도 하고, 심지어 꿈속에서조차 프로그램 오류를 찾아낼 만큼 소프트웨어에만 몰두했다. 힘들기도 했지만 한 사람의 과학자로서 원하는 목표를 이루기 위해 혼을 바쳤다. 내가 이를 기꺼이 감당할 수 있었던 것은 한국경제의 미래를 위해 누군가는 꼭 해야 할 일이었고, 그 짐을 대신 져줄 다른 사람도 마땅히 없었기에 내가 해야만 한다는 막중한 책임감을 느꼈기 때문이다.

돌이켜보면 역경의 연속이었던 청소년 시절이 오히려 현재 내가 겪고 있는 육체적·정신적 어려움을 헤쳐 나가는 데 적잖은 도움을 주고 있는 것 같다. 1956년 전라남도 담양의 부농 집안에서 태어났지만, 아버지가 친척의 빚보증을 섰다가 가세가 급격히 기울고 말았다. 식구들이 겨우 몸을 누일 집 한 채만 남은 상태에서 아버지마저 큰 병으로 자리에 누우시자, 갓 돌을 지난 막내는 남의 집에 입양시켜야만 했다. 초등학교를 졸업한 나는 광주 동성중학교 야간과정에 입학해 낮에는 전남화물이라는 작은 운수회사에서 일을 했다. 한 달에 3000원을 받는 사환을 하면서 심부름하는 교통비를 아껴 어머니께 드리곤 했다. 공부를 해야만 가족의 미래를 바꿀 수 있다는 절실함으로 중학교 때부터 1등을 놓치지 않았다.

광주상고 야간부에 진학해서도 마찬가지였는데, 당시 상고를 1등으로 졸업하면 무시험으로 은행에 입사할 수 있는 특례가 있었기 때문에 그 기회를 잡기 위해 공부에 절실히 매달렸다. 그 결과 1975년 한일은행에 입사했고, 초봉으로 7만 원을 받아 찢어질 듯 가난하던 흔적도 조금씩 지울 수 있었다. 무엇보다도 은행 대출로 동생들 학비를 충당할 수 있었다.

은행원으로 안정된 생활을 하던 어느 날, 본점 전산실에서 직원을 모집한다는 사내 공고를 보았는데, 그것이 결과적으로 내 인생의 일대 전기가 되었다. 공고 내용은 적성검사를 한 뒤 결과를 반영해 배속한다는 것이었고, 호기심 삼아 검사에 응한 결과는 놀랍게도 적합 판정이었다. 제대로 만져본 적도 없는 컴퓨터가 어떻게 적성이 맞는지, 그리고 잘 해낼 수 있을지 하는 의구심과 걱정 속에서 1976년 11월 전산실로 소속을 옮긴 것이 소프트웨어와 내 인생의 첫 만남이었다.

전산실로 배속된 후 IBM 위탁과정을 통해 컴퓨팅 기초지식부터 메인프레임 시스템 실무교육에 이르기까지 하나씩 배워나갔고, 컴퓨터라는 신기한 기계와 흥미로운 프로그래밍에 흠뻑 빠져 이후 12년 6개월간 근무하면서 성실성과 능력을 인정받았다. 그때의 실무경험이 오늘날 티맥스소프트에서 보다 경쟁력 있는 소프트웨어를 개발하게 된 밑거름이 되었다.

막내 동생까지 대학을 졸업하여 동생들을 뒷바라지하던 의무를 마친 후, 컴퓨터에 관한 공부를 제대로 해보고 싶다는 의욕이 솟아올랐다. 냉엄한 현실과 학문에 대한 열정 사이에서 갈등하다가 1988년 결국 은행에 사표를 내고 퇴직금 1300만 원을 손에 쥔 채 30대 늦깎이 유학생으로 미국 유학에 나섰다. 지인 하나 없는 생소한 이국땅에서 오리건대학의 컴퓨터학과 학부과정부터 입학했다. 대학의 학비와 생활비는 나에겐 상당히 큰 금액이었기 때문에 장학금을 받는다 해도 월 생활비로 100불을 넘겨서는 학업을 마칠 수가 없었다. 따라서 단기간에 많은 학점을 따서 일찍 졸업하는 것만이 최선의 선택이었고, 남들 하는 아르바이트도 하지 않은 채 한 학기에 무려 24학점씩 수강하며 공부에만 몰두했다.

그런데 두번째 학기의 개강을 하루 앞두고 한밤중에 갑작스런 복통으로 응급실로 실려갔다. 원인은 탈장이었는데 수술을 하고 난 후 의사는 며칠간 입원해야 한다고 말했다. 그러나 수술 다음날이 학기 개강일이었고, 수중의 학비와 생활비를 입원비로 쓸 수 있는 형편이 아니었기 때문에 바로 퇴원해 학교로 가서 수업을 들었다.

늦게 시작한 유학인지라 기간을 단축하기 위해 방학 때까지 학점을 취득했고, 결국 3년 만에 전 과목 A의 성적으로 학사와 석사까지 모두 마칠 수 있었다. 1992년 1월 곧바로 남가주대학으로 옮겨 박사과정을 시작했고, 박사과정에서도 전 과목 A학점과 최우수 졸업논문상을 받으며 4년 반 만에 학

위를 취득했다. 공부를 마치고 난 후에는 어느 정도 친숙해진 미국에서 자리를 잡을까 잠시 고민했다. 국내 굴지 대기업들로부터 좋은 조건으로 채용 제안도 받았지만, 국내 대학에 자리를 잡기로 최종 결심했다. 몇몇 학교에 대학교수 지원서를 냈지만, 마흔둘이라는 나이도 있고 학계에 선후배 관계도 없어서 상대적으로 불리하리라는 생각에 선뜻 자신감이 들지 않았다. 그러던 어느 날 한국외국어대학에서 제어계측학과 조교수로 임용하겠다는 통보를 받았고, 1996년 9월부터 대학교수로 일을 시작했다.

학생들을 가르치며 분주한 나날을 보낼 무렵 KAIST 교수 모집공고를 보고, 공학 분야에 전문적인 교육 및 연구 여건을 제공해줄 것이라는 기대로 지원서를 냈다. 그러나 역시 일천한 국내 학력이 문제였던 듯 임용 인터뷰에서 KAIST가 어떤 곳인 줄 아느냐, 그래도 젊은 인재가 낫지 않겠느냐는 자존심 상하는 지적을 받아야 했다. 그럼에도 그간의 노력을 설명하고 충분히 역량을 갖추었다는 것을 차근차근 설득한 결과, 1998년 1월 KAIST 전기 및 전자공학과 교수로 임명되었고 지금까지 재직하고 있다.

1997년 6월 한국외국어대학에 몸담고 있던 시기에 꿈을 실현하기 위해 티맥스소프트를 설립했다. 회사를 세우기로 결정한 데는 개인적으로 두 가지 이유가 있었다. 하나는 미국 유학을 떠나기 전 은행에 근무하던 시절부터 생각했던 것으로 IBM 같은 외국기업들만 만들던 고난이도의 핵심 소프트웨어를 우리나라에서도 만들 수 있으면 좋겠다는 꿈이었다. 또 다른 하나는 어린 시절 워낙 어려운 여건에서 공부했던 기억이 있어, 기업을 해서 돈을 많이 벌면 공부를 하고 싶어도 여건 때문에 뜻을 펴지 못하는 젊은이들에게 장학금을 후원해 그들이 미래를 바꾸도록 도와줄 수 있을 것이라는 바람 때문이었다.

티맥스소프트에서 가장 먼저 연구개발에 착수한 제품은 대형 전산시스템의 시스템 성능과 안정성에서 핵심적 역할을 하는 미들웨어 일종인 'TP-모니터'라는 소프트웨어 제품이었다. 당시는 기업용 시스템 소프트웨어 분야의 기술적 난이도가 높아 국산제품을 독자 개발하던 국내 업체는 하나도 없었고, 오로지 외국제품의 국내 판매권을 따서 국내 유통을 선점하는 데만 관심이 있던 시절이었다. 국내 기술력으로는 시스템 소프트웨어 개발이 불가능할 것이라 믿던 시기에 혼자서 미들웨어 원천기술 개발에 나섰으니 업계의 냉소적인 반응은 물론이거니와 주변의 걱정스런 만류도 만만치 않았다. 그러나 확신에 찬 자신감으로 새벽부터 자정 넘게 제품 개발과 테스트를 거듭하며 프로그래밍에 매달린 결과, 1998년 7월 미국에 이어 세계 두번째로 국제표준을 수용하는 국산 TP-모니터 제품 '티맥스(Tmax)'를 출시했다. 티맥스는 'transaction maximization'의 약자로 세계에서 가장 성능이 우수한 제품을 만들겠다는 회사의 이념이 담긴 제품명이다.

그러나 어렵게 만든 국산 소프트웨어 제품에 대한 고객들의 반응은 너무도 차가웠다. 국산에 대한 막연한 불신으로 제품설명 기회조차 거절당하기 일쑤였고, 설마 진짜 국내 독자 기술력으로 만들었겠느냐며 외국제품을 도용한 게 아니냐는 나쁜 소문까지 나돌았다. 은행 시절 지인들을 찾아가 제발 테스트 기회라도 달라며 부탁했던 까닭은, 그대로 포기하고 물러난다면 우리나라가 시스템 소프트웨어 개발에 성공할 기회는 다시 없을지도 모른다는 절실한 심정이 교수로서의 개인적 자존심보다 앞섰기 때문이었다.

대기업에서의 편한 생활보다 고급 소프트웨어 개발을 선택한 젊은 소프트웨어 전문연구원들을 하나둘 늘리며 제품 경쟁력을 높여 가던 어느 날, 국방부로부터 제품성능시험(BMT)에 참여할 기회를 받게 되었다. 당시 세계시장을 거의 독점하고 있던 미국 B사의 제품과 비교하여 성능 및 기능을 테스트해볼 수 있는 좋은 기회를 가지게 된 것이다. 무려 72시간 동안 눈 한번 못 붙인 채 계속된 성능시험 결과, 순수 국산제품인 '티맥스'가 그때까지 세계 최고 제품으로 명성을 날리던 미국제품을 물리치고 그 기술력을 인정받게 되었다. 제품 개발을 성공하고도 판로를 열지 못해 초조한 마음으로 기다려온 직원들에게 드디어 시작이라는 희망을 줄 수 있다는 생각에 가슴이 벅찼다. 13명의 모든 직원들은 환호하며 눈물을 흘리기까지 했다. 이를 계기로 B사 제품이 독점하고 있던 국내시장의 금융기관, 공공기관에 하나둘 제품을 납품하기 시작했고, 실력 있는 연구개발 인력을 확충하며 회사 규모도 점차 늘려갔다.

한편으로는 인터넷 확산에 따라 웹 환경에서 운영되는 자바(Java) 기반 미들웨어의 개발을 곧바로 착수해 이듬해인 2000년 7월 티맥스소프트의 제2세대 제품이라고 할 수 있는 웹 애플리케이션 서버 제품 '제우스(JEUS)'와 웹서버 제품 '웹투비(WebtoB)'의 개발에 성공했다. 티맥스소프트가 국산 제품들을 출시하기 전까지 국내 미들웨어 시장은 쟁쟁한 외국 소프트웨어 기업들이 독과점 체제를 이루던 100퍼센트 외국산 제품 시장이었다. '티맥스'는 시장에 진입한 2~3년 후부터 국내 TP-모니터 시장의 절반을 훨씬 넘게 차지했고, '제우스'는 세계적 리서치업체인 IDC의 조사결과 시장 진입 3년 만인 2003년에 국내 웹애플리케이션 서버 시장에서 점유율 23퍼센트로 1위를 차지한 것으로 나타났다. 2004년 조사결과에서는 점유율이 30퍼센트로 올라서며 외산 경쟁제품들과의 격차를 더 크게 벌린 것으로 발표됐다. 국가 경제적 효과로 보면 외산 100퍼센트의 독점시장에 국산제품을 공급하여 발생한 매출액에 국산제품과의 경쟁이 가격 하락으로 이어지면서 발생한 간접 효과 등을 감안해볼 때 몇 년간 총 수천억 원대에 달하는 수입 대체 효과를 거둔 것으로 판단된다.

국내 소프트웨어 시장에서 티맥스소프트 제품들이 자리를 잡는 동안 한국의 소프트웨어 기술력이 세계적으로 인정받는 기회가 연이었다. 2003년 12월 '제우스 5.0버전'이 글로벌 소프트웨어 기업인 IBM, 오라클, BEA시스템즈, 선마이크로의 제품들을 제치고 세계 최초로 기업용 자바 국제표준인 'J2EE1.4 인증'을 획득했다. 전 세계 컴퓨터 관련 기업들과 개발자들 사이에 'Korea' 국적의 티맥스소프트의 존재와 실력을 확실히 각인시키는 사건이었다. 2005년 봄에는 글로벌 IT전문 시장조사기관인 '가트너'사에서 세계적으로 우수한 제품들을 엄선해 평가하는 '매직쿼더런트 모델'에 티맥스, 제우스 두 제품을 동시에 등재하는 쾌거를 이뤄냈다. 세계인들이 티맥스소프트의 제품과 기술력을 인정하기 시작한 것이다.

미들웨어 시장에서의 성공으로 나는 점차 다른 시스템 소프트웨어 분야에서도 국산제품이 성공할 수 있다는 확신을 가졌다. 미국 유학 시절 유명 IT기업들이 우수한 연구시설과 환경을 갖추고 인재 확보를 위해 아낌없이 투자하던 모습이 늘 인상에 남았던 나는 한국에서도 반드시 이를 실현해 보고 싶었다. 본사는 아직 임대로 쓰고 있지만 핵심 경쟁력을 좌우하는 연구소만큼은 우선적으로 확보하기로 하고, 분당 서현동에 연면적 1300평, 지상 8층, 지하 3층 규모의 독립된 사옥을 마련해 연구원들이 1인 1실 또는 2인 1실로 오직 연구활동에만 전념할 수 있도록 국내 소프트웨어 전용 연구소 가운데 최고 규모의 최고 시설을 제공코자 했다. 또한 원천 기술력 확보를 위해 200명에 달하는 소프트웨어 전공 석박사급 인재들을 계속 영입하며 매년 매출액의 20퍼센트를 순수 연구개발에 투자했다.

가장 개발하기 어려운 소프트웨어라는 데이터베이스관리(DBMS) 솔루션을 국산화해 보자는 목표를 세우고 제품 개발에 도전하여, 2003년 5월 '티베로 1.0버전'을 개발해 출시했다. 이듬해 공공기관에 처음으로 제품을 공급해 상용화에 성공했으며, 이후 지속적으로 제품 성능과 기능을 향상시킨 결과 2006년 하반기부터는 이 분야 세계 1위 제품과도 당당히 경쟁할 수 있는 제품을 시장에 선보일 수 있게 되었다. 이 외에도 비즈니스프로세스관리(BPM) 솔루션을 비롯해 성능관리(APM) 솔루션, 채널통합 솔루션, 보안 솔루션 등 다양한 분야에서 우수한 국산 소프트웨어를 개발해 외산제품들과 경쟁하고 있다.

소프트웨어 개발자의 최고의 꿈은 어느 나라도 아직 개발하지 못한 획기적인 제품을 세계 최초로 설계하고 개발해 제품화에 성공하는 일일 것이다. 이런 소망으로 도전해 성공을 거둔 분야가 애플리케이션 프레임워크 솔루션

'프로프레임'과 메인프레임 리호스팅 솔루션 '오픈프레임'이다. 프로프레임은 각각 통합 신한은행의 차세대 시스템, SKT의 차세대 마케팅시스템 등 수천억 규모의 국내 최대 프로젝트 핵심 솔루션으로 채택되었고, 오픈프레임은 국내 최대 보험사인 삼성생명, LG화재해상에 연이어 공급되어 개발이 진행되고 있다. 미국, 일본 등 선진국의 대형 IT기업들이 큰 관심을 보이는 가운데 세계에서 가장 앞선 기술력으로 인정받고 있어 국내사업의 성공적 수행을 바탕으로 조만간 해외진출 기회도 크게 열리리라 기대된다. 2005년부터는 오늘의 마이크로소프트를 있게 한 OS(운영체제) 제품 개발에도 착수했다. 3대 소프트웨어 원천기술로 불리는 미들웨어, 데이터베이스, 운영체제 분야의 원천 기술력을 모두 확보한 회사는 현재까지 IBM이 거의 유일하다고 생각되는데, 티맥스소프트에서 이 모든 기술적 기반을 확보해 2010년경에는 기술력으로 세계 3대 소프트웨어 기업 반열에 당당히 서고자 하는 것이 회사와 내가 가진 비전이다.

나는 KAIST 교수와 티맥스소프트의 R&D센터장 직무를 동시에 수행하고 있다. 매주 대전과 분당을 오가는 일정이라 토요일, 일요일도 아까워 나이 오십이 넘도록 취미생활은 고사하고 결혼도 미룰 수밖에 없었다. 우리나라 소프트웨어 기술발전을 위해 내게 주어진 사명이 더 중요하다고 생각하기 때문이다.

지식집약형 고부가가치 산업으로 꼽히는 소프트웨어 산업은 지금은 비록 미국기업들이 독점하고 있지만 자동차, 전자 등 제조업 분야에서처럼 국가 간 산업 이동이 이뤄질 것이다. 다른 선진국가들은 물론 인도, 중국 같은 후발개도국들도 바로 그 기회를 잡기 위해 전력을 다하고 있다. 소프트웨어 산업은 국토가 좁고 자원이 부족한 반면 세계에서 가장 뛰어난 두뇌와 성실함을 갖춘 우리나라에 가장 잘 맞는 산업이며, 여기에 1인당 국민소득 3만 불의 선진국으로 도약할 수 있는 절호의 기회가 있다고 생각된다.

많은 젊은 후학들이 이 같은 시대의 변화를 미리 읽고 헤아려 큰 뜻을 품고 과학기술 분야에 도전해 그 꿈을 실현하길 소망하며, 다음과 같이 당부한다.

"지금이 대한민국이 선진국이 될 수 있느냐 아니냐를 결정짓는 가장 중요한 시기입니다. 21세기의 주역은 과학기술 분야의 엘리트입니다. 한 나라의 엘리트란 다른 사람이 할 수 없는 일을 해내는 사람입니다. 과거 우리나라에 독립을 위해 목숨을 바친 독립투사가 있었다면, 21세기는 과학기술자들이 국가 발전을 위해 제 역할을 해야 하는 시기입니다."

박완철

1978년 건국대학교 농학과를 졸업한 후 1989년부터 1년간 동경농공대학에서 박사후연구원, 1981년 KIST에 들어와 1993년부터 환경연구센터 책임연구원으로 재직중이다. 1992년과 1994년 실용화 위주의 연구성과로 KIST 우수기업화상과 우수연구팀상을 수상했고, 1998년 축산정화조를 개발한 공로로 대산농촌문화상, 2001년 실용화 환경기술을 많이 개발한 공로로 한국공학한림원으로부터 젊은 공학인상, 2002년 제1회 닮고 싶고 되고 싶은 과학기술인상을 수상했다. 최근 10여 년간 몸도 돌보고 좋은 토종 미생물을 찾기 위해 등산에 심취해 있다.

정성으로 한 우물만을 파는 과학자의 길

연구소에서 인간이나 가축, 즉 동물의 배설물과 깊은 인연을 맺고 20여 년을 살아온 일련의 일들이 아주 오래전부터 예정된 것만 같다. 내 이름은 조부께서 지어주셨는데, 한문을 풀이하면 밝을 완(晥) 맑을 철(澈)이다. 연구소 입사 초기에는 이름처럼 울산공단 같은 공단지역의 대기질 개선 관련 연구를 3~4년 했고, 그후에는 분뇨, 축산폐수 및 하수처리 등을 통해 맑은 물 만드는 일을 해오고 있다. 공교롭게도 영문이름의 이니셜이 WC(Wan Cheol)로 화장실의 WC(water closet)와 같다.

넓은 평야가 있는 곡창지대로 근처에 삼한시대의 4대 저수지 중 하나인 '공검지'가 있는 경북 상주군 사벌면 원흥리가 내 고향이다. 내가 자랄 때만 해도 아주 시골이었던 고향마을은 면소재지에 있는 사벌초등학교까지 3킬로미터, 읍내 상주중학교까지는 8킬로미터의 거리였다. 중학교 시절부터 8년간 매일 16킬로미터를 자전거통학을 하여 자전거 타는 데는 특히 자신이 있다. 우리 집에서는 주로 벼농사를 지었는데 초등학생 시절부터 부모님을 따라한 힘든 농사일은 세상살이에 많은 도움을 주었다. 특히 동네 앞 갑장

산에 잔설이 남아 있던 이른 봄, 언 손을 호호 불어가며 보리밭을 맬 때 다리와 허리에 몰려들던 통증이 아련하며, 40도가 넘는 뜨거운 한여름날 엎드려 논을 매던 고통은 아직도 기억에 생생하다.

우리 집은 고추, 마늘, 배추와 무 등도 직접 재배해 먹었다. 밭농사가 잘 되도록 재래식 화장실에서 분뇨를 퍼다가 밭에 직접 뿌리기도 했고, 분뇨와 모래, 잡초 등을 섞어 오랜 시간 부식시킨 후 퇴비로 사용하기도 했는데 중학생이 되서는 아버지 대신 똥장군을 지고 다녔다. 이런 모든 것들이 훗날 내 연구의 밑천이 되었다.

부모님은 장남인 내가 농업학교를 나와 농사를 지으면서 시골 군청의 공무원이 되길 희망했다. 농사일에 지치고 공부도 하고 싶은 욕심에 중학교 졸업 후 다른 친구들처럼 서울이나 대구의 인문계 고등학교로 유학을 가고 싶었다. 그러나 꿈을 접고 부모님의 뜻대로 1968년 상주농잠고등학교와 초급대학이 결합된 5년제 상주농업고등전문학교로 진학했다. 학교에서도 집에서와 똑같이 농사일을 했는데 정말 우울하고 힘든 시절이었다. 군에 입대하면 병기를 지급하듯 입학과 동시에 삽, 괭이, 삼각호미, 낫 같은 개인 농기구를 지급받아 1학년부터 3학년까지 수업을 듣는 시간보다 작업을 하는 기간이 많은 농업기능공 양성소였다. 삼각호미는 졸업할 때 낫처럼 날카롭게 변해 있었다. 졸업 후에는 공무원은 포기하고 농사를 짓는 농부가 되었다. 농사일에 지쳐 가끔 불만도 가졌지만 그대로 정이 들었고, 정말 제대로 한번 농사를 지어보고 싶다는 마음도 생겼다.

2년째 농사를 짓던 1970년대 초 농촌은 잡초를 제거하는 데 많은 일손이 필요해 어려움이 많았다. 그 무렵 제초제가 시중에 시판되기 시작했다. 우리 집과 친척집에서는 배운 놈이 농사를 짓는다며 나에게 제초제 추천을 부탁했다. 나는 이른 아침마다 라디오 농어촌 방송에서 광고하는 D농약회사의 '파무콘'이라는 제초제를 구입해 수만 평의 논에 뿌렸다. 다음날 논에 가

보니 개구리, 뱀, 붕어, 미꾸라지 등 논에 살던 모든 생물이 죽어서 물 위에 둥둥 떠 있었고, 벼는 빨갛게 타들어가다가 며칠이 지나자 결국 벼도 말라 버렸다.

잘못된 제초제를 사용해 우리 집과 친척들의 농사를 망쳐버린 나는 며칠 밤을 잠 못 이루고 고민했다. 서신으로 농약회사에 항변하려고도 했지만 어머니는 "다 네 운이고, 부질없는 짓이다. 그만두라"면서 고향을 떠나 다른 세상을 보라며 서울행을 권했다. 결국 어독성(魚毒性) 실험도 제대로 거치지 않고 보급된 제초제가 농촌의 생태계를 파괴했음은 물론 한 젊은이가 작은 꿈을 접고 새로운 인생길을 걷는 계기가 된 것이다.

내가 집을 떠나면 몸 약한 어머니께 많은 농사일이 가중될 것이라는 복잡한 마음을 뒤로 하고 어머니 곁을 떠나 대학 편입공부를 시작했다. 전공을 바꿔 약한 이들에게 힘이 될 수 있는 일을 하든가 유능한 엔지니어가 되려는 꿈을 가졌지만, 당시에는 농업고등전문학교를 나오면 동일계로 편입해야 한다는 문교부 규정이 있었다. 대학을 포기할까 고민했으나 그래도 대학은 나와야 된다는 시골 출신다운 평범한 사명감 때문에 3학년으로 농과대학에 편입했다. 항상 시골에서 고생하시는 어머니를 생각하며 대학생활의 정신적인 갈등을 이겨냈고, 졸업 후에는 대학원을 다니면서 학교에 남아 조교생활을 했다.

그러던 중에 당시 울산공단, 온산공단 등 지방 공장지대에서 대기오염물이 발생해 공장주변의 농작물을 비롯한 생태계가 피해를 입게 되었다. 한국과학기술연구원(KIST)이 그 지역의 환경조사를 하게 되어 1981년 환경공학연구실 연구원으로 선발되었다. 농작물과 직접 관련된 농업을 공부했고, 또 어려서부터 농사를 지어본 경험을 살려 그후 4~5년간 아황산가스(SO_2)나 불화수소(HF) 같은 대기오염물에 의한 농작물과 생태계 피해 관련 연구를 했다.

환경공학연구실에서는 사람의 분뇨를 발생 지점에서 깨끗하게 처리할 수 있는 '분뇨정화조' 개선연구를 시작했는데, 냄새나는 분뇨 연구이다 보니 많은 연구원 가운데서도 희망자가 없었다. 어릴 때부터 분뇨를 직접 다뤄본 나는 연구를 희망했고, 그렇게 분뇨 연구를 시작해 지금까지 20년 이상을 같은 연구에 몰두하고 있다. 당시 분뇨를 연구하던 사람들은 더럽고 냄새나는 진짜 분뇨 대신 인공분뇨를 조제하여 연구를 했지만, 인공분뇨를 이용한 연구는 실험실에서의 연구결과는 좋더라도 막상 현장에 적용해 보면 잘 안 되는 경우가 많았다. 그런 문제점을 해소하기 위해서도 진짜 분뇨를 이용해 연구를 수행해야 했다.

도시에서 성장한 젊은 연구원들은 하필이면 냄새나는 일을 하느냐고 불만을 토로하며 인공분뇨를 이용하자고 제안했다. 자연분뇨를 이용하는 것으로 연구방향을 결정한 후, 청소차에서 수거해온 신선한 분뇨를 연구재료로 사용하기 위해 어머니가 막걸리 제조할 때 사용하던 것을 참고해 용수와 걸름체를 특수 제작하여 젊은 연구원들과 청계천 하류에 있는 서울시 환경사업소로 갔다. 시료를 채취해야 하는데 젊은 연구원들은 '내가 왜 이런 일을 해야 하는가' 하는 불만스런 표정으로 구경만 하고 있었다. 그들을 뒤로 하고 고무장갑을 낀 손으로 분뇨 중의 협잡물을 제거하고 덩어리를 작게 분쇄했다.

새로운 공법을 개발하기 위해 실험실에서 가동하는 반응조는 현장시설의 500분의 1 정도로 작게 제작하여 가동시키므로 소형펌프를 이용하여 분뇨를 주입한다. 따라서 분뇨 중에 협잡물이나 덩어리나 있으면 막히기 때문에 실험재료인 분뇨의 협잡물 제거와 분쇄는 필수적이다. 분뇨처리장에서 가져온 분뇨는 변질되지 않도록 실험실의 대형냉장고에 신선하게 보관하면서 실험재료로 이용한다. 한 달에 두 번 같은 일을 반복했는데 오염된 분뇨에 의한 간염을 예방하기 위해 예방주사를 맞았다. 물론 아무도 예방주사의 필요성을 이해하지 못했고 이해하려고 하지도 않았기 때문에 연구원들의 예방

주사 비용은 연구비로 처리가 되지 않았다. 이는 당시 연구비 사용의 경직성을 보여주는 일면이다. 3년간의 연구 끝에 한국형 분뇨정화조 두 개의 모델을 개발해 현재까지 전국적으로 보급하고 있다.

분뇨 연구를 하면서 가장 어려웠던 것은 분뇨를 다루는 일 때문이 아니라 고급스러운 연구(?)를 하지 않고 피해를 준다는 다른 연구자들의 따가운 시선이었다. 1980년대 초만 하더라도 정전이 잦아 반응조상부에 대형 냄새흡입장치를 설치했는데도 온 연구동에 분뇨냄새가 진동했고, 분뇨를 연구실로 가져오는 도중 몇 방울만 바닥에 떨어져도 더럽다고 난리들이었다. 당시 우리 연구실은 화공연구동에 위치해 있었는데, 분뇨 냄새는 역하기는 해도 다른 실험실에서 배출되는 유해물질들보다는 무해하다고 항변하기도 했다. 그후에는 연구소 운동장 근처의 후미진 독립 연구실로 이동하여 스트레스를 받지 않고 계속 분뇨를 만질 수 있었다.

대부분의 연구소 사람들은 물론 우리팀 연구원들까지도 힘이 없어 쫓겨온 것으로 생각하기도 했고, 실제로 좋은 연구실을 차지할 힘도 당시 없었지만 연구실 이전은 내게 큰 행운을 가져다주었다. 아침에 일찍 출근하면 운동장에서 10여 마리의 꿩 가족이 나를 반기다 산속으로 도망치고, 봄이면 꽃의 향연, 가을이면 수려한 단풍까지 덤으로 보면서 일을 할 수 있어서 행복했다. 시골에서 농사를 짓는 친구가 내 연구실에 들렀다가 후미진 연구실 모습에 실망했으나 나는 연구실에 나오기만 하면 항상 행복했다.

수질오염은 발생 지점에서 깨끗하게 처리하면 상류 쪽에서 방류할 경우 하류로 내려가면서 하천의 유지용수(維持用水) 역할을 하며 자연적으로 생태계를 보호할 수 있으므로 바람직한 처리방안이다. 분뇨정화조도 그렇지만 축산농가에서 배출되는 폐수도 발생 지점에서 처리하는 것이 바람직하다는 판단으로 소규모 영세 축산농가에 적합한 발생원 처리용 축산정화조를 개발했다. 축산정화조는 국내 4000여 농가는 물론 일본 미야자키의 축산농가까지 보급되었다. 축산정화조 연구를 완료한 후에는 가정에서 발생하는 생활하수를 발생지점에서 처리할 수 있는 소규모 오수정화조를 개발하여 전국 5만여 가구에 보급했다.

분뇨정화조는 정부 연구비를 받아 개발했지만, 축산정화조나 오수정화조는 중소기업으로부터 연구비를 지원받아 수행했기 때문에 스트레스를 많이 받았다. 제대로 된 연구결과가 나오지 않으면 나를 신뢰해 연구비를 준 기업에 많은 피해를 줄 수도 있기 때문이었다. 다행히 좋은 연구결과로 그곳은 현재 환경사업을 하는 중소기업 가운데 가장 성공한 기업 중 하나가 되었다.

분뇨연구를 계속하던 1990년에는 미국 록펠러그룹의 계열사로부터 5만 불의 연구비를 받아 그들이 소유하고 있는 공정개선 연구를 했다. 회사 소유주인 록펠러가의 직계 후손 애비 록펠러 여사의 초청으로 미국의 여러 현장을 돌아보는 도중 이틀 정도 보스턴 현장을 견학했다. 그때 부식분뇨를 직접 손으로 만지며 설명하던 미국재벌인 애비 여사의 겸손한 모습은 신선한 감동이었다.

아침에 일어날 때마다 나는 항상 마음이 설렌다. 오늘은 반응조 상태가 어제보다 좋지 않을까 하는 기대감 때문이다. 내가 개발하고 있는 정화시설은 미생물을 이용한 처리공법이므로, 좋은 공법이란 미생물들이 잘 살면서 먹이인 오염물을 먹을 수 있는 환경을 불편하지 않게 만들어주는 것이다. 그래서 비과학적이지만 연구자와 미생물의 교감이 필요하다고 생각한다.

즉 내가 의도하는 바를 미생물에게 전달해주는 것이 매우 중요하다. 이것은 어릴 때 들었던 "벼는 주인의 발자국 소리를 듣고 자란다"는 어른들의 말처럼 연구든 농사든 정성이 중요하다는 것이다. 나는 늘 궁금증이 많아 8시 이

전에 출근을 했다.

새로 개발한 축산정화조는 주로 축사가 있는 산골 등 오지에 설치한다. 주말이면 현장에 보급된 시설을 둘러보는 즐거움도 쏠쏠한데 늦은 가을 예기치 못한 눈이 일찍 와서 산길에서 겪은 아찔했던 자동차사고와, 겨울에 현장시설을 점검하다가 2미터 깊이의 축산정화조 속에 빠졌던 일들이 주마등처럼 떠오른다.

차이는 있지만 모든 학문의 궁극적인 목적은 실용화라고 생각한다. 특히 환경과 같은 응용학문은 더더욱 그렇다. 실용화란 농사를 짓는 농민의 목적이 '수확'인 것과 같다. 농사는 하늘의 지배를 많이 받지만 실용화를 위한 연구는 연구자 자신의 지배를 받기 때문에 농사일보다는 변수가 적다. 연구의 성공은 앞에 서술한 바와 같이 연구자의 뚜렷한 목표의식과 정성에 좌우된다.

요즘은 전국의 좋은 산에서 찾아낸 토종 미생물을 이용하여 분뇨처리에 이용하고 있다. 냄새도 잡고 오염물도 처리하고 아주 재미가 있다. 이들 토종 미생물을 적용한 처리공법을 개발하여 큰 하수처리장에 적용하고 있는데, 남은 연구기간 동안 토종 미생물을 분뇨에 적용할 수 있는 이론적 토대를 마련하고, 이를 정립하는 연구를 계속할 예정이다.

우리 사회가 다 그랬듯이 KIST에서의 25년도 초기에는 외적 요인으로 연구에 어려운 점이 많았지만 지금은 연구여건이 마련되어 고맙게 생각하고 있다. 그러나 수년 전 연구소 개원기념일에 방문해 과학자를 우대하는 정책을 펼치겠다고 한 국가 경영자가 취임 얼마 후 정년을 자그마치 4년이나 줄여서 연구원들의 자존심에 큰 상처를 준 것은 어떻게 평가해야 할지 모르겠다. 나라가 어려워 대학교수 정년을 4년 줄이기 전에 출연연구소부터 먼저 줄인다고 했는데 "IMF 위기도 오고 나라 사정이 어려워 그냥 줄인다"고 하면 될 것이었다. 앞으로는 이런 일들이 없어야 할 것이다. 그로 인해 훌륭한 선배들이 연구소를 떠나는 것을 보고, 비유가 적절치 못하지만 "늙은 노새가 기운은 없어도 길은 잘 안다"는 옛말이 생각나곤 했다.

요즘 내가 있는 연구소 뒷산에 꿩의 울음과 함께 새로운 봄이 오고 있다. 오늘도 우리 연구실에는 인분과 가축분뇨 냄새가 난다. 10여 년 남은 연구소 생활 내내 같은 냄새가 날 것이다. 내 소견으로는 가장 바람직한 정부의 과학기술정책은 연구하는 사람들이 일생 동안 한 우물만 팔 수 있도록 지원하여 그 분야의 최고가 될 수 있게 만들어주는 것이다. 그런 개개인의 탁월한 능력이 모이면 국가의 진정한 성장 엔진이 될 수 있을 것이다.

변대규

1989년 서울대학교 제어계측학과 박사학위를 받을 당시 동료 및 후배 6명과 함께 자본금 5000만 원으로 주식회사 건인시스템을 설립했다. 1998년 (주)휴맥스로 사명을 변경했고, 2006년 2월 현재 약 550명의 직원과 매출액 6500억 원의 회사로 성장했다. 국내 벤처 1세대로 '코스닥의 삼성전자'로 불리며 가정에서 디지털방송을 수신할 수 있는 장비인 디지털 셋톱박스에서 세계 수위를 달리고 있다. 2003년부터는 디지털 TV 시장에 뛰어들어 5년 내 세계 10위권에 드는 것을 목표로 하고 있다. 현재 SK 텔레콤 사외이사, (사)벤처리더스클럽 회장이다. 2002년 한국공학한림원의 젊은 공학인상 수상, 세계경제포럼의 아시아 차세대 지도자 선정, 2003년 닮고 싶고 되고 싶은 과학기술인으로 선정되었고, 2005년 한국공학한림원 최연소 정회원이 되었다.

꿈을 실현하는 엔지니어

1989년 어느 날 밤 신림동 289번 버스종점 다리 위, 인심 좋은 할머니가 하시던 단골 포장마차에서 여느 때처럼 서울공대 제어계측공학과 대학원생들과 소주를 마시던 나는 함께 창업을 하자고 '장난처럼' 결정을 내렸다. 오늘날의 휴맥스를 탄생시킨 이날의 결정을 사람들은 후일 '포장마차 결의' 라고 불렀다. 아마도 《삼국지》의 유비, 관우, 장비가 오늘날 서울에서 살았다면 그들 역시 보통사람들의 꿈을 넉넉하게 보듬어주는 포장마차 같은 곳에서 뜻을 나누고, 또 한데 모았을 것이다.

국가발전을 위해 산업발전과 경제성장에 주력하던 당시에는 많은 수재들이 이공계로 모였다. 무언가 한 가지 궁금한 것이 생기면 끊임없이 그것을 생각하고 또 생각하여 천천히 실마리를 풀어나가는 것이 재미있었던 나도 과학기술이 세상에 더 큰 힘을 가질 것이라는 생각에서 이공계에 흥미를 가졌고, 공대를 선택했다. 진로선택에 있어서 자신이 세상을 바라보는 태도나 관점이 큰 영향을 미쳤던 것 같다.

공과대학 1학년을 마치면서 전공을 선택할 무렵, 당시 신설학과였던 제

어계측학과의 팸플릿에 첨단과학으로 일컬어지는 로봇공학, 미사일 유도제어, 신호처리 등이 멋지게 표현되어 있었다. 결국 제어계측학과를 선택하여 순조롭게 석사와 박사과정을 하면서 나는 엔지니어가 적극적 삶을 살아가는 진정한 방식은 산업현장에 있다는 생각을 했다. 당시에는 박사학위를 하면 교수나 연구원이 되는 것이 정석이었고, 대학에서 직업을 가지는 것이 좀더 고상해 보이고, 사람들도 더 잘 대접하던 때였다. 기업을 해서 돈을 버는 행위는 상대적으로 저급하게 보는 의식이 컸다. 그때 미국에 다녀오신 권욱현 지도교수님이 실리콘 밸리에서는 많은 젊은이들이 창업을 하여 자신의 꿈을 실현하고 있다고 말하셨다. 소위 벤처 정신, 내면의 가치를 실현하는 삶을 위해 모험을 하고 모든 것을 올인하는 정신이 살아 숨쉬고 있으며 또 성공하는 젊은이들도 많다는 것이었다. 나는 타고난 성품상 무엇을 하게 되면 늘 최고를 지향하는 편이었다. 교수로서 최고가 될 자신이 없었던 나는 적당한 교수가 되는 정도의 선택을 할 수는 없었다. 교수를 포기한 공학박사가 갈 곳은 산업현장이었다.

그렇게 해서 교수나 연구원으로 갈 수 있는 티켓과도 같았던 박사학위라는 기득권을 미련 없이 버렸다. 당시 연구실에는 전자회로나 소프트웨어 설계를 잘하는 재주 좋은 선수급들이 많았다. 사업계획을 꼼꼼히 만들어보지도 않은 책상물림들이 맨땅에 헤딩하는 식으로 차린 회사는 초기에 많은 시행착오를 거쳤다. 아마 지금처럼 편안히 살고 웰빙하겠다는 의식이 지배적이었다면 창업은 절대 하지 못했을 것이다. 하지만 우리 일곱 명은 뜻을 함께 하는 동지들이었고, 그들과 함께 흘린 땀과 도전은 내게 진정 소중한 것이었다.

현재는 창업 멤버 일곱 명 중 다섯 명이 나가 모두 창업을 했고, 그중 두 사람의 회사는 코스닥에 상장되어 있다. 남아 있는 사람은 혁신실장과 나 두 사람이다. 오래 근무한 후 휴맥스를 떠난 사람들의 모임인 '휴맥스 OB 모임'도 있는데 분기마다 한 번씩 모여 회식도 하고 등산도 하는 이 모임에 는 20명 안팎이 참가한다. 모두가 신통하게 자기 몫을 하면서 아무도 망가 지지 않고 잘 살고 있어 휴맥스는 복 받은 회사라는 생각을 하기도 한다.

현재 서울대학 자동화연구소 소장인 권욱현 지도교수님은 연구논문만을 중시하는 대학의 기존 가치관을 깨고, 벤처기업의 중요성을 일찍부터 일깨 워주신 분으로 권 교수님의 영향을 받아 제자들이 창립한 큰 벤처기업만도 10여 개가 넘는다. 남들의 평가보다는 자신의 미래 가치관에 관한 신념으로 우리를 격려하던 교수님은 우리가 포장마차 결의로 차린 회사에 투자까지 해주셨다. 필요한 돈을 구하기 위해 애쓰던 초기의 에피소드 하나다. 기술 신용보증기금에 5000만 원짜리 보증서를 신청하러 갔더니 집 등기부등본을 떼 오라고 했다. 그래서 "저는 하숙생인데요" 했더니 창구 직원이 황당한 표 정으로 "하숙생이 보증을 받으러 온 것은 처음 본다"고 했다. 우여곡절을 거 쳐 보증서를 받긴 했는데 아마도 서울대 박사학위를 보고 내줬던 것 같다.

한 사람의 이름을 짓는 데도 많은 철학과 소망이 들어가듯이 우리 회사의 이름 또한 그러했다. 우리가 만든 회사 이름 '건인'은 우리가 몸담고 있던 제어계측연구소(Control Information Systems Lab)의 'Control'에서 'Con' 을 따와 '세울 건(建)' 자로, 그리고 'Information'에서 'In'을 따와 '사람 인(人)' 자로 표기한 것으로서 '사람을 세우는 기업'이라는 의미이다. 현재 의 이름인 '휴맥스'는 '建人'을 '사람(Human)을 최대화(Maximization)한 다'는 뜻으로 해석, 두 단어의 머리글자를 딴 것이다.

내가 사업을 하는 가장 중요한 목적 중 하나는 휴맥스 안에 있는 사람이 다. 휴맥스 사람들은 휴맥스를 위해 존재하지 않는다. 사람을 선발하여 함 께 일하면서 내가 늘 잊지 않는 대전제는 '개인은 수단이 아니라 그 자체가 목적이다'는 것이다. 개인은 기업의 성장을 위한 수단이 아니라 그 자체가 목적이다. 개인이 성장하면 자연히 회사도 성장할 것이다. 회사는 성장하는데 개인이 성장하지 못한다면 그것은 잘못된 것이다.

창업 초기부터 그런 철학을 일관성 있게 유지하고 실천했기에 휴맥스는 창사 이래 두 번의 위기를 무사히 잘 넘겼을 뿐 아니라 그를 통해 오히려 더 배우고 발전했다. 첫번째 위기는 창업 7년차인 1995년 해외로 진출했을 때였다. 당시 우리는 규모는 작지만 기술은 있다는 평을 듣는 회사였다. 소위 서울대 수재들이 똘똘 뭉쳐 만든 회사였으니까 말이다. 그런데 해외시장에 가보았더니 그 기술이란 게 아무런 경쟁력도 없었다. 세계시장이 얼마나 무섭고 어려운지도 모르면서, 그것도 그 시장의 문을 살짝 노크해본 것이 아니라 기존 사업을 다 접고 올인을 했던 것이다. 여기저기서 사고가 터지고 실패가 이어졌지만 사람들은 회사를 떠나지 않았다. 사고를 처리하면서 노하우가 쌓였고 직원들이 떠나지 않으니까 노하우도 남아 기술과 품질이 조금씩 쌓이면서 2~3년 후에는 기술경쟁력이 생겼다.

나는 이 책에 수록된 많은 과학자들과 비교할 때 상대적으로 엉터리 과학기술인이다. 하지만 공학을 전공한 덕분에, 나는 좀더 합리적이고 분석적인 사고를 하는 훈련을 받을 수 있었다. 많은 CEO들이 직관적 판단에 의존하지만 내 경우는 이과적 사고가 더 주를 이루었다. 결정적 판단을 해야 할 경우 나는 가능한 모든 팩터, 영향을 미치는 중요한 요소들을 다 드러내고 모은 후, 중요한 이슈와 덜 중요한 이슈를 가려내어 가장 확률이 높은 것으로 결정한다. 마지막 순간에는 물어볼 사람이 아무도 없다. 선배도 전문가도 컨설턴트도 그 순간엔 도움이 안 된다. 누구도 내게 답을 가르쳐주거나 도와줄 수 없다. 혼자 고독하게 문제를 해결해야 할 때 나는 박사학위 논문을 쓰던 그 순간과 동일한 막막한 기분을 경험한다.

새벽 기상으로 나의 아침은 시작된다. 전형적인 아침형 인간인 나는 이미 고등학교 시절에도 집안에서 제일 먼저 일어났고 5시 반이면 어머니를 깨워드리기까지 할 정도였다. 물론 그런 습관에는 단점도 있어 결혼 16년째인 지금까지도 아내와 함께 주말의 명화를 본 적이 없다. 만물이 잠든 새벽에는 모든 것이 좀더 정돈된 모습으로 보여 성찰적 사고에 도움이 된다. 자잘한 것에 얽매이지 않고 큰 그림을 볼 수 있는 방법으로 사업 초기에는 등산을 주로 했지만 요즈음엔 명상으로 대체하고 있다. SK텔레콤 사외이사 자격으로 SK그룹 내 사범에게 짬짬이 명상, 기체조 등을 배우고 있는데 2005년 중반부터 그곳에서 일주일에 두 번씩 명상을 하고 있다.

나에 대한 배경지식 없이 나를 만나는 사람들 가운데는 내가 기존의 CEO 이미지에서 벗어나 있다고 하는 분들이 제법 있다. 나는 평소 말이 별로 없고, 네트워킹에도 강하지 못하고, 정치적 감각이나 쇼맨십도 부족하다. 혹자는 선생같이 보인다고도 한다. 어쩌다 가정사를 논할 때는 아내도 어쩌면 그렇게 현실성 없는 공자 같은 소리만 골라 하냐고 말한다. 그런 성격 때문에 사업 초기 10년 동안은 적잖이 고민한 적도 있었다. 내가 과연 사업가가 될 수 있을까? 내 결론은 사업에는 중요한 여러 요소가 있는데 네트워킹이나 정치성은 하위를 차지하는 것으로, 있으면 좀더 편하겠지만 없다 해서 망하는 것은 아니라는 것이었다. 한국사회의 전형적 사업가 이미지는 연 10퍼센트 정도 경제가 성장하던 특수 시대에 생성된 것이다. 굉장히 빠른 속도로 성장하던 경제에서 어디에나 널려 있던 사업기회를 잡기 위해 네트워킹이나 정부에 대한 연줄이 필요했던 그런 시대 말이다. 하지만 성장률 2~3퍼센트의 글로벌 경제에서 기회를 포착하고 잡으려는 사업가는 시장이나 기술이 어떻게 변하고 있는지, 그리고 조직 내에서 어떻게 신뢰를 구축할 것인지를 알아야 한다. 그것이야말로 없으면 안 되는 핵심능력이다. 이제 사업에서 지식의 역량이 중요해졌고, 나 같은 사람도 사업할 수 있는 시대가 한국에 도래한 것이다.

사업가의 제1중심과제이며 핵심요소인 시장의 흐름을 제대로 알려면 시장에 대해 늘 첨예한 관심을 지속해야 한다. 유럽시장에 진출했을 때 나는 유럽시장을 왔다갔다하는 개미새끼조차도 알고 싶다고 말한 적이 있다. 우리 경쟁자가 무슨 물건 몇 개를 어디서 싣고 어디로 가는지까지도 알고 싶었다. 밑바닥에서 우리 물건을 파는 골목 상인도 다 알고 싶었다. 그렇게 현장과 밀접하게 부딪치고 접한 후에는 몸으로 느끼는 직관이 온다. '그건 통할 거야' 라는 느낌이 온다. 그것은 대학원에서 배운 지식을 동원하여 시장조사를 하고 적은 보고서의 느낌과는 다르다. 종이 위의 분석은 머리로는 알아도 가슴으로는 오지 않는다. 엔지니어 출신 사장으로서 나는 개발과정의 어려움이나 일정예측 등을 머리로 이해하는 것 이상으로 느낄 수 있다. 인문계 출신에 비해 언어표현이 좀더 서툰 현장직 엔지니어들과도 의사소통이 잘 된다. 그들의 자리에 내가 있어 보았고, 그들이 하려는 말이 몸으로 느껴지기 때문이다.

나는 화를 잘 내지 않는다. 내가 화를 내는 경우는 공동생활에서 지나치게 이기적인 행동을 하는 것을 볼 때 등 아주 제한적인 경우이다. 회사의 주요 인물이 이기적인 사람이라면 그런 사람이 어떻게 그런 중요 역할을 하겠는가? 따라서 나는 평소에 화를 낼 일이 별로 없다. 만약 일이 잘 안 풀릴 때는 계속 생각을 한다. 그 문제를 내 속에 담아둔다. 학창 시절에 읽었던 러셀의 책에 이런 말이 있었다. "문제가 있으면 나는 그것을 생각한 다음 무의식 속으로 내려보낸다. 살다 보면 그것이 내 안 어딘가에 녹아 있다가 필요할 때 위로 떠올라와 문제를 해결해준다." 나는 그것이 좋은 방법이라고 생각했고, 의도적으로 사용했다. 반면 급하게 해결해야 할 문제는 위에서 말했듯이 중요한 팩터를 정리한 후 논리적으로 결정한다.

나는 의심을 하지 못하는 사람이다. 사기를 당하고 나서야 알아챌 정도이고, 실제로 사기를 당한 적도 한두 번 있다. 사람들은 농담처럼 이렇게 어벙한 회사가 어떻게 사기당하지 않고 지금까지 살아남았냐고 묻기도 한다. 하지만 사람에 대한 이런 태도는 단점인 동시에 장점이기도 하다. 사람들의 좋은 면을 보고 쉽게 믿어버리면 그 사람 역시 내가 자신을 믿는 것을 느끼기 때문에 나와 편하게 일할 수가 있다. 반면 사람을 본래 잘 믿지 않는 사람들은 사기를 방지하긴 하겠지만 상대방 역시 그 사람과 같이 일하기가 불편할 것이다.

사업뿐 아니라 생활에 있어서 내게 중요한 것은 근본적인 질문이다. 이런들 어떠하며 저런들 어떠하리 하며 묻혀 사는 스타일은 아니다. 나는 이 회사를 왜 하는가? 이것은 세상에 어떤 의미를 가지고 있는가? 등의 질문을 하고 대답을 얻어야 행동할 수 있는 사람이다.

나는 인생을 지구처럼 몇 개의 층을 가진 구형 물체 같은 것으로 생각한다. 인생의 껍데기에는 우리 눈에 보이는 가시적인 돈이나 명예, 권력 같은 것이 있다. 그 껍질 한 층 아래에는 우주나 자연, 역사 같은 것이 있다. 그리고 그 안쪽 중심에는 신이 있다고 본다. 물론 나는 종교가 없기 때문에 특별한 신을 생각하는 것은 아니다. 하지만 그것이 절대적이고 초월적인 존재이든, 우주의 조화를 관장하는 섭리든, 가고 오는 만물의 순환원리든 자연이든 나는 그런 존재가 있음을 믿는다. 그렇기 때문에 나는 인간이 인생의 껍데기에서만 살다 가서는 안 되고, 인생의 껍데기를 벗어나서 도만 닦는 것도 보통사람이 택할 길은 아니라고 본다. 현실적으로는 껍데기에서 열심히 살되, 늘 안쪽도 바라보면서 살아야 한다고 생각한다. 40대 중반이 된 나로서는 이제 인생의 겉과 속이 잘 균형 잡힌 삶을 영위할 수 있도록 노력하고 싶다. 내가 휴맥스라는 기업을 경영하는 것도 인간으로서 내가 살아가는 껍데기의 삶에 속한다고 볼 수 있다. 휴맥스를 통해 우리 사회에서 의미 있는 무언가를 해보고, 경영에 대한 새로운 생각을 하며 그 생각을 휴맥스를 통해 구현해보고자 하는 것이 껍데기에서 열심히 살아가는 나의 모습이다.

오늘날 우리 정신의 생태계가 피폐해지고 환경 생태계가 유린되었다면 기업 생태계 역시 그리 건강하지 못하다. 지난 35여 년 동안 한국사회에서 세계적인 경쟁력을 갖춘 대기업이 된 사례는 하나도 없다. 기존의 모든 대기업은 1950~1960년대에 만들어졌거나 그런 회사가 만든 자회사들이다. 건강한 생태계란 나고 죽는 순환이 자연스럽게 반복되는 곳이다. 하나의 기업이 자라나 큰 기업이 되어 죽고, 다시 작은 기업이 생겨나 또 큰 기업이 되고 하는 순환과정 말이다. 하지만 우리나라에는 큰 기업은 늘 크고 작은 기업은 늘 작은, 고인 물 같은 생태계만 존재한다. 대기업 몇 개만 점점 더 커지고 작은 기업은 버둥거리는 현 상황은 전혀 건강하다고 볼 수 없는 경제 생태계이다. 누가 되었든 창업을 하여 새로운 방식으로 대기업을 만든다면 그것은 우리 사회에서 커다란 의미를 가지는 일이며, 젊은이들에게 꿈을 심어줄 수 있는 일이다. 휴맥스를 비롯한 몇 개 기업이 그런 역할을 할 수만 있다면 한국의 건강한 경제 생태계를 이루는 데 큰 도움이 될 것이다. 그것이 나의 첫번째 꿈이다.

나의 두번째 꿈은 휴맥스를 통해 새로운 경영방식을 실험해보고 싶다는 것이다. 아직은 그러한 경영방식을 구상해낼 수 있는 역량이 모자란 상태지만 휴맥스가 좋은 기업이 되는 것을 넘어, 휴맥스에서 실험된 경영방식을 통해 다른 기업들이 더 좋은 기업이 되는 데 도움이 된다면 얼마나 가치 있는 일이겠는가?

1989년 일곱 명의 동지들이 5000만 원 자본금으로 결성한 회사 건인은 이제 직원 550명 매출액 6500억 원의 기업으로 성장했다. 그리고 현재 휴맥스는 세 가지 분야에서 세계적인 회사가 되려는 중기 목표를 세우고 뜻을 펼치고 있다. 첫째 셋톱박스에서는 세계 전역에서 100여 개 모델을 출시하고 있는데 세계 1위를 목표로 하고 있다. 둘째 디지털 TV에서는 5년 내 세계 10위권에 드는 것을 목표로 하고 있다. 셋째 포터블 비즈니스는 큰 꿈을 가지고 이제 사업기반을 구축하고 있다.

나는 젊은이들에게 돈키호테처럼 뛰어들어 황당한 도전을 하고 실패를 하며 배우라고 권하고 싶다. 내 사업인생을 돌이켜보아도 편하고 잘 나갈 때에는 배운 게 거의 없었다. 늘 고생하고 깨지는 과정에서 배웠다. 그러면서도 용기 있게 '못 먹어도 Sony'를 외쳤다. 갈 길은 멀지만 지금 휴맥스는 명실상부한 글로벌 기업으로의 도약을 준비하고 있다.

서남표

미국 MIT의 석좌교수이자 생산기술연구소 소장. 학과장 중심제인 MIT에서 1991년부터 2001년까지 기계공학과 학과장을 역임하며 교수진의 40퍼센트를 바꾸고 교과과정을 대대적으로 개편하면서 MIT 개혁의 주역으로 활약했다. 공리를 이용한 생산·설계 이론으로 이름이 높으며, 이러한 신기술 연구결과의 산업화를 위해 TRIBOTEK, TREXEL 등의 첨단기술 회사를 설립 운영하고 있다. 미국과학재단의 공학담당 부총재를 역임하며 미국 정부의 공학 연구개발을 크게 향상시켰다. 1980년대 초반에는 한국의 경제개발 5개년계획안 작성 자문을 비롯해 정부기관 및 산업체 고문을 역임하는 등 한국의 산학연 발전에도 큰 공헌을 했다. 스웨덴 한림원 회원이며 다수의 국제적 기업과 미국정부기관, UN, 세계은행 등의 기술자문을 하고 있다. 7권의 저서, 300편 이상의 논문 발표, 50여 개의 특허 보유와 함께 ASME Awards, CIRP Award, IEE Award, IDE Award 등을 수상했으며, 3개의 명예 박사학위를 가지고 있다.

진로로서의 엔지니어

시작하며

지난 40년 동안 한국은 빠른 산업화와 경제발전을 경험했다. 1950년 전쟁에 상처입은 가난한 나라가 불과 몇십 년 만에 세계 속의 선두 산업국가가 된 것이다. 이토록 놀라운 성취에 대한 공은 한국 사회의 모든 면을 발전시키기 위해 자기 자신을 희생하고 열심히 일했던 모든 한국 국민들에게 돌려야 할 것이다.

나는 한 명의 사람으로서, 공학도로서, 학자로서 독특하면서도 다양한 경험을 갖는 행운을 누렸다. 한국이 가장 혼란스러웠던 일제강점기와 한국전쟁 당시 한국에서 살았던 나는 전쟁 때문에 자주 쉬기는 했지만 학교생활과 공부가 매우 재미있었다. 그후 나는 십대의 나이에 미국으로 건너가서 좋은 교육을 받고 좋은 환경에서 좋은 사람들과 같이 일을 했다.

나는 다양한 직업과 경험을 접했다. 작은 회사와 큰 회사에서 기술자로 일했고, 작은 대학과 큰 대학에서 교수생활을 했다. 대통령의 임명을 받아 미국 정부에서도 일했고, 국제기구의 고문도 지냈다. 우리가 받은 특허를 상품화하기 위해 회사도 세웠고, 현재도 여러 회사의 사외이사로 활동하고 있다. 그리고 1980~1985년에는 한국 경제개발계획에도 참여했다. 나는 재료의 기계적 성질, 트라이볼로지, 재료 공정, 제조, 설계, 폴리머 공정, 그리고 복잡성 등의 다양한 분야에서 연구했다.

한국전쟁과 우리 가족

모든 사람의 경우처럼 한국전쟁은 우리 가족과 내 인생 진로를 돌이킬 수 없는 방향으로 바꾼 계기가 되었다. 내가 중학생이던 1949년, 당시 서울대학 교무처장이셨던 아버지는 미국의 대학을 경험하기 위해 1년 예정으로 미국으로 떠나셨다. 1950년 한국전쟁이 발발했고, 불과 사흘 만에 북한군은 서울을 점령했다. 우리 가족은 전쟁 당시 아버지가 미국에 계시다는 이유로 공산당으로부터 더 심한 고초를 당했다. 이 글을 읽는 젊은 독자들은 이 시기에 우리가 겪은 고통의 정도를 이해하지 못할 것이다. 우리는 먹을 것이 없었고 강제 노동에 시달려야 했다. 그러나 많은 사람이 생명을 잃는 것에 비하면 그나마 다행이었다.

전쟁 때문에 미국에 머물기로 결정한 아버지는 1952년 40대의 나이에 컬럼비아대학에서 박사학위를 받고, 하버드대학에서 한국어과를 시작했다. 그리고 1954년 우리 가족은 5년 만에 매사추세츠주 보스턴에서 아버지와 만났다. 한국에서 고등학교를 마치지 못한 나는 캠브리지에 있는 브라운 앤 니콜스(Browne and Nichols; B&N) 사립학교에 입학했지만 거의 영어를 못 하는 상황이었다. 열심히 공부한 끝에 영어 실력도 점차 나아졌고, 1955년 MIT에 입학하여 기계공학을 공부하기로 마음먹었다.

내가 공학을 선택한 이유

공학과 과학에 대한 흥미는 아마도 한국전쟁 당시 부산에서 시작된 것 같다. 1951년 중공군이 한국전쟁에 개입하자 수백만의 사람들처럼 우리 가족도 부산으로 피난을 가서 모두 고모님댁에 머물렀다. 마음씨가 좋고 신사적이었던 고모부는 부산에서 해운회사를 운영했는데 이따금 나와 어린 조카를 그의 배로 데려가셨다. 나는 배와 조선소에 매료되었다. 낡은 군함을 여객선으로 개조하고 있던 고모부 회사의 건독이 기억난다. 고모부는 여가시간에 작은 모형 배도 만드셨다. 고모부의 남동생은 나중에 서울대학의 유명한 교수가 된 물리학자였는데, 나에게 과학과 공학에 대한 이야기를 해주며 엔지니어가 되도록 격려해주셨다.

내가 진짜로 공학도가 되기를 원했던 것은 언제부터였을까? 잘은 모르겠지만 중학교 2학년이었을 때, 과학 과제물을 했던 생각이 난다. 나는 객실이 진동 없이 거친 파도를 견딜 수 있는 모형 배를 만들었는데 아마도 그 아이디어는 삼촌에게서 얻었던 것 같다. 사과를 실어 나를 때 사용하던 나무 상자로 책상을 만들기도 했다.

미국에서의 공부

내가 다닌 브라운 앤 니콜스라는 사립학교는 하버드대학이나 MIT와 매우 가까운 곳에 있었다. 이 학교는 학생들의 노력을 엄청나게 요구했는데, 특히 영어의 경우 더 그랬다. 영어선생님은 내가 막 한국에서 왔음에도 다른 학생과 마찬가지로 나를 다루셨다. 나는 매주 《햄릿》을 비롯한 셰익스피어의 다른 작품들과 심지어는 《모비딕》 같은 소설, 시, 희곡들을 읽어야 했다. 결과적으로 이 수업은 대학에 가기 위한 좋은 밑거름이 되었다.

브라운 앤 니콜스 학교에서 정말 기억에 남았던 일은 우리가 '박사'라고 부르던 월터스 선생님에게 배운 물리학 과목이었다. 그가 어느 날 실험을 했는데, 그는 알루미늄 포일 한 조각을 반으로 접어서 접힌 곳에 클립을 끼운 후 클립의 다른 한쪽을 곧게 펴서 병을 막는 데 쓰는 코르크마개 가운데를 관통하도록 했다. 그리고 이것들을 몽땅 유리병 속에 넣은 후, 정전기를 만들기 위해 유리막대를 비벼댔다. 그 유리막대를 코르크마개 밖으로 나와 있던 클립 끝에 갖다 대자 알루미늄 포일의 양쪽이 모두 음전기로 대전되어 포일이 열렸다. 같은 종류의 전하 사이에는 반발력이 생긴다는 이 간단한 실험은 내 마음속에 평생 남았다.

미국 고등학생들은 대학에 가기 위해 SAT를 치르는데 1954년 미국에 도착한 나는 그해 10월에 SAT를 치러야만 했다. 어려움은 있었지만, 결국 1954년 12월 MIT로부터 입학허가를 받았다. MIT에서 1학년을 마치고 나는 원래 하고 싶었던 조선공학이 아닌 기계공학과를 선택했다.

대학 시절 나는 검소한 생활에도 불구하고, 생활비를 벌기 위해 세 개의 일자리를 뛰어야만 했다. 나는 보통의 MIT 학생들보다 더 풍부한 경험을 접했다고 믿는데, 그 까닭은 내가 일을 해야 했기 때문이다. 나는 기숙사에서 청소부나 전화 교환수를 하기도 했고, 연구실이나 도서관에서 보조원 일도 했다. 모든 일에서 나는 전에는 몰랐던 많은 것을 배웠고, 재미도 만끽했다. 내가 일한 연구실은 엔진 시험시설이나 증기 발전소 등과 같이 다양한 실증 시설을 만드는 곳이었기 때문에, 그곳에서 일할 때 나는 공학에 대해 많은 것을 배울 수 있었다.

3학년을 마칠 무렵, 내 삶에 큰 영향을 끼친 전환점이 생겼다. 자동화 기계를 설계할 수 있는 엔지니어를 찾던 길드 플라스틱이라는 작은 플라스틱 공장에 취직이 된 것이다. 이 회사는 열성형 방법으로 플라스틱 컵과 접시를 만드는 곳이었는데 정규교육을 받은 엔지니어가 없었다. 부사장을 제외하고

는 유일한 엔지니어였던 나는 여름방학 동안 그 회사에서 풀타임으로 일을 했고, 학기가 시작된 후에는 월·수·금요일에 수업을 듣고 화·목·토요일에는 회사에 출근했다. 길드 플라스틱에서의 일은 내게 큰 경험이었다.

나는 MIT 연구실에서 받은 돈의 2.7배나 되는 급료를 받았고, 일 또한

매우 도전적이었다. 플라스틱 공정을 위한 장치를 개발하거나 폴리머에 대해 얻은 지식은 내 진로 전반에 걸쳐 유용하고 중요한 역할을 했다. 나는 필름화된 플라스틱 제품을 만드는 새로운 공정과 그 공정을 수행하는 기계를 발명했고, 그 일로 첫번째 발명 특허를 따냈다. 이 특허는 내가 가지고 있는 50여 개의 특허 중에서 상업적으로 가장 성공한 것이었다. 나는 폴리머, 기계 설계, 산업 공정 등에 대해 많은 것을 배웠다. 내가 기계설계를 위해 필요해서 수강한 대학원 열전달 과목을 제외한다면, 어떤 면에서 대학 4학년 동안 MIT에서 배운 것보다 회사에서 배운 것이 더 많았다.

개인적인 삶의 형성

석사학위를 마친 나에게 매우 중요한 일이 생겼다. 이화여대를 수석으로 졸업하고 박사과정을 밟고 있던 아름다운 여성과 결혼을 한 것이다. 우리는 그후 인생의 모든 면을 공유해 왔다. 그녀는 내 인생을 빚어냈고, 우리 가족의 기틀을 마련했다. 함께한 시간이야말로 내 인생의 중심이 되는 가장 큰 선물이었다. 만일 아내와 가족이 없었다면, 내 직업생활도 그리 순탄치만은 않았을 것이다.

큰 기업에서의 경험

석사학위를 마쳤을 때, 이전보다는 훨씬 큰 회사가 된 길드 플라스틱이 정규직을 제안했다. 그곳에서 더 이상 배울 것이 없다고 판단한 나는 비록 월급은 15퍼센트나 적지만 보다 큰 회사인 USM 주식회사, 당시 세계에서 가장 큰 신발 생산기계 제작사에서 일하기로 마음먹었다.

USM에서 나의 첫번째 과제는 구두골(발 모양으로 생긴 나무틀) 상단에 직접 감치는 PVC 구두밑창을 성형하는 새로운 공정 개발이었다. 회사는 수년간 이 프로젝트를 진행해 왔지만 별 성공을 거두지 못한 채였다. 그들은 기본적인 물리적 원칙에 기반해 공정을 설계하지 않고 단순히 시행착오를 반복하면서 아이디어를 시험해보고 있었다. 나는 프로젝트를 살펴본 뒤, 자연의 보존법칙을 적용한 새로운 아이디어를 제안했고, 필드 시험까지 합쳐 3개월 만에 이 과제를 마무리했다. 이 일은 내 상사들에게 깊은 인상을 주었다.

내가 USM에서 월터 에이블과 존 홀릭을 만난 것은 큰 행운이었다. 그들은 좋은 스승이었으며 조언자였다. 나는 명망 있는 이 두 명의 산업체 리더에게 큰 빛을 졌다. 그들은 내가 박사과정을 마칠 수 있도록 후원했고, 처음부터 계획한 것은 아니었지만 결국 박사학위를 하고 교수가 된 것도 모두 이들과 USM 때문에 가능한 일이었다. 내 원래 목표는 높은 굴뚝이 있는 큰 공장을 짓고 제품을 만드는 것이었다.

USM은 내가 첫 프로젝트를 마친 후 얼마 안 되서 박사과정 학비를 지원하기로 했다. MIT에서 내 지도교수였던 밀튼 쇼 교수가 카네기멜론대학에서 함께 일을 하자고 제안했기 때문이다. 내가 홀릭에게 학교로 돌아가서 쇼 교수와 일하겠다고 했을 때, USM은 내가 카네기멜론대학에서 USM이 지원하는 연구를 계속한다면 정규직 급료뿐만 아니라 모든 연구비 및 여행 경비를 지원하겠다는 놀라운 제안을 했다. 나는 그들이 경제적 지원에 대한 대가로 박사학위를 마친 후 꽤 오랫동안 회사를 위해 일해야 한다는 조건을 제시할 것으로 생각했다. 그러나 계약서는 매우 짧고 간단하게, USM이 2년간 나를 지원한다는 내용뿐이었다. 왜 계약서에 내 의무조항은 언급되지 않았느냐고 물었을 때, 그들은 자신들도 나를 회사에 붙잡아 놓고 싶지만 만일 내가 원하지 않는다면 강권하고 싶지 않다는 것이었다. 나는 그들의 사고방식에 너무나도 감명을 했고, 그들의 제안에 감사할 따름이었다. 결국 2년 만에 박사학위를 마친 나는 오랫동안 그곳에서 일해야겠다는 생각으로 회사로 돌아갔다.

카네기멜론대학에서 USM으로 복귀한 후 나는 많은 과제를 수행했다. 이 프로젝트들은 나중에 내가 교수가 되었을 때 매우 도움이 되었다. 나는 USM에서의 일을 너무나도 즐기고 있었다. 급료도 넉넉했고, 내가 관심 있던 것들을 하는 데에도 충분한 자유가 있었다. 그러나 회사에서 열심히 일한 후에도 여유 시간이 많이 남았기 때문에 보스턴의 한 지역대학에서 일주일에 하루, 두 시간씩 야간 강의를 하기로 했다. 대학에서는 나에게 내가 학생 시절에 배우지 않았던 탄성이론을 가르칠 것을 요구했기 때문에, 나는 가을학기가 시작되기 전 그 과목을 공부해야만 했다.

사우스캐롤라이나대학

내게는 교수가 되겠다는 계획이 없었다. 그런데 1965년 카네기멜론대학에서 같은 연구실을 썼던 친구인 엘머 슈하르츠로부터 전화가 왔다. 당시 사우스캐롤라이나대학 교수였던 그는 자신과 합류하여 대학에서 강의를 해줄 것을 부탁했다. 그러나 나는 몇 가지 이유 때문에 확신이 없었다. USM 상사들은 하나같이 현명한 선택이 아니라고 하며, 몇 단계 높은 승진을 제안함으로써 나를 붙잡아두려고 했다.

하지만 나와 아내는 결국 교수라는 직업에 도전해보기로 결정했다. USM의 에이블 박사는 매우 아량이 넓고 사려 깊은 분이었다. 그들은 언제든 다시 회사로 돌아올 수 있도록 휴직 기회를 마련해주었고, 나를 자문위원으로 위촉해 사우스캐롤라이나대학에서 회사를 위한 연구를 수행하도록 계약을 체결해주었다. 내가 에이블 박사와 같은 상사를 만난 것은 정말 드문 행운이었다. 그후로도 나는 오랫동안 에이블 박사와 같이 일을 했다.

1965년 사우스캐롤라이나대학은 연구중심 대학이 아니었고, 공과대학은 32명의 교수로 이루어진 매우 작은 곳이었다. 그러나 결과적으로 사우스캐롤라이나대학은 나에게 이상적인 곳이었다. 20대 후반의 젊은 교수로서 나는 새로운 연구과제를 시작할 수 있었으며, 신선한 대학원 과목을 가르칠 수 있었다. 사우스캐롤라이나대학의 젊은 교수들은 새로운 대학원 커리큘럼을 만들었다. 나는 다양한 프로젝트를 시작했고, 열심히 연구한 덕분에 미국 육군, 국립과학재단(NSF: National Science Foundation) 같은 여러 기관과 회사로부터 연구비를 지원받을 수 있었다. 학과의 절반 정도 되는 대학원 학생들이 이 프로젝트들을 나와 함께 수행했는데, 그것은 내가 충분한 연구비를 갖고 있었기 때문이었다.

MIT 교수직

그곳에서 3년이 지날 무렵 MIT의 네이탄 쿡 교수가 전화를 했다. 그는 신임 교수 자리가 하나 생겼는데 MIT로 돌아올 생각이 없는지를 물었다. MIT를 방문해 한 차례 세미나를 가진 뒤 나는 비정년 부교수 자리를 맡게 되었고, 컨설턴트로서 USM과도 다시 합류했다.

MIT에서는 젊은 교수들 사이의 경쟁심이 치열했다. 그것은 당시 비정년 교수들의 25퍼센트만이 7년 재직 후에 정년을 보장받을 수 있었기 때문이다. 이러한 환경이 MIT를 더욱 활기차고 탐구적으로 만들고, 모든 이를 더 생산적이고 혁신적으로 만들었다. 나는 1973년에 MIT-산업체 폴리머 공정 프로그램(MIT-Industry Polymer Processing Program)을 시작했다. MIT 연구에 자금을 지원하기 위해 구성된 이 산업체 컨소시엄에는 몇 가지 목적이 있었다. 그것은 우선 학생들에게 폴리머 공정을 일깨우고, 이 분야의 주요 연구활동을 확립하며 연구비를 증액시키고, 산업체를 위해 새로운 기술을 혁신시키고, MIT에서 나온 지식을 산업체로 이관하는 동시에 산업체의 지식을 MIT로 가져오는 것 등이었다. MIT에서 이런 종류의 협력 연구 프로그램을 시작한 것은 처음이었다.

MIT-산업체 폴리머 공정 프로그램은 매우 성공적이어서 국가적인 효시가 되었다. 우리는 국립과학재단으로부터 자금을 받았고, 컨소시엄에 참여한 14개 주요 기업체로부터 큰 금액의 후원금을 받았다. 이 프로그램의 성공을 일부 발판 삼아 미국 의회는 '스티븐슨-와이들러 조례(Stevenson-Wydler Act)'라고 명명된 법을 통과시켰는데, 이것은 미국 산업체의 경쟁력을 강화하기 위한 프로그램이었다. 오늘날 미국 내에 100여 곳이 넘는 유사한 센터가 있으며, 다른 나라에서도 비슷한 프로그램을 가지고 있다.

폴리머 공정 프로그램 외에도, 나는 트라이볼로지에 대한 연구를 진지하게 시작했다. 당시의 커팅툴 마모와 슬라이딩 마모에 대한 이론이 틀렸다고 생각했기 때문이다. 그 노력의 결과 나는 1973년에 〈마모에 대한 디라미네이션 이론The Delamination Theory of Wear〉을 출간했는데 이 논문은 과학정보기관(Institute of Scientific Information)에 의해 인용횟수가 가장 많은 논문 중 하나로 선정되었고, 세계적으로 마모 연구에 대한 방향을 바꾸었다. 트라이볼로지에서 중요한 또 하나의 논문인 〈솔루션 마모Solution Wear〉는 내 학생이었던 브루스 크레이머 박사와 함께 작성한 것으로 새로운 커팅툴을 개발하는 데 중요한 참고논문으로 사용되었다.

1976년 나는 제조 분야에서 MIT의 교육과 연구를 강화시켜 줄 학제간 연구소 설립을 요청받았다. 새로운 학제간 연구소 설립을 받아들이기에 앞서, 나는 설립될 연구소의 목표에 대해 생각해야만 했다. 설계와 제조를 위한 과학적 기반을 세우는 것이 새로운 연구소의 목표가 되어야 한다고 나는 결정했다. 과학적 기반이 없는 공학원리는 독창적인 지식을 만들 수 없고, 잘 가르칠 수도 없기 때문이다.

제조 및 생산성 연구소(LMP: The Laboratory for Manufacturing and Productivity)는 1977년에 만들어졌고, 1979년에 학제간 연구소가 되었다. 연구소는 고속 성장했다. 1984년까지 여러 학과에서 참여했고, 많은 연구 자금을 들고 90명의 대학원생과 교수들이 다녀갔다. 우리는 폴리머 공정, 트라이볼로지, 제조 시스템, 그리고 설계에서 많은 박사 및 석사를 배출했고, 대부분의 대학원생들은 오늘날도 여전히 활약하고 있다.

제조 및 생산성 연구소의 핵심 테마로서 설계와 제조에 대한 과학적 기반을 만들고자 한 결정의 결과 우리는 공리설계(Axiomatic Design)라고 불리는 설계이론을 창안했다. 이 이론은 내가 산업체와 대학에서 만들었던 공정과 생산품을 조사하여, 좋은 설계에는 언제나 있고, 나쁜 설계에는 언제나 없었던 공통점을 확인하여 개발되었다. 후에 나는 무엇이 복잡성을 만드는지에 대해 관심을 갖고 새로운 복잡성 이론(complexity theory)을 제안했다.

국립과학재단

1984년에 전혀 생각치도 않았던 일이 생겼다. 백악관으로부터 연락을 받았는데, 로널드 레이건 대통령의 지명으로 국립과학재단 공학부분을 맡아달라는 것이었다. 국립과학재단은 제2차 세계대전 후인 1950년에 해리 트루먼 대통령에 의해 설립되었다. 국립과학재단의 설립 배경이 되는 기본목표는, 제2차 세계대전 동안과 마찬가지로 주요 국가 목표를 수립하는 데 있어 대학을 꾸준히 참여시키는 것이었다. 국립과학재단의 기본 임무는 다음과 같았다. (1) 과학기술의 첨단화, (2) 건강 및 복지 증진, 국민의 번영, (3) 국방을 확립하는 것. 나는 국립과학재단의 공학 프로그램을 위한 전략, 목표, 그리고 방향을 새롭게 설정했다. 이 목표를 이루기 위해 대학의 연구 방향에 영향을 끼칠 수 있는 새로운 프로그램도 만들었다. 백악관과 국회 위원회의 자금 담당과 긴밀히 협조하여 자금 또한 증액시켰다.

MIT 기계공학과

1988년 국립과학재단에서 MIT로 돌아왔을 때, MIT 동료들은 학과 강의와 연구 프로그램을 재평가할 필요가 있다고 하면서, 나에게 학과장 자리를 제안했다. 나는 이것이 큰 도전임을 알았다. 하지만 MIT의 각 학과들은 매우 자율적이기 때문에 나는 학과장으로서 큰 개혁을 이룰 수 있었다. 내가 학과에서 세운 목표는 동료들의 도움을 필요로 했는데, 기계공학의 학제를 물리학 기반에서 물리학, 생물학, 그리고 정보 중심의 설계에 기반을 두는 학제로 바꾸는 것이었다. 이러한 변화의 이유는 학생들이 진로를 준비하는 데 도움을 주고, 우리의 연구 프로그램을 강화하기 위해서였다.

내가 학과장으로 재직한 10년 동안 학과는 매우 달라졌다. 우리는 60명의 교수 중에서 40퍼센트의 교수를 바꿨는데 새로 채용된 교수 가운데 50퍼센트는 기계공학이 아닌 다른 분야의 박사들이었다. 다른 학제 배경지식을 가진 교수진은 고전적인 기계공학 배경지식을 가진 동료들과 함께 많은 중요한 업적을 일구어냈다. 현재 MIT 기계공학과는 전보다 훨씬 견고해졌다.

이미 훌륭하던 교수진을 더욱 확장하기 위해 저명한 교수진을 새로 채용한 것 외에도 우리는 시설들을 새롭게 단장했다. 인심 좋은 동문들의 협조로 새로운 연구 및 교수 실험실과 강의 공간을 만들었는데, 파크 강의실(Park Lecture Halls)이라 불리는 공간은 개보수를 위한 자금을 기부한 박병준 박사를 기리기 위해 만들어졌다. 박병준 박사는 우리 학과의 한인-미국인 동창생이다.

기술혁신

인류의 중요한 도전 중 하나는 급격히 늘어나는 세계 인구를 유지하고, 지구상 모든 이들의 삶의 질을 향상시키기 위해 세계 경제성장을 지속시켜야 한다는 것이다. 기술혁신은 경제 성장의 엔진이다. 지난 세기 동안 중요한 기술혁신의 수가 급격히 증가했다. 증기기관 또는 컴퓨터 및 전자장치를 위한 집적회로 같은 기술혁신은 새로운 산업을 창출하고 경제 모든 분야의 생산성을 향상시켰다. 연구중심 대학들은 많은 국가에서 기술혁신에 공헌했다.

연구와 학문

학문 또는 연구 가치의 궁극적인 판단은 역사가 해 줄 것이다. 과학, 기술, 그리고 예술 분야에는 사람의 사고방식을 송두리째 바꾸고 후세가 그들의 창의적인 아이디어 속에 살아가게 한 몇몇 거장들이 있다. 과학에서는 예컨대 아이작 뉴턴, 알베르트 아인슈타인, 마이클 패러데이와 제임스 맥스웰, 에르빈 슈뢰딩거, 알렉산더 플레밍, 클라우드 샤논, 그리고 제임스 왓슨과 프랜시스 크릭 같은 사람들에 의해 세상이 변했다. 기술에서는 제임스 와트의 증기기관, 잭 킬비의 집적회로, 알렉산더 그레이엄 벨의 전화발명 등이 사람들의 생각과 삶의 방식을 바꿨다. 베토벤, 모차르트, 슈베르트, 그리고 몇몇 다른 작곡가들은 모든 세대의 사람들에게 즐거움과 영감을 주는 서양 고전음악의 전통과 기준을 확립했다.

마치면서

공학, 학계, 산업체, 공공서비스 등에서 성공을 보장하는 신비한 방정식은 존재하지 않는다. 근면함, 상상력, 높은 윤리기준, 덕행, 배우려는 의지, 다른 사람으로부터 배우려는 노력은 과학기술 분야의 지성이 되고 공헌자가 되기 위한 기본 조건이다. 잘 준비되어 있는 사람들은 좋은 기회를 놓치지 않고 활용함으로써 과학, 기술, 사회와 인류 역사에 영원한 흔적을 남길 수 있다.

교육받은 사람들은 이 세상을 보다 좋은 곳으로 만들 책임이 있으며, 행운이 덜한 사람들을 도와야 하고, 인류의 대의 목적을 발전시켜야 한다. 높은 목표에 다다를 수 있도록 포부를 가져야 한다. 이것은 매우 어려운 일이다. 우리 중 몇 사람만이 이 숭고한 목표를 달성할 것이다. 나는 한국의 젊은이들이 한 차원 더 높은 곳으로 인간의 정신세계를 끌어올리는 사람 중의 한 명이 되기를 바란다.

서정욱

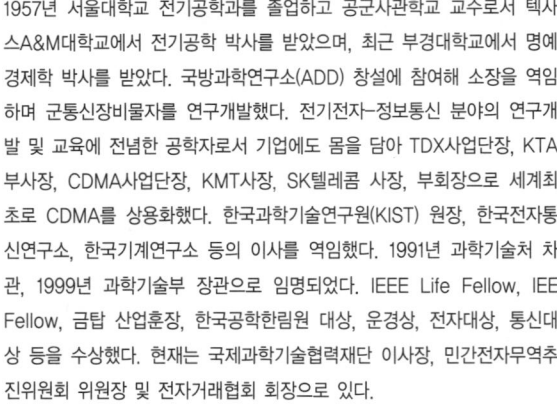

1957년 서울대학교 전기공학과를 졸업하고 공군사관학교 교수로서 텍사스A&M대학교에서 전기공학 박사를 받았으며, 최근 부경대학교에서 명예경제학 박사를 받았다. 국방과학연구소(ADD) 창설에 참여해 소장을 역임하며 군통신장비물자를 연구개발했다. 전기전자–정보통신 분야의 연구개발 및 교육에 전념한 공학자로서 기업에도 몸을 담아 TDX사업단장, KTA 부사장, CDMA사업단장, KMT사장, SK텔레콤 사장, 부회장으로 세계최초로 CDMA를 상용화했다. 한국과학기술연구원(KIST) 원장, 한국전자통신연구소, 한국기계연구소 등의 이사를 역임했다. 1991년 과학기술처 차관, 1999년 과학기술부 장관으로 임명되었다. IEEE Life Fellow, IEE Fellow, 금탑 산업훈장, 한국공학한림원 대상, 운경상, 전자대상, 통신대상 등을 수상했다. 현재는 국제과학기술협력재단 이사장, 민간전자무역추진위원회 위원장 및 전자거래협회 회장으로 있다.

대관세찰(大觀細察)

나라를 잃고 이름까지 빼앗긴 일제강점기에 나는 태어났다. 이런 역경 속에서도 우리 조상들은 나라와 겨레의 미래를 자손들의 교육에 걸었다. 그 덕분에 나는 좋은 책을 읽고 풍부한 놀잇감을 가지고 놀며 자랐다. 만화도 좋아했지만, 삼촌들이 보던 《무선과 실험》이나 그분들이 사준 《소년구락부(少年俱樂部)》 같은 잡지에서 탐정소설, 위인전, 과학, 공작(工作) 기사들을 탐독했다. 이것은 친가 외가를 통틀어 첫 손자였기에 누릴 수 있는 특전이었다. 사실 지금으로 치면 고급 가전제품들로 당시에는 흔하지 않던 시계, 유성기, 카메라, 활동사진기, 라디오, 전축 등을 놀잇감처럼 마음대로 만질수 있었다는 것이 내게는 큰 행운이었다.

분에 넘치는 놀잇감들 때문에 나는 자연스럽게 과학의 세계에 원초적인 호기심을 갖게 되었다. 시계는 어떤 원리로 돌아가는가. 전파는 어떻게 날아오고 날아가는가. 소리는 어떤 장치로 녹음되고 재생되는가. 이런 궁금증은 나로 하여금 닥치는 대로 물건을 분해하게 만들었다. 물론 분해된 것들의 상당 부분은 원상 복구는커녕 수리도 못할 지경이 되곤 했다. 그중에는 할아버님이 애지중지하시던 회중시계도 들어 있었다.

그뿐인가. 한번은 촛불을 켜놓고 공작을 하다 밥 먹으러 방을 비운 사이에 불이 난 적도 있었다. 그러나 어른들은 크게 꾸짖지 않고 적절한 주의만 주셨다. 지금도 나는 철부지 손자나 아들의 지나친 행동을 어린 자손의 과학에 대한 관심으로 여기며 끝까지 너그럽게 참아주셨던 어른들의 사랑을 결코 잊을 수가 없다. 그래서인지 나는 훌륭한 부모의 역할이 무엇인가 하는 질문에 비교적 명쾌한 답 하나를 갖고 있다. 즉 자손을 과학자로 키우려면 질이 좋은 놀잇감을 마련해주라는 것이다. 책에서 얻을 수 있는 것과 놀잇감을 통해 얻는 것은 따로 있기 때문이다. 나는 그 나라의 장난감을 보고 그 나라 젊은이들의 미래를 점칠 수 있다고 확신한다.

아이들은 늘 꼼지락거리며 끊임없이 주위 사물에 대해 궁금해 하고 무엇인가 만지작거리면서 자란다. 나 역시 어른들의 어려움과 고통을 아는 듯 모르는 듯, 두리번거리고 부스럭거리는 이른 봄의 새싹처럼 그렇게 조금씩 자랐으며, 그 속에서 나의 호기심은 다행스럽게도 과학의 방향으로 가닥을 잡아갔다. 그때 큰 몫을 한 것이 광석수신기(鑛石受信機)였다. 당시는 라디오가 아주 귀해 집집마다 라디오를 갖지 못했다. 따라서 부품을 사다가 만드는 광석수신기는 무선에 취미가 있는 학생들만 아니라 라디오가 없는 집의 어른들에게까지 인기가 대단했다.

삼촌들 역시 광석수신기 조립에 열중했다. 나는 삼촌들의 잔심부름을 하면서 어깨너머로 광석수신기의 조립과정을 눈여겨봤다. 당시의 광석수신기는 오늘날처럼 반도체 소자로 검파하는 것이 아니라 전파를 타고 날라온 방송프로그램을 자연 방연광으로 찾아내는 아주 원시적인 장치였다. 중학교에 들어가자 내 취미생활은 본격화되었다. 진공관 1구 중파대 라디오 제작에 성공하고, 다음에는 방송국 간의 혼신을 피하기 위해, 다시 말해 분리가 더 잘 되게 하기 위해 고주파 1단을 부가한 전지식 진공관 라디오(1-V-1)를 조립했다. 그러나 전지 소모가 너무 빨라 실망하고 말았다. 물론 오늘날과 같이 몇 번이고 충전해서 쓸 수 있는 배터리가 없었던 시절의 얘기다.

휘문중학교 1학년 가을에는 전지가 필요 없는 엘리미네이터(eliminator)식, 즉 교류 전원식 1－V－2로 개조하고 단파대를 추가하여 갈망하던 2밴드 수신기를 완성함으로써 청취 범위가 단파대까지 넓어졌다. 친척이나 이웃의 낡은 가정용 라디오를 수리해주거나 주파수 분리가 잘 되는 고주파단을 추가해주기도 하면서 헌 부품을 수집했다. 이 때문에 나는 고물상이라는 별명까지 얻었고, 그 대가로 생긴 돈은 새 부품을 구입하는 데 보탰다.

수업이 끝나기가 무섭게 나는 일과처럼 장사동으로 달려갔다. 그곳의 많은 기기와 부품 가운데 내 관심을 사로잡은 것은 군용 무전기였다. 그 때문에 부모님께 어렵사리 타낸 용돈은 모두 장사동에서 써버리곤 했다. 기껏해야 진공관 몇 개 사면 그만이었지만 말이다. 요즘 유행하는 표현을 빌리자면 '장사동 키드(Kid)'가 된 셈이다. 그러나 '장사동 키드'는 나뿐이 아니었다. 또래의 많은 학생들이 통성명도 없이 이곳을 드나들며 서로 어깨를 스쳤으며, 자주 마주치는 사람들끼리는 동류의식이 생겨 학교가 같건 다르건, 선배건 후배건 모두 친하게 지냈다.

그때를 회상하면 조요한 씨가 떠오른다. 조요한 씨는 나보다 서너 살 위인 분으로 6·25 직전 전국 과학박람회에 무선 송수신기를 출품했을 정도로 우리 '장사동 키드'들의 우상이었다. 그는 경기고등학교 시절에 우리나라 최초로 《무선과학》이라는 책을 펴내기도 했다. 지금도 그 책 뒷부분의 아마추어 무선편이 눈에 선한데 그 내용은 어린 우리를 크게 충동했다.

어린 시절의 장사동 출입은 여러모로 공부가 됐다. 중학생이라 영어실력이 부족한 데다 군사기밀 때문인지 미군 무전기 부품의 회로정수(回路定數)가 색으로 표시되어 그 값을 알아내기가 쉽지 않았다. 물론 가격도 어린 나에게는 큰 부담이었다. 미군 무전기의 기술교범(TM)을 입수해 부품의 규격을 알아내기도 하고, 튜브 테스터로 진공관의 감도를 측정하는 등 밤을 새우며 부산을 떨었지만, 의욕이나 노력에 비해 결과는 실망스런 경우가 많았다. 그러나 그때의 노력과 인내심은 훗날 군용무전기를 연구개발하고, 그 경험으로 TDX사업과 CDMA사업을 맡아 성공시키는 데 정신적 지주가 되었다.

6·25 때문에 내 취미생활도 낭패를 당했다. 그래도 학업은 계속하여 피난지 부산에서 휘문고등학교를 마치고 서울공대 전기공학과에 들어갔다. 대학졸업 후, 공군사관학교에서 전자공학을 가르치다 미국 유학을 떠나 학부과정을 거쳐 석사·박사학위를 얻었다. 귀국해서는 국방과학연구소 (ADD) 창설에 참여하여 소장이 되기까지 10여 년간 군통신장비물자를 연

구개발했다. 당시는 진공관 라디오를 생산하다 흑백 TV의 면허 조립생산에 들어간 시절이라 고도의 신뢰성이 요구되는 군통신장비물자의 연구개발은 절망적이었다.

원래 기술기반이 없었던 데다 전쟁으로 국토가 초토화되고 계속 남북이 대치하는 상황에서 통신기술 특히 무선 분야의 연구는 금기의 영역이었다. 그뿐인가. 단파라디오만 갖고 있어도 당국에 신고를 해야 했다. 우리 군의 통신장비는 미 군원에 전적으로 의존해왔고, 기술방식이 구세대라 미군과 합동작전을 할 수 있을지도 걱정이었다. 더욱이 내용수명을 넘겨 수리재생이 힘들었기 때문에 전쟁이라도 나면 큰일이었다.

통신은 군의 중추신경이다. 따라서 군통신장비물자의 연구개발은 국가안보를 위해 시급한 일이었다. 군은 야전전화선, 야전전화기, 전지 등은 국산조달하고 있었으나 품질이 열악해 애를 먹고 있었다. ADD를 창설은 했는데 당장 내가 할 수 있는 일이 별로 없었다. 그렇다고 손을 놓고 있을 수는 없어, 차분하게 미래를 위한 준비를 하기로 결심했다. 유비무환, 급할수

록 돌아가라는 말이 있지 않은가.

연구개발에서 무엇보다 중요한 것은 사람이다. 우선 방위산업에 관심이 있는 대학원생들을 뽑아 군통신장비물자의 규격, 표준, 신뢰성, 가용성, 정비성, 내구성 등에 대한 자료 수집을 시켰다. 특히 미군 통신장비를 다루던 아마추어 무선기술사(Ham)들은 시험평가 및 품질보증 기법과 절차를 제정하는 등 한국 최초로 군사규격을 적용하게 되었다. 마침 과기처의 중소기업 해외연수 계획이 있어 ADD와 방산업체의 요원을 선발하여 미국 방산업체에 파견시켰다. 그리고 통신기기 및 부품업체의 실태를 조사하는 한편 군사규격 및 표준을 방산업체들에게 전파했다.

ADD 창설 직후의 일이다. 모 업체가 제작한 차량무전기와 모 연구소가 개발한 휴대 무전기를 평가해달라고 국방부와 과기처가 의뢰해 왔다. 우선 이들을 문서로 확인하니 운용자(군), 개발자(연구소), 생산자(업체) 간에 합의한 개발 및 생산규격, 시험 및 평가 절차 등 사전준비가 없었다. 나는 업체와 연구소에 군사규격에 따라 시험하고, 군장비물자로서 연구개발, 시험평가, 품질보증, 생산조달, 교육훈련, 운용정비, 폐기 등 순기(Life-cycle) 개념으로 평가하겠다고 통보했다. 그랬더니 업체는 국내 실정을 모르는 처사라 비난하고, 연구소는 무리한 요구라고 항변했다. 이들에게 섭씨 영하 40도, 영상 70도의 극한 환경에서 동작해야 하고 진동, 요동, 충격, 침수, 모래바람, 마모수명 등 가혹한 시험을 통과해야 하는 군용무전기의 시험평가는 가혹할 수밖에 없음을 알려주었다. 당시 개도국의 하나였던 한국의 과학기술자로서 나는 이러한 악역을 고귀한 책무라고 받아들였다.

나는 시험평가를 하면서도 남의 흠을 잡아내기보다 나라면 어떻게 했을까 자성하면서 평소에 구상하고 있던 분대용 무전기(KPRC-6)를 개발하기로 결심했다. 군의 요구가 없어 예산을 확보할 수 없었지만 연구원들은 자비(自費) 국방을 하자며 순순히 따라주었다. 연구원 대부분이 아마추어 무선애호가라 집에 있는 무전기, 계측기, 부품, 야전침대 등을 들고 와

KPRC-6 개발은 비상체제에 들어갔다.

이러한 내 사고와 행동에 대해 사람들은 냉소적이었다. 기술이 없고 가난한 나라에서 군통신장비물자를 개발하는 것은 모험이다. 굳이 해야 한다면 규격을 완화해야 한다는 것이 주변의 중론이었다. 나는 "가난한 나라일수록 더 견고하고 성능이 좋아야 한다. 부자 나라는 장비를 자주 교체하지만 가난한 나라는 오래 써야 하기 때문에 규격을 더 엄격히 해야 한다"는 것을 역설했다.

천신만고 끝에 분대용 무전기를 개발했지만 부대시험을 할 길이 없었다. 아무도 거들떠보지 않는 상황에서 해병대가 부대시험을 자청해 왔다. KPRC-6는 한미 해병대 합동훈련에서 통신병들의 호평을 받았고, 결함 및 개선사항을 낱낱이 지적하여 생산단계에 큰 도움이 됐다.

1972년 7월 어느 날 청와대 수석비서의 전화를 받았다. KPRC-6를 켜놓고 있으라는 것이었다. 얼마 있다 잡음이 가라앉으면서 묵직한 목소리가 울려나왔다. "ADD 나오라, ADD 나오라……." 박 대통령이었다. 나는 얼떨결에 응답했다. "ADD 서정욱입니다." "잘 들리는군, 수고가 많았소." "감사합니다." "애로사항이 있으면 말하시오." 나는 기회를 놓칠세라 KPRC-6를 제식화하여 실전배치를 하려면 정식 연구개발사업이 돼야 한다고 건의했다.

짧은 통화였지만 박 대통령의 확인은 ADD연구진을 고무시켰다. 과학기술자의 연구결과를 보고만 받는 것이 아니라 직접 확인하고 군의 전력화에 연결시켜주려는 것이었다. 그전에 박 대통령은 모 연구소가 개발한 무전기와 모 업체가 생산한 무전기를 보고 몹시 실망했다. 우리가 만약 대통령과 통화를 했다고 감격이나 하고 있었다면 KPRC-6는 햇빛도 못 본 채 하나의 해프닝으로 끝났을 것이다. 한국의 방위산업은 KPRC-6 때문에 통신전자 부문에서 새로운 도약을 했다.

1980년대의 TDX에 이어 1990년대에는 한국의 이동통신 산업에 새 역사를 창조할 야심 찬 사업이 전개됐다. ETRI가 도입한 미국 퀄컴(Qualcomm)

의 CDMA방식 이동전화 상용화 계획이 바로 그것이었다. 1993년 여름 체신부 차관이 만나자고 했다. 장관의 뜻이라며 CDMA사업을 맡아달라는 것이었다. 10년 전에도 TDX사업을 맡아달라 했기에 심각한 문제가 있음을 직감했다. 그후 6년간 나는 CDMA사업단장, KMT사장, SK텔레콤 사장으로서 운용업체와 제조업체의 연구개발, 생산, 운용 요원들과 함께 CDMA의 상용화를 위해 불철주야 노력했다.

1990년대에 들어와 이동전화 수요가 폭증하자 아날로그 방식으로는 충족할 수 없는 상황에서 디지털 전환이 시급하게 됐다. 하지만 CDMA는 TDX와 달리 아무도 상용화한 일이 없는 도전으로서 한국이 최초의 시험대에 오른 것이었다. 당시 한국은 GSM, CDMA를 놓고 고민하고 있었다. 전자는 이미 상용화된 방식인 반면 후자는 아무도 상용화한 실적이 없는 미지의 기술이었다. ETRI는 CDMA기술을 도입하고 정부는 이를 단일 표준화하여 제조업체들이 공동개발, 상용화한다는 장밋빛 시나리오였다.

그러나 사업을 추진하는 체제에 심각한 문제가 있었다. 삼성, LG, 현대, 맥슨 등 국내 제조업체들이 동상이몽의 각개약진을 하고 있었다. 원천기술은 물론 사업관리 능력이 없는 연구소와 이동통신 시스템 기술이 없는 퀄컴이 주도하여 국내 제조업체들의 공동개발 사업을 관리한다는 것은 무리한 발상이었다. 뒤늦게나마 정부는 문제를 인식하고 해결책을 모색했다. 정말 한국의 통신산업에 회복할 수 없는 재앙이 될 뻔 했다.

1993년 9월 나는 CDMA사업을 맡고 중대한 결단을 내렸다. 운용업체가 주도하는 제조업체 간의 경쟁개발로 사업관리체제를 전환한 것이다. 공동개발을 하다 업체들이 공멸하느니 경쟁개발을 통해 하나라도 구출하겠다는 비장한 결단이었다. 당시의 상황은 이러했다. 삼성은 아날로그 방식을 개발해 수출에 나섰고, LG는 퀄컴과 직접 거래해 독자 개발할 생각인 것 같았으며, 현대만 통신시장에 진입하려고 퀄컴 근방에 연구실까지 차려놓고 있었다. 단말기 업체인 맥슨은 출연금만큼 얻을 것이 있을지 의문이었다. 퀄컴은 CDMA 시범장치(RTS)를 한국에 팔아 거기서 나오는 데이터만 챙기며, 명색이 공동개발이었지만 CDMA 칩 외엔 주는 것이 없고, 한국을 발판 삼아 시장을 확장한다는 평판이었다.

나는 우선 KMT에서 10명, 체신부에서 사무관 1명을 파견받아 업무를 시작했다. 체신부 파견관이 그동안 가려졌던 실상을 체신부에 적나라하게 보고함으로써 CDMA사업은 중요한 고비를 넘겼다. 나는 연구소 주도로 공동개발을 해오던 업체들에게 기관차와 객차로 비유하며 물었다. "당신네들을 끌고 갈 기관차에 엔진이 있는지, 기관사는 자격증이 있는지, 목적지가 어딘지, 언제 떠나 언제 도착하는지, 그리고 요금이 얼만지 따져보았는가." 업체들은 그제야 정신을 차린 듯 했다. CDMA사업은 1996년 초 상용화를 목표로 경쟁개발체제에 들어갔다.

사업단은 1993년 말부터 1995년 말까지 밤낮, 휴일도 없이 혈투를 했다. 나는 현장을 돌며 책임자들과 대화를 나누며 사업을 확인했다. 이른바 'Management by walking around'를 했다. 어느 날 새벽 4시 LG의 단말기와 기지국, 교환국을 통해서 LG의 이정률 박사를 호출했다. 통화를 하다 보니 59분이 지났다. "이 박사, 우리 통화가 얼마나 됐는지 아시오? 지금 4시 59분이니 1분 후면 1시간이오. 세계 최장의 CDMA통화기록을 우리는 세운 거요." 전화가 통화되는 것은 당연한 것, 얼마나 안정되게 지속되느냐는 품질을 확인한 것이다.

1996년 초로 계획했던 CDMA 상용서비스는 개통이 임박했는데도 시스템과 단말기에 계속 문제들이 터져나와 한치도 앞을 내다볼 수 없었다. 항간에는 CDMA의 꿈은 사라졌다고 유비통신이 나돌고, 정부마저 CDMA를 불신하는 눈치였다. 눈치 빠른 사람들은 개통을 뒤로 미뤄야 한다고 쑥덕공론을 했다. 루슨트와 모토롤라는 아날로그 장비공급을 위한 물밑 교섭을 하고 있었다. 이때 KMT의 이성재 개발본부장이 기지를 발휘했다. 1995년 10월 여러 대의 차량과 여러 명의 시험요원을 동원하여 국산단말기 시제품으로 인천지역에서 현장시험을 하겠다고 사장인 내게 결재를 올렸다. 그 계획은 기지국을 중심으로 시험요원들을 환상배치(環狀配置)하고 동시다발로 통화하면서 중심을 향해 도보로 접근시키면서 핸드오프, 최대용량 등 각종 통화품질을 평가하고, 차량으로 이동시키면서 같은 항목의 통화품질을 평가하려는 것이었다. 이것은 CDMA에 대한 불안을 평정하려는 것으로서 품질이 열악한 아날로그 방식보다 통화품질이 좋다는 것을 입증하면 된다는 심리작전이기도 했다. 이 작전은 성공했고 목적을 달성했다.

1996년 정초, 우리는 세계 최초로 CDMA 이동전화를 상용화했다. 세계 각지에서 한국을 찾아와 우리의 경험에서 배우고 함께 일하자고 손을 내밀었다. 한국의 이동통신이 평가를 받았음은 물론 그 이미지와 브랜드가 격상했다. 이것은 또한 한국의 정보통신 기업들이 세계시장에 진출할 기회를 제공하고 용기를 북돋았다는 점에서도 큰 의미가 있다. 이러한 성공의 이면에는 무명의 영웅들이 흘린 피땀이 어려 있다. 편안한 잠자리를 버리고, 가족들까지 희생한 무명의 TDX-CDMA 영웅들이 바로 그들이다. 이들이 믿고 따라준 덕에 나도 함께 살아남았다.

CDMA사업의 성공요인은 무엇인가. 첫째, 정부의 국산개발 및 단일표준화 정책. 둘째, TDX사업의 교훈을 살려 연구소 주도의 제조업체 공동개발을 운용업체 주도의 제조업체 경쟁개발로 사업전략을 전환한 것. 셋째, 단말기 개발 조기착수, 대량 사전구매 및 보조금에 의한 내수진작, 단말기 경박단소화에 의한 상품경쟁력 확보. 넷째, 경쟁을 통한 서비스종목 및 서비스지역 확장, 네트워크 신뢰성의 조기확보 등이다. 물론 국민의 높은 수준의 이용능력, 높은 인구밀도, 기업의 투자회수에 유리한 환경조성 등도 빼놓을 수 없다.

나는 개발도상국의 공학도로 시작하여 한국이 첨단 산업국가로 진입하는 데 동참하는 행운을 누렸다. 실사구시의 무실역행을 신조로 연구개발은 물론 시험평가, 품질보증 등 생산 및 운용 현장의 관리 및 경영 분야에 관심을 갖고 나는 살아왔다.

현대과학기술은 경제–사회 개발의 수단 아니면 순수한 호기심–탐구심으로 추구하는 발견–발명 활동이라는 극단의 견해가 있다. 개인이든 집단이든 과학연구나 기술개발은 꾸준히 하다보면 예기치 않은 성과를 올려 사회적 인정을 받고 경제적 부를 누릴 수 있다. 성실한 과학기술자를 대학과 연구소가 모셔가고, 정부와 기업이 육성하고 지원하는 나라가 진정한 '과학기술이 중심이 되는 나라' 이며 '과학기술자가 우대받는 사회' 다.

연구란 미지와 싸우는 전쟁이다. 미지에는 TDX와 같은 '기지(旣知)의 미지(未知)', CDMA와 같은 '미지(未知)의 미지(未知)'가 있다. 아무도 모르는 일을 알아낸다는 것이 얼마나 어려운지, 남이 하던 일을 떠맡아 마무리 짓는 것이 얼마나 위험한지를 나는 누구보다 잘 알고 있다. TDX사업을 맡을 때도 주변에서 말렸고, CDMA사업은 더욱 그랬다. 그럴 때마다 나는 생각했다. "상을 탈 일이라면 내 차례가 오겠는가. 성공하면 모두가 자기들이 했다고 나설 것이고, 승장(勝將)이 되는 것이다. 실패하면 나 혼자 패장(敗將)이 되어 조용히 사라지는 것이다."

나는 '대관세찰(大觀細察)'을 좌우명으로 삼고 있다. 미래는 크게 내다보고 현실은 빈틈없이 살핀다는 뜻이다. 젊은이들이 진로를 선택하는 경우에도 당장의 인기나 이득보다 먼 앞날을 크게 내다보았으면 한다. 무엇을 하든 일단 목표를 정하면 빈틈없이 꼼꼼히 챙겨 작은 실수도 하지 않는 사람이 돼야 한다. 그래야 남보다 앞서 목표에 도달할 수 있는 것이다.

성기수

서울대학교 조선항공과를 졸업하고 공군사관학교 항공역학 교관으로 복무하다가 1960년 미국 항공우주과학지에 로켓탄도 계산법 관련 논문을 게재한 후 유학을 떠났다. 하버드대학교에서 기계공학 박사학위를 받은 후 1963년 귀국해 공군사관학교와 서울대학교에서 강의를 했다. 한국경제개발협회 조사역으로 한국경제개발 제2차 5개년 계획 작성을 위한 장기 수리경제모델을 작성했고, 1967년부터 28년간 KIST 책임연구원으로 있으면서 전산연구부장, KIST 부소장, 시스템공학연구소 소장, 과학기술정보센터 소장을 역임하며 기술용역을 통해 각 분야 전산화를 촉진시켰다. 1995년 동명정보대학교 초대총장, 김대중 대통령 정부의 과학기술자문위원을 역임했다. 세계사이버기원(www.cyberoro.com)의 초대사장을 역임하며, 취미삼아 두던 바둑의 전산화와 세계화에 일조하는 행운을 누리기도 했다. 2000년부터 4년간 교육부 산하 학술교육정보원 비상근 이사장직 수행을 끝으로 자유인이 되었다. 5·16민족상, 국민훈장 모란장 등 다양한 상을 수상했지만, 모교인 초전초등학교와 성주농고로부터 받은 명예졸업장을 가장 자랑스럽게 여기고 있다.

열심히 일하는 것은 다른 어떤 것과도 바꿀 수 없다

사람들은 나를 '컴퓨터업계의 대부' 혹은 '컴퓨터업계의 산 증인'이라 부른다. 하지만 나는 고희에 가까운 나이에도 더 나은 세상을 만들기 위해 할 일이 무엇인지 늘 화두처럼 생각하며 살고 있으며, 마음은 20대 청년이던 그때와 다름이 없다. 열정적 삶을 살아왔다고 자부하는 나는 인간에 대해 그리고 정보기술(IT) 업계에 대해 무한한 애정을 가슴에 품고 있다.

20여 년 전 모교인 경북 성주 초전초등학교에 가서 어린 후배들을 만나 격려할 기회가 있었다. 강연이 끝나자 한 학생이 공학박사가 되려면 어떻게 해야 되는지를 물었다. 나는 "정직하게, 열심히, 용감하게 하고 싶은 일을 하다 보면, 박사도 될 수 있고 그 외 다른 목표도 달성할 수 있을 것이다"라고 말해주었다. 이후에도 많은 어린 학생들이 비슷한 질문을 했고, 또 어머니들도 내 삶의 이야기를 자녀들에게 꼭 들려주고 싶어한다고 들었기에 이 자리를 빌어 작은 글을 써본다.

20여 가구가 농사를 지으며 살아가던 고향에서의 어린 시절 가운데 가장 그리움으로 남는 추억은 방과 후 아이들과 함께 소를 몰고 들판으로 나갔던 일이다. 소가 풀을 뜯어먹는 동안 우리는 콩서리와 밀서리를 하며 놀곤 했다. 그러다가 해가 뉘엿뉘엿 넘어가는 황혼 무렵 우리는 소를 몰고 서로 앞서거니 뒤서거니 하며 집으로 돌아왔다. 풀 향기와 쇠똥냄새, 이웃의 밥짓는 연기, 꼬리를 흔들며 짖던 삽살개의 모습이 지금도 눈에 선하다.

피치 못할 사정으로 전학했던 왜관초등학교를 졸업하고 더 나은 환경에서 공부할 욕심으로 집에서 먼 대구 사대부중에 입학했다. 1학년 때는 수학 경시대회에서 전교 3위에 입상해 수학에 자신감을 가졌다. 하지만 2학년이 되자 좌우익 혼란이 학교에 밀어닥쳤고, "불난 집에서 공부만 하고 있을 거냐, 아니면 불끄는 일에 직접 나서는 것이 옳으냐?"라는 말을 듣게 되었다. 나는 현실도 제대로 알지 못한 채 의분에 불타 아무도 없는 틈에 '타도 이승만, 통일 정부를 세우자!' 라고 칠판에 크게 써놓았고, 그로 인해 퇴학을 당했다. 이것이 내 삶에서 가장 후회스러운 일이 되었다.

퇴학 후 아버지 손에 이끌려 고향집에 내려간 문제아 중학생이 할 일은 농사를 돕는 것밖에 없었다. 공부를 계속할 수 없게 된 현실 앞에서 번민과 회한을 거듭하며 반년의 세월이 지나던 어느 날 우연히 편입생 모집공고를 보고 응시해 성주농업고등학교 4학년(지금의 고교 1학년)에 합격했다. 내친 김에 좀더 월반을 해보려고 대입자격 검정고시 준비를 하던 중 한국전쟁이 터졌다.

국군과 인민군이 고향 마을을 교대로 점령하던 혼란의 와중에 아버지와 자형, 형이 총살을 당했다. 나는 위경련으로 쓰러지는가 하면 이름도 모를 병에 걸려 기력을 찾지 못하고 있었다. 그나마 먹고 살 길을 찾아보려 병아리와 돼지도 키우고 수박도 재배했지만 되는 것이 없었다. 그런 절망과 좌절 속에서도 내 꿈은 과학도였다. 꼭 성공하여 억울하게 돌아가신 아버지의 한을 풀어드리라는 어머니의 간절한 소망을 상기하며, 무슨 수를 써서라도 대학진학을 해야 한다는 일념으로 검정고시를 통해 천신만고 끝에 서울대학공대에 진학했다.

하지만 전쟁 직후라서 대학시설과 교수진이 빈약한 데다가 졸업을 해도 제대로 된 일자리를 구하지 못했던 사회현실로 인해 제대로 공부하는 학생은 드물었다. 기말시험 전 일주일간 교수의 강의노트를 달달 외어 좋은 학점을 딸 수는 있지만 그것은 내가 원했던 학문의 기초를 캐는 일과는 거리가 멀었다. 나는 다른 학생들처럼 놀거나 공원에 가는 대신 책방을 뒤졌고, 다방과 당구장에 가는 대신 미국 명문대학의 원서를 구해 읽으며 그 속의 연습문제를 하나씩 풀어나갔다. 가난한 나라에서 과학도가 되기 위해서는 조금이라도 더 잘사는 나라의 앞선 기술과 학문을 익혀야 한다고 생각했기 때문이다. 그러한 과정을 통해 비록 B학점을 받았어도 영어실력, 원서로 공부하는 실력을 다졌고, 또 학문의 원리를 스스로 깨쳐나가는 기쁨을 맛보았다.

조선항공과로 전과를 하고 2학년이 되자마자 각 학과의 수학도사들이 수강하는 박경찬 교수의 '집합론' 수학 특강을 들을 기회가 있었다. 수학에 관심이 많았던 나는 늘 철저한 예습과 복습을 하고 강의를 들었다. 하루는 박교수가 '함수의 집합이 실수의 집합보다 고차원' 이라는 걸 증명하려고 칠판 가득 수식을 나열하며 강의를 하고 있었는데 모두들 제대로 알아듣지 못하는 것 같았다. 나는 손을 들어 수식을 쓰지 않고도 그림으로 쉽게 설명할 자신이 있다며 앞에 나가 칠판에 간단한 그림을 그려가며 설명을 했다. 생각과는 달리 동료 수강생들은 여전히 못 알아들었다. 그러나 이 당돌함으로 인해 나는 교수님의 조교가 되는 행운을 누리게 되었다.

학교를 졸업하고 공군사관학교에서 교관을 하던 어느 날, 미국 명문 하버드대학 대학원에서 '고든 맥케이 장학생을 모집한다' 는 공고를 보게 되었다. 신청하려고 학적과 직원에게 문의하니 전임강사 이상만 추천하기로 되어 있고, 평균 B학점 정도로는 어떤 경우도 추천받지 못한다고 했다. 나는 포기하지 않고 직접 하버드대학 대학원에 편지를 보내 장학금 신청서와 입학원서를 손에 쥐었다. 그러던 차에 국방과학기술연구소에서 로켓탄도 계산을 부탁했다. 로켓탄도란 발사된 로켓이 언제 어떤 방향으로 얼마의 속도로 날게 되는가를 비행역학의 공기저항과 뉴턴의 운동방정식을 이용해 계산해내는 것이었다. 나는 연구발표 자료로도 삼을 겸 온 정성을 다해 일일이 수치를 적분(積分)해 들어갔다.

컴퓨터가 없던 시절이라 하루 종일 탁상계산기를 두드려가며 탄도 수치를 측정해도 겨우 2~3초간 비행한 수치만 나올 뿐, 계산방법에서 혼돈을 거듭하는 어려운 일이었다. 수십 번의 오류와 시행착오 끝에 탄도와 수평선이 이루는 각도는 로켓의 위치나 속도에 비해 매우 느리게 변한다는 사실을 수치 적분과정에서 찾아낼 수 있었다. 이를 토대로 시간 대신 이 각도를 독립변수로 삼고, 운동방정식 내의 삼각함수들을 이용함으로써 탄도의 각 단계별 해석적분에 성공할 수 있었다. 이른바 로켓탄도의 근사공식은 이러한 시도 끝에 시작한 지 두 달 만에 탄생되었다. 이 결과는 1959년 여름 서해안에서 이승만 대통령이 참관한 가운데 있었던 5기의 로켓발사 과정에 실제 사용되었다.

그후 나는 박철 선배의 영어 도움을 받아 로켓탄도 근사공식을 성기수·

박철 공동으로 작성하여 미국의 저명한 항공우주 과학지인 《에어로/스페이스 사이언스 저널*Journal of The Aero/Space Science*》의 편집인에게 보냈고, 그 결과 'Two Analytical Results of Fin-stabilized Rocket Trajectory under Quadratic Drag Law'라는 제목으로 1960년 4월호에 탄도공식이 실렸다. 나는 그해 9월 신학기 유학을 목표로 서둘렀다. 하버드 대학원과 브라운 대학원에 입학원서를 내면서 내 논문이 《에어로/스페이스 사이언스

저널〉4월호에 게재되었다는 편지를 입학담당 교수에게 보냈다. 얼마 후 두 대학원에서 모두 학비전액을 주겠다는 장학금증서와 입학허가서를 보내왔다. 고대하던 유학의 꿈이 현실로 다가온 것이다.

결핵환자임에도 불구하고 많은 분들의 도움으로 미국 입국을 허락받아 하버드대학원 유학 1년째 과학석사가 되었을 때 군사혁명정권의 국방부로부터 편지를 받았다. "해외에 나가 있는 모든 군인은 해외체류 2년을 넘기지 말고 귀국하라"는 명령이었다. "모처럼의 기회인데 정부 돈으로 공부하는 것도 아니니 박사학위를 마치고 귀국할 수 있도록 해달라"고 탄원편지를 보냈으나 소용이 없었다. 내 사정을 전혀 이해해주지 않는 한국 군사정부를 비난하고 차라리 미국으로 망명해버릴까, 그래서 노벨상을 받은 퍼셀 교수의 물리학 특별연구팀에 합류해 한 10년 마음 놓고 연구를 해볼까 하는 생각까지 치밀어 올랐지만 부모형제를 생각해서 그럴 수는 없었다.

　나는 1년 내에 기계공학박사가 되어야 한다는 초비상 계획을 세웠다. 석사는 이미 되었으니까 도전을 해보는 것은 밑져야 본전이다. 시도하지도 않고 불가능하다고 할 수는 없기 때문이다. 앞으로 1년 내에 여덟 개 과목에서 평균 A학점을 따야 하고, 동시에 박사학위 논문을 논문연구 허가 전에 완성해야 하며, 영어 아닌 외국어 두 가지에 합격하여 박사학위 예비시험과 최종방어를 통과해야만 한다. 이러한 계획을 같은 연구실을 쓰는 동료 미국인 학생에게 말했더니 그는 "그 모든 것을 1년 이내에 해내는 것이 학칙상으로는 가능하지만, 이 대학 300년 역사에 그런 전례가 없었으니 하버드에 또 하나의 신화가 추가되겠다"라며 격려인지 비웃음인지 모를 대답을 했다.

　학위논문은 당시 미국과 소련의 우주개발 경쟁으로 연구비 지원이 많았던 미개척 최첨단 분야 자기유체역학(MHD)으로 정했다. 그런데 봄 학기가 되자 브라이슨 교수가 MHD 강의를 시작했다. 네 개의 수강과목 중에서 절반 이상의 노력을 MHD 한 과목에 쏟아부었고 과제에도 정성을 다했다. 4

주째로 접어들 무렵 MHD 수강학생들 대부분이 교수실에 몰려가서 강의를 더 알기 쉽게 하고 과제 분량을 줄여달라고 항의했다. 이때 브라이슨 교수는 크게 화를 내면서 "미스터 성이 제출한 과제풀이가 완벽하니 너희들은 더 분발하든지 미스터 성에게 배우도록 하라"며 학생들의 요구를 단호하게 거절했다.

학기말 과제를 선택하는 과정에서 말을 빨리 알아듣지 못한 나는 남들이 가져가고 남은 것을 과제로 받았는데, 그것은 브라이슨 교수가 강의 준비를 하다가 편미분방정식을 풀지 못했다는 '우주선 날개 주변의 MHD 흐름의 해법'이었다. 브라이슨 교수가 풀지 못했다는 바람에 희망자가 없었던 것이다. 며칠 후 부활절 휴가를 맞아 텅 빈 캠퍼스를 독차지한 나는 하늘이 준 기회라 생각하고 전의를 가다듬었다. 전축을 하나 사서 고전음악을 틀어놓고 연구과제와 씨름을 시작했다. 베토벤의 〈전원〉을 비롯한 다른 교향곡들, 차이코프스키의 〈비창〉과 〈백조의 호수〉, 베르디의 〈아이다〉, 푸치니의 〈토스카〉, 바그너의 〈탄호이저〉 등 명곡들이 여러 번 반복되면서 고독한 연구에 큰 도움을 주었다. 지금까지 축적한 지식과 상상력을 총 집중하여 밤낮을 잊은 5일간의 강행군이 계속되었고, 부활절 마지막 날, 드디어 브라이슨 교수가 풀지 못한 문제를 내 손으로 완전히 풀 수 있었다.

부활절 휴가가 끝나자마자 의기양양하게 정리된 보고서를 브라이슨 교수에게 제출했고, 즉석에서 내용을 훑어본 그는 크게 기뻐하며 "이만하면 박사학위 논문의 뼈대로도 손색이 없겠다"고 칭찬했다. 가슴 깊은 곳에서 솟구치는 말할 수 없는 희열을 억누르고, 여권만기에 대한 문제와 귀국할 때까지의 계획을 얘기하며 "박사과정 예비시험을 바로 볼 수 있게 해달라"고 부탁했다. 외국어 시험은 일본어와 독일어로 합격했다. 식민지 체제에서 초등학교 5학년까지 받은 일본식 교육이 외국어 하나를 공짜로 건지게 한 셈이었다. 예비시험은 세 분의 교수를 마주하고 칠판에 쓰면서 질문에 답하는 형식이었으며, 간간이 까다롭고 어려운 질문에는 솔직히 모르겠다고 당당하게 임했다. 결과는 합격이었다. 남은 것은 학위논문 완성과 최종방어, 그리고 가을학기 4과목에서 B학점 이상을 따는 일이었다.

　귀국 예정일인 1963년 2월 1일을 사흘 앞두고 나의 박사학위 논문 최종 방어가 심사위원 세 명과 관심 있는 사람들 앞에서 공개적으로 진행되었다. 심사위원은 브라이슨, 캐리어, 에몬스 교수였는데, 캐리어 교수의 이의로 논문을 부분적으로 수정했다. 그때 샌프란시스코에 있는 아시아재단 본부 에서 귀국용 비행기 표를 주겠다는 동의서와 함께 귀국을 6개월 늦춰도 되 도록 한국정부와 이야기가 됐다는 연락이 왔다. 또한 논문이 아직 통과되지 않았는데도 학교 측에서는 나를 박사후연구원 과정으로 발령 내어 월급이 세 배로 껑충 뛰었다. 게다가 항공우주 관련 P회사는 시간제 자문역을 내게 맡기며 주1회 근무에 후한 주급을 주었다. 이 모든 것은 나를 미국에 남도록 유혹하는 은밀한 공작처럼 보였다.

　나는 논문 중 문제가 되었던 부분을 상세히 풀어서 부록을 하나 더 첨가 하고, 원문을 수정하지 않은 채로 다시 박사학위 논문을 만들었다. 그리고 모두의 승인을 받았다. 기어이 해낸 것이다. 미국 도착 2년 1개월 만에 석 사와 박사학위를 획득해냈다. 내 손으로 300년 하버드 역사상 최단기록을 세운 것이다. 이제 5개월만 미국에서 더 일하여 저축하면 귀국해서 국민주 택 한 채와 새나라 자동차 한 대를 살 수 있을 것 같았다. 그것은 결혼준비도 되고, 하던 연구를 마무리해 브라이슨 교수에게 보답하는 길이기도 했다.

내가 컴퓨터와 만난 것은 정말 우연이었다. 연구실에서 나는 내 학위논문을 다른 사람들이 쉽게 공학적으로 응용할 수 있도록 여러 가지 고도, 비행속 도, 날개모양, 자장(磁場)강도, 이온층의 전기 전도도(傳導度)에 대하여 우 주선 날개의 모양과 그 속의 자석 및 전류배치가 날개 밖의 공기흐름, 밀도, 압력, 전자장에 미치는 영향을 적분공식이 아니라 구체적인 수치로 제시해 야 했다. 계산할 일이 많아 하버드 컴퓨터연구소에 가서 전동탁상계산기를 며칠째 두드리고 있었는데, 한 동료 연구조수가 "옆방에 가면 더 좋은 기계가 있다"고 알려주었다. 들어가 보니 탁상계산기는 없고, 하늘색 옷장 같은 것들이 넓은 방에 가득 들어서 있을 뿐이었다. 이름하여 'IBM 7090'. 컴퓨터와의 감격적인 첫 만남은 이렇게 이루어졌다.

컴퓨터의 사용법을 묻고 다니는 나에게 누가 《포트란 프로그래밍 입문》이란 책을 한 권 구해주었다. 사용법을 익힌 후 무엇보다 계산속도가 빠른 것에 놀랐지만, 방대한 수치 데이터와 계산과정까지도 기억해낼 수 있는 능력에 경탄을 금할 수 없었다. 신비롭기까지 했다. 컴퓨터의 작업능률은 탁상계산기를 두드릴 때보다 수백, 수천 배였다. 아니 불가능을 가능으로까지 바꿔놓고 있었다. 전에는 감히 엄두도 못 냈을 크고 복잡한 일에 도전할 수 있도록 컴퓨터는 인간의 능력을 증폭시키고 있는 것이 아닌가. 장차 이 컴퓨터가 응용되기 시작하면, 그 적용 분야는 학술연구뿐만 아니라 자동차, 선박, 비행기, 공작기계, TV, 통신기기, 컴퓨터, 신소재, 신약 등의 설계와 생산을 비롯하여 기업경영, 정부행정, 은행, 보험, 증권회사, 병원, 기상예보의 현대화 등 인간의 지적 활동 거의 모든 영역으로 확대될 것이 너무도 분명했다.

내가 할 일은 바로 이것이다! 컴퓨터 이용기술을 확산시켜 한국 사람들의 생산성을 높여야 한다. 한국에서 우주선을 만들 때까지 미국에 눌러앉아서 기다릴 수는 없다. '귀국하는 대로 전산화와 자동화를 위해 컴퓨터 이용기술(소프트웨어) 인력을 앞장서 양성해야 한다. 이것이야말로 일생을 걸 만한 중대한 과업이다' 라고 생각하니 가슴이 벅차 하루라도 빨리 귀국하고 싶어졌다. 사실 내가 박사학위를 받은 우주선의 비행역학 분야는 미국과 소련의 인공위성 개발경쟁이 한창이던 당시에는 미국에서 촉망받는 학문이었지만 먹고살기 급급했던 한국의 현실에서는 무용지물이나 다를 바 없었다. 나는 미국의 첨단과학 분야에서 신화를 만드는 대신 조국을 택하기로 했다.

그렇게 귀국한 후 활동한 것이 어언 40년이 되었다. 오늘과 같은 고도의 산업화 · 정보화시대를 감안하면, 내가 나서지 않았더라도 누군가에 의해 컴퓨터교육과 전산화는 진행되었을 것이다. 그렇지만 만약 1963년 귀국 직전에 하버드대학 연구실에서 우연히 접하게 된 컴퓨터와의 인연이 없었더라면, 나의 인생과 한국의 정보화는 또 다른 길을 찾아갔을 것이다. 1960년대 초, 컴퓨터를 이 땅에 소개하는 일부터 시작해 1988년 세계 정상급 슈퍼컴퓨터를 들여오기까지 나는 숙명적으로 그 중심부에 있었다. 종로에서 홍릉으로 또 대덕연구단지로 이사를 다니며, 다섯 번이나 바뀐 연구소의 이름에도 흔들리지 않고 연구원들과 난관을 뚫고 나갔다. 그 힘의 밑바닥에는 우리 스스로의 열정과 사명감, 애국적인 자존심이 있었으며, '다른 어떤 것도 열심히 일하는 것과 바꿀 수 없다'는 일관된 신념이 깔려 있었다.

어떻게 보면 수십 년간 한 길을 걸을 수 있었다는 자체가 대단히 행복한 일이라고 볼 수 있다. 그러나 그 과정에는 말할 수 없는 고뇌와 결단의 어려움들이 세월이란 이름으로 다 녹아 들어갔다. 나는 '컴퓨터혁명'을 통해 한 발짝이라도 빨리 우리나라를 정보화시대로 진입시켜 보려 했다. 그것만이 내가 조국을 위해 할 일이라고 오래전부터 다짐해 왔기 때문이다. 내 목표와 구상을 적극 이해하고 밀어준 소수의 선각자들과 열정을 갖고 함께 일한 수천 명의 젊은이들이 있었는가 하면, 그렇지 않은 사람들의 간섭과 질시와 경쟁도 있었다. 그런 모든 것들이 결국에는 '보이지 않는 손'이 되어 한국을 정보화 선진국으로 변모시키는 데 밑거름의 일부가 되었다고 자부한다.

손　욱

서울대학교 공과대학 기계공학과를 졸업한 후 한국비료공업(주)과 제2종 합제철(주)을 거쳐 1975년 삼성전자에 입사하여 삼성전기, SDI 등에서 30년간 기술경영, 전략기획, 경영혁신부문에서 일했다. 기술자로서 냉장고용 압축기개발을 시작으로 삼성전기 연구소장, 기술본부장을 역임하고 종합기술원장으로 5년간 삼성그룹 CTO 역할을 맡았다. 경영혁신 전문가로 삼성전기, 전자, SDI의 프로세스 혁신, 전사적 정보시스템 구축을 주도했고, 삼성SDI에서 6시그마 혁신을 국내 최초로 도입해 디스플레이 사업의 일류화 기반을 확고히 했다. 삼성종합기술원에서 시장창출형 4세대 R&D와 DFSS를 국내 최초로 도입하여 기술경영혁신 성공사례가 되고 있다. 2004년 삼성인력개발원 원장을 역임하고, 현재 삼성SDI 상담역(사장)으로, 한국공학한림원 부회장으로, 서울공대 최고산업전략과정 주임교수로 공학기술 발전을 위해 노력하고 있다. 저서로는 《초일류 목표설정의 길》, 《변화의 중심에 서라》, 《전통 속의 첨단공학기술》 등이 있다.

사소한 일에도 목숨을 걸어야

삼성종합기술원 원장으로 재임할 당시 '400명의 박사부대를 이끄는 학사원장' 이라는 신문기사가 보도되고 많은 질문을 받았다. 기계공학학사 학력이 전부인 사람이 어떻게 삼성그룹 최고 두뇌집단의 원장이 될 수 있었는가? 첨단기술과 기초기술을 추구하는 연구특성은 전혀 다를 것인데 과연 성공할 수 있을 것인가? 한결같이 우려 반 호기심 반의 질문들이었다.

나는 1999년 1월부터 2004년 1월까지 만 5년 동안 삼성종합기술원 원장으로 일했는데 역사상 최장수 기록이었다. 2003년에는 '닮고 싶고 되고 싶은 과학기술인' 에 선정되었고, 과학기술훈장도 수상했다. 그리고 2004년에는 세종대학에서 '명예 기술경영학 박사학위' 를 받는 기쁨도 누릴 수 있었다.

2005년 1월 삼성인력개발원장직을 마지막으로 퇴임한 뒤에도 한국공학한림원을 비롯하여 과학기술계와 관련된 일로 바쁜 나날을 보내고 있다. 지난 2월부터는 서울공대의 최고산업전략과정(AIP) 주임교수직을 맡게 되어 더욱 분망한 나날이다. 이 글의 청탁을 받고 과연 후배들에게 들려줄 가치 있는 얘기가 무엇이 있을까 조용히 뒤돌아보는 시간을 갖게 되었다. 주마등 같이 지나가는 많은 생각들 가운데 문득 떠오른 것이 신약성경 마태복음 6장26절의 "공중의 새를 보라. 심지도 않고 거두지도 않고 창고에 모아들이지도 아니하되 너희 천부께서 기르시나니 너희는 이것들보다 귀하지 아니하냐"는 말씀이었다.

내가 대학을 졸업하고 한국비료공업주식회사에 첫 발령을 받아 사회생활을 시작한 1967년은 제2차 경제개발 5개년계획이 시작된 해였다. 그 이후 고도성장을 거듭하며 농업사회에서 산업사회로 또 정보지식사회로 어지러울 만큼 빠른 변화의 소용돌이 속을 살아왔다. 어떤 의지를 가지고 목표를 세워서 추구해온 세월이 아니라 변화 속에서 그때그때 주어진 일들을 무념무상으로 최선을 다해 추구해온 결과가 오늘의 내 모습이라는 깨달음 위에 이 모든 것이 어떤 힘에 의해 준비된 삶이었다는 것을 알게 되었다.

'사소한 일에도 목숨을 걸자'는 말은 이러한 깨달음 위에서 특히 취업을 준비하는 학생들이나 갈등하는 신입사원들에게 강조하고 싶은 말이다. 요즘 어렵게 취업에 성공한 젊은이들의 30퍼센트가 1년 내에 퇴직을 한다고 한다. 직장이 마음에 안 들고, 일이 적성에 맞지 않는다고 쉽게 떠난다. 자신의 능력으로는 더 중요하고 가치 있는 일을 해야 하는데 주어진 일이 사소해 보인다는 것이다.

내가 한국비료공업주식회사에서 직장생활을 할 때 처음이자 마지막으로 나 자신을 위해 회사에 요청한 것은 모두가 기피하는 현장으로 보내달라는 것이었다. 그 이후로는 회사가 필요로 하는 일을 했을 뿐 스스로 어떤 일자리를 달라고 요청한 적이 없다. 나는 현장을 모르는 기술자가 올바른 기술자가 될 수 없다는 믿음을 가지고 있었다. 또한 '세 살 버릇이 여든까지 간다'는 속담처럼 회사생활 첫 3년 동안의 배움이 일생을 좌우한다는 생각에도 변함이 없다.

수습기간을 마치고 주어진 일은 재료시험실과 비철주조와 단조 업무였다. 기계공학과에서 금속재료학을 잠깐 배웠지만 문외한이나 다름없었다. 전임자는 금속과 출신으로 뛰어난 전문능력을 가진 분이라 비교가 되지 않는다는 걱정도 앞섰다. 다행히 재료시험실을 맡고 있던 K씨는 공업전문학교 출신으로 현장경험도 많고 두뇌가 명석해 과거 일본기술자들로부터 배운 것을 잘 기억하여 활용하고 있었다. 함께 일하며 배우는 가운데 K씨가 일하는 데 내가 도움이 될 일은 없을까 고심하던 중 K씨가 일본어를 몰라 일본어로 되어 있는 설비매뉴얼과 기술자료를 제대로 활용하지 못하고 있다는 것을 알게 되었다. 현장에서 측정분석장비를 사용할 때도 매뉴얼을 확인하지 못해 가끔 혼란스러워한다는 것을 깨닫고, 나는 일본어를 배워 매뉴얼을 번역하기로 마음먹었다. 일본어사전을 구입하고 이웃집 어른의 도움을 받기도 하며 매뉴얼을 번역하기 시작했다. 번역한 내용은 K씨의 역량 향상에 큰 도움을 주었을 뿐 아니라 나 또한 재료시험의 전문가가 될 수 있었고, 그때

공부한 일본어는 평생의 무기가 되었다.

당시 인근의 현대자동차는 영국 포드의 Mark 시리즈를 도입 생산하며, 부품 국산화를 위해 무던히 애를 쓰고 있었다. 영국기술자들은 국산부품의 품질을 확인하기 위해 시험현장을 꼭 입회하고 확인했다. 울산지방에서는 한국비료의 재료시험설비가 유일하다보니 포드기술자들을 여러 번 접할 수 있었고, 포드의 품질보증 프로세스를 배울 수 있었다.

비철주조, 단조파트에는 주조담당 C씨와 단조담당 F씨가 있었는데 두 분 모두 장인정신으로 똘똘 뭉친 분들이었다. F씨는 어려서부터 일본인 단조기술자 밑에서 도제로 성장해 환갑의 나이에도 불가능한 단조가 없다고 존

경받는 분이었다. 어느 날 고속베어링 메탈을 가공하기 위한 특수인청동 합금을 주조·단조하는 급한 일이 생겼다. C씨는 전에 해본 적이 없는 특수성분을 요구하는 까다로운 합금으로 몇 차례 시도에도 기포가 생겨 고심하고 있었다. 나 또한 무엇을 도울지 몰라 고심하다가 서울공대를 나와 청계천상가에서 비철주조용 재료를 판매하는 분이 있다는 소문을 듣고 무작정 찾아나섰다. 다행히 상세한 노하우와 함께 탈가스제 등 필요한 첨가제를 구할 수 있었고, 목적하던 주조에 성공할 수 있었다.

그러나 기쁨도 잠시, 주조된 소재를 단조해보니 번번이 수많은 균열이 발생하여 못쓰게 되는 것이 아닌가. 만능 단조공 F씨도 어쩔 줄을 몰라 한숨만 쉬고 있었다. 과거의 수많은 경험에 비추어 실패할 리 없다고 스스로도 믿었는데 재료가 특수하여 실패를 거듭한 것이다. 확실한 시방이 필요하다고 생각하고 도서실에 가서 재료에 관한 책들을 뒤지기 시작했다. 다행히 동일한 재료에 대한 시방을 찾았는데 단조 개시온도와 종료온도의 범위가 지나치게 좁아 맞추기 힘들다는 것을 알게 되었다. 눈으로 온도를 식별하여 단조하는 방법으로는 불가능한 것이었다. 결국 정밀 온도측정기를 찾아 온도조건을 맞추고서야 마침내 성공할 수 있었다. 이때의 기쁨은 말로 다할 수 없었다. 그리고 잘 알려주고 참된 도움을 주는 것, 즉 남을 도와 성공하도록 만드는 것이 결국 내 성공과 기쁨이 된다는 큰 깨달음을 얻었다.

이때 배운 비철주조, 단조기술과 재료시험에 대한 지식이 부품소재를 전문으로 하는 삼성전기에서 연구소장, 기술본부장으로 일하는 데 큰 도움이 되었고, 삼성SDI에서 브라운관과 전지를 개발하는 데도 큰 힘이 되었다. 종합기술원에서 최장수 원장으로 일할 수 있었던 것도 직장생활 초기 3년에 배운 이러한 기술과 품질보증 프로세스에 대한 체험에 힘입은 바가 크다고 생각한다. 만약 처음부터 내 전공에 맞지 않는 사소한 일이라고 소홀히 했다면 무엇을 얻을 수 있었을까?

1975년 삼성전자에 입사한 후 미국 켈비네이터 사로부터 냉장고용 압축기의 기술을 도입해 생산하게 되었다. 압축기 기술은 미크론 단위의 초정밀가공과 재료기술을 근간으로 하고 있고, 용접 밀폐한 제품이므로 품질과 신뢰성, 청결 등 엄격한 품질보증 프로세스가 요구되는 제품이다. 공정시방서와 규격의 어느 하나라도 소홀히 하면 품질규격을 만족시킬 수 없다는 것, 즉 오늘날의 ISO-9000, No Spec No Work의 중요성을 깊이 깨달았다. 밀리미터를 다루는 것과 미크론을 다루는 초정밀이 어떻게 다른지 체감할 수 있었다. 이는 뒷날 반도체, LCD 등 청정실(clean room)에서 생산되는 미크론 단위 제품을 접하면서도 어려움 없이 일할 수 있는 바탕이 되었다. 여기서도 초기 3년의 경험이 크게 도움이 되었음은 물론, 기술혁신에 대한 큰 깨달음을 배울 수 있었다.

켈비네이터의 기술은 일본 마쓰시타에도 전수되어 큰 성공을 거두고 있었으므로 우리는 경쟁제품 연구를 위해 마쓰시타와 켈비네이터의 제품을 주기적으로 입수하여 분해 연구했고, 이를 통해 미일 양국의 기술개발 특성을 알게 되었다. 마쓰시타의 제품은 1년에도 몇 번씩 끊임없이 개선 변경되고 있었는데, 이는 보텀업(Bottom-Up) 방식 개선노력의 결실로서 작은 개선이라도 바로 받아들여 적용하는 실천문화의 결정이라 볼 수 있었다. 반면 켈비네이터의 제품은 3,4년 동안 전혀 변화가 없다가 한번에 대폭 개선되어 마쓰시타 제품을 일거에 따라잡았다. 기술 책임임원이 평상시에는 노는 것처럼 보이지만 기초원리, 재료기술, 가공기술 등의 기초기술을 파고들어 혁신적 발상으로 바꾸어가는 것을 보며 미국의 톱다운(Top-Down) 문화, 우수인재에 의한 브레이크스루(Breakthrough) 문화를 인식할 수 있었다. 한국은 미국과 일본의 중간쯤 위치한다고 볼 때, 우수한 과학기술 인재를 발굴 육성해 브레이크스루 기술을 개발하는 한편, 현장의 모든 사원들이 개미처럼 지혜를 모아 보텀업의 개선을 축적해 나가는 양면작전을 펴나간다면 세계 초일류에 도달하는 것은 시간문제일 뿐이라 생각한다.

압축기 생산이 본격화되자 많은 기술료를 지불하게 되었다. 이때 50리터급 소형 냉장고 수출이 증가하면서 이에 필요한 10분의 1마력 소형 압축기의 내제화 필요성이 제기되었다. 도입한 기술은 5분의 1마력 이상의 규격뿐이라 켈비네이터에 개발 의뢰하거나 일본 기술을 도입해야 하는데 기술료가 큰 부담이었다. 도입한 기술을 이해하고 생산하기에도 급급한 수준에서 독자 모델을 개발한다는 것이 무리라는 의견도 많았지만 도전해보기로 결정했다. 어디서부터 시작해야 할지 고심하던 중에 마침 KAIST 출신 석사연구원이 배정되었다. 그는 컴퓨터 시뮬레이션 기술을 이용해 기존 압축기의 설계 원리와 파라미터를 구할 수 있다고 했다. 암중모색으로 더듬던 개발에 가속도가 붙고, 원리를 이해하니 시행착오 없이 개발에 성공하여 기술료 없는 제품생산이 가능해졌다. 이 성공은 기초기술과 과학적 방법과 도구의 필요성을 절감하는 계기가 되었다. 의욕과 열정만으로 성공할 수는 없다. 올바른 방법과 도구, 무기가 있어야 한다.

빠뜨려서는 안 될 얘기가 있다. 당시 삼성은 켈비네이터로부터 우수거래선상을 받았다. 그들은 기술공여를 하면서 3, 4년 뒤에나 기술료가 들어올 것이라 예상했는데 1년 반 만에 양산에 성공하여 기술료를 내는 것은 기적 같은 일이라고 격찬을 아끼지 않았다. 그러면서도 넌지시 한마디 뼈아픈 말을 빠뜨리지 않았다.

"삼성은 빨리 해서 돈을 빨리 내는 것은 좋지만 기술에서는 배울 것이 없다. 마쓰시타는 돈은 늦게 냈지만 배울 것이 너무 많았다. 즉 더 큰 도움이 되었다. 삼성은 바쁘다고 계약서에 명시된 기술연수기간도 줄여서 바삐 돌아갔는데 마쓰시타는 기간을 두 배로 늘려달라고 했다. 처음 계약된 연수기간에는 열심히 배우기만 하더니 추가된 기간에는 현장사람들과 현재의 문제점이 무엇인지, 어떤 개선아이디어가 있는지 등 자신들의 의견을 내기도 하며 진지한 토론을 해서 완벽하게 개선된 제조라인을 만드는 것을 보고 감탄했다. 10년이 지난 오늘날도 기술을 배우러 일본을 방문하게 된다."

연수의 목적이 무엇인지, 원점에 서서 보면 무엇이 달라지는지 크게 깨닫는 기회가 되었다.

1979년 말부터 삼성전자 기획실에서 일하게 되었다. 2년 전부터 GE와 추진해 왔던 에어컨과 로터리 압축기 합작사업이 세계를 강타한 제2차 석유위기로 무산되었는데, GE와 협상하며 수많은 사업계획을 수립하고 검토하는 과정에서 배운 것이 기획실에도 필요하다고 인정을 받은 것이다. 훗날 전략기획통으로 불리고 종합기술원에서도 장기전략으로 리더십을 발휘할 수 있는 역량을 키운 좋은 기회였다. 기술자로 남을 것인지 기획으로 변신할 것인지 고민하지도 않았고 회사가 필요하다고 하는 곳으로 간다는 생각뿐이었다.

1980년대 초반은 국내 경기가 매우 어려웠다. 가전업계는 IMF 때보다 더 어려웠다. 매출이 절반으로 줄어 기획실에서도 트럭에 제품을 싣고 김포 읍내로 팔러다니기도 했다. 기획실에서는 사장이 수시로 요구하는 보고서 작성에 급급할 뿐 회사가 어떤 장기적 목표와 비전을 가지고 가야 하는지 준비된 것이 없었다. 5개년 계획을 세우고 있었지만 숫자의 연장선만 그리고 있었으므로 전략계획이라고 하기 어려웠다. 당시 일본은 7년마다 전자공업 장기비전을 발표하여 업계가 일사불란하게 움직이고 있었다.

나는 기획이 무엇인지 원점부터 생각하기 위해 도서실에 있던 전략, 기획, 참모, 전망이라는 이름이 붙은 책을 모두 섭렵했다. 그리고 우리도 10년의 먼 미래를 보고 목표를 세우고 경영 전 부문에 걸친 방침과 전략을 세우기로 했다. 당시는 일본의 마쓰시타가 세계 가전업계의 최고봉이었다. 마쓰시타에 관한 책을 모으니 150여 권에 달했고 유럽, 미국, 일본 등의 전자부문 전망에 관한 자료를 다 모으니 200권이 넘었다. 사내의 인재들을 모아 함께 머리를 싸매고 연구하여 '삼성전자 10년 비전'을 작성했다. 세계의 흐름을 읽어 방향을 설정하고, 초일류기업의 역사를 탐구하여 우리의 현 위치를 분석하고 갈 길을 밝힌다는 사명감에 모두가 일심전력을 다했다. 덕분에 전자부문의 전략전문가로 인정받아 1980년 구성된 국보위 전자공업발전위원회에 민간대표 세 명 가운데 한 사람으로 참여하여 컬러TV 방영과 전자공업육성계획 등 긴급대책을 수립하고, 제5차 경제개발계획의 전자부문 계획 기반을 만드는 일에도 참여했다.

회사의 사소한 사업부문의 기획을 충실히 하여 전사기획부문에서 일할 기회가 주어졌고, 나아가 국가적 기획에 참여할 기회와 퇴임 후에도 과학기술정책 분야에서 활동할 기회가 주어지는 것을 보면 맡겨진 일 하나하나가 사소한 일이 아니라는 믿음과 함께 모든 것은 다 하나님이 '준비해 놓으신' 것이라는 확신을 갖게 된다. 최장수 종합기술원장이 될 수 있었던 것도 일생을 통해 쌓아온 사소한 일들로부터의 지혜가 있었기 때문이다. 연구원들이 더 빨리 더 크게 성공할 수 있도록 도움을 줄 수 있는 것이 없을까? 연구원들은 자기 전문기술에 빠져들면 전후좌우를 보지 않고 몰두하는 특성이 있다. 고객이 무엇을 원하는지, 시장은 어떻게 변하고 있는지, 경쟁사는 어떤 전략으로 가고 있는지, 연구에 몰두하다가 오히려 연구의 목적, 즉 원점을 잊어버리는 것이다. 또한 무엇이든 자신이 해야 한다는 강박관념도 강하다. 장인의 근성이라 할 수 있는데, 목적 달성을 위해서는 누구와도 힘을 합칠 수 있는 유연한 발상이 어렵다.

나는 우선 경영방침을 '고객가치창출'로 바꿔 고객을 직접 찾아나서고, 고객의 소리를 듣도록 간담회 등을 늘리고, 고객들을 연구 기획·평가에 참여시켜 팔리는 기술, 돈이 벌리는 기술을 연구하도록 장려했다. 연구원들끼리 목표를 세워 연구하던 것에 비해, 고객이 기뻐하는 연구를 하고 도움을 주게 된 것을 눈으로 확인하게 되니 자부심도 생기고 성공률도 높아져 자신감도 향상되었다. 무한탐구관을 만들어 10년, 20년 뒤 우리의 기술이 세계 정상에 올라서고 삼성의 미래를 책임질 수 있다는 로드맵(road map)을 공유하게 했다. 로드맵은 연구원들이 매년 스스로 다시 그리게 했다. 꿈이 있고 도전 목표가 있어야 자발적으로 노력하게 된다고 믿었기 때문이다.

삼성SDI에서 경험한 프로세스 혁신과 6시그마를 접목시켜 연구개발 프로세스를 확립하고, 6시그마와 함께 트리즈(Triz), 기술 트리(Tree), 기술 로드맵 같은 도구를 가르쳐 효율적이고 효과적인 연구에 도움을 주도록 노력했다. 연구도 열심히만 하면 되는 것이 아니라 과학적이고 합리적으로 해야 하며, 가능한 한 유용한 도구들을 사용하여 남보다 더 빨리 더 좋게 할 수 있어야 한다. 조직의 지적 역량은 서로 나누고 합치고 충돌하며 더욱 커진다. 지식경영을 강조하는 것도 이 때문이다. 지식경영이 되려면 마음이 열려야 한다. 대화를 통한 신뢰풍토 없이는 마음이 열리지 않는다. 기(氣) 미팅, 펄떡이는 물고기 운동, 열린 토론마당, 단합대회 등 많은 활동 아이디어가 속출했다. 이제는 세계적인 지식경영상을 받는 수준으로 성장했다. 그 결과 어려운 문제는 모두에게 공개하고, 모두의 지식과 지혜를 모아 해결해나가는 것이 바로 융합시대의 승리의 길이다. 이러한 노력을 세계로 넓혀야 한다. 연구원 한 사람마다 열 명의 세계적 전문가들과 네트워킹하도록 했다. 그리고 우수한 전문가들에게 조인트 랩(Joint Lab)이라는 연구실을 만들어주어 함께 연구하도록 했다. 세계의 기술역량을 융합하고 시너지를 창출해야 세계 정상에 설 수 있다.

시작은 작았지만 모든 연구원들이 마음을 열어 참여하고 지혜와 힘을 모아 노력하다보니 어느 틈에 안팎으로 인정받는 종합기술원으로 성장했다. 작은 시냇물이 모여 큰 강을 만들고 넓은 바다를 이룬다. 사소한 일들로부터 배우고 익힌 지식과 지혜가 모이고 쌓여 큰 그릇의 인재를 키우고 세상을 바꾸는 힘이 된다. 모든 사람이 자신만 성공하려 하면 아무것도 얻을 수 없다. 다른 사람들이 성공하도록 돕는 것이 결국은 자신의 성공으로 되돌아온다는 평범한 진리를 실행하다보면 우리 모두 승리하는 과학기술자가 되어 있을 것이다. 큰바위 얼굴처럼.

얼마 전 타계한 피터 드러커 박사는 "내가 글다운 글을 쓰기 시작한 것은 63

세부터이고 세인의 마음에 드는 작품은 90세에 쓴 것이다"라고 말했다. 20세기 최고의 품질경영 대가인 에드워즈 데밍 박사는 90세에 'Four Days with Dr. Deming'이라는 제목으로 미국의 경쟁력 회복을 위한 강연을 했다. 한국의 젊은 과학도들이 먼 훗날 '100세에 이런 기술을 개발하여 인류에 공헌했다', '110세에 이런 강연을 하고 글을 써서 세계를 감동시켰다'는 얘기를 남길 수 있기를 기대한다.

사소한 일에도 목숨을 걸자.

신희섭

1974년 서울대학교 의과대학을 졸업하고 같은 대학원을 거쳐, 1983년 코넬대학교 의과대학에서 유전학 박사학위를 받고 미국 매사추세츠공과대학(MIT) 생물학과에서 교수생활을 했다. 1991년 포항공과대학으로 돌아와 10년간을 지낸 후 2001년부터 한국과학기술연구원으로 옮겨 지금까지 뇌연구를 하고 있다. 뇌 세포에서 중요한 역할을 하는 유전자의 돌연변이 생쥐를 제작하여 분석함으로써, 다양한 뇌 기능의 작동원리를 분자, 세포, 신경회로 수준에서 밝히는 일이 주요 연구주제다. 학습·기억, 생체 시계, 간질, 수면, 정서장애 등의 생쥐 연구를 수행했다. 2004년 호암상 과학상, 2005년 대한민국 최고과학기술인상과 닮고 싶고 되고 싶은 과학기술인상을 수상했다. 실험실에서의 뇌연구와 생활 속에서의 자신의 뇌에 대한 연구, 즉 마음공부를 연결하고자 노력하고 있다.

어떠한 인연으로 나는 뇌연구를 하고 있나

의대 본과 2학년 과목에 신경해부학이 있었다. 이 과목을 가르치던 교수님은 참 독특한 분이었는데 그분의 강의에 대한 평은 늘 의견이 분분했다. 아주 흥미를 유발하는 강의를 하시다가도, 간혹 이해하기 어려운 말씀을 하시기도 하여 종잡을 수가 없었다. 지금도 교수님이 신경해부학에 대하여 '신비에 싸인 Reticular formation'이라고 하셨던 말씀이 생각난다. '뇌간(brain stem)에 위치한, 인간의 의식을 조절하는 아주 신비한 미로와 같은 곳으로, 거기 잘못 들어가면 길을 잃어버린다'라는 뜻의 말씀을 하셨다. 그 말씀을 들으며 마치 마법의 숲에 대한 이야기를 듣는 것처럼 이상하게 매료되었던 기억이 난다.

말년의 교수님은 강의나 정상적인 의사소통이 거의 어려울 정도로 건강이 악화되었는데, 누군가는 교수님이 바로 그 'Reticular formation'에 빠져 이상해진 거라고 평하기도 했다. 사실 교수님은 갑상선 암으로 고생하셨다. 암 조직과 함께 갑상선을 제거한 후에는 시간에 맞춰 갑상선 호르몬을 공급해야 하는데, 이 호르몬의 혈액 내 농도가 적절하지 않으면 심각한 상태를 유발해 목숨까지도 위태롭게 된다. 결국 뛰어난 천재로 알려졌던 교수님이 이 병으로 인해 일찍 돌아가셨다. 지금 생각하면 이 신경해부학 과목이 나에게 깊은 영향을 주지 않았나 생각된다. 내가 과학의 길을 걸어오면서 뇌 연구에 대한 관심이 늘 마음 한구석에 자리하게 된 원인이었던 셈이다.

본과 4학년 때 교수님을 따라 함께 회진을 도는데 환자의 아픔이 내 아픔처럼 절절하게 다가오지 않았다. 의사로서 병든 인간의 처지를 개선하고 싶다는 소망은 있었지만, 내게 맞는 역할은 환자 한 사람 한 사람을 보는 것이 아니라는 생각이 들었다. 치료하는 의사보다는 연구하는 의사가 되어야겠다고 결심했다. 의대를 졸업한 후 대학원에서 면역학으로 석사학위를 받고, 1978년 뉴욕 맨해튼의 슬로운케터링 암연구소에 2년 기간으로 면역학 연수를 갔다. 인체 혈액에서 분리한 임파구세포를 이용한 실험으로 논문 몇 편을 쓰고 나니, 생명연구의 근본은 유전학에 있음을 절감하게 됐다.

결국 길 건너에 있는 코넬 의대 대학원에 진학하여 생쥐 유전학을 공부했는데, 그곳에서는 생쥐 유전학의 거장인 베넷 박사가 '생쥐의 발달에 관한 유전학 연구'를 하고 있었다. 그분은 아츠트 박사와 한 팀으로 당시 포유류 유전학의 큰 미스터리 중 하나이던 T/t-complex에 대한 연구를 수행하고 있었다. 이 그룹에 들어가 박사학위 논문 실험을 시작하면서 T/t-complex의 분자유전학적인 규명에 관한 흥미 있는 결과들을 발표했다. 오래된 유전학의 미스터리가 그 정체를 조금씩 드러내는 결과들이었는데, 내게는 《셀》에 두 편, 《네이처》에 한 편의 논문이 게재되는 행운을 주었고, 예외적으로 2년 반 만에 졸업을 할 수 있게 만든 공신이었다. 베넷 그룹을 떠나기 전에 《셀》과 《네이처》에 한 편씩의 논문을 더 발표했으니, 지도교수님 말씀대로 내 손이 마이더스의 손이었던 셈이다. 그러나 이렇게 뛰어난 연구결과가 내 발목을 잡았다. 왜냐하면 이 결과들을 바탕으로 한 후속 연구를 나의 미래 연구 방향으로 정했는데, 이 방향은 실제로 아직 검증되지 못한 분야였기 때문이다.

당시 코넬 의대에는 신경생화학 분야에서 유명한 조동협 박사님이 에피네프린 합성효소 등에 관한 연구를 하고 있었다. 나도 몇 차례 조 박사님의 연구실에 가서 신경과학에 관한 말씀을 듣곤 했다. 뇌연구에 대한 관심이 아직도 마음 한구석에서 온기를 품고 있었던 것이다. 그러나 T/t-complex에 대한 연구업적은 나로 하여금 뇌연구로 눈을 돌리지 못하게 했다. 그때 MIT 생물학과 교수이면서 화이트헤드 연구소의 소장인 볼티모어 박사가 나를 교수로 초빙했다. 미국인 동료와 교수들의 말처럼 당시 생명과학자라면 누구도 거절할 수 없는 훌륭한 교수 자리를 노벨상 수상자로부터 제안받았으니, 그것은 내 귀국만을 기다리시던 어머니에 대한 생각조차 눌러버리는 강력한 것이었다.

볼티모어 박사의 초청을 받아들여 1985년 여름부터 MIT 생물학과 교수 겸 화이트헤드 연구소 연구원으로의 길을 시작했다. 연구과제는 박사학위 연구결과를 바탕으로 하여, T/t-complex 내의 모든 유전자들을 분자생물학적으로 분리하여 기능을 증명하는 것이었다. 그러나 당시의 기술로 볼 때 이 과제의 연구방향에는 위에서 언급한 것처럼 무모한 점이 많았다. 그보다 더 큰 문제는 연구주제 자체를 실제보다도 훨씬 과도하게 중요하다고 생각한 점이다. 학위 과정에서 성취한 휘황한 연구결과로 인하여 오히려 그에 구속된 셈이었다. 이러한 문제점을 조금씩 인식하게 되었을 때 뇌연구에 대한 관심은 다시금 내 마음의 전면으로 드러나기 시작했다.

뇌와 관련된 연구주제를 생각하던 중, 당시 NIH에서 PLC 효소에 대한 획기적인 연구로 대단한 명성을 얻은 이서구 박사님의 연구를 접했다. PLC 효소 중에서 뇌에 많이 발현되는 PLC베타1과 PLC베타4를 연구하자는 생각을 했고, 이 박사님으로부터 이 두 유전자의 cDNA를 얻어 염색체상의 구조 분석을 시작했다. 이즈음 생명과학계에 큰 기술이 하나 개발되었다. 배아

줄기세포에서 유전자 적중(Gene Targeting, Knock-out)을 수행한 후에, 이 적중된 세포를 포배아에 도입하여 대리모 자궁에 이식함으로써, 특정 유전자의 돌연변이를 가지는 생쥐를 만들어내는 기술이었다. 우리 실험실도 곧 이 기술을 도입해 PLC베타1과 PLC베타4 유전자의 돌연변이 생쥐 만들기를 시작했다.

바로 그즈음에 포항공대 생명과학과 교수로 초빙을 받았다. 1989년 여름 포항공대를 방문하여 당시 학장이던 김호길 박사님을 면담했다. 좋은 느낌을 받고 보스턴으로 돌아온 얼마 후 나는 수락 편지를 보냈다. 나 자신의 흥미와 관심에서 비롯한 연구가 국가에도 도움이 되고 인재를 기르는 일이 되도록 노력하겠다는 내용이었다.

1991년 초여름에 포항에 왔는데 아직 생쥐 실험을 할 수 있는 무균 동물실이 만들어지지 않아, 귀국할 때 들여온 생쥐들을 보관하고 사육할 곳이 없었다. 당시 국내에서 무균 동물실이 제대로 운영되는 곳은 대전의 화학연구원이 유일했다. 무작정 그곳을 찾아가 상황 설명을 했더니, 화학연구원의 실험동물 연구실장이던 한상섭 박사님이 포항공대에 무균 생쥐실험실이 준비될 때까지 기꺼이 우리 생쥐를 맡아주겠다고 했다. 나는 지금도 이 일을 '신기하다'고 말한다. '고맙다'는 말은 적합하지 않다. 있을 수 없는, 불가능한 일이 실제로 일어난 것이었다. 가끔 나는 내가 이만한 일을 다른 누군가에게 해줄 수 있을까 생각한다.

거의 1년 만에 포항공대 무균실험실이 갖추어져, 비로소 돌연변이 생쥐 제작 실험을 할 수 있었다. 이제 문제는 연구비였다. 당시 과학재단의 연구비는 1년이라는 한정된 기간 동안에 금액도 연간 1000만 원 미만이었다. 그러니 돈은 물론이고 몇 년이 걸려도 논문 결과가 나오지 않는 유전자 적중 실험은 현실적으로 불가능한 일이었다. 정부의 유전공학 연구비를 받아 겨우 실험을 유지하고 있을 때 김호길 총장님과 최상일, 채치범 교수님이 보여주신 격려를 지금도 잊지 못한다. 다른 과 동료 교수들의 불평을 무릅쓰고 몇 년이 지나도 결과가 나오지 않는 연구에 연구비를 지원하느라고 많은 신경을 써야 했을 것이다.

그런데 그때 우리나라 정부 연구비 시스템에 큰 변화가 생겼다. 큰 규모의 연구비를 다년간 지원하는 이른바 G7 프로젝트가 시작된 것이다. 이 연

구비의 본래 취지는 산업으로 응용 가능한 생산품을 목표로 하는 과제를 지원하는 것이었다. 실제로 그 목표는 이루지 못했으나 이 사업은 우리나라 과학기술을 궤도 위에 올려놓은 엄청난 업적을 남겼다. 이 사업에 힘입어 연구 인프라를 갖추게 된 몇몇 연구 실험실들이 이후 계속 증가된 정부 연구비를 통해 성장한 결과가 바로 현재 우리나라의 높은 생명과학 수준을 낳게 된 것이다. 우리 실험실도 마찬가지였다.

PLC베타1과 PLC베타4 돌연변이 생쥐를 만들어낸 후에도, 막상 이를 분석해 논문을 발표하기까지는 더 많은 시간이 필요했다. 돌연변이 생쥐는 만들었으나 이들이 나타내는 뇌기능 관련 증상을 신경과학적으로 분석하는 일에는 우리가 지금까지 접한 적이 없었던 새로운 기법이 필요했다. 그 기법은 너무나 다양한 종류의 실험기술을 요구했는데, 이제는 본격적인 신경과학적 분석기술이 필요하게 된 것이다. 하나하나를 새로 배워나가면서 뇌과학의 전문가가 되어야 하는 상황이었다. 국내에서 조달할 수 있는 기술은 그나마 다행이었으나, 실제로 외국까지 찾아다니며 기술을 도입해야만 했다.

나 자신이 뉴욕의 콜드스프링하버 연구소에서 제공하는 생쥐 행동분석 기법에 대한 연수과정을 밟기도 하고, 대학원생들을 세계의 여러 곳에 파견해 기술을 배워오게 한 것이 매우 큰 기여를 했다. 위의 두 유전자 돌연변이

생쥐에 관한 논문이 《네이처》에 게재된다는 소식을 들었을 때도, 1997년 여름 스탠퍼드대학의 한 교수 실험실을 방문하던 중이었다. 대학원생 한 명이 이곳에서 전기생리학을 배우고 있었다. 귀국 후 처음 내놓은 이 《네이처》 논문은 우리 연구팀에게 매우 큰 의미가 있었다. 그동안 큰소리치면서 연구비를 지원해달라고 말했던 나 자신과 그런 나를 믿고 지원했던 분들에게 어느 정도 면목이 서게 되었다. 하지만 애석하게도 김호길 총장님은 불의의 사고로 이미 고인이 되신 후여서 논문에 감사의 말을 한마디 올릴 수 있었을 뿐이다. 학문적으로 보자면, 이 논문을 시작으로 우리 연구팀은 본격적으로 뇌연구에 매진할 수 있었다.

뇌과학과 신경과학에 대한 지식이 백지인 상태에서 시작해 첫 논문을 내고 나니까, 묘한 용기와 오기가 생겼다. 즉 필요한 기술은 배우면 된다. 세상에 못 배울 기술은 없다. 남들이 발표하는 많은 연구 결과에 대해 겁먹을 것은 하나도 없다. 뇌에 대한 현재의 과학적 이해는 어차피 초기 단계이니 남이나 우리나 모르기는 매한가지다. 뇌는 너무나 광대하고 복잡하니까, 뇌과학의 다양한 연구결과를 알고 있는 것이 우리의 연구에 반드시 도움이 되는 것도 아니다. 아무튼 이러한 생각들은 우리 연구팀이 계속 뇌연구를 대하는 자세에 많은 영향을 준 것 같다. 즉 연구주제와 연구방법을 대할 때에 겁 없이 돌진할 수 있게 된 것이다.

뇌에 대한 연구를 하기 위해 어느 유전자의 돌연변이 생쥐를 만들 것인가를 결정하는 것은 대단히 중요한 일이다. 2001년 한국과학기술연구원으로 자리를 옮긴 후, 가끔 전 실험실 멤버들이 브레인스토밍 모임을 가지면서 이러한 주제에 대해 토론하는 것이 큰 도움이 되기도 한다. 다양한 종류의 칼슘 채널 유전자를 집중적으로 돌연변이 시킨 것은 결과적으로 우리 실험실에 큰 기여를 한 결정이었다. 이를 통해 계속된 우리의 연구 성과는 분자에서 행동까지를 밝히는 연구 분야에서 우리 실험실을 국제적인 선도그룹 수준에 올려놓는 중요한 역할을 했다. 특히 T-type 채널의 연구는 국제적으로 많은 팬을 확보하게 된 연구이다. 수면, 집중, 의식·무의식의 조절 같은 뇌의 근본 기능에 관한 연구를 분자생물학, 전기생리학, 병리해부학, 뇌파, 행동분석 등의 종합적 실험기법을 동원해 수행하는 것이 다른 과학자들에게도 매력적인 모양이다. 게다가 통증과 연관된 연구결과들은 한국과학기술연구원 내 의약화학 연구자들에게 새로운 통증 치료제 개발의 길을 제시하기도 했다.

생쥐의 뇌연구를 하다 보면 어느새 인간의 뇌, 나 자신의 뇌를 들여다보고 있음을 알게 된다. 뇌는 기본적으로 환경 속에서 개체의 생존과 번식에 필요한 정보를 수집하고, 분석하고, 적절한 대처방안을 결정하며 이 방안을 몸에 명령하는 기능을 한다. 다양한 동물의 형태와 진화를 생각해볼 때 동물계에 두뇌가 나타난 것은 좌우대칭형으로 몸의 형태가 진화하면서부터이다. 해파리나 말미잘처럼 원통형의 동물은 방향을 판단할 필요가 없다. 위험한 환경에 부딪쳤을 때에 이 정보를 모든 세포가 공유하도록 확산시키는 데에는 신경그물 정도로 족하다. 그러나 좌우대칭형이 되면 좌로 움직여야 할지 우로 움직여야 할지 판단을 해야 한다. 판단을 하려면 정보를 토대로 분석해야 하고, 한번 경험·학습한 것을 나중에 유용하게 사용하기 위해서는 기억해야 한다. 더 많은 계산능력이 필요해지는 것이다. 그래서 뇌라는 것이 동물계에 나타났다.

　뇌는 다세포 동물의 생존과 번식을 위한 최적의 방안을 찾아내기 위해 생겨났고, 생존과 번식을 위해 움직이고 있다. 이는 개체에만 국한된 것이 아니고, 그룹과 종족을 포함하는 개념이다. 생명계에서 가장 복잡한 인간의 뇌는 인간의 생존과 번식의 조건이 그만큼 복잡해졌다는 것을 의미한다. 너무 복잡해지다 보니 때로는 생존과 번식에 도움이 안 되는 방향으로 나아가기도 한다. 뇌의 기본적인 추진시스템은 쾌락중추이다. '쾌락'이라는 말이 인간의 문화, 역사에서 부정적인 평판을 받기도 했으나, 그 동기·원인·방법에 무관하게 기쁨, 만족, 보람 등을 느끼는 모든 상태를 넓은 의미의 '쾌락'이라고 볼 때, 이 모든 상태에서 활발하게 반응하는 쾌락중추야말로 많은 인간 행동양식의 추진시스템이다. 이것이 없으면 생존과 번식은 불가능해진다.

그러나 때로는 이 시스템이 혼자 원하는 대로 돌아가기도 하고 독재를 부리기도 하는데, 약물 중독, 과도한 공격성 등이 그 예다. 뇌연구는 이런 복잡함에서 생겨나는 오작동을 줄이고, 본래의 뇌 상태를 회복하게 하려는 연구일 수도 있다. 내가 심하게 화가 났을 때 내 뇌의 특정 부위 신경세포들이 열심히 활동전위(action potential)를 발화하고 있다고 생각하면, 화내는 것이 좀 멋쩍어진다. 그리고 내가 어떤 사람을 싫어하는 감정이 그 사람과의 좋지 않았던 직접적인 충돌 경험이나 그 사람과 닮은 사람을 통한 나쁜 기억의 간접적인 경험, 즉 내 뇌의 회로에 들어 있는 기억자료 때문임을 생각해 보면 싫어하는 것이 좀 미안해진다. 실험실에서의 뇌연구가 실험실 밖에서의 인간 생활과 별로 다르지 않음을 생각하곤 한다. 많은 종교의 가르침이 인간의 마음(또는 마음에 의해 나타나는 행동)을 다루고 있음을 생각하면, 마음작용에 필수적인 뇌를 연구하는 것이 당연히 마음공부와 연결될 수밖에 없다.

인간이 어떻게 사유하는지, 어떤 경로를 거쳐 행동에 이르는지, 잘못된 행동을 차단할 수 있는 치료법은 가능한지 등 인간의 궁극적 고민을 과학자로서 밝히는 것이 내 관심사가 되었다. 종교가 수행을 통해 마음(뇌)에서 이는 고통을 면해보고자 한다면, 뇌의 유전학적 연구는 마음의 작동과정에서 유전자의 기능을 파악함으로써, 각 유전자의 기능을 조절해 몸과 마음을 건강하게 만들 수도 있을 것이다. 불교에서 깨달음에 이르는 방법으로 선(禪)과 교(敎)를 다 인정하듯이, 사람의 몸과 마음이 건강해지는 방법도 종교적인 수행과 과학이 함께하면 더 쉽게 찾을 수 있으리라 생각한다. 더구나 종교적 수행 시 뇌에서는 무슨 일이 일어나고 있을까를 생각하면 그 둘의 적절한 접점도 생각할 수 있으리라. 내게 뇌연구는 곧 마음공부이다. 내 일상이 곧 뇌연구라고 해도 크게 틀리지는 않겠다.

안동혁

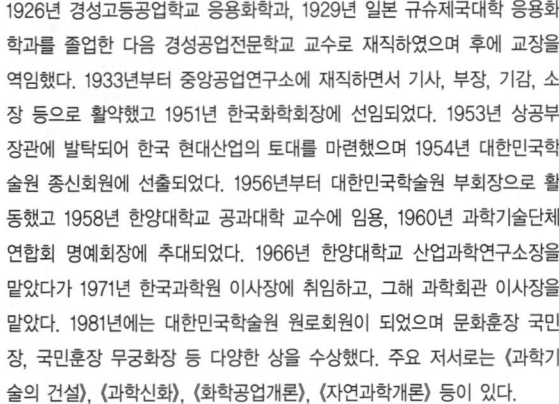

1926년 경성고등공업학교 응용화학과, 1929년 일본 규슈제국대학 응용화학과를 졸업한 다음 경성공업전문학교 교수로 재직하였으며 후에 교장을 역임했다. 1933년부터 중앙공업연구소에 재직하면서 기사, 부장, 기감, 소장 등으로 활약했고 1951년 한국화학회장에 선임되었다. 1953년 상공부 장관에 발탁되어 한국 현대산업의 토대를 마련했으며 1954년 대한민국학술원 종신회원에 선출되었다. 1956년부터 대한민국학술원 부회장으로 활동했고 1958년 한양대학교 공과대학 교수에 임용, 1960년 과학기술단체 연합회 명예회장에 추대되었다. 1966년 한양대학교 산업과학연구소장을 맡았다가 1971년 한국과학원 이사장에 취임하고, 그해 과학회관 이사장을 맡았다. 1981년에는 대한민국학술원 원로회원이 되었으며 문화훈장 국민장, 국민훈장 무궁화장 등 다양한 상을 수상했다. 주요 저서로는 《과학기술의 건설》, 《과학신화》, 《화학공업개론》, 《자연과학개론》 등이 있다.

한국 산업기술과 공업의 초석을 다진 화학공학자

1906년 일본세력이 점점 침략의 마수를 뻗쳐오던 혼란기에 안동혁 박사는 서울 왕십리에서 9남매 중 셋째로 태어났다. 대대로 무신 집안이었지만 안 박사의 부친에 이르러 상업에 종사하게 되었다. 어린 시절 안 박사는 "돌다리를 두들겨보고도 건너지 않는다"고 할 정도로 신중한 성격이었고 무엇이든 정확하고 꼼꼼하게 관찰하곤 했다. 초등학교 과정인 왕신학원(旺新學院 : 현 무악초등학교)에 다닐 때는 하교 후에 다시 서당으로 가서 사서삼경을 읽었고, 1918년 만 11세의 나이로 휘문고등보통학교에 입학했다.

시인 정지용이 동급생이었던 당시 안 박사는 수학을 가장 좋아했다. 당시에는 주판을 가르쳤는데 나이가 어렸던 안 박사는 손이 작아서 주판알이 손에 잘 들어오지 않았다. 하지만 그는 모든 계산을 암산해 주판 없이도 답을 맞추곤 했다. 또 수학 담당 김연정 선생님이 대수교과서를 만들 때 옆에서 대필할 정도로 수학의 명수로 이름이 나 있었다. 당시는 문학이나 법률을

이 글은 공학기술자인 한국화학회관의 전민제 이사장이 집필했으며, 그는 대한화학회 회장과 인터내셔널 회장 등을 역임했다.

공부해야 대우받는다고 생각하던 시기였으나 안 박사는 다른 어떤 학문보다
도 과학이 분명해서 좋았다. 특히 휘문고보 2학년 재학 중에 일어난 3·1운
동의 실패가 큰 계기가 되었다. 우리나라가 힘을 얻고 잘 살려면 과학이나
기술의 발전이 있어야 한다는 민족운동가들의 생각에 공감해 그도 공과로
진학했다.

1923년 경성고등공업학교(현 서울공과대학) 응용화학과에 입학한 안동혁
박사의 졸업논문 제목은 〈조선황실 간장연구〉였다. 황실의 간장에 어떤 종
류가 있고 그 내용과 성분은 무엇이며 제조법은 어떠한지 등을 계량적·수
적으로 정리한 것이었다. 특히 수학과 화학에 능했던 안 박사는 수업 중에
'과학기술진흥이 부국독립의 지름길' 이라는 말을 듣고 유기공업에 관심을
갖게 되어, 1926년 일본 규슈제국대학 응용화학과에 진학했다. 그곳에서도
학과 공부가 별로 어렵지 않았던 안 박사는 광범위한 독서를 통해 세계과학
계의 동향에 대해 견문을 넓혔다. 덕분에 과학자로서의 전문지식뿐 아니라
세계과학의 흐름을 파악할 수 있었다. 1929년 〈유지(油脂)의 암모니아 감
화〉라는 논문을 내고 졸업한 후 대공황의 어려움 속에서 경성공업학교, 경
성고등공업학교 등에서 교수로 교편을 잡았다.

유지 분야는 1929년 규슈제국대학에 제출한 졸업논문 이래 안동혁 박사
의 학문적 관심사였다. 그는 경성공업전문학교에서 유지학을 가르치면서,
중앙시험소를 중심으로 유지 분야의 연구를 진행하여 비누제조법 등의 특허

를 출원했고, 유지의 성질에 대한 여러 연구결과를 발표했다. 1933년에는
중앙시험소의 기수로 취직하여 곧 기사로 승진하고 소장에 취임했다.

1912년 설치된 조선총독부 중앙시험소는 해방 후 중앙공업연구소라는 이름으로 바뀌어 상공부에 소속되었다. 중앙공업연구소는 해방 직후 국내 유일의 종합공업연구기관으로 6·25전쟁 이전까지 우리나라의 과학기술 연구를 주도했다. 초기 연구원으로는 이순범, 전풍진, 신윤경, 성좌경, 한용석 등이 일했는데, 이들은 훗날 한국 화학계를 이끈 주요 인물들이 되었다. 안 박사는 경성공업전문학교 교수와 중앙시험소 화학부장을 역임하는 등 식민지 시기 한국인으로는 드물게 고급 기술직에 종사했다. 그는 이 두 기관에 근무하며 유지 연구, 전국적인 수자원 조사 및 기타 공업에 대한 기술적 지원 등을 수행했다.

특히 안 박사의 중요한 성과로 꼽히는 공업용수 조사사업은 1937년부터 1944년까지 전국에 걸쳐 이루어졌다. 안 박사는 영등포, 부산, 군산, 이리, 해주, 사리원 등 전국을 직접 답사해 수질·수량·지질 상태 등을 조사하여 보고서를 작성했는데, 이는 해방 이후 중앙공업연구소에서 재간행되어 우리나라 공업발전의 중요한 기초 정보가 되었다.

해방 직후 과학기술의 토대를 구축하다

식민지 시기의 산업은 일본인들에 의해 주도되었고, 특히 기술 분야에서는 그 정도가 더욱 심했다. 따라서 1945년 식민지 통치가 끝나고 일본인 경영자, 고급 기술자들이 물러나자 당장 산업의 운영이 어려운 상황이었다. 이에 안동혁 박사는 1945년 8월 경성고등공업학교 출신 한국인 기술자들과 함께 조선학술원 기술부, 조선공업기술연맹의 조직에 주도적으로 참여하여 전문기술자의 공백을 메울 한국인 전문가들을 육성했다. 특히 그는 조선공업기술연맹 산하에 화학, 요업, 식품 기술협회를 조직하여 그 회장을 맡았다. 이 단체들은 해방 직후의 혼란기에 국내 산업이 그나마 원활하게 가동될 수 있도록 기여함으로써 산업 재건에 큰 역할을 했다.

이 단체들은 오늘날 한국 과학기술 단체들의 모태이기도 했다. 화학기술협회는 1948년 조선화학회와 통합되어 대한화학회로 출범했고, 안동혁 박사는 부회장으로 선임되었다. 요업기술협회는 이듬해(1946. 9) 조선요업협회로 개편되어 안 박사를 초대회장으로 선임했는데, 오늘날 대한요업총협회로 발전했다. 조선공업기술연맹은 정부수립 후 해산되었으나 한국기술협회로 이어져 오늘날 한국과학기술단체총연합회의 시원이 되었다. 이처럼 안동혁 박사는 해방 이후 여러 과학기술 단체들의 조직에 힘을 기울였다.

안동혁 박사는 해방 직후 중앙시험소와 경성공업전문학교를 일본인들로부터 접수하여, 이들 기관의 재편에도 힘을 기울였다. 이 두 기관은 식민지 시기의 대표적인 공업기술기관으로서, 중앙시험소는 식민지 내의 공업에 대한 기술적 뒷받침을, 공업전문학교는 기술인력을 양성하는 역할을 맡고 있었다. 안 박사는 식민지 시기에 한국인으로서 중앙시험소의 화학공업부장, 공업전문학교의 교수직을 맡고 있었으므로 이 두 기관을 한국 공업에 봉사할 수 있는 기관으로 재편하기 위해 노력했다.

경성공업전문학교의 경우 1946년 9월 국립 서울대학으로 편입되기 전까지, 경성공업대학으로 개칭하고 조선, 항공, 전기통신과를 신설하는 등 미국 MIT 같은 공과대학으로 발전시키기 위해 노력했다. 중앙시험소를 접수한 안 박사는 일본인들이 빠져나간 인력 공백상태에서 한국인 기술자들을 물색하여 각 부서에 보충하는 한편, 기존의 연구부서 이외에 식품공업과와 기계공작과를 신설하여 신생 독립국가의 기술적 수요에 대비하려 했다.

상공부장관으로서 현대산업의 토대를 마련하다

1953년 10월 상공부장관으로 발탁된 안동혁 박사는 평소 공업기술계에 종사하면서 얻게 된 경륜을 펼칠 기회를 얻었다. 그는 남북분단과 한국전쟁을 겪으면서 피폐해진 한국산업의 건설을 위해서는 세 가지가 시급히 해결되어야 한다고 생각했다. 그것은 자금(Fund), 에너지와 연료(Force &Fuel), 비료(Fertilizer)로서 그는 이를 우선순위로 하는 이른바 '3F 상공정책'을 추진했다. 산업을 일으키기 위해서는 기본적으로 자금 및 산업을 가동시키기 위한 에너지 자원이 필요하며, 당시의 빈곤 퇴치를 위해서는 농업에 사용될 화학 비료의 자급이 필요하다는 것이었다. 그는 1954년 6월까지 9개월 남짓한 짧은 장관 재임 기간에 이상의 과제를 해결하기 위한 중요한 발걸음을 내디뎠다.

우선 산업시설을 건설하기 위한 자금은 UNKRA, ECA 등 당시 UN과 미국 등에서 제공되어 주로 소비재 도입에만 사용되던 원조금을 이용했다. 식민지 시기 발전설비가 주로 북한에 편중되었던 데다가 전쟁으로 파괴되어 전쟁 직후 한국의 발전설비는 당시의 수요에 크게 미치지 못했다. 부족한 발전용량을 보충하기 위해 미국의 발전선에 의지해야 하는 형편이었다. 안동혁 박사는 미국의 원조금으로 서울의 당인리 제3호기, 마산화력, 삼척 제1호기 등 3개 화력 발전소(총 10만 킬로와트 용량)의 건설을 추진해 1956년 완공되었다. 그 외에도 안동혁 박사는 장관 재임기간 중 충주비료(1961년 준공), 인천판유리(1957년. 현 한국유리공업주식회사), 문경시멘트 등 주요 산업시설의 건설을 계획하고 시작했다.

안동혁 박사의 3F 정책에 의해 추진된 전력 확보 및 비료, 판유리, 시멘트, 철강 등 주요 기간산업의 건설은 1960년대 이후 본격화된 경제개발의 토대가 되었다. 안 박사의 전원개발 정책으로 산업 발전에 필요한 기본 에너지 확보가 가능해졌고 비료, 유리, 시멘트 등의 기간산업 건설은 원조와 수입에 의존하던 이들 물품이 국내에서 생산되는 수입대체 효과를 얻었으며, 나아가 공장 건설과 운영 과정에서 능력 있는 기술인력이 양성됨으로써 1960년대 이후 산업화를 주도할 기술인력의 풀이 형성되는 효과도 얻었다.

과학에 대한 대중의 관심을 불러일으키다

안동혁 박사는 공업기술의 전문가였을 뿐 아니라 과학기술을 대중화하고 사회에 과학기술의 중요성을 인식시키는 일에도 노력을 기울였다. 1930년대 경성고등공업학교 1회 졸업생이며 안 박사의 선배인 김용관 씨는 발명학회를 주축으로 전개된 과학운동에 참여했다. 우리나라의 힘을 기르기 위해 발명을 장려하고 진흥하고자 했지만 일본의 감시가 심해 여의치 않자 이인 변호사(후에 대법원장)와 함께 과학운동을 하기로 하고 《발명조선》을 창간했다. 그런데 운영이 어려워 발간이 중단되자 운동권인 원익상 목사와 함께 나라에 공헌하기 위해 의학을 공부했다는 윤석창 씨(후에 건국대학 설립)가 원장으로 있던 민중병원에 모여 '조선과학 지식보급회'를 결성하고 회장으로 윤치호 선생을 모셨다.

안 박사는 강연회를 하면서 대중과학 잡지인 《과학조선》(1933년 창간)도 발간해 해방까지 11호를 냈다. 해방 이후에도 그는 《과학시대》라는 대중과학 잡지의 간행과 《과학신화》(1947) 같은 저술을 통해 최신 과학의 내용을 소개하고 과학기술의 중요성을 강조했다. 안 박사는 익명으로 《리더스 다이제스트》나 《포퓰러 사이언스》에 난 최신 과학기사를 번역해서 싣기도 했다. 《과학기술의 건설》(1946)이라는 저술을 통해서는 해방 이후 우리나라 과학기술의 발전 방향에 대한 견해를 피력하기도 했다.

안동혁 박사가 초대소장을 역임한 한양대 산업과학연구소는 1966년 3월 1일 한양대학교 부설연구소로 창설되었다. 당시는 과학기술 인력양성이라는 교육적 임무 못지않게 과학기술 관련 연구와 개발의 요청이 크게 증대되던 때였다. 이러한 국가적 요구에 부응하고자 한양학원 설립자 겸 총장이던 김연준 박사의 전폭적 재정 지원, 이두겸 공과 대학장의 적극적인 추진력, 한국공학계의 태두 안동혁 박사의 높은 학문적 지도력 아래 한양대학 최초의 이공계열 연구소로서 창설된 것이다. 안 박사는 과학기술연구소 설립위원, 경제과학심의회 과학진흥위원, 한국과학기술단체총연합회 명예회장, 한국과학원 이사장, 한국과학기술진흥재단(현 한국과학문화재단) 이사 등을 역임하면서 한국 과학기술 발전에 큰 기여를 했다.

그의 주요 논문과 저술들은 대부분 유지와 공업용수에 관한 것들로 한국의 화학과 공업 발전에 공헌한 점이 인정되어 1962년 고려대학교에서 명예이학박사, 1963년 한양대학교에서 명예공학박사 학위를 받았다. 1954년 학술원 초대회원에 선출된 이후 임명회원, 원로회원이 되었으며 문화훈장 국민장, 국민훈장 모란장, 국민훈장 무궁화장을 수상했다.

저서로는 《과학기술의 건설》(제일출판사, 1946), 《과학신화》(조선공업도서출판사, 1947)가 있고, 편저 및 공저로 《화학공업개론》(문운당, 1964) 및 《자연과학개론》(한양대학교출판부, 1971)이 있다.

안동혁 박사는 과학기술을 하는 사람은 진실을 추구한다는 근본이 있어야 한다고 믿었다. 그리고 무언가를 제작하고 아이디어를 실현하는 데는 내면적인 흥미와 욕구가 있어야 한다고 생각했다. 즉 밥은 못먹더라도 한다면 하는 명인기질, 또는 예술가처럼 나는 이것이 좋아 죽겠다고 할 정도의 열정이 있어야 한다는 것이다. 그래서 지금이 이공계 위기라고들 말하지만 그는 그런 걱정을 하지 않았다. 세상이 아무리 변해도 그림 그릴 사람은 그림을 그리게 되어 있고, 과학을 할 사람은 과학을 하게 되어 있다는 것이다.

안동혁 박사의 어록초(語錄抄)

"37년간 중앙시험소를 거쳐간 인물 중 역사적으로 기념할 만한 인물은 이상 하나뿐이야. 그런 역경과 고통 속에서 그만한 일을 한 사람이 없어. 생활은 엉망진창이었지만 새로운 감성의 세계를 보여주었지. 다다이즘을 도입한 선구자고 '그런 잡놈이 무얼해. 그냥 쇼 부리는 거지'라는 사람도 있었지. 인간으로서의 모습은 평범한 건축사였어. 건축가로 살고 싶었는데 딴 길로 들어서 인생을 불살랐어. 그는 우리에게 빵 한쪽도 남기지 않았지만 색다르게 사는 모습을 보여주었어."

"내게는 지금까지 세 가지 문제가 있었다. 하나는 역사적 현실이고 다음은 내가 해야 할 일이 무엇인가였으며, 또 하나는 넌 무엇 때문에 사는가였다."

"창조는 책 읽는 샌님에게서 나오는 게 아니고 농사꾼이나 일꾼이 생활 속에서 이런 거 저런 거 해보다가 하게 되는 거지. 찾아내는 것이야. 요샌 책도 소용이 없어져가지만 책이 없어지면 오히려 제대로 되어갈지 모르지. 새것은 현실에서 나오는 것이야. 물론 자연에 없는 것도 요즘은 만들어내지만 그래도 본밑천은 자연이야."

"전문인은 다시 말해서 병신이야. 인간으로서 병신 같은 전문인이 좋으냐 아니면 균형잡힌 사람이 좋으냐 하면 여러 모로 제대로 갖춘 사람이 좋지."

"화학은 현실의 학문이야. 어수선하지만 여기 보물이 들어 있어. 잘 짜인 이론에만 매달려서는 안돼."

"나는 근대 화학기술의 황무지였던 이 땅에 태어나 몇몇 선배 동료 후배에 싸여 20세기를 겪어온 것을 대견히 여긴다. 그러나 현재 과학기술이 우리 사회에 바로 이해되고 뿌리내렸는지는 아직 알 수 없어 안타깝게 여긴다. 아마 앞으로 세월이 이를 도울 것으로 믿는다."

"가끔 나는 도대체 내가 뭔지 모르겠어. 명색이 교사 노릇을 40년이나 하고 또 연구를 20년이나 했으니까 그것으로 학문한다고 할 수밖에 없겠지만 그럼 내가 학자냐 하면 학자는 아니란 말이야. 학문은 좋아해서 존중은 하지만 거기에 전심해서 열심히 파가지고 힘을 써본 일은 없거든. 그러니까 아무것도 한 일이 없지. 테두리를 빙빙 돌기만 했어. 존중은 했어. 그러나 구경꾼인 셈이지. 공자님 말씀대로 문에는 들어갔으나 방 속엔 못 간 거지. 내 밥거리로 삼지도 않았고 그걸 이용해 먹지도 않았어."

"이 세상의 뭐든지 모르는 것이면 다 뚫어보고 밝히는 것이 학문이야. 뭐든지 개똥 떨어지는 현상을 보더라도 공부거리란 말이야. 책에 썼든지 안 썼든지 상관없어. 문학은 인정통달이란 말이야. 이건 인문학에만 관계된 게 아니야. 자연을 음미하는 것도 문학인데 그것도 인간이 하는 거거든. 그러니까 인간의 눈을 통해서 자연을 음미하고 그것을 되새기고 거기에 대한 이해를 표현하는 것도 문학이란 말이야."

안세희

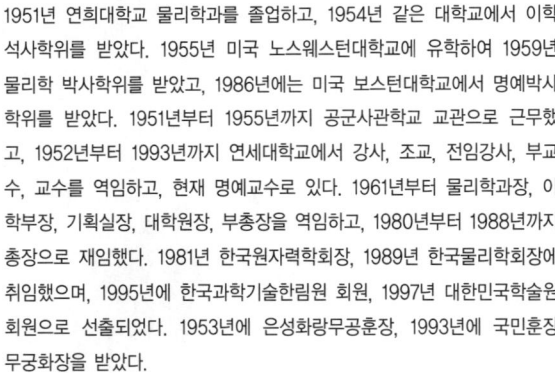

1951년 연희대학교 물리학과를 졸업하고, 1954년 같은 대학교에서 이학 석사학위를 받았다. 1955년 미국 노스웨스턴대학교에 유학하여 1959년 물리학 박사학위를 받았고, 1986년에는 미국 보스턴대학교에서 명예박사 학위를 받았다. 1951년부터 1955년까지 공군사관학교 교관으로 근무했고, 1952년부터 1993년까지 연세대학교에서 강사, 조교, 전임강사, 부교수, 교수를 역임하고, 현재 명예교수로 있다. 1961년부터 물리학과장, 이학부장, 기획실장, 대학원장, 부총장을 역임하고, 1980년부터 1988년까지 총장으로 재임했다. 1981년 한국원자력학회장, 1989년 한국물리학회장에 취임했으며, 1995년에 한국과학기술한림원 회원, 1997년 대한민국학술원 회원으로 선출되었다. 1953년에 은성화랑무공훈장, 1993년에 국민훈장 무궁화장을 받았다.

물리학과 나

우리는 인생행로에서 몇 번의 중요한 갈림길을 맞는다. 이 갈림길 중 하나가 대학 전공을 선택하는 것이다. 내가 선택한 전공은 물리학이었는데 거기에는 몇 가지 동기가 있었다. 먼저 일본 치하에서 일본사람들로부터 중학교육을 받으면서 문과계통의 과목에 흥미를 느끼지 못하고 수학이나 자연과학계통의 과목에 많은 관심을 갖게 되었다. 또한 중학교 2학년 여름방학 때 이화여자전문학교 가사과에 재학중이던 누님이 가지고 있던 《가사물리학》에서 중학교 교과서에서는 보지 못한 일상생활과 연결시킨 여러 물리학적 현상을 읽으면서 물리학에 흥미를 가졌고, 교과서 이외의 자연과학 책들도 읽었다. 그리고 1945년 8월 일본 히로시마와 나가사키에 원자폭탄이 투하되어 우리나라가 일본 치하에서 벗어났고, 이때 원자폭탄의 위력이 알려지면서 그에 대한 관심을 갖게 되었다. 이런 관심이 심화되면서 물리학을 전공으로 선택한 것 같다. 그리고는 물리학을 전공하면서 더욱더 매력적인 학문이라는 것을 알게 되었고, 물리학을 선택한 것에 후회도 없었다.

자연계의 사물과 현상을 연구대상으로 하는 자연과학은 대체로 연구대상에 따라 여러 분야로 분류된다. 그러나 물리학은 어떤 특정 분야에 국한되지 않고 모든 사물과 현상을 연구대상으로 봄으로써 자연과학의 다른 분야와는 특수한 위치에 놓여 있다. 자연계의 모든 사물과 현상이 물리학의 연구대상이지만 연구대상의 내용은 시대에 따라 변화하고 연구 영역도 확대되고 있다. 다만 일관되는 것은 물리학이 항상 모든 자연과학의 기반이 되는 새로운 개념과 지식을 제공한다는 점이다.

물리학은 관측이나 실험을 통해 자연계의 모든 사물과 현상들이 갖는 규칙성을 조사하고, 그들 결과가 만족되는 법칙을 세워 이론을 형성하는 학문이다. 형성된 이론으로부터 그때까지의 실험결과가 설명될 뿐 아니라 그 법칙과 이론으로부터 새로운 사실이 예측되기도 한다. 그 예측된 사실은 관측이나 실험을 통해 확인하게 된다. 이와 같이 물리학은 이론과 실험과정이 되풀이되면서 자연계의 질서를 탐구해 나가는 실증적이고 체계적인 과학으로 발전되고 있다. 물리학은 자연과학의 근간이 될 뿐만 아니라 오늘날 인류를 위한 기술문명의 원천이 되고 있다. 물리학의 발전은 기술혁신에 크게 기여하고 있고, 특히 현재의 첨단기술은 물리학 기반 없이는 전혀 기대할 수 없다. 물리학을 기반으로 하여 발전된 물질문명이 우리 일상생활이나 사회에 미치는 영향은 대단히 크다.

물리학을 본격적으로 전공하기 위해 나는 1955년 미국 노스웨스턴대학 대학원 물리학과 박사학위 과정에 들어갔다. 박사학위 과정을 이수하면서 별도로 대학원 과목인 '수리물리학'과 '양자역학'의 숙제를 평가하는 조교를 맡았는데, 매주 교수님이 어김없이 숙제를 내주는 것이나 모든 학생이 독자적으로 성실하게 숙제를 해오는 것을 보고 감탄했다.

한 학기가 끝날 무렵, 담당교수인 시거트 교수에게 수리물리학의 평가서를 제출하려고 했다. 그는 이 과목이 구두시험 형식을 취하고 있으므로 구두시험 전에 숙제의 평가서를 받으면 선입관이 작용할 우려가 있다고 하면서 시험 후에 평가서를 받았다. 공정하게 평가하려고 하는 교수님의 세심한 배려에 큰 감명을 받았다. 양자역학 강의를 담당한 브라운 교수는 40년이 지난 1995년 미국물리학회 물리학사분과회장으로 있으면서 20세기 물리학을 다룬 세 권의 방대한 책 《20세기 물리학*Twentieth Century Physics*》을 저술했다. 그곳 대학원은 물리학 중 어느 특정부문을 전공하더라도 물리학 전반의 폭넓은 교육을 요구했다. 물리학은 연구방법에 따라 크게 이론물리학과 실험물리학으로 나뉘는데, 실험물리학을 전공하는 사람은 실험적 결과를 이론적으로 해석해야 하기 때문에 이론교육을 받아야 하고, 이론물리학을 하는 사람은 규명한 이론이 궁극적으로 실험적 검증을 받아야 하기 때문에 실험교육을 받아야 한다는 것이다. 이런 점은 우리나라 대학원 교육에서도 본받아야 할 것이다.

미국에서 맞은 첫 여름방학 때부터 핵물리학자인 로버츠 교수 밑에서 원자핵반응에 관한 연구를 했다. 그 연구결과가 나를 제1 저자로 하여 1957년 미국물리학회지인 《피지컬 리뷰*Physical Review*》에 수록되었다. 미국으로 유학 온 지 2년 만에 좋은 교수를 만나 한국을 떠날 때는 구경조차 어려웠던 세계적 물리학학술지에 논문이 게재된 것은 참으로 행운이고 감사할 일이었다. 내 전공은 자연히 물리학 중의 핵물리학이 되었고, 로버츠 교수 밑에서 원자핵반응에 관한 논문으로 1959년 박사학위를 받았다. 로버츠 교수는 미국에 더 체류할 수 있도록 자리까지 주선해주었지만, 휴직상태로 되어 있던 연세대학에서 빨리 돌아오라고 간청해 그해 귀국했다.

지도교수는 귀국길에 하와이에서 개최되는 미국물리학회에서 연구논문을 발표하는 것이 좋겠다고 하면서 여비까지 지원해주었다. 제자를 사랑하던 그의 따뜻한 마음을 지금도 잊을 수 없다. 그때의 논문은 1960년 《피지컬 리뷰》에 게재되었다. 귀국 후에도 로버츠 교수는 계속 연구재료를 보내주었다. 당시 연구시설과 연구비 부족으로 연구 자체가 쉽지 않았지만 주어진 여건에서 최선을 다했다. 연세대학 소속 공동저자의 하나로 발표된 이 연구논문은 1963년 《피지컬 리뷰》에 게재되었다. 국내에서의 연구가 세계적 학술지에 게재된 것은 참으로 감개가 무량하고 감사한 일이었다. 후에 이 논문이 《피지컬 리뷰》에 게재된 한국 최초의 논문이라는 것을 알게 되었다.

국내에서 독자적인 연구를 해야겠다고 생각하여 핵분광학 분야를 선택했다. 1962년 원자력원으로부터 연구보조금을 받아 물리학과 교수들과 같이 베타선 스펙트로미터를 제작하여 베타선 에너지 분포를 측정한 논문을 1963년 한국물리학회지인 《새물리》에 발표했다. 1965년에는 여름방학을 이용하여 한국물리학회와 연세대학이 공동으로 주최한 '원자핵 세미나'를 연세대학에서 가졌다. 국내 원자핵물리학 교수들의 원자핵 이론과 실험에 대한 특강이 있었고, 수강한 전국 각 대학의 재직자 66명에게 수료증을 수여했다. 이때 수료한 분들이 그후 중진이 되어 인사를 나눴을 때 참으로 반가웠다.

1968년 미국 서던일리노이대학 방문교수로 초빙되어 가족들과 같이 1년 동안 미국에 머물면서 대학원의 '원자핵물리학' 강의와 학부의 '일반물리학' 연습을 담당했다. 10년 전에는 대학원 학생으로 미국 대학에 있었지만 교수로 있으면서 교육과 행정에 관한 유익한 것을 많이 얻을 수 있어서 값진 경험이었다. 그때 미국물리학회에서 발행한 《물리학 및 천문학 교수명부 *Directory of Physics and Astronomy Faculties 1968~1969*》를 입수해 한국인 물리학 교수를 찾아보았다. 당시 박사학위를 수여할 수 있는 미국 대학의 수가 124개였는데 그 가운데 조교수 이상의 한국 전임교수가 재직중인 곳이 20개교였다. 그중 6개교에는 2명이 있었다. 한국인 물리학 교수가 전무했던 10년 전에 비해 비약적인 많은 증가였고, 한국인의 우수한 능력을 엿볼 수 있는 기회였다. 여기서 부언하고 싶은 것은 인정받는 유능한 물리학자는 국내뿐만 아니라 세계 여러 나라에서 직장을 얻을 수 있다는 것이다.

방문교수를 마친 나는 여름방학 동안 핵분광학에 대해 많은 연구를 하고 있는 미국 밴더빌트대학 물리학과의 원자핵물리학 세미나에 참석하고 핵분광학에 관한 국제회의에도 참석했다. 1972년 이때 알게 된 해밀턴 교수가 오크리지 국립연구소에서 방사능시료를 일본 도쿄대학 원자핵연구소에 보내 연구하려고 하는데 함께하지 않겠냐고 편지를 보냈다. 나는 기꺼이 그의 제안을 수용하여 도쿄대학 원자핵연구소에서 그곳의 베타선 스펙트로미터를 이용해 공동연구를 했다. 그때의 연구결과가 정리되어 1976년 일본물리학회지에서 발행하는 《JPSJ*Journal of Physical Society of Japan*》에 게재되었다. 좋은 경험을 하게 해준 해밀턴 교수의 호의를 고맙게 생각하고 있다.

1970년대 초 연세대학 대학원장으로 있을 때 로버츠 교수 부부가 일본에 갈 일이 있어서 한국에도 들렀으면 좋겠다는 반가운 편지를 보냈다. 당시 정부에 저명 과학자 초청 프로그램이 있었는데 이를 통해 로버츠 교수 부부를 초청했다. 왕복여비와 10일간의 체류비를 지원받아 교수님으로부터 받은 호의에 조금이라도 보답할 수 있어서 다행스럽게 생각되었다. 나는 즐거운 마음으로 정성껏 서울뿐만 아니라 포항, 경주, 광주 등 지방까지 안내했다. 여행하는 동안 부인은 내내 뜨개질을 하고 있었다. 그분들은 우리 막내의 탄생을 모르고 한국에 오셨는데 뜨개질 한 것은 막내둥이를 위한 스웨터였다. 정성이 가득한 선물이었다.

1990년 8월 한국물리학회가 주관하는 아시아태평양 물리학 학술회의 APPC(Asia Pacific Physics Conference)를 연세대학에서 개최했다. 내가 한

국물리학회 회장으로 있을 때여서 조직위원장으로 학술회의를 진행했다. 개최 장소가 총장으로 있을 당시 건립한 백주년기념관과 과학관이어서 나에게는 남다른 감회가 있었다. 한국물리학회는 이 학술회의 전에도 전문분야의 국제회의를 개최한 적이 있었지만 전 분야에 걸친 종합적인 국제회의는

처음 있는 일이었고, 아시아태평양 지역 모든 분야의 물리학자들이 함께 학술회의를 가진 것은 값진 경험이었다.

이 학술회의에 등록한 참가자수는 22개국 413명이었고, 그중 국외학자가 214명, 국내학자가 199명이었다. 특히 당시 생존해 있던 여섯 명의 아시아인 노벨물리학상 수상자 가운데 노령 등의 이유로 불참한 세 명 이외에 양전닝, 에사키 레오나, 새뮤얼 팅이 참석해 종합강연을 할 수 있었던 것은 뜻깊은 일이었다. 공식회의를 마친 다음날은 중국, 일본, 미국, 캐나다에서 모국을 찾아온 한인 물리학자들을 연회에 초청해 동족, 동학끼리 한 자리에 모여 저녁을 같이하고 우의를 다질 수 있어서 매우 감격스러웠다. 특히 중국에서 참석한 교포 물리학자들에게 여비와 체류비를 지원했는데, 이들은 이런 기회가 아니면 조국을 찾을 수가 없었다고 하면서 고맙다고 인사해 회의 개최의 또 다른 보람을 느꼈다.

1988년부터는 총장직에서 벗어나 평교수로 교양과목을 강의했다. 전교생을 대상으로 한 교양 선택과목으로 '물리학의 현대적 이해'를 설치하고 그 과목을 담당했다. 오늘날 급격하게 발전되어 온 과학기술의 성과는 정치, 경제, 문화, 사회 등 여러 분야에 큰 영향을 미치고 있는데, 인간의 가치관, 생활양식, 공해문제 등 여러 방면으로 빠르게 그리고 급속하게 파급되고 있다. 이러한 시대에 지성인이 지녀야 할 소양 중에서 과학기술에 대한 지식은 참으로 중요한 위치에 놓여 있다. 과학기술의 본질을 파악하기 위해서는 그의 기초가 되는 물리학, 특히 현대 물리학의 이해가 필수적이다.

'물리학의 현대적 이해' 강의 노트 내용을 보충하면서 현대의 지성인으로서 현대 물리학을 이해하려고 하는 학생이나 사회인들을 위해 물리학을 전공하지 않아도 이해할 수 있도록 가능한 쉽게 설명한 책을 1993년 강의 과목과 같은 《물리학의 현대적 이해》라는 제목으로 출간했다. 1993년 교수 정년퇴임 후에도 몇 년 동안 이 책을 교과서로 강의했다. 이 책은 지금도 절판되지 않고 서점에서 볼 수 있어서 기쁘게 생각한다.

2005년은 '세계 물리의 해'였다. 100년 전인 1905년, 아인슈타인의 상대성이론 등 획기적인 물리학 업적을 기념하기 위해 2002년 국제순수 및 응용물리연맹인 IUPAP(International Union of Pure and Applied Physics)에서 '세계 물리의 해'를 설정하는 결의안이 채택되었고, 2004년에 국제연맹인 UN에서 선언을 했다. 한국물리학회에서는 여러 행사를 계획하고 집행하면서 물리학이 우리 생활과 밀접한 재미있는 학문임을 홍보했다.

아시아태평양 지역의 여러 나라 학술원으로 구성되어 있는 아시아학술원연합 FASAS(Federation of Asian Scientific Academies and Societies)가 있다. 나는 FASAS 한국위원회 위원장으로, 이 이사회에 몇 차례 참가했다. 2005년 FASAS 이사회가 오스트레일리아 캔버라에 있는 호주학술원에서 개최되면서 '세계 물리의 해'와 연계하여 '물리학과 물리교육'을 주제로 한 원탁회의를 가졌는데, 그때 나는 'Past and Present of Physics in Korea'라는 제목으로 우리나라 물리학의 발전상을 소개했다.

'세계 물리의 해'의 근원이 되는 1905년 아인슈타인이 상대성이론을 제창했을 당시 우리나라에는 '물리학자'라고 할 수 있는 사람이 아무도 없었다. 1952년 한국물리학회가 창립될 당시 창립회원은 불과 34명이었다. 그때부터 50년이 지난 2002년에는 회원수가 8902명으로 급격하게 증가했다. 미국물리학회인 APS(American Physical Society)가 창립 1백주년을 기념해 발간한 《미국물리학회 백주년 회원명부 *APS Centennial Membership Directory 1998-1999*》를 보면 1998년도 총회원이 4만 767명이었고, 그중 23퍼센트인 9380명이 121개국에 거주하고 있는데 한국에 거주하는 회원수는 464명이었다. 이것은 세계 5위에 해당하는 것이다.

1968년부터 영문으로 된 한국물리학회지 《JKPS *Journal of Korean Physical Society*》가 발간되기 시작했는데, 1992년에 SCI(Science Citation Index)에 등재되면서 국제적인 학술지로 인정받게 되었다. 《JKPS》 창간 이후 37년 동안 발표된 논문수는 무려 6687편이나 된다. 뿐만 아니라 오늘날 우리나라에서 연구된 수많은 물리학 논문이 《피지컬 리뷰》나 《피지컬 리뷰 레터스*Physical Review Letters*》 같은 세계적인 학술지에 게재되고 있다. 이렇듯 우리나라 물리학이 양적으로나 질적으로 놀라운 발전을 이룩한 것을 볼 때 참으로 큰 희열을 느낀다.

19세기 말 물리학자들이 20세기 물리학의 혁명을 예견하지 못했듯이 우리도 미래를 내다보지는 못하지만 현재 우리가 생각하는 이상으로 전개되리라는 것은 명확한 일이다. 물리학 분야는 21세기에도 새로운 과학기술 혁명의 핵심을 차지하게 될 것이다. 많은 우수한 후학들이 물리학 분야에 종사하여 지금까지 선학들이 이룩한 한국물리학을 이어받아 더욱 높은 수준으로 발전하기를 간절히 바란다.

안철수

컴퓨터 의사, 국내 보안업계의 선구자 등으로 불리는 안철수 의장은 서울 대학교 대학원에서 의학을 공부하던 1980년대 후반, 최초의 백신 프로그램 'V3'를 개발, 7년 동안 무료로 공급하며 국내 컴퓨터산업 및 보안업계를 외국기업의 공세로부터 지켜왔다. 1995년 의학박사 학위와 의대 교수라는 안정된 길을 버리고 안철수연구소를 설립, 정직과 원칙을 지켜온 일화들과 함께 국내 기업관행에서는 보기 힘든 합리적이고 투명한 경영체제 구축을 위해 노력해 오면서 높은 평가를 받았다. 2005년 3월 사상 최고의 실적으로 창립 10주년을 마무리한 뒤 홀연히 대표직에서 물러나 미국 유학길에 오름으로써 다시 한번 세인에게 큰 감동을 주었다. 미국 경제주간지 《비즈니스위크》 선정 '2002 아시아의 스타 25인', 세계경제포럼 '차세대 아시아의 리더 한국대표 18인', '우리시대 신뢰받는 리더-경영부문 1위'(한국리더십센터) 등에 선정되었다. 한국정보보호산업협회 회장(현재 고문), 아시아안티바이러스연구협회 부회장, 벤처기업협회 수석부회장 등을 역임했으며 현재 안철수연구소 이사회 의장직을 맡아 기업 지배구조 개선을 위해 노력하고 있다.

전문가가 존중받는 사회를 기대하며

어린 시절 나는 사람들 앞에서 말도 잘 못했고 사람 만나는 것도 별로 좋아하지 않았다. 성적이 엄청나게 뛰어나다거나 운동에 소질이 있는 것도 아니어서 자신감도 별로 없는 내성적인 성격의 평범한 아이였다. 반면 매사에 호기심이 많았고 혼자서 뭔가를 만들기를 좋아했다. 그래서 기계를 만지는 공학도가 되고 싶었다. 당시 나는 날마다 부모님을 졸라서 '과학교재' 라는 이름으로 팔던 모형 공작들을 사와 비행기나 탱크 같은 플라스틱 모델들을 척척 만들어냈다. 중학교 때는 《학생과학》이라는 잡지에 응모한 발명품이 그 달의 최우수작품상으로 뽑혀 라디오 선물을 받기도 했다. 친척집에 놀러가면 어디든 뒤져서 뭐든지 괜찮고 쓸 만한 것을 찾아 그것을 분해해놓고야 말았다. 당연히 친척집에서는 비상이 걸리곤 했다. 친척들은 내가 온다는 이야기를 들으면 쓸 만한 물건들을 모조리 내 키가 안 닿는 곳에 치워놓아야 했다.

그러나 의사집안이었기 때문에 진학을 앞둔 나는 의대에 진학해 의사가 되어야겠다고 생각했다. 하지만 컴퓨터와 컴퓨터 바이러스의 만남은 내 인생 자체를 완전히 바꾸어놓았다.

내가 처음 컴퓨터를 접한 것은 1982년 가을, 의과대학 본과 1학년 시절이었다. 같이 하숙하던 친구의 애플 Ⅱ+ 컴퓨터에 매료돼 이듬해 컴퓨터를 구입했고, 공부에 지장을 받지 않도록 방학을 이용해서 컴퓨터를 공부했다. 의대를 졸업한 후 대학원생으로서 컴퓨터 관련 서적을 탐독하던 어느 날 '컴퓨터 바이러스'라는 용어를 접하면서 생물학적 바이러스와 관계있을 거라는 막연한 생각에 흥미를 느꼈다. 1988년 초에 브레인 바이러스가 우리나라에 상륙했고 내 컴퓨터도 그 바이러스에 감염되는 경험을 했다. 마침 기계어를 공부하고 있던 터라 그것을 분석하여 치료방법까지 터득할 수 있었다. 의학 용어를 따서 '백신(VACCINE)'이라 이름 붙이고 일반인들이 사용할 수 있도록 공개했다. 당시는 컴퓨터 통신이나 인터넷이 대중화되지 않은 상태였기 때문에 새로운 바이러스가 나올 때마다 개발한 백신을 플로피 디스크에 저장해 잡지사에 갖다주면 사용자들이 잡지사로 찾아가 디스켓에 복사해가는 형태였다.

내 인생의 터닝 포인트

우연히 뛰어든 백신 개발과 무료 배포는 7년간 이어졌다. 새벽 3시에 일어나 밤잠을 쫓으며 바이러스 연구와 프로그래밍을 하고 학교로 가는 고된 일정이었다. 그러나 박사학위를 받고 군의관 복무를 마친 다음에 컴퓨터 프로그래밍과 의학 중 하나를 선택해야 하는 시점이 왔다. 특히 1994년부터는 상당한 고민을 했다. 내가 조교수가 되는 해였는데, 조교수가 되면 대학원생들의 지도교수로서 책임이 더 많아질 수밖에 없었다. 아무리 자기 시간이라고 하지만, 막중한 책임이 따르는 자리에서는 새벽에 다른 일을 해서는 안 될 것 같았다. 의학에 몰두하는 것이 학생들에 대한 도리이고, 개인적으로 세계적인 수준의 학자가 되기 위해서도 그래야 한다고 생각했다. 무엇보다 그 전까지는 컴퓨터 바이러스가 그렇게 많지 않았다. 두 달에 세 개 정도 나오는 상황이라 혼자서도 충분히 대처가 가능했는데, 1994년 정도 되니 70여 종으로 늘어나 더 이상은 파트타임으로 바이러스를 감당할 수 없는 상황이 되어버렸다. 결국 어느 한쪽을 선택해도 제대로 잘 하기가 힘든데, 둘다 하다가는 누구에게도 도움이 못된 채 2류 의학자와 2류 컴퓨터 전문가가될 수밖에 없을 것 같았다. 둘 중 하나를 포기해야 한다는 데까지 생각이 미쳤다.

이성적으로는 금방 결론이 나왔다. 당시 우리나라에는 바이러스나 컴퓨터 보안 쪽의 일을 하는 사람이 그다지 많지 않았고, 의학 쪽에는 이미 많은 인력이 있었다. 어쩌면 나보다 훨씬 재능 있는 사람들이 많다는 생각도 들었다. 정말 나를 필요로 하는 것은 의학계가 아니라, 컴퓨터 보안 쪽일지도 모른다는 생각이 들었다. 그렇지만 그동안 일궈낸 성과들—서울의대를 졸업하고 스물일곱의 비교적 어린 나이에 교수가 된—을 포기하는 것이 쉽지만은 않았다. 고민을 거듭하던 중 내가 그때까지 살아온 삶은 남 보기에 좋

은 삶이었다는 데서 실마리가 풀렸다. 서울의대 졸업, 20대 의학박사, 20대 의대교수로 이어지던 순탄한 과정은 남이 보기에는 좋았을지 모르지만, 컴퓨터를 하면서 느낄 수 있던 자부심, 보람, 사명감, 성취감 등은 느낄 수 없었다. 살아온 시간보다는 살아갈 날이 많은 시점에서, 지금까지 쌓아온 것에 연연하기보다는 지금 현재 보람을 느낄 수 있고 앞으로 해나갈 것이 많은 쪽을 선택하는 것이 올바르다는 생각이 들었다. 결국 나는 14년간 공부해서 박사학위까지 받았던 의학과 의대교수라는 자리를 깨끗이 포기하기로 하고 경영자로 변신하게 되었다.

장기적 관점에서의 옳고 그름이 최종 판단근거

인생의 가장 큰 전환기였던 안철수연구소 설립 이후에도 어려운 순간들은 끊임없이 찾아왔다. 많은 벤처인들과 중소기업들, 그리고 창업을 꿈꾸는 이공계 출신 젊은이들이 현실에서 부딪히는 거대한 벽 앞에서 좌절을 반복하듯 나도 안철수연구소를 창업한 초창기에 자금난과 인력난으로 많은 고생을 해야 했다. 때로는 '과연 잘한 선택인가' 고민한 적도 있었다. 아무리 굳센 신념을 가지고 있어도 현실의 파고는 참으로 높기만 했다. 경영을 도와주겠다는 이도, 개발자도 구하기 힘든 상황이 회사설립 이후 4년 넘게 지속됐다.

어려운 결단을 요구하는 순간도 많았다. 외국의 유력 보안회사에서 최소 1000만 불에 인수 제의를 했을 때 이를 거절한 일, 닷컴 기업에 투자하면 누구나 돈을 벌 수 있다고 생각했을 때 핵심역량과 관계되는 분야가 아니면 투자하지 않는다는 원칙을 지켰던 일, 벤처 열풍이 불었을 때 일시적 붐에 편승하여 코스닥에 등록하지 않고 기다렸던 일 등이 그러하다. 코스닥 등록 시기 결정의 경우 거품이 빠질 것을 예측하고 있었고, 비정상 상황에서 등록하면 회사는 공모자금을 많이 확보하고 주주들은 많은 돈을 벌 수 있지만 신규 투자자들과 직원들은 손해를 볼 것이라고 판단했기 때문에 훨씬 적은 공모자금을 받으면서도 2001년 9월에야 등록을 했다.

결국 여러 선택의 기로에서 내 최종 판단의 근거는 장기적인 관점에서 옳은 결정인가, 누구에게 이익인가 하는 문제였다. 단기적인 승부에 집착하다 보면 당장에는 작은 이익을 보더라도 장기적으로 보면 실패 가능성이 높다고 생각했다. 눈앞의 순간적인 이익에 연연하기보다는 장기적인 관점에서 옳은 쪽으로 판단하고 차근차근 일을 진척시켜 나가는 것이야말로 결국 참된 성공에 이르는 길이라고 믿었고 지금도 그렇게 믿고 있다. 성공이라는 것의 본질 자체가 단기적인 것이 아니기 때문이다. 인생의 크고 작은 갈림길에서 내린 앞서의 결정과 그 결정을 가능케 했던 절대 기준은 앞으로도 내 삶의 방향을 결정하는 근간이 될 것이다.

이 땅에서 프로그래머로서 산다는 것

프로그래머로서의 삶을 돌이켜보면, 처음 백신 개발을 위해 프로그래밍을 시작할 당시만 해도 지금처럼 많은 사람이 컴퓨터를 사용할 것이라고는 생각조차 못했다. 당시는 애플 컴퓨터 8비트를 사용하던 시절이었으니 집에서 장난감 정도로 여겼을 뿐 업무용으로 사용한다는 생각은 결코 하지 못하는 상황이었다. 그런데 1990년대 들어와서 보급이 확산되고 인터넷이 보편화되면서 이젠 필수품처럼 자리하게 되었다.

개발 문화도 많이 달라졌다. 당시의 프로그래머는 먹고 살 수 있는 직업이 아니었다. 초기에는 개발 자체를 즐기는 마니아들만 있었고 모두들 생계를 위해 다른 직업을 갖고 있었다. 지금은 풀타임으로 개발을 하지만 단순히 생활의 수단으로 여길 뿐, 열정이라는 측면에서 보면 예전에 비해 떨어지지 않나 하는 생각도 든다.

초창기 국내 프로그래머들은 많은 어려움을 겪어야 했다. 내 경우에는 자료가 없다는 점이 가장 어려웠다. 인터넷도 없었고 그렇다고 물어볼 사람이 있는 것도 아니었다. 혼자 분석을 해서 모든 문제를 해결해야 하는 상황이었다. 국내에는 IT서적들도 전무하다시피 해서 어렵게 영어책들을 구해 보거나 느린 컴퓨터 통신을 활용해야 했다. 나는 1980년대 말부터 국제전화를 걸어서 컴퓨터 통신을 했는데 통신망에 들어가서 영어로 물어보고 나중에 자료를 받곤 했다. 당시 요금이 1분에 1000원이었으니까 1시간에 6만원씩, 엄청난 요금이었다. 그밖에는 모두 직접 내부를 뜯어보거나 분석했고, IBM 롬바이오스나 도스 커맨드컴은 어셈블리 수준으로 해서 모두 봤다. 바이러스 분석도 마찬가지였다. 심지어 1990년 그동안 공부한 것과 경험을 토대로 바이러스 관련 책을 출간했을 때는 책을 쓰면서 참고서적을 하나도 볼 필요가 없을 정도였다. 그에 비하면 요즘은 자료의 홍수 시대다. 최소한 자료가 없어 만들지 못하는 경우는 없는 것 같다. 그런 점에선 지금이 프로그래밍하기에 좋은 환경임에는 틀림없을 듯하다.

　그러나 예전보다는 낫다고 하지만 개발자에게 불리한 환경은 여전히 남아 있다. 국내 개발환경의 특성과 한계 때문이다. 최근 이공계열 기피가 심각한 문제가 되고 있기 때문에 개발자라는 위치 역시 다소 위축된 것처럼 보인다. 모든 분야가 그렇겠지만 특히 국내에서는 나이 많은 개발자에 대한 부정적 인식이 여전하여 개발자 생명이 짧은 편이며, 개발자가 선택할 수 있는 미래도 제한적이다. 대부분의 개발자들은 영원한 개발자로 남고 싶어하기에 관리자로서의 변신에 대한 두려움들이 상대적으로 크다. 하루가 다르게 변하는 기술적 진보로 인해 한 제품을 개발하고 나면 또다시 새로운 개념의 기술에 적응해야 하는 부담도 있다. 개발자가 선택할 수 있는 미래는 결국 개발자로 남느냐, 관리자, 즉 매니저가 되느냐 하는 것이다. 하지만 SI(시스템통합)업체와 안철수연구소 같은 패키지 소프트웨어 업체는 상황이 좀 다르다. 특히 패키지 소프트웨어 업체에서는 하나의 전문직으로서의 아키텍트(Architect)가 절실히 필요하다.

　보통 프로그래머들은 처음 컴퓨터를 다룰 때 컴퓨터가 일을 하도록 하는 것을 통해 마치 문제풀이 같은 재미를 느낀다. 그러나 이는 개발자의 보람 가운데 아주 작은 부분일 뿐이다. 미국에서는 이런 수준의 사람들을 코더라고 하는데 좀더 수준이 올라가다 보면 그런 하나하나의 코딩 방법보다는 전체적인 아키텍처라든지 부분과 부분들끼리 만나서 통신하는 프로토콜에 대한 정의 혹은 이런 것들을 설계해주는 설계 작업들과 흐름들을 맡는다. 그런데 우리나라는 경력이 짧아서 그런지 몰라도 전부 코딩 재미에만 파묻혀 있고 그것만을 최선으로 생각하는 경향이 많다. 물론 코더 시절에 탄탄한 기초를 다져야 한 단계 높은 프로그래머, 혹은 아키텍트가 될 수 있지만 코더 단계를 뛰어넘으려는 노력이 필요하다.

　개발자들이 낮은 단계에 머문 채 한계를 벗어나지 못하는 까닭은 패키지 소프트웨어를 만드는 국내 회사가 너무 적다 보니 아직 일정 수준까지 성장한 사람이 많지 않기 때문이다. 회사가 많으면 노하우가 쌓이고, 서로 인적 교류를 통해 함께 성장할 수 있는데 숫자가 얼마 되지 않아 같이 커 나갈 수 있는 여건이 형성돼 있지 못하다. 단적인 예로 현재 국내에 100명 이상의 프로그래머를 가지고 있는 개발 회사는 안철수연구소를 포함해서 극소수에 지나지 않는다. 또 국내 IT 역사와 업계 연한이 전체적으로 외국에 비해 짧다보니 적절하게 조언할 수 있는 원숙한 프로그래머가 주변에 많지 않다. 이는 우리나라 개발자들의 불행이기도 하다.

좋은 인재의 세 가지 요건

IT산업 발전에 따라 개발자의 역할에도 변화가 생기고, 주위에서 변화를 요구하기도 한다. 특히 전문성에 대한 요구수준은 갈수록 높아지고 있다. 전문개발인으로 계속 남기 위해서는, 주위 여건도 여건이지만 개발자 자신의 부단한 노력이 필요하다. 나를 포함해 우리나라에서 교육을 받은 사람들은 개인 경쟁력 강화 위주의 공부, 즉 대부분 혼자서 책을 보고 공부하고, 혼자서 시험문제를 푸는 교육을 받아왔다. 그래서 가장 떨어지는 능력 중 하나가 커뮤니케이션 스킬이다. 지금처럼 복잡한 현대사회에서는 혼자서 어떤 일을 할 수 없다. 프로그래머 역시 공동 작업이 요구된다. 또 프로그래머만 작업해서 되는 것이 아니라 마케팅, 영업, 고객 지원, 기술 지원을 통해 고객을 비롯한 모든 사람과도 의사소통을 하면서 일을 해나가야 되는 세상이다. 이처럼 중요한 부분이지만 특히 대학을 졸업하고 바로 회사에 들어오는 사람들은 본인이 생각하는 바를 정확히 말로 표현하지 못하고, 다른 사람이 말하는 것을 제대로 알아듣지 못하는 경우가 많다.

두번째는 팀워크 경험이 없다 보니 팀 작업을 할 때 어떤 일을 어떻게 분담해서 하는지, 그리고 프로그래머와 마케팅 쪽 사람들이 어떻게 일을 나누어 해야 하는지에 대한 훈련이 안 되어 있어 프로젝트 진행이 굉장히 어렵다. 개발자들이 일정 수준의 단계를 뛰어넘어 성장하기 위해서는 공동으로 진행하는 큰 프로젝트의 경험이 반드시 필요하다.

세번째로 전문지식도 떨어지는 편이다. 개발자라고는 하지만 우리나라 전산학과를 나온 사람들은 바로 소프트웨어 개발회사에 투입되어 개발할 수가 없는 상태다. 업무에 필요한 지식보다는 학문에 필요한 기초지식만 갖고 있다 보니 이 둘의 간격이 상당히 크다. 현재 소프트웨어 개발업체들이 이런 사람들을 재교육해서 개발에 투입하기에는 시간이나 여건이 여의치가 않다. 때문에 결국은 학교 다닐 때 스스로의 열정이나 재미에 의해서 프로그램을 만들었거나 프로젝트를 했던 사람들을 많이 뽑게 되고, 이들이 회사에 많이 들어오게 되는 형편이다.

안철수연구소에는 A자형 인재상이 있다. A자형은 사람인(人)자와 그 사이를 잇는 선이 삼각균형을 이루는 상태, 즉 전문성, 인성, 팀워크 능력을 겸비한 인재를 말한다. 글로벌 경쟁시대에 살고 있는 우리에게 필요한 인재는, 한 분야에 대한 전문지식뿐만 아니라 커뮤니케이션 능력까지 갖춘 인재라는 점을 강조한 것이다. 토머스 프리드먼의 책들을 보면 비즈니스 활동 영역이 국경이나 시간의 장벽을 넘어선 것은 물론이고, 원가를 줄이기 위해 남에게 일을 맡기는 아웃소싱이 지구촌 곳곳에 퍼져나가고 있다. 그러나 아직도 우리 사회는 평평해지는 지구 안에 담을 쌓고 지내고 있다. 무조건 선진국을 따라가라는 것이 아니라 한국이 세계 속에 조화될 수 있는 트인 시각을 키워야 한다.

커뮤니케이션 스킬과 팀워크를 향상시키기 위해서는 공동학습과 프로젝트를 통해 경험을 쌓는 길밖에 없다. 또 자기 전문분야 지식뿐만 아니라 다른 분야에 대한 이해의 폭도 넓히면서 포용력을 가지려는 노력들을 해야만 한다. 특히 자기 혼자 지식만 많이 가지면 전문가라는 생각은 버려야 한다. 이는 지금 같은 현대사회에서는 자기 발전을 가로막는 가장 큰 걸림돌이다. 이와 더불어 이공계생들에게는 '창조적 마인드'가 필요하다. 인터넷이 확산되면서 기존의 것을 그대로 사용하거나 베끼는 것을 갈수록 많이 본다. 예전 같으면 상상도 할 수 없었던 일이다. 옛날에는 소스를 구하기도 어려웠지만 구해도 처음부터 끝까지 직접 만들어보아야 직성이 풀렸다. 물론 그것이 프로젝트에 들어가면 바보 같은 짓이기는 하지만 그럼에도 그런 식으로 접근하면 자기 실력이 쌓이게 되니 나중에는 아무도 못 푸는 문제를 풀 수가 있다. 그런 근성이 필요하다.

미래의 과학도, 공학도들에게

살아가다 보면 가끔 '나는 왜 이럴까', '아, 나는 무엇을 해도 안돼' 하는 좌절감에 빠질 때가 있기 마련이다. 나 또한 학창시절에 그런 생각에 낙담하기도 했다. 하지만 지나친 좌절감과 불안은 영혼을 좀먹는다. 자신이 도달하고자 하는 바에 따라 알맞은 선배, 동료를 목표로 열심히 노력하다 보면 어느새 그 목표 이상을 실현하고 있는 자신을 발견하게 될 것이다. 사람들로부터 종종 사회생활은 교과서대로 하면 안 된다는 말을 듣지만 나는 아직도 교과서와 책은 지혜와 행동의 기준을 얻는 데 가장 효과적인 도구라고 생각한다. 실제로 나는 책에서 어떻게 살아가야 하는지를 배웠고, 회사를 세운 후에도 경영에 도움이 되는 많은 지혜를 책에서 얻어 그대로 적용하여 성공한 경우가 많았다.

나는 의과대학 대학원을 다닐 때 일본인 수학자 히로나카 헤이스케의 이야기를 듣고 내가 평생을 간직할 좌우명을 얻었다. 그는 수학의 노벨상이라고 불리는 필드상을 수상한 저명한 학자이지만, 대학 시절부터 자신은 너무나도 평범한 사람이라는 사실을 스스로 인정해야만 했다고 한다. 그가 평범한 사람들과 달랐던 점은 거기서 좌절하거나 안주한 것이 아니라 재능의 한계를 극복하려고 노력했다는 점으로, 그는 다음과 같은 생각으로 비범한 인생을 살았다.

"어떤 문제에 부딪히면 나는 미리 남보다 시간을 두세 곱절 더 투자할 각오를 한다. 그것이야말로 평범한 두뇌를 지닌 내가 할 수 있는 유일한 방법이기 때문이다."

내가 7년 동안 의학 연구와 군의관, 의대 교수 과정을 거치는 동시에 컴퓨터 바이러스를 퇴치하는 백신 프로그램을 개발하고 관련 글을 쓸 수 있었던 것은 히로나카 헤이스케의 이러한 정신을 본받고자 스스로를 채찍질했기 때문이라고 할 수 있다. 기업경영자가 된 후에도 조직 경영에 문외한이었음에도 10년 동안 회사를 이끌어올 수 있었던 것은 내 한계를 인식하고 각고의 노력을 다했기 때문이라고 생각한다. 능력에 비해 벅찬 일을 하기 위해서 두세 곱절 시간을 더 들이는 것은 당연한 일이고, 그것이야말로 내가 할 수 있는 유일한 방법인지도 모른다. 히로나카 헤이스케는 노력하는 사람의 전형을 보여주면서 난제에 부딪힐 때마다 나를 따뜻하게 다독거려주고 있다.

좋아하는 일과 잘하는 일

아직은 그렇지 못하지만 향후에는 전문가가 결정권을 갖는 사회가 될 것이다. 가령 미국 선두 벤처캐피털 회사들은 투자를 결정할 때 관련 분야의 전문가가 벤처회사를 평가하고 얼마를 투자할지 최종 결정을 내린다. 물론 수익률도 높다. 하지만 우리나라는 아직도 전문 심사역이 심사를 해도 결정권은 다른 사람에게 있는 경우들을 볼 수 있다. 삼성전자가 오늘의 자리에 있는 것은 이공계 CEO 등 전문성 높은 사람이 결정권을 갖고 있기 때문이라고 본다. 인텔사의 전 CEO 앤디 그로브 역시 엔지니어 출신으로서 경영을 직접 몸으로 익히면서 스스로 체계화시키고 이론과 실제를 접목해 이를 현실에서 이루어 나갔다는 점에서 좋은 모델이 되고 있다. 우리나라도 앞으로 이공계 출신들이 전문성을 바탕으로 보다 많은 역할을 할 시기가 올 것이다. 그때를 위해서라도 이공계 지망자들은 부단한 노력을 기울여야 한다.

이공계 진학을 꿈꾸는 학생들에게 해주고 싶은 말은 좋아하는 일과 잘하는 일이 같은 사람이 가장 행복한 사람이라는 것이다. 사업성이나 장래성을 위해 업종을 선택하지 말고, 정말 좋아하는 일인지 고민하고 판단이 서거든 기초부터 착실히 노력했으면 한다.

나는 우리나라 이공계 지망자들이 한마디로 혼이 있는 과학도요, 연구자들이었으면 좋겠다. 누구나 과학자나 공학도가 될 수 있다. 그러나 누구나 할 수 있는 것이 아니라 오직 나만이 할 수 있다는 자신감과 주어진 일이고 직업이기에 하는 것이 아니라 능동적이고 적극적으로 임하는 '쟁이' 기질이 있어야 한다. 도자기는 누구나 만들 수 있지만 백자나 청자는 아무나 만드는 것이 아니기 때문이다.

내겐 한때 '컴퓨터 의사'라는 호칭이 따라다녔다. 내 이력이 보통사람들의 눈에는 다소 별나게 보여 그런 별명이 붙여진 것 같다. 그동안 컴퓨터 보안과 관련하여 노력해 온 점을 평가해주는 것 같아 감사하게 생각하지만, 한편으로는 이 '별나다'라는 표현이 내가 그동안 걸어온 길과 간직해 온 가치들을 우리 사회에서 '특별하게' 여기고 있는 것처럼 여겨져 마냥 좋지만은 않다. 사실 경력만 놓고 본다면 나처럼 인생을 낭비한 사람도 드물다. 하지만 지금 하고 있는 일이 장래에 얼마나 잘 쓰일 수 있을 것인가 하는 것보다 더 중요한 것은, 지금 주어진 일에 얼마나 최선을 다하고 얼마나 열심히 살아가느냐는 생활태도라고 생각한다. 앞으로는 나의 '별난' 이력이 우리 사회에서 더 이상 특별한 것이 아니도록 대한민국 이공계를 대표할 과학자와 공학도가 탄생하여 우리나라가 진정한 과학강국, IT강국으로 거듭나는 데 기여해주기를 기대한다.

오 명

경기고등학교와 육군사관학교, 서울대학교 전자공학과를 졸업한 후 미국 뉴욕주립대학교에서 공학박사 학위를 받았다. 1980년 대통령 경제과학비서관으로 공직을 시작해 최연소 체신부 차관, 체신부 장관, 교통부 장관, 건설교통부 장관 등을 거쳐 네번째 장관직인 부총리 겸 과학기술부 장관을 역임했다. 이 외에도 1989년부터 1993년까지 EXPO 조직위원장을 맡아 대전세계박람회를 '역사상 가장 성공한 엑스포'로 개최했으며, 한국야구위원회(KBO) 총재, 동아일보 사장과 회장, 한국디지털대학교 초대이사장, 아주대학교 총장과 한국사립대학교 총장협의회 회장 등을 역임하는 등 다양한 분야에서 성공적인 활동을 했다. 그러한 공로로 황조근정훈장, 청조근정훈장, 금탑산업훈장 등의 훈장을, 국제협력과 평화에 증진한 공로로 벨기에, 포르투갈, 헝가리 등과 세계박람회기구(BIE)로부터 훈장과 공로장을 수상했으며, 2004년에는 '1948년 정부수립 이후 한국을 이끈 관련 베스트 10'에 선정되기도 했다. '행정의 달인', '정보통신산업의 마술사', '직업이 장관' 등 수많은 닉네임을 가지고 지금도 한국 과학기술의 발전을 위해 헌신하고 있다.

IT강국의 꿈을 펼치다

1960년대 말 내게 미국 유학의 기회가 왔다. 유학을 가기 전 가장 불편했던 것 중 하나가 전화였다. 당시는 개인집에 전화가 없었고, 우리 동네의 경우 유일하게 약국에만 전화가 있어서 전화 한 통을 걸고 받으려면 약국에 가서 기다렸다가 전화를 할 수밖에 없었으니 참으로 불편하기 짝이 없었다.

더욱이 시외통화는 자동전화가 없었기 때문에 신청을 해 놓고 10~20분을 기다리고 있다가 연결이 되면 통화를 했다. 국제전화는 광화문에 있던 국제전화국에 가야만 할 수 있었는데, 신청해놓고 서너 시간씩 기다리는 것은 기본이었고, 혹시 자기 차례가 지나갈까봐 몇 시간씩 화장실도 못간 채 기다리곤 했다. 또 전화비가 무척 비쌌기 때문에 미리 할 말을 간단히 요약했다가 전화가 연결되면 부리나케 요점만 말하고 끊곤 했다.

공중전화는 10원을 넣고 3분 통화하는 것이었는데, 지금이야 돈을 넣는 대로 얼마든지 통화를 연장할 수 있지만, 당시에는 전화를 짧게 쓰도록 하기 위해 10원을 넣고 3분이 지나면 딱 끊어져버렸다. 그러니 전화를 계속하려면 다시 10원을 넣고 다이얼을 돌려야 했다. 문제는 뒤에 줄서서 차례를 기다리는 사람이 많다는 것이었다. 전화를 길게 하다가 말다툼을 하고 그것이 주먹다짐으로 확대되는 일도 심심치 않게 있었다.

그러다 유학길에 올랐는데 떠나기 며칠 전 뉴욕에 있던 선배가 전화를 해서 "오는 길에 딸을 좀 데리고 와달라!"고 했다. 그래서 어린 소녀를 데리고 공항에 갔는데 막 떠나려고 할 무렵 어떤 분이 다가와서 세 명의 아이를 데리고 가서 공항에 마중 나올 목사님에게 인계해 달라고 부탁했다. 결국 총각한 명이 졸지에 어린아이 네 명을 데리고 첫 미국행 비행기를 타게 되었다.

먼저 샌프란시스코에 내려서 통관절차를 받는데 목사님에게 전해달라고 부탁받은 짐 속에 고추장이 있었던·모양이었다. 고추장을 포장한 비닐봉지가 터져 한바탕 소동이 벌어졌다. 당황한 중에도 서투른 영어로 이리저리 설명을 해서 그 상황은 잘 넘어갔다. 그런데 정신을 차리고 보니 선배의 딸아이가 사라진 것이 아닌가. 선배의 부탁을 받고 미국에 데리고 온 애를 잃어버렸으니 얼마나 놀랐겠는가. 만나는 공항직원들을 모두 붙잡고 설명을 했더니 누군가가 길 잃은 여아를 찾는다는 방송을 했고, 다행히 공항직원들이 그 아이를 LA로 가는 비행기 갈아타는 곳에 데려다놓아 한바탕 소동은 큰 사고 없이 끝이 났다.

샌프란시스코에서 비행기를 갈아타고 LA에 도착하니 이미 밤 12시였다. 목사님은 약속대로 마중을 나와 있었지만, 선배의 삼촌은 연락이 안 되었는지 나오지를 않았다. 목사님이 고맙다며 그 삼촌 집에 전화를 거는데, 가만 보니까 10센트짜리 동전을 넣고 전화를 하는 것이었다. 그런데 아무도 전화를 받지 않았다. 시간은 새벽 2시가 다 되었는데 나 때문에 목사님이 집에 못 들어가는 것이 미안하기도 하고, 또 목사님이 전화 거는 것을 보니까 10센트짜리를 넣고 다이얼을 돌리면 되는 것인데 못하겠냐 싶어서 목사님에게 들어가시라고 했다.

목사님이 떠나자 LA 공항에는 나와 선배의 어린 딸 둘만 남았다. 여러 차례 전화를 했지만 마찬가지였다. 갈 곳도 없는 난감한 상황에서 마침 수첩을 뒤져보다가 LA 지역에 사는 친구 전화번호 하나를 찾았다. 반가운 마음에 전화를 하려고 하는데, 전화기를 자세히 보니까 우리나라 전화기하고는 조금 모양이 달랐다. 당시 우리나라 공중전화기에는 구멍이 하나뿐이었는데 미국 전화기에는 동전 넣는 구멍이 세 개가 있었다. 좀 이상한 생각이 들었지만 목사님이 10센트짜리를 넣고 전화하는 것을 보았으니까 그러면 되겠지 생각했다.

뚜루루 뚜루루 신호가 갔다. 반가운 친구 목소리가 들리려니 기대하고 있는데 엉뚱하게도 웬 여자 목소리가 나왔다. 순간적으로 "이런 참 고약한 친구가 있나! 아직 결혼했다는 소리를 못 들었는데, 미국여자하고 동거를 하는 모양이구나" 하고 생각하면서 그 여자에게 점잖게 "내가 아무개 친구 누구인데 친구를 좀 바꿔달라"고 말했다. 그런데 그 여자는 영어로 뭐라고 하더니 전화를 딱 끊어버렸다. 그래서 속으로 "야! 이 친구가 아주 성질이 고약한 미국여자와 동거를 하는구나"라고 생각하며 다시 전화를 했는데 또 그 여자가 나와서는 같은 얘기를 반복했다. 그리고는 또 끊어버렸다. 괘씸한 생각에 전화를 안 하려고 마음먹었지만 새벽 3시에 다른 곳에 도움을 청할 곳도 없어서 한 30분 있다가 다시 전화를 걸었다. 신호가 가자 또 그 여자가 전화를 받았다. 이번에는 통사정을 할 수밖에 없다고 생각하고 괘씸한 생각을 애써 지우면서 상세히 설명을 했다. "내가 한국에서 방금 LA 공항에 도착했는데, 꼭 친구에게 전화를 해야 한다. 그러니 바꿔 달라." 그랬더니 다시 신호음이 난 후 친구와 연결이 되었다.

나중에 알고 보니까 그 친구가 살던 곳은 시외였기 때문에 그에게 전화를 하려면 상당히 많은 동전을 넣어야 했다. 그런데 한국에서 10원짜리 넣던 것밖에 몰라서 10센트만 넣으니까 교환원이 나온 것이었다. 당시 우리 상식으로는 공중전화에서 교환원이 나온다는 것은 상상도 할 수 없던 일이었다. 공중전화에 10센트만 넣고 전화를 하니까 교환원이 "동전을 더 넣어라"고 한 것인데 그 말을 알아듣지 못하니까 끊어버렸던 것이다. 그런 것을 나는

친구가 미국여자하고 동거하는 것으로 착각했다. 미국 공중전화에는 교환원이 있다는 것을 몰랐기 때문에 미국에 도착한 첫날부터 낭패를 본 셈이다.

친구와 함께 그의 집에 도착하니 새벽 6시쯤 되었다. 친구는 뉴욕에 있던 아이의 부모에게 전화를 해주었다. 미국에서도 장거리전화가 대단히 비싼 줄로 알고 있었기 때문에 친구에게 대단히 미안했다. 그런데도 아이 집에 전화한 친구는 그 아버지랑 오랫동안 얘기하고는 나를 바꿔주었고, 그리고는 다시 아이와 한참을 통화했다. 애가 탄 나는 옆에서 자꾸만 빨리 끊으라고 했다. 그런데 나중에 알고 보니 콜렉트콜이기 때문에 요금은 상대편이 부담한다는 것이다. 이렇게 해서 내가 미국에 도착해 가장 먼저 배운 IT기술이 콜렉트콜이다. 당시 나는 약혼을 하고 미국에 갔는데, 미국 도착 첫날 배운 콜렉트콜로 처가에 자주 전화를 했다.

사건도 많았지만 어쨌거나 뉴욕에 도착해서 방을 얻었다. 그런데 거기서 또 한번 놀랐다. 전화를 신청하니까 학생인데도 불구하고 금방 놓아주는 것 아닌가. 당시 우리나라에서는 전화 신청을 하면 6개월이나 1년씩 기다려야 했다. 1980년대 초만 해도 청색전화, 백색전화라는 것이 있었는데 청색전화를 한번 얻으려면 6개월 내지 1년을 기다려야 했다. 그리고 백색전화 한 대는 당시 250만 원쯤 했는데, 이건 서민주택 한 채 값이었다. 그런데 미국에서는 학생에게도 전화를 금방 놓아주는 것을 보고 "우리도 언제 이렇게 편리한 나라가 될까. 이런 나라를 만들어야겠다"는 'IT강국의 꿈'을 가지게 되었다.

박사학위를 받고 귀국한 후 체신부 차관이 되었을 때 첫번째 관심을 둔 것이 전화였다. 당시 전화기는 체신부에서 만들어 공급하던 검은색 전화기한 가지밖에 없었다. 또한 미리 전화기를 많이 사다가 전화국에 쌓아두면 예산 낭비했다고 문제가 되니까 항상 부족하게 준비했다. 전화기를 부족하게 갖다놓으니 다른 준비가 다 되어도 전화기가 없어서 설치를 못했고, 그러니 전화를 하나 놓는 데 반 년씩, 아니 1년씩 걸리는 것이었다. 그래서 인증된 전화기는 맘대로 쓸 수 있도록 하자는 생각으로 전화기를 자유화시켰다. 그랬더니 빨간색, 파란색, 하얀색 전화기가 시장에 나오고 다양한 종류의 전화기가 개발되었다. 그리고 자유화한 지 2년 여 만에 전 세계 시장에 수출하게 되면서 전화기 산업이 비약적으로 발전했다.

다음에는 PSTN(Public Switched Telephone Network)을 개방했다. PSTN은 개인이 전화선에 전화기를 붙여서 써도 되고, 텔렉스나 팩시밀리를 마음대로 붙여 쓸 수 있는 것이었다. 당시에는 무역회사들 중에도 텔렉스가 없는 회사가 많았는데, 텔렉스를 쓰려면 특별 신청을 해야 했고 텔렉스가 한 대 있으면 독립된 방에 기사까지 딸려 있어야 했다. 그러니 텔렉스나 키폰을 마음대로 쓸 수 있게 하는 것은 참으로 큰 변화였다. 국장과 과장들의 반대를 무릅쓰고 결국 1983년 3월에 PSTN을 개방했다. 유럽의 어떤 나라도 그때까지 PSTN 개방을 한 나라가 없었다. 그만큼 과감한 정책이었고, 돌이켜보면 이것이 우리나라 통신의 비약적 발전을 이끈 일대 전환기가 되었다.

그리고 곰곰이 생각해보니 통신망을 확대하고 IT기반을 만들려면 전화교환기를 먼저 만들어야 할 것 같았다. 관련 기술을 개발하지 않고는 비용을 줄이고 효율적으로 통신망을 구축할 방법이 없는 것이다. 1980년대만 하더라도 우리나라는 과학기술에 있어서 대단히 후진국이었다. 특히 전자교환기는 세계에서 여섯 나라밖에 개발을 못한 어려운 기술이었다. 어쨌거나 당시로서는 엄청난 금액인 240억 원을 들여 개발을 시작했는데 연구비 10억 원을 넘는 프로젝트가 없던 시절이었던 탓에 많은 사람들이 적잖이 걱정했다. 그러나 그 결과 우리나라 과학기술사에 남을 TDX(Time Division Exchanger)가 탄생했다. 그리고 전자교환기가 나온 지 불과 4~5년 만에 전화 적체가 완전히 해소되어 신청하면 당일로 전화가 나오는 '정보통신 선진국' 이 되었다.

TDX 다음으로 도전한 것은 4MD램 개발이었다. TDX 개발에는 250억 원을 투입했는데, 4MD램 개발에는 연구비 400억 원을 과감히 투자했다. 솔직히 우리는 그 전까지 1MD램도 개발 못한 반도체 후진국이었다. 그런 데 미국과 일본이 4MD램 개발을 계획한다는 이야기를 듣고, 체신부가 용 감하게 4MD램에 도전을 한 것이다. 특히 삼성, 금성(LG), 현대를 참여시 켜서 이들 세 회사와 정부가 공동으로 추진했다. 그리고 결국 일본과 거의 같은 시점에 4MD램을 만들었다. 그로부터 우리나라 반도체 산업은 그야말 로 급성장을 했다. 당시 4MD램이 얼마나 가치 있었느냐 하면, 세계적인 전 자회사인 지멘스가 삼성전자에 찾아와서 1MD램 기술을 자기네에게 주면 자신들의 모든 전자기술을 주겠다고 할 정도였다. 4MD램 기술은 워낙 앞 선 것이었기 때문에 차마 달라는 소리를 꺼내지 못했던 것이다.

최근 미국이나 캐나다, 일본의 호텔에 가보면 적어도 통신서비스에 있어 서는 우리나라가 오히려 낮다는 생각을 하게 된다. 몇 년 전 일본 어느 관광 지에 있는 호텔에 들어가서 밤에 국제전화를 하려 했더니 전화교환원이 퇴 근해서 안 된다고 했다. 자동전화는 불가능하다는 것이었다. 그래서 전화 는 포기하고 대신 다음날 새벽 일찍 떠나야 하니까 숙박비를 미리 신용카드 로 계산하자고 했더니 자기네 컴퓨터 프로그램이 그렇게는 할 수 없다고 했 다. 다음날 아침에 다시 오라고 하는 것을 보고 일본의 IT 수준을 짐작할 수 있었다. 미국에서도 비슷한 일이 있었다. '한미 과학기술장관회의'에 참석 차 워싱턴에 방문했을 때 최고급이라는 워터게이트호텔에 묵었다. 그런데 통신에 무슨 문제가 있었는지 카드 처리가 안 되는 것이었다. 캐나다에서 묵었던 웨스턴호텔에서도 비슷한 일이 있었다.

하지만 우리나라 호텔에서 신용카드 지불이 처리 안 되는 경우를 보았는가? 우리나라가 짧은 시간 동안에 이렇게 정보통신 강국이 될 수 있었던 것은 일찍이 IT인프라를 구축했기 때문이고, IT인프라의 근저에 기술개발이 있었기 때문에 가능했던 것이다. 이처럼 우리나라는 세계가 부러워할 만큼 빠른 발전을 이룩했다. 세계에 자랑할 만한 업적도 많이 이루었다. 세계에서 가장 낙후된 전화서비스를 세계에서 가장 좋은 수준으로, 그것도 우리가 개발한 기술로 올려놓았다. 세계 세번째로 4MD램을 개발해 단숨에 반도체 강국으로 도약했다. 몇십 년 전만 해도 IT기술은 상상도 못했지만 지금은 일본의 8배, 미국의 4배나 되는 국민이 초고속통신망을 사용하고 있고, 세계 유수 IT 제품의 테스트베드로 이목을 집중시키고 있다. CDMA를 세계 최초로 상용화한 것은 말할 것도 없다.

하지만 최근 들어 우리나라 경제가 힘들고, 많은 사람들이 비관적인 의견과 시각을 가지고 있다. 요즘 '이공계 위기'니, '성장잠재력 저하'니 말들도 많은 것 같다. 하지만 나는 다음과 같은 이유로 우리의 미래가 밝다고 생각한다.

첫째, 우리나라는 단일민족이며 단일언어를 사용한다. 최근 중국이 잘 나가는 것 같지만, 몇 년 전에는 회족과 한족 사이에 유혈충돌이 일어나 100명 넘게 사망했다. 요새 시끄러운 '동북공정'도 민족이 복잡하다보니 고민 끝에 나온 것이다. 향후 중국이 얼마나 많은 소위 '다민족 비용(Multi-ethnicity Costs)'을 치러야 할지 아무도 모른다.

둘째, 우리나라는 종교 간의 분쟁이 없다. 세계 역사는 종교분쟁의 역사라고 하지 않는가? 지금도 종교 간 분쟁 탓에 수많은 나라들이 전화(戰禍)에 휩싸여 있다. 그것도 모자라 같은 종교인데 종파가 틀려서 서로 으르렁거리는 나라들도 많다. 그에 비하면 우리나라는 종교 간에 잘 화합하는 것 같다.

셋째, 더 중요한 것은 우리나라 국민들이 후손을 위해 희생할 준비가 되어 있다는 것이다. 이것은 말처럼 쉬운 일이 아니고, 정말 찾아보기 힘든 '문화자산'이다. 우리나라 부모들은 자식을 위해 논 팔고, 땅 팔아서 서울에 유학을 보냈다. 요즘은 미국으로 유학을 보내고, 그것도 모자라 아내까지 딸려 보내놓고 자신은 라면 끓여 먹고 사는 기러기 아빠까지 있다. 비록 이것이 사회문제이긴 하지만, 자식을 위한 우리 부모들의 희생정신은 경탄할 만한 것이다.

외국은 그렇지 않다. 내가 대전 세계엑스포 조직위원장으로 재직할 때의 일인데, 준비를 하다 보니 돈이 굉장히 많이 들어갔다. 사실 엑스포라는 것은 올림픽이나 월드컵보다 훨씬 힘들고 예산도 많이 들어가지만, 그런 만큼 파급효과도 큰 행사다. 그런데 돈이 많이 들어가니 여기저기서 불평이 나오기 시작했다. 그때 내가 이런 설명을 했다. "여기 놓는 도로, 다리, 전기 · 통신 인프라, 이런 것은 결국 후손들한테 남겨주는 것이다. 이걸 해놓으면 우리 자식들, 우리 후손들이 여기에 돈 쓸 필요가 없으니까 훨씬 잘 살 수 있지 않겠는가?" 그랬더니 사람들이 받아들였다. 우리보다 1년 앞서 엑스포를 치른 스페인에서도 8조원을 투입하다보니 국민들이 아우성을 쳤다. 스페인 정부도 나와 비슷한 설명을 했지만 국민들은 "아니, 그럼 그 돈을 후손들이 내야지 왜 우리가 내냐?"며 반대를 하는 바람에 할 수 없이 채권을 발행해 엑스포를 치렀다고 한다. 우리가 후손을 위해 희생할 수 있기에 미래를 위해 투자할 수 있고, 그로써 기술혁신을 앞당길 수 있다는 점은 우리나라의 큰 장점인 것이다.

넷째는 바로 미래가 지식정보사회라는 점이다. 지식정보사회에서 가장 중요한 것은 IT기술이고, IT 인프라가 아니겠는가? 우리는 지식정보사회에 대비한 인프라를 잘 구축해 놓았다. 다시 말해서 지식정보사회를 맞을 준비가 잘 되어 있는 것이다.

그리고 무엇보다 큰 장점은 우리가 가진 인적 자원이다. 얼마 전 뉴질랜드 과학기술부 장관의 방문을 받은 적이 있다. 그때 뉴질랜드 출신으로 노벨상 수상자인 앨런 맥더미드 박사가 함께 와서 이런저런 얘기를 나누었는데 박사가 이런 말을 했다. "뉴질랜드와 한국의 공통점이 있는데 바로 부존자원이 비슷하다는 것이다. 우리가 가진 공통자원은 바로 물, 모래, 사람이다."
외국 사람들도 1인당 국민소득 79불이었던 나라가 30여 년 만에 1만 불을
달성할 수 있었던 저력이 바로 사람, 즉 과학인재라는 점을 아는 것 같다.

　여러분은 '반 잔의 글라스' 얘기를 아시는지 모르겠다. 부정적으로 보면
반밖에 못 채운 것이지만, 긍정적으로 보면 반이나 채워놓은 것이다. 우리
가 마음의 여유를 가지고 차근차근 미래를 준비한다면 못할 것이 없다. 불
과 수십 년 만에 1인당 GDP를 100배, 200배나 늘렸는데 두세 배 늘리는 정
도는 우리 민족의 역량으로 먼 이야기가 아닌 것이다. 우리가 긍정적인 자
세로 도전한다면 국민소득 2~3만 불도 금방 달성할 수 있는 것이다. 우리
는 1만 불도 거뜬히 해낸 민족이 아닌가?

윤덕용

경기고등학교를 졸업하고 미국 MIT에서 물리학 학사학위와 하버드대학교 대학원에서 재료공학으로 석사, 박사학위를 취득했다. 일리노이대학교 연구원, 웨인주립대학교 조교수를 거쳐 1972년부터 2005년까지 한국과학기술원 교수로 재직했다. 한국과학재단 사무총장, 미국 NIST 초빙연구원, 미국 GE연구소 초빙연구원, 재료계면공학연구센터 소장, 한국과학기술원 원장 등을 역임했다. 1988년 국민훈장 동백장을 비롯해 호암상(공학부문), 대한민국 최고과학기술인상 등을 수상하고 2005년 학술원 회원으로 임명되었다. 1978년 조성변화에 의해 결정체 입자 간의 액상막이 움직이는 현상을 최초로 발견했으며, 1983~1987년에는 이 현상의 이론적 정립과 아울러 그 구동력이 용질원자 확산층의 정합변형 에너지임을 실험을 통해 입증했다. 1980년대 액상소결기구에 대한 체계적인 실험을 바탕으로 새로운 이론을 제시했으며, 1990~1993년에는 항공기 제트엔진 등에 널리 사용되는 초내열합금의 기계적 성질을 향상시키는 파형입계 형성이 입계 석출물의 비대칭성에 의한 것임을 규명했다.

과학은 예술보다 아름답다

1972년 미국 웨인주립대학 재료공학과 조교수로 재직 중이던 당시 창설중인 KAIST 재료공학과 교수로 와달라는 정근모 총장의 권고를 받아 15년 미국생활을 접고 한국 과학교육의 본산인 KAIST에서 강의를 시작했다. 하버드대학과 웨인주립대학에서는 금속 및 산화물 재료에서 고압력 영향에 대한 기초적 연구에 치중했으나 KAIST에 부임한 후로는 분말야금 분야로 연구방향을 전환했다. 이때부터 방위산업용 텅스텐 중합금의 국산화를 위한 액상소결 기구의 기초적 연구를 시작한 것이다. 또한 당시 현대자동차에서 제작중이던 최초의 자동차 포니의 부품생산에도 분말 야금기법이 필요해 재료를 고온에서 소결하여 대량생산하는 연구에도 참여했다.

KAIST의 출범과 함께 설립된 재료공학과는 재료를 주로 금속과 요업재료로 분리해서 취급하던 고정관념에서 탈피하여 다양한 재료의 공통원리와 기본현상을 통합적으로 다룬 분야로서 후일 신소재공학과로 이름이 바뀌었다. 신소재 개발은 현대 첨단산업에 꼭 필요한 것으로서 인류의 문명은 새로운 소재의 등장과 함께 혁신적으로 바뀌었다고 해도 과언이 아니다. 예를 들어 돌이란 소재를 사용할 때는 석기시대라 불렸고, 이후 철을 사용한 철기시대, 청동을 사용한 청동기시대 등을 거쳐 현대는 실리콘시대라 할 수 있다. 2005년 퇴임하기까지 33년 동안 박사 43명과 석사 68명 등의 후학을 양성했고, 국외 학술논문 145편, 국제학술회의 39편 발표 등을 비롯하여 국내외에 총 200편의 논문을 발표하며 분주하게 살아왔다.

나는 1940년 평양에서 태어나 한국전쟁 직전에 월남했다. 부모님이 미국 대학에 교편을 잡으시면서 나는 서울에 혼자 계시던 이모님 슬하에서 자랐다. 부모님은 모두 음악가로서 지금도 미국에 거주하고 있다. 1957년 경기고 2년을 마치고 도미하여 미시간주에 있던 작은 고등학교 3학년에 편입했다. 그곳 학생들은 우리나라 학생들과 비교할 때 운동, 아르바이트, 다양한 경험 등을 하며 여유롭게 지내고 있었다. 미국의 고등학교는 공부하기 싫은 학생은 하지 않아도 되도록, 그리고 공부하고 싶은 학생은 얼마든지 잘할 수 있게 해주었다. 각 과목마다 A학점을 받은 학생은 우월반에 들어갈 자격이 있었다. 우월반 학생들을 위해 고등학교에서 이미 대학과정을 가르치고 있어서 고등학교 때 이미 대학 1학년 과정을 마치는 학생들도 있었다.

대학을 지원할 때가 되자 한 사람이 보통 5~10개 대학에 원서를 냈다. 더 많은 대학에 동시 지원할 수도 있었지만 100불 정도의 원서비를 내야 하므로 자기가 자신 있는 대학과 자신은 없지만 한번 가보고 싶은 대학을 적당한 선에서 고루 조합해 원서를 낼 수 있었다. 대학에서도 그런 경우를 예측하고 대비하여 입학허가를 충분히 내주었다. 하버드대학의 경우 보통 입학 정원보다 30퍼센트 정도 많은 입학허가서를 발행한다.

나는 물리학을 전공하고 싶었고 그러려면 MIT가 좋을 것 같았다. 1958년 당시 나와 함께 입학한 신입생은 900여 명이었다. 입학식에서 총장님은 말씀하셨다. "세계 60개국에서 온 여러분들은 대부분 고등학교에서 1~2등을 한 수재일 것이다. 하지만 이곳 MIT에서 여러분이 4학년을 마치고 졸업을 할 무렵에는 이중 절반 정도밖에 남아 있지 않을 것이다. 그러니 정신을 바짝 차리고 공부하기 바란다." 실제로 동급생 중 버몬트에서 온 친구는 첫 학기와 둘째 학기에 모두 낙제를 하고 일찌감치 학교를 떠났다. 1학년이 끝 날 무렵에는 300여 명이 낙제학점을 받아 학교를 떠났다. 내가 졸업할 수 있었던 것은 물리학이 재미있었고 논리적으로 접근해 결과를 얻는다는 점에서 내 적성과 맞아떨어졌기 때문이다.

당시 MIT에서 공부하는 학생은 소방호스에서 콸콸 쏟아져나오는 물을 입으로 마시려는 격이라고 비유되곤 했다. 그만큼 공부를 소화해내기가 벅찼고 또 정신 못 차리게 공부시키는 강압적인 분위기였다. 이 과정에서 많은 학생들이 중도에 포기했으나 스스로 공부하는 풍토가 자연스럽게 조성됐던 것으로 보인다. 당시 MIT는 과학과 기술에 바탕을 둔 다양한 교육을 추구하고 있었고 지금도 그렇게 하고 있다. 예를 들어 MIT에서는 음악을 전공하는 학생도 기초수학과 과학과목은 필수로 이수해야 한다. 어떤 분야를 공부하든 과학기술에 관한 기초지식이 중요하다고 인식하기 때문이다.

당시 900명 중 여학생은 단 3명에 불과했다. 그래서 "MIT에는 세 가지 성이 있으니 남성, 여성, 그리고 MIT 여학생이다"는 말이 나올 정도였다. 지금은 사정이 달라져서 MIT 캠퍼스의 절반이 여성이다. 또 최근에는 MIT 최초의 여성총장이 나오기도 했다.

1962년 MIT를 졸업하고 하버드대학원에 진학, 재료과학을 중심으로 한 응용물리를 전공으로 선택했다. 하버드대학원 물리학과는 20명 정도의 신입생을 선발했는데 자격이 합당하지 않으면 20명을 채우지 않고 공석으로 두었다. 또 물리학과 교수 20명 중에서 노벨상 수상자가 4~5명 정도나 되었다. 그중 브리지먼 교수는 1946년 노벨상 수상자로서 다이아몬드 생산의 기초를 닦은 사람이었다. 그가 다이아몬드를 만들 때 사용한 초고압압축기를 박사과정 연구 중에 사용했으니 나도 그의 후계자 중 하나라고 할 수 있지 않을까. 1965년도에는 슈윙거 교수가 노벨상을 공동수상했다. 수상 소식이 발표되던 가을학기에 나는 그의 강의를 수강하고 있었다. 우리는 칠판에 '축하합니다' 란 글씨를 써놓고 설레는 마음으로 그를 기다렸다. 하지만 슈윙거 교수는 칠판에 쓰인 글씨를 보고는 "고맙다"고 딱 한마디하고는 아무 일도 없었던 듯 칠판을 지우고 바로 강의를 시작했다. 그런 강의를 듣는 학생들이 어찌 공부를 하지 않을 수 있겠는가. 나는 그것이 하버드 교육의 묘미라고 생각한다. 학생들이 스스로 공부를 하지 않을 수 없게 만드는 분위기, 스스로 공부가 재밌고 영감이 떠올라서 공부하게 하는 분위기를 만들어주는 것이다.

세계에서 연구비가 가장 많은 학교인 하버드대학에는 교수들도 주말까지 나와서 열심히 일한다. 자기들이 세계에서 가장 중요한 분야의 가장 중요한 문제를 가지고 가장 앞서가는 일을 한다고 생각하기 때문에 자기가 일을 못하면 세계의 발전이 늦어지며 모든 것이 자기에게 달려 있다고 생각하는 것이다.

내 연구에서는 고온처리 중 비정상 입자 성장의 원인이 무엇인지를 밝히는 것이 중요했다. 작은 입자가 고온에서 고루 성장해야 하는데 왜 몇 개만 크게 자라는 것일까? 그렇게 되면 입자와 입자의 경계인 계면이 약해져서 소재에 균열이나 약한 곳이 생기기 쉽다. 이를테면 비행기 엔진은 고온에서 돌아갈 때 깨지지 않고 오랫동안 견뎌야만 하는데 엔진에 쓰이는 금속재료의 석출물 단면에 커다란 입자들이 있을 때 거기에 파열이 일어나는 것이다. 나는 그 원리를 알아내 그를 방지하려면 어떤 열처리를 해야 하는지 제시할 수 있었고, 내 원리를 바탕으로 GE에서 특허를 내기도 했다.

우리나라 방위산업에 중요한 텅스텐 연구의 경우, 나는 1980년대 말에 막스플랑크 연구소에서 1년간 동일한 연구를 했다. 이 입자들은 서로 달라붙는 게 아니라 한 입자가 자라나서 옆 입자에 달라붙는다. 즉 계면이 움직이는 것인데, 이론적으로는 알았지만 실험적으로 규명이 되지는 못했다. 막스플랑크 연구소에서 사용한 텅스텐 입자는 좁쌀보다 작았는데 텅스텐이 융점이 높아 고온의 특별한 방법을 통해 스위스에서 만든 것으로 입자 한 개당 몇백 불은 주어야 하는 고가의 소재였다. 연구소에서는 실험용으로 적은 양만 만들어 다 써버렸고 다시 받기도 어려웠다. 서너 개는 주머니에 넣고 한국으로 돌아왔지만 그것만으로는 연구를 할 수가 없었다. 1980년대 한국의 기술로 그런 것을 만들 수 있을까?

나는 대학원생들과 둘러앉아 방법을 연구했다. 미세한 분말을 다른 조성의 분말과 섞어 고온에서 오랫동안 처리하면 고온에 의해 둥그렇게 성장한 입자를 만들 수 있을 것 같았다. 그렇게 내가 낸 간단한 아이디어로 돈도 별로 안들이고 입자를 만들어 실험을 계속할 수 있었다. 계면이 왜 움직이는지에 관한 가설로는 스웨덴 학자가 제시한 내용이 가장 타당해보였다. 그래서 그 이론을 증명할 실험을 하기로 했다.

그리고 마침내 실험에 성공하여 액상 소결 중에 일어나는 입자성장에 대한 논문을 국내 최초로 《메털러지컬 트랜잭션*Metallurgical Transaction*》과 《액타 메터러지커*Acta Metallurgica*》에 발표했다. 이 논문으로 미국금속학회(AIME)와 IBM 연구소 등에 초청되어 강연하기도 했으며, 이 이론이 방위산업용 텅스텐 중합금을 국산화하는 데 기여했다는 공로로 1990년 국방부 표창을 받기도 했다.

나의 가장 큰 연구업적으로 알려진 이 '입계이동의 원리 규명'은 원자들이 입자 내로 확산할 때 생기는 응력이 이러한 계면 이동의 구동력이라는 원리를 실험으로 증명한 것이라고 할 수 있다. 이 재료계면 연구는 미래의 고성능 자동차나 컴퓨터 등 첨단 제품에 필수적인 연구 분야다. 현재 세계 각국이 이 분야에 심혈을 기울이고 있다. 나와 연구팀은 입자 간의 액상막이 움직이는 유사한 현상을 국내 최초로 발견, 원자들이 입자 내로 확산할 때 생기는 응력이 이러한 계면 이동의 구동력이라는 원리를 실험으로 증명했다. 이 원리는 저장된 핵폐기물의 수명을 정확하게 예측하는 데에도 활용되는 등 실용적인 문제로 이어지면서 학계의 관심을 끌게 됐다. 이러한 연구 성과는 재료공정을 좀더 과학적이고 체계적으로 진행할 수 있는 토대가 되고, 이런 과학기술의 원리는 지질학, 물리학 등 여러 분야에 무한하게 응용될 수 있다. 현재 입자 성장에 대해 서울대 등 다른 연구기관들과 함께 한 1단계 연구결과가 완성되고 있으며, 이는 세계에서 가장 앞선 것이다. 내 연구성과를 응용한 두 개의 벤처기업이 생겨나 외국회사와 손잡고 사업화하고 있다.

사람들은 흔히 과학 연구가 골치 아픈 것이라고 생각한다. 그리고 예술은 아름답다고 생각한다. 하지만 나는 과학이 아름답다고 생각한다. 고흐의 그림은 당대의 그 누구도 이해하거나 인정할 수 없을 만큼 혁신적이었다. 하지만 오늘날은 누구나 그 아름다움을 인정하지 않는가. 입자 결정체를 전자현미경으로 찍은 사진 역시 내가 보기엔 혁신적으로 아름답다. 은수저를 불에 달구어 고온으로 만든 후 표면을 찍은 사진을 보면 고도의 기하학적 아름다움이 있다. 인위적으로는 절대로 이런 편편한 면을 만들 수 없다. 그리고 각져 튀어나온 부분 역시 어느 칼날보다도 더욱 날카롭다. 결국 아름다움이 우리를 즐겁고 재밌게 하는 것이라면 과학도 아름다운 것이다. 과학에 담긴 논리적 체계도 역시 아름답고 신비하기까지 하다.

스위스 특허심사국 직원으로 근무하면서 밤마다 틈틈이 연구에 전념한 아인슈타인은 1905년 노벨상을 받은 논문을 비롯해 물리학계에 엄청난 영향을 끼친 세 편의 세계적인 논문을 만들었다. 나는 아직도 물리학계의 존경하는 인물로 아인슈타인을 꼽는다. 연구비는 물론 직장 역시 연구환경과는 먼 열악한 상황에서 이러한 연구결과를 이끌어냈다는 것은 아인슈타인의 과학을 대하는 열정과 자세를 엿볼 수 있는 점이다. 특히 과학자들은 자신들이 알고 있는 사실이 우주의 일부분에 불과한 것이라는 겸허한 자세로 연구에 임해야 한다. 또한 비록 대중예술과 인터넷의 시대를 맞이했다 해도 과학은 인기투표로 결정되는 것이 아님을 강조하고 싶다.

2005년 2월 독일 금속학회가 발행하는 금속 분야의 저명한 국제학술지 《국제재료공학저널》은 나를 위해 기념논문집을 발행해주었다. 그 학술지는 은퇴하는 학자를 위해 논문을 기고받아 특별호를 발행하는 것이 전통이었는데 그 대상은 주로 독일 학자들이었다. 그런데 어쩌다 보니 나를 위한 특별호가 발행되었다. 우리나라 교수들을 비롯해서 나와 잘 알던 외국 학자들의 특별기고 논문들이 실렸다. "평생을 재료공학 발전에 공헌한 교수님께 이 논문집을 바칩니다"라는 헌사로 시작한 이 특별호는 국내 과학자에게 해외 유명저널이 논문집을 헌정한 최초 사례라고 한다.

나는 자연의 원리를 스스로 발견하고 이를 응용해서 새로운 것을 만드는 것이 재미있어 열심히 연구를 해왔다. 학생들에게도 "연구와 학문은 호기심에서 시작된다"는 것을 전하려고 애썼다. 연구의 즐거움과 보람은 목표를 달성했을 때만이 아니라 연구하는 과정 자체에 있는 것이다. 정상 정복도 즐겁지만 오르려고 하는 노력에서도 즐거움과 보람이 있다. 나이가 들어서도 연구에 대한 애착과 집념은 버리기가 어렵다. 연구를 계속 진행하고 정리해서 세계의 후배 과학자들에게 남기고 싶기 때문이다. 내가 평양에서 태어났기 때문인지 나는 북한 동포들에게 특히 애착을 느낀다. 과학기술 분야의 남북교류를 더욱 활성화해 북한 과학자들도 마음 놓고 연구를 할 수 있도록 조금이나마 보탬이 되고 싶다.

KAIST의 기본 설립목표는 우리나라 이공계를 발전시켜 나라에 기여하는 것이었다. 내가 보기에는 아직까지 그 방향에 문제가 없다고 본다. 문제는 우리나라의 최고뿐만 아니라, 세계 최고수준의 교육과 연구를 해 나갈 필요가 있다는 것이다. 지금은 근본적인 방향을 전환하기보다 더욱 수준 높은 연구와 교육을 위해 구성원들이 매진해야 할 때라고 본다. 결국 과학이라는 것은 기초 분야든 응용 분야든 우리가 모르는 새로운 것을 알기 위해 하는 것이다. 새로운 것을 개척하다 보면 실패하는 경우도 있다. 그러나 우리는 그것을 해야만 한다. 실패의 가능성을 염두에 두고 그것을 감수해가며 연구해 나가는 정신이 필요하다.

과학자의 논문발표는 우리나라 과학의 수준을 보여주는 척도라고 할 수 있다. 2003년 SCI(Science Citation Index)에 발표된 것을 보면 1위는 미국으로 27만 4000건이고, 2위는 7만 5000건인 일본이 차지하고 있으며, 한국은 14위로 1만 8000건을 기록하고 있다. 하지만 이것은 총 논문의 수이지 논문의 질을 말하지는 않는다. 스웨덴이나 스위스는 우리보다 인구가 훨씬 적은데 논문 수는 비슷하다. 논문의 수준은 그 논문이 얼마나 인용되느냐로 결정된다. 인용도 조사에서 한국은 34위이다. 즉 질적인 면에서 아직도 갈 길이 먼 것이다.

지금까지 아시아에서 받은 노벨상은 10개 정도다. 그중 일본에서 받은 네 개의 노벨상은 거의 다 일본 내에서 공부하고 연구한 사람이 받았다. 이것은 정말 의미 있는 일로서 한국도 그렇게 되어야만 어느 정도 수준에 이르렀다고 할 수 있을 것이다. 이에 반해 중국, 인도, 파키스탄의 노벨상은 외국에서 유학한 사람이 받았다. 노벨상을 목표로 하면 노벨상 받기가 어렵다는 말이 있다. 즉 연구라는 것은 상을 받기 위해서 하는 것이 아니다. 노벨상 수상자들 역시 말한다. "노벨상을 받으려면 노벨상을 잊어버려라. 그를 잊고 영예도 잊고 꾸준히 하다 보면 어느 날 받게 될지도 모른다."

사람들은 모두 넓은 평수의 아파트나 집을 좋아하지만 경제적 여건이 따르지 않아 장만하지 못한다. 하지만 돈이 없어도 넓은 집에 살 수 있다고 나는 늘 말하곤 한다. 즉 정신적인 집, 마음의 공간만큼은 누구나 아주 넓은 평수로 마련할 수 있다. 물리학자들이 광대한 우주의 모습을 알리고 공간을 마련해도 우리가 그를 보지 못하면 무슨 소용이 있겠는가. 우리가 어느 정도 노력을 해서 그 공간을 볼 수 있게 하면 어떨까? 평상시 어렵더라도 좀 노력을 하고 등산할 때 땀 흘리듯이 정신적 땀을 좀 흘린다면 우리의 정신적 공간은 엄청나게 넓어질 것이다.

나는 요즘 일상생활에서도 과학적 접근법을 사용하고 있다. 어렸을 때부터 운동을 좋아했던 나는 스키에 이어 요즘은 수영을 하는데 비록 체력은 젊은이들을 못 당하지만 묘수를 써서 따라잡고 있다. 우선 나는 책을 읽고 비디오를 보면서 원리와 방법을 읽힌다. 그리고는 현장에 가서 연습을 한다. 마치 연구할 때 이론을 알고 실험하듯이 말이다. 뭘 좀 알고 하는 것은 더욱 재미가 있다. 수영에 대해서도 과학자처럼 접근하고 있는 나를 발견하는 것이다.

최근 이공계 위기를 말하고들 있다. 우리가 계속 발전하려면 어떻게 해야 할까? 우리가 가진 것은 무엇이고 우리의 미래는 무엇인가? 우리 역사에도 창의적 업적이 있다. 바로 한글이다. 한글은 그 발상 자체가 매우 창의적이다. 오랫동안 한문을 쓰다가 새로운 글을 쓴다는 발상 자체가 획기적이다. 그러므로 한글을 만들어낸 우리 민족의 장래는 밝을 수밖에 없다. 사회나 국가적 측면에서도 혁신적이었기 때문에 한글도 처음에는 사회에서 배척을 받았다. 해방되기까지도 그랬다. 하지만 세종의 개혁은 장기적 영향을 미쳤다. 그 혁신은 새로운 비전과 방향을 보여주었기에 성공한 것이다. 용기를 가지고 모든 분야에 뛰어들자. 우수한 학생들이 이공계를 기피한다고 걱정하는데 나는 지금이 바로 기회라고 생각한다. 사회에 위기감이 팽배해 있어 웬만한 이공계 학생들에게는 기회를 주려고 하기 때문이다. 사람이 줄어들수록 이공계에 있는 젊은 학생들에게는 기회가 된다. 그러니 그 기회를 잡고 나아가자. 내가 일생을 통해 느꼈듯이 과학만큼 신비롭고 아름다운 것도 없기 때문이다.

윤무부

경남 거제도 장승포라는 조그마한 항구가 있는 동네에서 태어났다. 어려서부터 자연에 대한 호기심이 많아 학교공부는 뒷전이었지만 집에서 가장 일찍 일어나는 것을 최대의 목표로 삼고 살았다. 내가 가장 좋아하는 새를 공부하기 위해 경희대학교 생물학과에 입학하여 지금까지 40년 넘게 새와 함께 살아가고 있다. 좋아하는 일을 꾸준히 한 덕분에 경희대학교에서 새를 가르치는 교수가 될 수 있었고, 서울특별시 환경자문위원, 문화체육부 문화재 전문위원, 환경부 국립공원 자문위원 등 정부 자문 역할도 했으며, 또한 자랑스러운 서울 시민 600인 중 한 명으로 선정되기도 했다. 다른 교수들은 좁은 연구실에서 연구를 하지만 나에게는 전국 방방곡곡 새가 있는 곳이 모두 나의 연구실이다. 40여 년간 전국의 산과 들, 그리고 바다를 다니며 자연에서 얻은 귀중한 새사진, 새소리, 물소리, 꽃사진, 동영상 등을 세상 누구도 가지지 못한 나만의 보물로 생각하며, 오늘도 남한산성에서 '큰밀화부리'를 기다리고 있다.

나에게 행운을 가져다준 '새'

"어떻게 새를 연구하는 조류학자가 되었습니까?" 이것은 내가 가장 많이 받는 질문인데, 세상 사람들은 이 점이 가장 궁금한가 보다. 어릴 때부터 내 생활환경이나 성격상 새와 자연을 좋아할 수밖에 없었으므로, 나는 지금도 운명이라 생각하고 있다.

나는 거제도 장승포에서 태어났다. 앞은 바다, 뒤는 산. 나에게 바다는 꿈이었고 산은 희망이었다.

'토독 토독~'. 바다 한가운데 떠 있는 오리를 향해 돌을 던졌다. 명중이다. 모래사장에 눕혀놓고 이곳저곳을 유심히 관찰한다. 부리와 날개, 그리고 다른 부분도 유심히 살펴보았다. 그런데 이상하다. 지난번에 보았던 오리와는 사뭇 다르다. 그때는 물갈퀴가 없었는데…….

위로 형이 둘 있었지만 배는 내가 많이 탔다. 그래서인지 어렸을 때부터 자연과 더불어 살아온 아버지의 산경험을 들을 수 있었다. 행운이었다. "무부야. 갈매기가 잔뜩 날아오는구나. 태풍이 오려나 보다. 오늘은 배를 타고 나갈 수 없겠다." 모든 것이 궁금했던 나는 호기심이 발동하면 무조건 질문을 퍼부었다. 그때마다 아버지는 아주 쉽고도 재미있게 자연의 이야기를 들려주셨다. 소나무밭에 많이 몰려드는 '때까치'와 '깝죽새'라고 부르는 할매새. 또 바닷가에 모여드는 호랑지빠귀, 물총새, 해오라기 등. "먼바다에서 날아오는 철새들이란다. 날씨가 추워 항구로 몰려드는 게지. 물고기를 잡아먹어야 하거든."

나에겐 새를 연구하는 것이 너무나 잘 맞다. 예순이 훨씬 넘은 지금도 경희대학 생물학과에서 새를 연구하고, 대학생들에게 새를 가르치고 있다. 연구실에만 틀어박혀 연구하는 동료 교수들은 새가 좋아 우리나라 각지를 미친 듯 떠돌아다니는 나를 너무나 부러워한다. 우리나라 교수 수천 명 중 가장 행복한 학자가 아닌가 생각한다.

초등학교 5학년 무렵 학교에서도 수업보다는 딴 일에 정신 팔린 적이 많았다. 수업시간이나 운동장 조회 때 담장 밑으로 줄지어 벌레를 물고 땅속을 기어들어 가는 개미생각, 여름이 되면 내가 가장 좋아하는 우리 집 강아지 에스(S)의 개벼룩을 없앨 생각, 그리고 뒷동산 숲속에서 멋지게 노래하는 섬개개비와 매년 동백꽃에 앉아 꿀을 빨아먹는 동박새는 왜 눈 가장자리에 흰 안경띠를 두르고 있을까 하는 생각 등.

키가 작아 맨 앞줄에 앉아야만 했던 나는 수업시간에 딴생각을 하다가 선생님께 혼난 적이 많았다. 수업엔 관심 없고 다른 생각에 몰두해 있을 때 담임선생님의 긴 회초리나 선생님이 던진 흰 분필 토막이 내 잡념을 없애주곤 했다. 비록 선생님에게 많은 꾸중을 듣고 자랐지만, 개미들에게 서로 협동하며 사는 모습을 배웠고, 동네 개들을 배에 태워 바닷물 속에 빠뜨림으로써 우리 동네에서 개벼룩을 박멸한 장본인이 되었다.

내가 태어난 거제도는 바닷가였기 때문에 대문만 열면 넓고 깨끗한 바다를 1년 내내 볼 수 있었다. 사계절 바닷가 선창을 찾아드는 갈매기, 봄가을에는 우리가 '갯질러기'라 부르던 도요새들이 찾아왔고, 겨울이 되면 바다

비오리, 검둥오리, 뿔논병아리, 아비 등이 우리 집 앞 항구에 가득 차 있었다. 그뿐인가, 뒷산에는 직박구리, 동박새, 할미새, 때까치, 멧비둘기 등이 봄을 알리며 나뭇가지 사이에 둥지를 틀고 번식했는데 그 모습들이 너무나 아름다워 그들을 관찰하는 것이 너무나 흥미로웠다.

어린 시절 우리 집은 토끼, 고양이, 염소, 돼지, 소 등 각종 동물을 길렀다. 이 가축들에게 먹이를 주고 배설물을 처리하는 것이 7남매 중 나의 몫이었으며, 학교를 마치곤 나의 충견 '에스'를 데리고 다녔다. 소를 데리고 뒷산에 풀 뜯어 먹이러 갈 때 난 참 즐거웠다. 소가 긴 혀로 풀을 끌어다가 맛있게 뜯어먹을 때의 그 모습, 또한 소가 냄새만 맡고도 독초인 여뀌를 알아내 먹지 않는 것을 보고는 얼마나 신기했던지.

내가 혼자 개발한 산속에서의 재미난 일도 있었다. 우리가 어렸을 때는 화장지나 신문지가 없어서 '지푸락지'라 부르는 지푸라기를 화장지 대용으로 썼다. 연약한 피부이던 초등학교 시절에는 너무나 아프고 고통스러운 화장지(?)였다. 그래서 한 가지 꾀를 냈다. 배가 슬슬 아파오면 거름되라고 밭에 가서 일을 끝낸 후 우리 집 똥개 에스를 찾았다. 그 다음부터는 우리 똥개 에스가 해야 할 몫으로 엉덩이만 살짝 들어주면 우리 에스는 긴 혀로 깨끗하게 간지럽게 처리해주었다. 그때의 기억 때문인지 아직도 산속에서 일을 보는 것이 너무나 자연스럽게 생각되는데 내 아들도 이런 것을 즐기는 듯하여 '부전자전(父傳子傳)'이란 말이 새삼 떠오른다.

나는 초등학교 때부터 아침 일찍 일어나는 습관이 있어 어른들이나 누님 형님들에게 아침잠 설치게 한다고 야단도 많이 맞았다. 그래도 습관은 별수 없었다. 산에 가서 토끼, 염소, 돼지 먹일 풀 베어다 놓고, 소를 끌고 뒷산 풀 많은 곳에 데려다 주고, 아침 일찍 일어나도 할 일이 많은 게 너무 행복했다. 그래서 동네 어른들은 나를 부지런한 땅꼬마라고 불렀다. 나는 어릴 때부터 손재주가 좋아 나무를 잘라다 팽이도 잘 만들었고, 강철로 작은 돌멩이를 넣어 멀리 가는 권총도 만들고, 새 둥지만 있으면 아무리 높아도 기어이 올라가고 말았다. 결국 학교 공부는 좀 떨어졌지만 동네에서 부지런한 어린이, 장난감 잘 만드는 어린이, 부모님과 동네 어른들 말씀 잘 듣는 어린이로 칭찬을 받았다. 무엇보다도 동네에서 가장 일찍 일어나는 어린이로 가장 많은 칭찬을 받았다.

지금 내 명함의 상징 마크는 멋진 인디언 추장새인 '후투티'이다. 이 새는 매년 봄 3월이면 우리 동네 뒷산 뽕나무밭에 약 20여 일 먹이를 먹고 쉬

었다가 사라져버리곤 했다. 늘 그것이 궁금했는데 대학에 들어가서야 그 비밀이 풀렸다. 인도네시아에서 겨울을 나고 이듬해 여름에 우리나라로 날아오는 여름철새였던 것이다. 바로 이 새, 후투티에 대한 궁금증을 풀기 위해 조류학자의 꿈이 생기지 않았나 생각된다.

학교 공부 잘해서 1등 하는 것도 좋은 일이지만, 외국 속담에는 "일찍 일어나는 새가 많은 먹이를 먹을 수 있다"는 격언이 있다. 공부는 좀 떨어지더라도 새처럼 아침 일찍 일어나는 사람, 부지런한 사람, 열심히 살아가는 사람, 어른 말 잘 듣는 사람이 된다면 독자들도 학자, 교수, 전문가, 박사란 칭호를 얻을 수 있을 것이다.

나를 '새 박사'로 만든 것은 가족들의 힘이었다. 당시 우리는 굶지 않으면 그나마 다행이었다. 밥숟가락 하나 줄이는 것이 가족을 위하는 길이어서 두 형이 부산으로 떠나야 했던 것도 그런 까닭이었다. 형들과 헤어지는 것이 섭섭했지만 어린 마음에 한편으로는 부러웠다. 답답했다. 그림자만 봐도 그 새가 어떤 새인지, 울음소리만 들어도 그 새가 왜 우는지 알 수 있던 초등학교 6학년 때, 가슴에서 그 무엇이 꿈틀거리기 시작했다. 저 멀리 육지

의 모습이 궁금했다.

하늘이 맑게 갠 날이면 바다 너머로 대마도가 보였다. 아버지 몰래 배를 띄웠다. 혼자 노를 저어 바다로 나갔다. 손을 뻗으면 닿을 것만 같았던 대마도는 가도 가도 끝이 보이질 않았다. 코발트색 하늘이 붉은 빛을 토해낼 무렵 나는 대마도행을 포기할 수밖에 없었다.

그러나 행운의 여신은 나를 버리지 않았다. 술을 거나하게 걸치신 아버지가 하루는 흐뭇한 표정으로 나를 불렀다. 부산에서 서울로 이전하는 미군부대를 따라, 잔심부름하던 둘째형도 함께 서울로 간다는 것이었다. "둘째형이 책임지고 너를 공부시키겠다는구나. 당장 짐을 싸거라." 중학교 2학년 때의 일이었다. 난생 처음 밟아보게 될 육지. 꿈에 그리던 부산. 부산보다 더 크다는 서울. 한번도 여객선을 타본 적이 없던 나는 밤잠을 이루지 못했다.

다음날 아버지와 함께 배를 타고 부산에 도착했다. 두 눈이 휘둥그레졌다. 얼른 달려가 버스를 만져 보았다. 굴러가는 바퀴도 신기했다. 옷보따리를 가슴에 안고 서울행 기차에 몸을 실었다. 하루 이상을 걸려 서울역에 도착한 시간은 아침 8시. 등교하는 학생들의 모습이 제일 먼저 눈에 띄었다. 가슴이 쿵쾅거리고 눈에 경련이 일기 시작했다. '얼마 안 있으면 나도 저 아이들처럼 멋있는 교복을 입겠지.' 둘째형의 손에 나를 맡긴 아버지는 그날로 다시 거제도로 내려갔다.

열다섯 살부터 미군부대에서 일하며 동생 학비를 벌어온 둘째형. 둘째형이 아니었다면 나는 어부가 되었을 것이다. 서울이라는 도시로 나를 이끌어준 형은 정말 고마운 사람이었다. 그런데 대학 진학을 앞두고 형은 나에게 영문학과를 권했다. 하지만 영문학은 아니었다. 새와 식물을 연구하고 싶었다. 그래서 경희대에 원서를 낼 때까지 숨기고 있다가 생물학과에 지원하고서야 사실을 형에게 고백했다. 형은 내가 보기에도 주체하지 못할 만큼 분노했다.

왜 형이 영문타자를 배우라고 했는지 그때까지도 이해하지 못했다. 이제야 알 것 같다. 형에게는 꿈이 있었다. 자신은 미군부대 잡역부였지만 동생은 미국으로 유학을 가서 큰 사람이 될 것이라고 굳게 믿었던 것이다. 하지만 고집불통인 나를 꺾을 수 있는 사람은 아무도 없었다. 가족간에 대화가 끊겼다. 결국 둘째형이 입학금을 건네주었을 때 나는 가족과 화해할 수 있었다.

대학에 입학한 후에는 가장 일찍 등교하고 가장 늦게 교문을 나섰다. 교수 연구실을 청소하며 이것저것 신기한 자료들을 주의 깊게 살펴봤다. '기러기는 줄을 서서 간다.' 왜 그런지 이유를 소개한 책자는 어디에도 없었다. 골똘히 생각했다. 추운 날씨에 공기의 저항을 덜 받기 위해서 그럴 것이다. 멀리 날아야 하니 멀리 봐야 한다. 시야의 문제다. 철새들은 장기간 이동을 하기 때문에 날개 깃털이나 배설물이 눈과 귀, 코에 들어가서는 안 된다. 새, 그것은 나의 사랑이고 분신이었다.

친구도 생겼다. 같은 일을 하다 보니 속을 터놓고 지냈다. 전미자(캐나다 한인학교 교장), 함규황(경남대 생물학과 교수)과 나는 3총사로 불렸다. 야외실습이 있는 토요일이면 새색시처럼 가슴이 콩닥거렸다. 방학이 되면 밤낮을 가리지 않고 전국 각지를 헤매고 다녔다. 새가 있는 곳에는 언제나 3총사가 있었다.

친구들과 함께 시작한 새에 대한 연구는 그후 40여 년간 계속되었다. 산과 들, 바다로 쏘다니며 어느덧 새들의 친구가 되어버린 나에게는 다른 사람들에게 꼭 들려주고 싶은 새들의 이야기 세 가지가 있다. 바로 새들에게서 배운 질서, 근면, 도전이라는 '자연의 법칙'이다.

질 서

가을이면 북녘 땅에서 가장 먼저 우리나라를 찾아오는 새가 기러기다. 푸른 가을 하늘을 질서정연하게 무리 지어 날기 때문에 우리 눈에 잘 띈다. 기러기는 이동하면서도 대열을 흐트러뜨리지 않고 'ㅅ'자나 '한일(一)'자로 날아가는데, 맨 앞에는 대부분 무리 중에서 가장 나이가 많고 힘이 세며, 지리에 밝고 경험이 풍부한 수컷 기러기가 날아간다. 그 다음으로는 젊은 수컷이나 건강한 암컷들이 날고, 뒤를 이어 올해 태어난 어린 새끼들이 어미 뒤를 바짝 따른다.

우리 전통혼례에는 신랑이 나무로 만든 기러기를 소중히 가슴에 안고 신부집에 가는 절차가 있다. 목안(木雁)이라고도 부르는 이 목각 기러기는 서로 다른 집에서 자라온 남녀가 부부로 인연을 맺는 혼례에서 중요한 상징으로 쓰인다. 초롱을 든 하인의 안내로 신랑이 목안을 초례청(醮禮廳)에 놓고 '나는 늘 기러기처럼 가정을 지키고 부부의 도리, 자식의 도리, 부모의 도리, 가문의 도리들을 일생토록 잘 지켜 나가겠다' 고 서약하는 것이다.

흔히 옛 어른들은 자식이 커서 혼기가 되면, 혼인하기 한 해 전부터 단단하고 질긴 박달나무를 산에서 베어다가 신랑이 될 아들에게 기러기에 관한 얘기를 해주고는 혼례에 쓸 목안을 스스로 만들게 했다. 아들은 나무로 기러기를 깎으면서 혼인과 인생에 대해 곰곰이 생각할 기회를 가질 수 있었으며, 이렇게 정성스레 만든 목안에는 혼인을 앞둔 남자의 자각이 깃들여 있게 마련이었다. 패물과 선물로 화려하게 치장하는 신식 결혼의 마음 씀씀이와는 달리 정성을 담아 스스로를 정제하려는 의미 깊은 의식이었던 셈이다.

혼례를 올린 이 목안을 늙도록 머리맡에 올려놓고 살던 우리 조상들은 기러기를 다듬던 마음으로 가정과 가문을 잘 이끌면서 검은 머리가 하얀 파뿌리처럼 되도록 건강하게 장수했던 것이다.

근 면

서양 속담에 '높이 나는 새가 멀리 보고, 일찍 일어나는 새가 많은 먹이를 찾아먹는다' 고 했다. 거제도 깡촌에서 태어난 내가 조류학자가 되고 교수가 될 수 있었던 것은 뛰어난 머리 덕분이 아니었다. 어릴 때부터 일찍 일어나는 습관과 뭐든 시작하면 끝을 내는 끈기가 오늘의 나를 만들었다 해도 과언은 아니다. 그래서 요즘과 같은 경쟁사회에서 살아가는 사람들에게 새와 같은 습성을 배우라고 말하고 싶다.

동물 중에서 가장 일찍 일어나는 새는 새벽 4~5시면 꾀꼬리, 흰눈썹황금새, 뻐꾸기 등으로 대부분 산새인 그들은 나무꼭대기에 앉아 자기 영역을 지키고 주장하기 위해서나 암컷을 위로하기 위해, 또는 먹이장소를 빼앗기지 않기 위해 노래하기 시작한다. 동이 틀 무렵부터는 새끼들을 위해 숲속을 다니며 여러 가지 먹이인 곤충들을 찾고, 아침 10시경부터는 휴식을 취하며 먹거나 잠자는 등 거의 규칙적인 생활을 한다.

결국 조류학자가 되기 위해서는 새보다 일찍 일어나야 한다. 새들의 활동을 연구하기 위해서는 새들보다 앞서나가야만 하기 때문이다. 준비된 상태에서만이 자기가 하는 일에 철저하게 되고 자신이 생기며 학문에 대한 지식이 쌓이는 것이다.

도 전

봄, 가을 북녘 시베리아에서 우리나라를 거쳐 강남인 인도네시아, 태국, 필리핀이나 더 멀리까지도 가는 나그네새인 도요새가 있다. 이러한 철새들은 비행기나 배도 타지 않고 1년에 지구를 완전히 한 바퀴 도는 셈인데, 이동 중 무리의 40퍼센트 이상이 죽어가면서도 왜 그렇게 멀리 가야 하는지 너무나 궁금하다. 물론 과학적으로 밝혀진 여러 가지 이유가 있지만 어떤 학자들은 '종족을 유지하기 위해 꾸준히 운동을 하는 것'이라고도 한다.

목숨을 건 도전, 새들에게 꼭 배워야 할 것이다.

40여 년간 나를 먹여살리고 명예를 얻게 해준 새들이 점차 사라지고 있다. 새들이 좋아하는 갯벌, 강가, 호수 등은 매립되고, 새들이 싫어하는 공장, 빌딩 등이 생기고 있다. 예전에는 흔하게 볼 수 있던 새들이 이제 보기 힘들어졌다. 그래서 최근 내가 추진하고 있는 것은 40여 년간 산과 들에서 수집한 새들의 아름다운 모습을 담은 사진과 동영상 등을 보여줄 수 있는 조류박물관을 세우는 것이다. 고향인 거제도에 박물관을 건립하고자 추진 중이지만, 세상 사람들이 인터넷을 통해 자연의 아름다움을 느낄 수 있도록 하는 사이버박물관도 멋진 일이 될 것 같다.

나는 새를 보며 자유를 꿈꾼다. 진부한 삶의 일상에서 벗어나 새처럼 훨훨 날고 싶은 꿈을. 누구나 한번은 이러한 꿈을 꾸게 마련이다. 그러나 인간에게 꿈을 주는 새들이 우리 주위에서 점점 사라지고 인간의 꿈도 사라지고 있다. 환경에 대한 무관심과 이기심으로 우리는 많은 것을 잃어가고 있는 것이다.

답답한 교실 속에서, 또 몇십 년째 같은 내용을 담고 있는 닫힌 교과서에서 무엇을 배울 수 있는가 생각해보자. 살아 있는 교육은 교과서가 아닌 자연 속에서 더 많이 이루어져야 한다. 그리고 그것은 살아 있는 모든 생명체에 대한 애정에서 비롯된다. 지금도 나는 새들에게서 인생의 많은 부분을 배운다. 끊임없이 속삭여 오는 새들의 이야기를 듣노라면 인간이 자랑하는 문명과 문화보다 더 귀한 것이 있다는 생각을 하게 된다. 눈에 보이는 발전만을 쫓아가는 게 뭐 그리 대수인가라는 생각도 든다. 이제라도 학원이다 뭐다 해서 붙잡지 말고 아이들 손을 잡고 산으로 들로 새를 찾아나가자. 아이들에게 정말 귀한 것은 지식 몇 개가 아니라 새소리를 들을 수 있는 귀와 가슴을 갖게 하는 것, 바로 그것이다.

윤장섭

1925년 1월 7일 서울에서 출생했으며, 본관은 남원(南原)이고, 아호는 소우(篠愚)이다. 서울대학교 건축학과를 1950년 5월에 졸업한 후 6·25전쟁 때 4년 반 종군했으며, 공군 소령으로 제대했다. 1956년부터 서울대학교 건축학과에서 교편을 잡았다. 1958년 2월 MIT 대학원에 유학하여 건축학 석사학위를 취득했으며, 1990년 2월까지 서울대학교 건축학 교수로 재직했다. 1966년부터 1975년까지 국회의사당 건립위원회 상임위원으로 임명되어, 국회의사당 신축기본계획안 작성과 설계 및 건설공사 감리를 주관했다. 1980년부터 1982년까지는 대한건축학회 회장으로 한국건축 분야 발전에 공헌했으며, 1981년부터 대한민국학술원 회원으로 학술원 활동에 동참하고 있다. 현재 대한민국학술원 회원, 서울대학교 명예교수, 대한건축학회 명예회장, (주)종합건축 고문 건축사로 활동하고 있다. 35년 전부터 매일 테니스를 하고 있으며, 9년 전부터 부부가 함께 댄스스포츠를 연습하면서 건강을 유지하고 있다.

내 인생과 건축 분야의 활동

건축수업 회상

나의 건축수업은 일제시대 공업학교 기능교육으로 시작되었다. 형의 권유로 경성공업학교 건축과에 입학한 나는 일본인들에게 지지 않으려고 열심히 공부했다. 공업학교 5년을 졸업한 후에는 조선주택영단 기술과에서 2년간 실무경험을 쌓았다. 1944년 봄 경성공업전문학교 건축과에 입학했는데 건축 실무경험을 바탕으로 다시 건축공부를 하니 모든 과목에 흥미를 느끼게 되었고 이해가 증진되어 학습에 많은 진전을 보았다. 당시는 일본인 학생들의 조선인 학생에 대한 탄압이 노골적으로 기승을 부리던 때였다.

1946년 서울대학교가 창립되어 미국식 학제로 변경이 되었다. 이때 나는 수학, 물리 또는 철학을 새로 공부해보려고 방황하기도 했지만 결국 계속 건축을 전공하기로 했다. 1950년 5월 12일 서울대학을 졸업한 후에 6월 1일부터 대학원에 진학했다. 그러나 한 달도 되기 전에 6·25전쟁이 발발했고, 1951년 4월 공군중위로 임명되어 4년 반 동안 시설장교로 근무했다. 1955년 공군 소령으로 제대한 후 한양공과대학 전임강사로 임명되었다. 1956년 11월에 서울대학교 전임강사로 임명되었으며, 그후에 유솜(USOM) 주택사업 프로그램 미국 파견 교육요원으로 선출되어 1958년 2월 초부터 MIT 대학원 건축학과에 입학하여 불철주야 열심히 공부했다. 훌륭한 교수들의 열성적인 지도와 하나님의 도우심을 힘입어 첫 학기 내 성적은 전부 A였다. 한 학기를 더 이수한 다음 졸업설계와 논문을 작성해서 건축학 석사학위를 받았다.

나는 MIT 건축학과 석사과정에서 건축설계의 기본원리들을 체득하였고, 건축문제 해결의 접근 방법을 배웠다. 디자인의 원리는 시대와 장소에 관계없이 변함 없다. 지역적 조건, 기후, 사회관습, 가치관들과 계승되어온 문화적 유산이 모든 나라의 건축특성을 형성한다는 것도 인식하게 되었다. 미국에 유학 오기 전에는 한국건축 문화유산에 무관심했고 서방세계로부터 모든 것을 차용하고자 시도했다. 그러나 이 방법이 틀렸다는 것을 깨닫게 되었다.

한국 현대건축의 발전방향은 한국의 문화유산에 뿌리를 가져야만 한다. 현대적인 건축설계를 위해서는 우선 건축 디자인의 원리에 정통해야 한다. 다음에는 한국 건축 문화유산의 장점과 단점을 이해하기 위해 연구하고, 좋은 문화유산을 현대적으로 변용(變容)하여 계승해 나가는 방안을 추구해야 한다. 그 성취는 단기간에 또는 개별적인 노력만으로는 이루어질 수 없으나, 모든 사람이 협력하여 끈기 있는 노력들을 집적(集積)해 나가면 점차 가능해질 것이라 생각했다.

나는 미국 유학의 건축학 수업에서 습득한 건축설계의 원리와 현대적 건설공법에 대한 지식을 동료와 학생들에게 전달 소개하는 한편 우리나라 건축 분야의 연구와 교육 및 실무참여를 통해 건축문화 발전에 공헌하고자 노력했다. 그러나 지금까지의 건축 분야 활동을 회상할 때 그 소망한 바를 충분히 이루지 못한 것이 유감이다. 다만 여생을 통해 기회 있을 때마다 못다 이룬 나의 소망을 계속 성취하려고 한다.

나의 인생과 건축학

경성공업전문학교 시절에는 일제의 압박이 매우 심했다. 더욱이 일본이 망하게 되자 일본인 학생들이 무조건 조선인 학생을 불러다 몰매를 주는 일도 많았다. 그때 나는 정말 학교를 그만두어야 하겠다는 생각이 들 정도로 마음이 아팠다. 그러나 신앙의 도움으로 그 어려움을 극복했으며, "공부를 열심히 해서 일본인 학생들에게 수치감을 느끼게 해야겠다"고 열심히 공부했다. 나는 어렸을 때부터 교회에 다녔고 중학교 시절부터는 새벽기도회에 열심히 출석했다. 그때 일찍 자고 일찍 일어나는 습관이 생겼다. 교회를 다니면서 비교적 절제 있는 생활을 하게 되었으며, 담배와 술은 입에 대지 않았다. 절제생활을 계속한 것이 현재 나의 건강을 유지하게 만든 까닭이라 생각하며 하나님께 감사를 드린다.

우리 집에는 다음과 같은 가훈이 있다. '호덕지인 자구다복(好德之人 自求多福)' 덕을 좋아하는 사람은 저절로 많은 복을 찾게 되고, '적선지가 필유경(積善之家 必有慶)' 선을 쌓는 가정은 반드시 경사가 넘칠 것이라는 글귀이다. 선친은 "절대로 남을 때리지 마라. 맞고 들어오는 것이 낫다. 맞은 사람은 발을 뻗고 자지만, 남을 때린 사람은 마음이 편할 수 없다"는 얘기를 하셨다. 그런 의미에서 양보하는 생활을 늘 익혀 왔다. 양보하면 처음에는 지는 것 같고 남한테 빼앗기는 것 같지만 나중에 보면, 그 양보가 잘한 것임을 깨닫게 된다. 미국에 유학하면서 《도덕경》을 읽어보니 노자가 말한 양보와 겸손의 정신, 양(陽)보다 음(陰)을 중시하는 사상, 소극적인 접근방법이 중요하다는 진리 등 노자의 인생철학을 선친이 은연중에 나에게 심어준 것임을 느끼게 되었다.

건축학을 전공하면서 좌절감에 사로잡혀 '내가 왜 건축학을 전공하였지?' 하고 생각한 적도 있었다. 사실 10년마다 주기적으로 그런 생각을 했으나 그때마다 '건축을 가업으로 시작한 것이니 더 열심히 해야지' 하며 계속했다. 마흔이 넘어서자 건축학 공부하기를 참 잘했다는 느낌이 확고하게 들었다.

건축 분야의 활동은 인간이 필요에 따라 대자연 삼라만상 속에 수정과 보완을 가하여, 더 쾌적하게 살 수 있도록 인공 환경을 만드는 것을 목적으로 한다. 하나님이 창조하신 것, 즉 자연뿐만 아니라 우리 인체의 모습과 기능에는 결코 완벽하지 않고 한구석 어딘가 모자라는 곳이 있음을 느끼게 된다. 이처럼 모자란 부분이 있기 때문에 오묘한 것이다. 자연환경의 모자란 부분을 창조력을 발휘하여 수정하고, 사람들이 활동하기 좋은 환경으로 창작하는 노력이 건축 분야의 활동이다.

그러므로 건축가들은 하나님의 창조의 솜씨를 본으로 삼아 바람직한 건축 환경을 준비하고 제공하는 역할을 하여 사회복리를 증진하도록 봉사해야 한다. 사실상 많은 사람이 믿고 숭배하는 예수님도 복음을 전하기 전에는 목수였다. 예수님은 복음을 전할 때 건축에 관한 여러 가지 비유로 하늘나라의 진리를 설명했다. 그분의 구성적이며 통합적인 건축에 관한 체험이 복음을 전하는 좋은 방편이 된 것이라고 생각한다. 이러한 점에서도 나는 건축학을 공부한 것을 보람으로 느끼고 자랑스럽게 생각한다.

나의 인생을 본받아 큰딸 윤재옥은 연세대학 건축공학과에서 학사, 석사 및 박사학위를 취득하고, 호서대학의 교수로 있다. 큰아들 윤재신은 서울대학 건축학과에서 내 지도를 받고 학사와 석사과정을 마친 다음, MIT에 유

학하여 건축학 박사학위를 취득했으며, 이화여자대학의 교수로 있다. 그 다음 계속 대를 이어서 외손녀와 외손자가 건축학을 전공하고 있다. 건축학을 전공한 나의 인생을 후손들이 계승하고 있는 것은 큰 보람과 기쁨을 느끼게 만든다.

나에게 석사 · 박사 과정 지도를 받았던 90여 명의 제자들이 모여 1990년부터 소우회(篠愚會)를 조직했으며, 매년 3회씩 회원들의 건축학 연구논문과 건축설계작품의 발표회를 개최하고 있다. 매년 한 번씩 소우회 가족들이 동반하여 우리나라 및 외국의 건축문화 답사여행을 하며 사제지간의 정의를 되새기고 있는 것도 매우 뜻있고 즐거운 일이다.

한국 건축의 연구활동

1960년 초부터 한국전통건축의 연구활동을 시작할 때는 고유섭(高裕燮) 선생의 《조선미술문화사논총》과 《조선의 탑파연구》, 《한국미술사 및 미학논고》 등을 참고하여 많은 감명을 받았다. 서울대학 규장각에서 《화성성역의궤(華城城役儀軌)》의 내용을 살펴보며 선인들의 업적과 그 기록의 신기함에 탄성을 올렸던 일들이 생각난다. 《인정전건영도감의궤(仁政殿建營都監儀軌)》를 비롯하여 조선왕조 궁전건축들의 각종 의궤(儀軌) 및 북궐도(北闕圖) 등을 보았을 때도 그랬다.

1972년 3월부터 1년간 자유중국 성공대학 개원교수로 초빙되었을 때에, 한국전통건축에 관하여 10여 년 동안 계속 연구 조사하며 답사 및 실측했던 기록들과 참고자료들을 종합 정리하여, 한국건축사연구 논문을 만들었다. 이 연구는 나의 일생 중 가장 큰 보람을 느끼는 것이다. 이 논문을 서울대학에 제출하여 1974년 2월 박사학위를 받았다. 이 연구내용을 대학생들과 관심 있는 사람들이 읽을 수 있게 그림을 넣고 쉽게 풀이해 1973년 10월 동명사에서 《韓國建築史》로 발행했다. 이 책은 건축계는 물론 일반 문화계 및 역사학계 사람들에게 많은 호응과 인정을 받았으며, 1974년 1월 '한국일보사 출판문화상 저작상'을 받았다. 1983년 3월에는 그동안 연구 발표한 한국전통건축에 관한 논문들을 모아서 《韓國建築研究》를 동명사에서 발행했으며, 1983년 4월에 한국과학기술도서상을 받았다.

1990년 2월 정년이 된 다음에는 서울대학교 출판부의 부탁을 받아 '한국

학총서(韓國學叢書)'에 포함될 《韓國의 建築》을 집필했다. 《韓國建築史》의 내용 대부분을 보완 확충하고 새롭게 저술하여 1996년 4월에 《韓國의 建築》을 출판했다. 1996년부터 일본건축학회 전무이사 야나기사와 도시히코 씨의 협조로 《韓國建築史》를 일본어로 번역해 1년 4개월 동안의 공동작업 끝에 1997년 9월 일본 도쿄에 있는 유명한 출판사 마루젠(丸善)주식회사에서 일본어판 《韓國建築史》를 발간했다.

2003년 12월에는 《신판 韓國의 建築》을 일본어 번역판으로 만들어 도쿄 중앙공론 미술출판에서 발행했다. 이 책의 번역 진행은 교토대학 니시가키 야스히코 조교수가 담당했으며, 나는 감수를 했다. 그는 1983년 3월부터 일본 국비장학생으로 서울대학 건축학과에 유학하여 3년 동안 나의 지도로 한국건축사를 전공한 후 박사과정을 수료한 사람이었다. 2004년 1월 8년 동안 계속된 우리들의 노력과 숙원이 드디어 결실을 맺은 《韓國の建築》을 받아보고 나는 큰 보람과 기쁨을 느꼈다.

1997년에는 대한민국학술원의 연구비를 받아 〈석불사 건축에 관한 연구〉를 윤재신 교수와 협동으로 수행했으며, 이 논문의 내용을 확충하고 보완하여 1998년 2월 도서출판 학천에서 《석불사》를 출판하게 되었다. 2005년에도 대한민국학술원 연구비로 〈불국사의 복원에 관한 연구〉를 윤재신 교수와 협동으로 진행했으며, 2005년 11월에 이 연구용역을 완결하게 된 것을 우리 부자는 매우 기쁘게 생각하고 있다.

맺는말

나의 인생을 회상하면서 건축학을 전공하여 우리나라 건축 분야 발전에 다소나마 공헌할 수 있었던 것을 큰 기쁨으로 생각한다. 나는 다시 태어나더라도 지금과 같이 한국건축 분야의 발전을 위해 지속적으로 노력할 것이다. 장차 건축 분야에 관심을 갖고 동참하려는 사람들은 희망을 갖고 꾸준히 정진하기를 바란다. 21세기를 맞이한 한국은 축적된 잠재력으로 새로운 비전을 갖고 도약하려는 과정에 들어섰다고 생각한다. 장차 지구상에서 한국건축문화가 빛나게 선양될 날을 실현하기 위해 우리 서로 함께 정진해 나갈 것을 기약하자.

윤종용

삼성전자 부회장. 1944년 경북 영천에서 태어나 1966년 서울대학교 전자공학과를 졸업한 후 삼성그룹에 입사했다. 삼성전기, 삼성전관, 삼성그룹 일본본사 사장을 지낸 후 1996년부터 삼성전자 경영을 맡고 있다. IMF의 위기상황에서 초강도 기업개혁을 이뤄내 성공적인 실례로 평가받았으며, 2000년 1월 《비즈니스위크》에서 '세계 25대 경영인'에, 2005년 10월 《포춘》에서는 '아시아에서 가장 영향력이 큰 경영인'에 선정된 바 있다. 현재 한국공학한림원 회장과 한국전자산업진흥회 회장을 맡고 있다.

21세기의 비전은 이공계 CEO에게 있다

내 곁에는 20살 때부터 늘 가까이 두고 틈날 때마다 읽어온 소중한 책이 있다. 40년 가까이 손때가 묻다 보니 종이가 누렇게 갈색으로 변해버린 그 책 《대학》과 《중용》에서 내가 가장 좋아하는 구절은 격물치지(格物致知)이다. 만물은 한 그루의 나무와 한 포기의 풀에 이르기까지 모두 '이(理)'를 갖추고 있고, '이'를 하나하나 궁구해 나가는 것을 '물리(物理)를 터득한다'거나 '물리를 깨친다'고 말한다. 그러다 보면 어느 땐가는 확연히 만물의 겉과 속, 세밀함과 거침을 알 수가 있는데 이를 일러 '지(知)에 이른다' 곧 '치지(致知)'라고 한다.

이공계 출신으로서 성공한 CEO가 되려면 탁상공론이나 단순한 이론에 머물러서는 안 되고, 실제로 만져보고, 느껴보고, 경험해보고, 궁리를 통해 앎의 지평을 넓혀가는 격물치지의 자세를 잊지 말아야 한다. 그런 자세로 노력하면 지식과 더불어 지혜를 쌓게 되어 끊임없이 변화하는 새로운 환경에도 적응할 수 있다.

산업의 역사에서 제임스 와트가 증기기관을 발명하여 공장 대량생산에 이용한 1774년을 산업혁명의 기점으로 볼 때 인류가 산업사회로 진입한 지는 한 250년 정도 된다고 볼 수 있다. 소위 선진국이라는 영국, 미국, 일본이 산업화하여 국민소득 1만 불을 달성하는 데는 100~200년의 시간이 걸렸다. 그런데 우리나라는 1995년 김영삼 정부 때 국민소득 1만 불을 달성했으니 산업화가 시작된 지 30여 년 만에 이룬 셈이다. 1995년 그해 내 가슴에 와 닿은 감격과 보람이 지금도 생생히 기억난다. 1만 불의 고지를 달성하기 위해서 지도자는 집요하게 꿈과 비전을 이야기했고, 또 그를 믿고 따르며 목표를 이루기 위해 노력한 국민들이 있었다. 하지만 과학기술이 뒷받침된 산업현장이 없었다면, 다시 말해 한국이 여전히 농경사회였다면 그런 꿈은 생각할 수조차 없었을 것이다. 대한민국의 소득 1만 불 달성에 기여하는 산업현장에서 일하며 일조했다는 것, 바로 그것이 내게는 큰 보람이었다.

일본을 따라가다

37년 전인 1969년, 삼성전자가 설립되던 해에 신입사원으로서 일본에 연수를 받으러 갔던 일이 떠오른다. 처음에는 1969년 산요전기 반도체 공장에, 다음에는 1972년 산요전기 TV공장에, 그리고 세번째인 1973년에는 미쓰비시전기 컬러TV공장에서 연수를 받았다. 우물 안 개구리가 처음 바깥 세상에 나온 것처럼 당시 내가 느꼈던 당혹감과 놀라움은 무어라 표현할 수 없었다. 그때 나는 경영 시스템이나 프로세스, 조직 같은 것이 별로 필요하지도, 중요하지도 않았던 농경사회에서 교육을 받았기 때문에 TV를 설계하는 시스템과 프로세스를 이해하기가 매우 어려웠으며, 일본 현장의 조직적인 경영은 더더욱 이해하기가 어려웠다.

한국과는 너무나 차이가 나는 일본의 첨단산업 현장에서 내가 느꼈던 것은 아마도 영원히 일본을 따라잡지 못하리라는 절망감이었다. 그런데 이제 우리나라는 일본을 거의 따라갔다. 물론 우리보다 70~80여 년 먼저 산업화를 시작해 앞서가고 있는 일본을 다 따라잡기는 아직도 힘들고 부분적으로는 모자라는 것도 많다. 하지만 2005년에는 우리나라 전자산업이 세계 4위, 가전은 2위, 반도체 중 메모리, LCD 등의 특수 부분은 세계 1위를 점유했으니 이것은 대단한 업적이다.

삼성전자가 주식 시가총액에서 2002년에 초일류 기업의 상징인 '소니'를 앞섰고, 브랜드 가치에서는 2005년에 소니를 앞서며 세계 초우량 IT기업이 됐다는 소식은 "30년 전만 해도 '산요' 상표를 붙인 12인치 흑백TV를 OEM 방식으로 공급하던 삼성전자가 이제 우리를 추월했다"는 소니관계자의 말이 없었더라도 한국인과 나의 자긍심을 채우기에 충분했다.

이러한 삼성전자의 눈부신 성과는 아날로그시대에서 디지털시대로 전환하는 시대적 흐름을 정확히 읽고 그 파도를 탄 삼성 지도자들의 탁월한 경영능력에서 비롯됐다. 나는 디지털시대 생존을 위해 원천기술의 개발과 경영혁신, 스피드를 강조한다. 원천기술을 가장 빨리 상용화시킬 수 있어야 하기에, 단 몇 개월만 늦어도 살아남을 수 없는 디지털시대이기에 스피드와 정보는 무엇보다 중요하다. 그렇기 때문에 내 방은 항상 문이 열려 있다. 대부분의 직원은 결재서류를 들고 내 방에 오지 않는다. 이메일로 하면 충분하기 때문이다. 그리고 나는 누구든 아무런 형식도 없이 언제라도 내게 이메일로 하고 싶은 말을 써보내게 하고 있다.

아침마다 한학을 배운 6살 소년

나는 1944년 경북 영천의 한적한 농촌 마을에서 태어났다. 어머니는 상당히 한문에 조예가 깊으셨다. 외가가 본래 한학 가문이고 또 한학을 가르치는 서당을 했기 때문에 어머니는 어릴 때부터 듣고 배워서 아는 게 많았다. 영천에서도 잘 알려진 한학자였던 백부님과 어머니가 서로 한학을 논하면 대화가 될 정도였다. 어머니는 생각이 깊으셨고 늘 내게 차근차근 많은 이야기를 해주셨다. 요순시대와 백의숙제 이야기 등 중국 역사 이야기, 대학, 중용 등을 백부님과 어머니께 들었고, 근처에 사시던 백부님께 정식으로 한학을 배웠다.

초등학교에 들어가기 전 나는 3년 동안 매일 아침 일찍 백부님 댁에 가서 백부님과 마주 앉아 한문을 배웠다. 그렇게 3년을 하고 나니 《천자문》과 《동몽선습》(1670년 박세무가 저술한 것으로 천자문을 익히고 난 후의 학동들이 배우는 초급교재)을 다 뗄 수 있었다. 백부님은 생각이 깊고 지혜로운 분이었다. 지금 생각해보면 그렇게 어린 나에게 매일 아침 정성을 들인 백부님도 대단한 분이었지만, 겨우 여섯 살밖에 안 된 아이가 3년 동안 아침마다 백부님께 가서 공부를 한 것 역시 대단한 일이었던 것 같다. 물론 나이가 어리다 보니

날이 너무 추우면 지척이라도 가기가 싫어져 엉뚱한 곳으로 도망쳐서 식구들이 찾으러 다니게 한 적도 있었다. 하지만 그때 그렇게 한 공부가 한학과 역사에 대한 관심과 삶에 대한 생각을 키워주었을 뿐만 아니라 어릴 때부터 근면성실이 몸에 배게 된 계기가 된 것 같다.

나는 그 정도로 한학을 마치고 이후로는 학교 공부만 했지만 백부님께 양자로 갔던 형은 고등학교 졸업할 때까지 사서를 다 섭렵했고 대학 재학 중에는 삼경을 다 배웠다.

나는 어려서부터 혼자서도 알아서 잘하는 아이였다고 한다. 부모님이나 선생님이 간섭할 필요가 없을 만큼 내가 결정해서 내 의지대로 잘해 나갔다고 한다. 심지어 대학 진학 때에도 선생님은 기계과나 물리과에 가라고 권했지만 나는 내가 알아서 하겠다고 말씀드리고는 앞으로 전자시대가 오리라는 생각과 전자가 재미있었기 때문에 전자공학을 선택했다.

과학반에 들어 문교부장관상을 타다

나는 늘 호기심이 많았고 특히 학교에 들어간 이후로는 기계를 좋아해 모터와 광석라디오 같은 것도 만들어보고는 했다. 내가 다녔던 경북대학 사범대부속중고등학교는 교육 시범학교로서 입시위주가 아닌 전인교육에 중점을 두고 다른 학교에서 잘 안 가르치는 것들을 많이 가르쳤다. 그 가운데는 예능 및 상업계통의 과목과 특히 기술관계 과목, 지학, 특별활동 등이 있었다. 나는 중학교 때부터 특별활동으로 과학반을 했다. 당시 우리 학교 과학반은 매우 활발하게 활동했고, 대단한 성심으로 지도하는 선생님과 학생들이 한마음이 되어 방과 후면 함께 모여 공부하고 실험하고 제작하면서 탐구심을 키워나갔다. 한국과학기술대전에서 여러 번 상을 받았고 우리 과학반이 문교부장관상을 타기도 했다.

1960년대 초 서울공대 전자공학과에 입학할 당시, 단순했던 사회라서 그랬는지 모르지만 그 시대 젊은이들은 인기에 따라 이쪽저쪽으로 편승하는 경향이 지금보다는 훨씬 덜 했다. 커트라인이 높은 인기학과는 화공과, 기계과, 원자력과 등이었는데 지금처럼 편하고 돈 잘 버는 과니까 사람이 몰린 것이 아니라 당시 취직이 워낙 어렵던 시절이었기 때문에 취직이나 잘 되었으면 하는 바람이 있었을 뿐이다. 대체로 젊은이들은 자기가 하고 싶은 공부를 선택했다. 당시에는 오히려 공대에 상당히 많은 우수 학생들이 몰렸는데 그 결과가 1970년대 이후 고도성장에 큰 도움이 되었다고 생각한다.

내가 스스로 알아서 하는 형이었기 때문에 나는 아들딸에게도 독립적으로 알아서 자기 일을 하도록 키웠다. 미국에서 경영학을 전공한 아들 윤태영이 연기를 하겠다고 했을 때 나도 처음에는 무척 말렸다. 연기를 한다는 것이 못마땅했을 뿐 아니라 그것이 매우 어려운 일로 생각되었기 때문이다. 드라마든 영화든 종합예술이다 보니 자기 혼자만 잘한다고 해서 성공하는 것이 아니므로, 왜 그리 어려운 길을 선택하느냐고 물었다. 아들은 그럼에도 불구하고 꼭 해보고 싶다고 대답했다. 결국 그렇다면 한번 해보라고 했더니 나름대로 열심히 하며 신인연기상도 받고 하면서 그런대로 제 길을 헤쳐나가는 것 같다.

젊은이들은, 특히 대학생들은 꿈과 도전정신, 창의력을 갖고 하겠다는 의지를 키워야 한다. 그리고 전공과 관계없이 시야를 넓히고 폭넓은 교양과 경영전반에 대한 지식을 쌓아야 한다. 기본적으로 영어는 필수이고 동시에 경제에 대해서도 반드시 상식 이상으로 알아야만 한다.

인류의 역사는 도구 발명의 역사

인류 역사의 발전은 과학기술의 혁신에 의해 이루어져 왔다. 역사 발전의 지렛대가 무엇인지 살펴보면 겉보기엔 사회제도나 인문학적인 요인들에 의해 움직이는 것 같지만 그 껍데기를 몇 겹 벗겨보면 도구 발명의 혁신이 그 발전의 엔진이라는 것을 알게 된다. 새로운 도구의 발명과정에서 새로운 과학기술이 태어나고, 그 기술이 다시 새로운 도구를 탄생시켜 온 것이다.

여기서 도구란 광범위한 의미의 도구를 말한다. 이를테면 말이나 문자도 의사소통의 도구이며, 예술적인 문학도 실제로는 언어라는 도구를 매체로 하여 직조된다. 오늘날 IT를 대표하는 인터넷도 언어의 발명에 비유될 만한 새로운 도구이다. 살아가는 데 필요한 모든 수단이 도구이며, 법도 사회질서를 유지하는 도구라 할 수 있다. 도구 발명의 과정에서 과학기술이 태어났고 인터넷도 탄생한 것이다. 그러므로 이공계에 비전이 있는 것이다.

점점 증대되는 이공계 CEO의 역할

기술혁신이 가속화되면 전자 반도체 통신 등은 물론 생명공학, 휴먼공학, 우주항공공학 등 기존의 산업영역보다 더 폭넓은 분야에서 이공계 출신 CEO의 역할이 더욱 필요하게 된다. 삼성전자뿐만 아니라 인텔, 델컴퓨터 등 기술과 혁신을 주도하고 있는 많은 외국 기업들도 테크노 CEO를 중시하고 있다.

엔지니어들이 테크노 CEO로 성장할 수 있는 시스템을 구축하기 위해, 대학, 기업, 정부 등 모든 분야에서 혁신이 이루어져야 한다. 그리고 CEO는 기술을 그저 이해하는 정도가 아니라 전략으로 이용할 줄 알아야 한다. 첨단산업의 발전을 이끌어나갈 테크노 CEO는 디지털 기기의 융합 및 복합화 등 관련기술의 변화 추이뿐만 아니라 시장에 대해서도 잘 이해해야 한다.

위기의식 없는 개인이나 조직은 망한다

내가 제일 싫어하는 다섯 가지 행동과 습관이 있는데 바로 타성, 고정관념, 형식주의, 관료주의, 이기주의이다. 이것들이 존재하는 한 사람이나 조직은 변하기 어렵다. 하지만 사람이 나이가 들어가면서 생활이 안정되고 기득권이 생김에 따라 위의 다섯 가지는 자연적으로 많아지거나 늘어난다. 나이도 있고 기득권층이라 할 수 있는 내가 그런 성향을 피할 수 있는 것은 나름대로 엄청난 노력을 하기 때문이다.

변화의 가장 큰 장애물은 자기 자신이다. 나는 오래전부터 위의 다섯 가지를 철저히 없애려고 노력했다. 그 실천방법으로서 나와 상대하는 사람들의 반응을 나에 대한 거울로 생각한다. 상대방의 반응을 보면 내가 어떻다는 것을 알 수 있기 때문이다. 조직 중 가장 기초 조직인 가정에서도 마찬가지로 부모가 변해야 아이들이 변한다. '아이들은 아버지 뒷그늘에서 자라고 선생님 앞에서 배운다'는 말이 있다. 조직에서도 '부하가 상사를 아는 데는 3개월이 걸리지만, 상사가 부하를 아는 데는 3년이 걸린다'는 말이 있듯이 부하들은 상사의 마음을 금방 알아차리기 때문에 위에서부터 말과 행동이 일치해야 하는 것이다.

그래서 나는 리더는 카오스(chaos) 메이커가 되어야 한다고 늘 말한다. 시대가 변하면 따라서 변화해야 살아남을 수 있다. 그렇게 하려면 과거의 가치관, 사고방식, 일하는 방법, 기존의 룰과 시스템을 부정하고 다 바꾸어야 하는데 그런 일을 맡아 할 사람은 최고지도자밖에 없다. 15평 아파트에서 더 좋은 30평 아파트로 이사를 가도 처음 몇 개월은 적응이 잘 안 되고 불편하며 저항감이 오는 법인데 하물며 조직의 변화는 얼마나 어렵겠는가. 과거의 성공에 안주해서는 안 된다. 성공 뒤에는 반드시 어려움이 온다. 따라서 자만하고 방심해서는 안 되며 항상 위기의식을 가져야 한다.

세상은 계속 변하고 있다. 농경사회에서도 10년이면 강산이 변한다고 했는데 요즘은 10년이면 천지가 변하고 강산은 1~2년 만에 변해버린다. 역사가 오래된 조직, 과거에 큰 성공을 한 사람이나 전문가, 그 집단은 변하기 어렵다.

대학 강단에서 현장 경영을 전수하다—이공계 살리기

침체된 이공계를 살리기 위해서는 무엇보다 인식의 전환, 시스템의 과감한 혁신이 필요하다. 또 대학에서는 창의적이고 도전적인 인재를 키울 수 있도록 교육제도를 획기적으로 개선해야 한다. 최근 삼성전자는 이공계 살리기에 본격적으로 나서고 있다. 나도 시간을 쪼개 몇 년 전부터 서울대와 연세대 공과대학에서 겸임교수로 활동하면서 '이공계 육성'에 열성을 쏟고 있다. 공과대학뿐 아니라 경영대학에서도 강의를 했는데, 경영대학생들이 기술의 중요성을 알아야 올바른 경영을 할 수 있을 것이라는 생각에서였다.

교육 내용은 기술과 경영에 관해 광범위하게 다루지만 그중에서도 공대생에게는 경영 개략에 관해, 경영대생에게는 기술의 트랜드에 관해 가르치려 하고 있다. 나는 지난 40년간의 기업 경험을 바탕으로 한 경영기법을 현실감 있게 가르치고, 또 경영혁신의 중요성을 학생들에게 강의했다. 학생들에게 기업에 대한 실질적이고 현장감 있는 이해와 CEO 및 기업가에 대한 역할모델을 심어줄 수 있는 기회라고 생각했기 때문이다.

이공계를 기피하는 원인은 사회의 가치관이 잘못되어 있기 때문이라고 생각한다. 모두 편하고 안일하게, 쉽게 벌어 살려는 사회풍토가 문제인 것이다. 나는 우리 사회에 아직도 사농공상의 성리학 전통이 깊게 남아 있다고 생각한다. 그 대표적인 예가 '고시제' 로서 공무원 사회뿐만 아니라 사회 전체 발전을 가로막는 장애물이 되고 있다. 우수한 학생들이 의대나 법대보다 공대로 가는 사회분위기를 만들어야 한다. 우수 인재들이 창의력을 발휘하고 첨단기술을 연구하는 '미래산업 분야'로 몰려야 우리 사회가 희망이 있다. 변호사나 의사 몇 명이 몇 만 명을 먹여 살릴 수 있겠는가. 우수한 기술자나 과학자 몇 명은 그리 할 수 있다.

무엇보다 인식의 전환, 시스템의 과감한 혁신이 필요하다. 올림픽 금메달리스트에게 병역혜택을 주는 것처럼, 우리나라의 유일한 자원인 인적 자원을 어떻게 키워야 할지 심각하게 고민해야 한다. 무엇보다 이공계 출신의 공직 진출을 획기적으로 늘리고, 이들이 대우받는 사회 풍토가 조성돼야 한다. 그리고 이공계 대학에서도 경영학, 회계학 등을 가르쳐 이공계 출신의 '스타 CEO'를 배출할 수 있는 환경을 조성해야 한다.

산학협력을 위한 맞춤형 교육 실시

삼성전자는 국내 대학들의 획일적인 커리큘럼이 빠르게 발전하고 있는 산업 현장의 기술을 따라오지 못하는 경향이 있어, 대학과 산업체 간 괴리를 좁히기 위해서는 산업체가 개발한 커리큘럼을 적극 반영하는 혁신적 교육체제가 필요하다고 생각하여 대학과 맞춤형 교육을 추진하고 있다.

대학과 기업에서 커리큘럼을 반반씩 개발하는 형태인 이 제도는 현재 몇몇 대학과 시범적으로 공동 실시하고 있으며 앞으로도 계속 확대해 나갈 계획이다. 또 일부 우수 대학의 이공계 인력을 대상으로, 이론 중심의 대학교육과 차별화된 프로젝트 수행 및 주제연구 중심의 교육을 통해 이공계 대학교육의 발전적 모델을 제시하는 '인턴산학과정'을 운영하고 있다.

초일류로 가는 생각

삼성전자가 초일류 기업이 되기 위해서는 임직원들의 생각이 바뀌어야 한다는 생각에 나는 사내용으로 《초일류로 가는 생각》을 집필했다. 틈틈이 생각하고 성찰한 것들, 그리고 그동안 나름대로 현장에서 쌓은 격물치지를 모아 책을 엮었다. '역사에서 무엇을 배울 것인가', '미래를 어떻게 볼 것인가', '경영이란 무엇인가', '초일류로 가기 위해 어떻게 할 것인가' 등 4부로 구성된 이 책자는 2005년 3월에 4판을 인쇄했다. 그리고 이 책의 내용은 지금도 진행형으로 계속 보완되고 있다.

요즘은 산업혁명이 일어나기 직전의 중세 역사를 공부하고 있다. 시간 날 때마다 책을 보면서 노트에 메모도 하면서 공부를 한다. 산업혁명이 일어날 수밖에 없었던 어떤 원인이 있지 않을까 하는 궁금증에 산업의 역사를 공부하게 된 것이다. 그리스와 로마의 번창했던 문명이 기독교가 번성함에 따라 유럽에서는 쇠퇴하고 오히려 이슬람에 전해져 계승되었다. 이렇게 계승 발전된 그리스 로마 문명은 다시 유럽에 전해지면서 인간이 자연에 눈을 뜨게 되는 14~16세기 이후에 르네상스 시대로 이어졌다. 그후 신대륙 발견에 도전하는 시대가 열리면서 과학기술이 엄청나게 발전하게 된다. 또한 종교개혁이 일어나고 과학혁명도 시작된다. 나는 이처럼 역사의 한줄기를 장식하고 있는 산업과 기술의 역사가 궁금하고 재미있어 그 분야 책들을 탐독하고 있다.

대학에서 철학을 전공하고 싶은 적도 있었고 또 역사에도 늘 관심이 많았기 때문에 나는 퇴직하고 시간이 나면 세계를 두루 돌아다니며 철학과 역사를 공부하고 싶다. 그중에서도 나일강 주변의 룩소르 지역, 그리스와 로마 문명 지역, 그 이전 미노아 문명의 발상지인 크레타 섬, 터키의 해안지역, 레바논과 메소포타미아 지역, 인도 등 고대문명이 찬란히 꽃피었던 곳을 둘러보며 다시 한번 옛날의 광휘로웠던 시절을 눈앞에 그려보고 싶다.

윤한식

서울 중앙중고등학교와 서울대학교 공과대학 섬유학과를 졸업한 후 1967
년 KIST 설립 당시 입소해 27년간 근무했다. 1974년 미국 케미어–드리
퍼스 연구소에서 교환연구원으로 있었고, 1983년 KIST 재직하면서 뒤늦
게 서울공대 대학원에서 박사학위를 취득했다. 1982년 아라미드(케블라는
상품명) 단섬유를 개발해 선진 7개국으로부터 형태 물질특허를 받았으며,
1987년 아라미드 섬유개발 과정에서 천연섬유가 형성되는 분자성장배행
이라는 원리를 발견해 한국인으로는 최초로 영국 《네이처》(326호)에 논문
을 게재했다. 이어 1990년에는 이 과정에서 발견한 새로운 결정체 젤 크
리스털에 관한 논문을 세계소재학회지인 M.R.S.에 실었다. 그 공로로 기
업체(코오롱)가 KIST에 출연한 기금으로 만든 국내 1호 석좌연구원이 됐
다. 1987년 미국 애크런대학에서 교환교수로 안식년을 보내는 동안 세계
유수의 대학과 기업체의 요청으로 새 이론에 관한 초청특강을 했다. KIST
퇴임 후 호서대학에서 대우교수로서 일반화학을 강의했고, 2004년 새 이
론에 의한 과학교과서 《Natural Science Founded on A new
Atomic Model》(영문판)을 펴냈다.

나의 과학

"등반가가 무거운 배낭을 지고 산을 오르는 것은 노임을 받거나 명성을 얻으려는 것이 아니라 대자연의 장관을 보기 위해서다. 마찬가지로 과학자는 보통 사람들이 알지 못하는 자연의 신비로운 진리를 알기 위해 도전한다."

1929년 고종황제의 처남인 민용호 창의의병대장의 외손자이자 지주의 8남매 가운데 장남으로 태어난 나는 중고등학교에 다닐 때도 인문계 과목에는 별로 흥미가 없었고, 오로지 과학 관련 과목에만 흥미를 가졌다. 당시 화학 및 물리교사들이 교과서나 참고서에 없는 응용문제를 학생들에게 질문했을 때, 즉석에서 대답해 선생님들을 감탄케 했던 기억이 난다. 때문에 1949년 고등학교 졸업 후 이공계 대학 선택은 당연한 것이었다.

내가 특히 서울대학 공대 섬유공학과를 선택한 것은 두 가지 이유에서였다. 대한민국의 두 거성(巨星) 과학자 중 한 사람인 고 이성기(6·25전쟁 때 납북) 박사가 당시 공대학장으로 이 학과에서 강의를 하고 계셨고, 게다가 먹고 사는 게 가장 큰 문제였던 시절에 섬유공학과는 졸업 후 취업이 가장 잘되는 인기학과였기 때문이다. 당시만 해도 섬유산업은 우리나라를 대표하는 산업이었다.

하지만 대학생활은 생각보다 실망스러웠고, 나는 공대에 진학한 것을 곧바로 후회했다. 이 분야가 창의적인 연구를 원하는 사람에게는 그다지 적합하지 않다는 사실을 깨달은 것이다. 대학 졸업 후 방직회사에 취직하지 않고, 새로운 것을 연구하는 직업을 찾아 10여 년에 걸쳐 교사직과 중소기업체 개발연구실을 전전하며 허송세월을 한 것도 그 때문이었다. 그 시절 대학교육 환경은 일제 통치가 조성한 열악한 것이었다. 입학 이듬해에 6 · 25전쟁이 터지는 바람에 1951년 3월 학기부터는 부산 대신동에 임시로 가설한 천막교실에서 학업을 계속했고, 제대로 대학교육도 받지 못한 채 1955년 9월 환도 후 서울 본 교사에서 학사학위를 받았다.

서울공대 졸업 후 부산사범학교에서 물리교사가 됐다. 당시 교사직에 대한 대우는 지금보다 훨씬 좋았다. 게다가 난리통에도 불구하고 그 학교의 화학실험실은 잘 보전되어 있었다. 나는 물리교사로서 학생들을 가르치면서 틈만 생기면 화학실험실에 틀어박혀 실험을 했다. 그러는 사이 신생 기업이던 대구 제일모직에 입사할 기회도 있었지만 창조성 없는 직업이라 포기했다. 1961년 5 · 16혁명이 일어났고, 정규 사범대학 출신이 아닌 자는 교직생활을 하는 게 불리해졌기 때문에 교사생활을 접고 한 염료회사에 취직해 개발연구원 생활을 했다.

1967년 이 회사가 부도를 맞은 것이 내 인생의 반전의 계기가 됐다. 몇 달 동안 백수생활을 하다가 서울로 올라와 당시 막 설립 중이던 KIST 연구원 모집에 도전했다. 당시 KIST는 국내 최고 수준의 연구원 대우로 명성이 높았다. 나는 논문 대신 과학에 대한 생각을 적어냈고, 고 최형섭 소장에게 발탁되어 입소했다. 그후 국가가 정책적으로 유치한 내로라하는 외국대학 박사들과의 경쟁에서 지지 않기 위해 27년간 밤낮으로 한눈팔지 않고 섬유 고분자화학 연구에만 매달렸다.

KIST는 주지하는 바 당시 국내 초유의 계약연구기관으로, 외부로부터 용역을 받아서 연구를 수행하는 곳이었다. 나는 입소 후 10여 년 동안 200여 가지 연구 프로젝트를 수행했다. 하지만 이들 연구들은 상호 연관성이나 전문성도 전혀 없이, 마치 얄팍한 지식의 묶음인 백과사전 같았기 때문에 나의 과학적 지식 욕구를 도저히 만족시키지 못했다. 결국 나는 KIST를 떠나기로 결심했다. 차라리 이전처럼 고등학교 과학교사를 하면서 그토록 좋아하는 연구와 실험을 계속하는 것이 더 낫겠다고 생각했던 것이다. 1979년 초 나는 당시 미국 듀폰사가 시험생산 단계에까지 왔지만 상용화하지는 못한, 총알을 막는 기적의 방탄섬유로 알려진 케블라(Kevlar: 아라미드 장섬유의 듀폰사 상표) 섬유를 개발하겠다는 제안서를 냈다. 이 연구계획이 거절되면 연구소를 떠나려는 속셈이었던 것이다. 연구소의 일부 간부들은 듀폰사 연구원들이 10여 년간이나 연구해서 겨우 시험생산 단계에 와 있는 케블라 섬유를 단독연구로 어떻게 개발할 수 있겠느냐며 가로막았다. 하지만 당시 연구소장이던 고 천병두 박사는 나를 믿었는지 연구를 허락했다.

　내 연구방법은 과거의 체험에 기초해 터득한 것이었다. 맨 먼저 개발 목표물에 관한 모든 기존 특허와 논문을 수집한 후, 이들을 면밀히 검토하고 이로부터 하나의 과학적 논리를 세운다. 그리고 이 과학을 근거로 연구를 시작하는 것이다. 우선 케블라 섬유 개발에는 세 개의 난관이 있다는 것을 알았다. 첫 관문은 섬유를 형성하는 고분자물의 중합도(분자사슬의 길이)를 높이는 것이다. 쉽게 말해서 분자 쇄(polymer chain)의 길이가 충분히 길어지도록 합성하는 것인데, 이것이 매우 어렵다. 듀폰사의 많은 특허들을 검토한 결과, 이 중합도를 높이는 데 무려 10여 년이 걸렸다는 것을 알았다. 하지만 나는 이 첫번째 관문을 놀랍게도 연구 1년 만에 통과했다. 두번째 관문은 액정방사 기술개발이었다. 이 기술은 듀폰사의 원천기술이 아니라 1966년 미국 몬산토사의 옛 기술이었다. 이 또한 연구 1년 만에 성공했다. 마지막으로 세번째는 공업적 생산기술의 기초연구를 하는 것이었다.

이 단계를 수행하던 1981년 제5공화국 군부정권이 출범했다. KIST도 이웃의 학사기관인 KAIST와 통합되었고 연구원장도 군부출신 과학자로 교체됐으며 연구소 연구규약도 바뀌었다. 그때까지는 KIST의 자체 연구비로 이 연구가 진행되었는데 그후부터는 사정이 크게 달라졌다. 산업계가 관심을 보이지 않는 연구는 자동으로 중단되어야 하는 상황에 처했다. 나는 사방팔방으로 국내 합성 섬유회사를 순방하면서 이 연구의 후원을 요청했다.

모든 노력이 물거품이 될 즈음, 당시 코오롱의 구민회 전무가 "다른 회사가 흥미를 안 갖는다면 우리가 하지"라고 결연하게 말하며 연구를 지원하겠다고 약속했다. 덕분에 아라미드 섬유연구를 계속할 수 있었고, 그로부터 1년 후인 1982년 아라미드 단섬유(펄프상의 섬유)가 발명됐다. 섬유고분자 연구팀 전원이 밤낮을 가리지 않고 열심히 연구해 얻은 놀라운 성과였다. 이 발명은 한국을 비롯해 선진 세계 7개국에 형태물질특허로서 출원됐다. 형태물질특허란 이미 알려진 화학구조를 가진 고분자물체를 사용, 이들 분자들이 새로운 질서로 집합해 특이한 구조와 물성을 갖는 새 물질이 될 때 주는 특허다. 우리 연구팀이 발명한 이 아라미드 단섬유는, 천연섬유들처럼 방사와 연신 과정이 없이, 유리 플라스크 내에서 순 화학적인 공정만으로 제조될 수 있는 인류 최초의 합성섬유였던 셈이다.

이 단섬유 제조과정에서 새로운 과학적 이론을 발견한 것은 순전히 우연의 결과였다. 코오롱이 요구한 연구범위는 이 분말상태의 아라미드 고분자물을 농황산에 용해해서, 이를 액정 방사하여 장섬유인 케블라와 같은 방탄섬유를 제조하는 것이었다. 밤낮으로 "어떻게 하면 케블라와 같은 섬유를 경제성 있게 공업적으로 생산할 수 있을까" 하고 고민하던 때였다. 유리쟁반에 담겨 있는 콩가루모양의 아라미드 고분자물을 만지작거리면서 골똘히 연구하던 중 갑자기 펄프형태의 단섬유가 적은 양이나마 함께 섞여 있는 것이 눈에 띄었다. 그것을 보는 순간 내 머릿속에는 전광석화 같은 아이디어가 스쳐갔다. 만일 고분자 쇄들이 평행 배열된 섬유구조를 가졌다면, 이것은 천연섬유가 생성되는 원리에 의해 제조된 것이 틀림없다.

나는 이 단섬유를 조심스레 선별한 후 KIST 종합분석실로 급히 보내 X선 회절분석검사를 하도록 했다. 이 검사를 하면 섬유내부의 섬유분자 쇄들이 평행상태로 배열되어 있는지의 여부를 정확히 알 수 있는 것이다. 밀려 있던 다른 많은 검사 시료들을 제쳐놓고 이 시료를 먼저 검사한 결과 놀랍게도 이것이 섬유구조를 형성하고 있었다. 듀폰사 케블라 개발연구팀의 한 사람이었던 이 모 박사로부터 훗날 들은 얘기는 자기네들도 이 단섬유 형태의 고분자물체를 일찍이 발견했지만 그것을 케블라 섬유제조공정에 방해가 되는 귀찮은 부산물로만 여겼다는 것이다. 같은 현상을 보았지만 그들은 그 속에 엄청난 과학적 비밀이 숨겨져 있다는 것을 발견하지 못하고 간과했던 것이

다. 나는 고분자학 역사에 조예가 있었기 때문에 이 아라미드 단섬유의 역사적 가치판단을 할 수 있었다.

1920~1930년대 세계 고분자학자들 사이에는 10년 논쟁이라는 대 학술논쟁이 있었다. 천연섬유소는 고분자인가 아니면 저분자들이 모여서 된 집합체인가 하는, 오늘날로 보면 아주 기본적인 문제에 대한 토론이었다. 당시 젊은 고분자학자이던 헤르만 슈타우딩거(1953년 노벨 화학상 수상)가 식물이 펄프섬유를 만드는 것처럼 무 방사로 고분자물을 섬유로 제조하기 위해 온갖 노력을 했지만 실패했고, 그후 지금까지 무 방사로 섬유를 만든다는 것은 자연계의 생체조직만이 할 수 있는 것으로 알려져 왔다.

그후 나는 자연섬유와 닮은 이 신기한 아라미드 단섬유의 형성기전을 알아내기 위해 밤낮을 가리지 않고 연구한 끝에 1800단어 길이의 논문을 한편 작성했다. 이것을 세계 최고의 권위를 자랑하는 영국의 기초과학저널

《네이처》에 투고했더니 약 20일 만에, 'Subject matter was interesting'
이라는 서두로 시작되는 수락 통지문이 왔다. 《네이처》 1987년 4월 9일자
에 이 논문이 게재되었고, 같은 호 'News & View' 난에는 내 논문에 대한
제3자의 평가가 특별히 소개됐다. 국내학자뿐만 아니라 한인으로 《네이처》
에 논문을 발표한 것은 처음이었기 때문에 한동안 《네이처》가 무슨 학술지
냐는 질문에 시달려야만 했다. 논문이 발표된 지 4일 후 미국 화학회지에서
발간하는 《케미컬 & 엔지니어링 뉴스》(1987. 4. 13) 뉴스 초점 난과 《인사
이드 R&D》(1987)라는 주간 속보지에도 내 논문이 뉴스로 소개돼 세계적 반
향을 불러일으켰다.

《네이처》에 실린 논문의 내용은, 아라미드 고분자를 합성할 때 사용되는
디메틸아세트아미드(Dimethylacetamide) 분자들이 아라미드 고분자 쇄들과
분자연합을 해서 교질 결정체(gel-crystal)라는 새롭게 정의될 수 있는 결정
체를 형성하고, 이 결정체 내에서 자연섬유 같은 합성섬유가 형성될 수 있
다는 이론이다. 말하자면 천연섬유가 형성될 때 일어나는 하나의 만유의 법
칙을 발견한 셈이다. 지금까지 물리학이나 화학은 단순히 원자나 분자 자체
의 구조 특징만을 논할 뿐, 이것들이 두 개 이상 또는 다수 존재할 때 어떠
한 거동을 하고 이합집산을 하는지는 설명하지 못한다. 현대과학의 이러한
중대 맹점을 해결할 수 있는 기원을 연 것이 나의 《네이처》 논문과 후속논문
인 M.R.S Symp. Proc. Vol. 174(1990)에 게재한 젤결정체에 관한 내용이
다. 이 새로운 논리는 분자연쇄학(Molecular Associationology)이라고 말할
수 있는데, 이 명칭은 내가 처음 창안했다.

《네이처》에 게재된 나의 논문이 아라미드 단섬유의 유럽연합 특허 유무
효 재판에서 승소하는 데 결정적 역할을 한 일화를 소개한다. 한국, 일본,
미국 등의 국가는 특허 공보가 있은 후, 여기에 대한 반대 이의서와 발명자
의 답변을 특허국 심사원이 직권으로 판단해 특허여부를 결정한다. 하지만
유럽은 달라서 이의서와 답변서의 승패판정을 초급 특허재판소가 한다. 아

라미드 단섬유의 EU 특허 내용도 모르는 현지 고용변리사를 재판정에 출정시켰더니 1차 재판에서 우리가 패소하고 말았다. 따라서 이 특허권은 자연동결되었고, 당시 KIST 특허담당자였던 김&장 법률사무소는 이에 놀라 곧 항소했다. 재판은 1990년 11월 26일 독일의 뮌헨 특허 고등재판소에서 열렸다. 나는 발명자를 대표해서 법정에 출두해 변론을 해야 했다. 원고인 듀폰과 네덜란드의 방탄섬유제조사인 아크조(AKZO)는 의기투합해 막강한 본사 및 현지 변리사 팀원을 다수 동원한 반면, 우리 쪽은 아주 젊은 애송이 현지 고용 변리사와 나 두 명만 출석했다. 게다가 우리 변리사는 90퍼센트 우리가 패소할 것이라고 미리부터 위축되어 있었다.

오전 9시부터 연석한 세 명의 판사 앞에서 쌍방간에 오간 공격과 변론은 점심시간을 제외하고 오후 4시까지 장장 여섯 시간 동안 계속됐다. 나와 상대편 모든 변리사들 간의 한판 대결이었다. 유럽의 변리사는 이공계 학위와 변호사 자격증을 갖는 동시에 독어, 불어, 영어를 자유롭게 구사할 수 있어야 된다. 그러나 우리 변리사는 단순히 그들이 불어와 독어로 공격해올 때 그 내용을 영어로 통역해주는 역할을 할 뿐이었다. 내가 독어와 불어에 자신이 없었기 때문이다. 결국은 아라미드 단섬유에 관한 논문이 내 독자적 이론으로 《네이처》에 실렸다는 사실이 특허권 침해를 주장하는 상대편을 제압했고, 배석한 재판관들을 설득하는 데 결정적으로 작용해 재판에서 완전히 승소할 수 있었다. 이것은 내가 과학도로서 유럽 고등 특허재판소에서 변리사 역할도 한번 해봤다는 여담이다.

하지만 문제는 여전히 남아 있었다. 반응물의 극히 일부분만이 단섬유로 형성되었을 뿐 나머지 대부분은 분말 상태의 고분자물체였다. 이 문제를 해결하기 위해 또 기나긴 연구가 계속됐다. 결국 끝없는 실험 끝에 100퍼센트 단섬유가 생성되었고 대성공이었다. 우리 연구팀은 코오롱이 요구한 케블라 같은 장섬유인 방탄섬유 개발과 이 아라미드 단섬유 개발을 3년 만에 성공한 것이었다. 코오롱은 우리 섬유화학 연구실 팀의 연구성과에 감사해

1984년 말 석좌 기금 3억 원을 KIST에 기탁했다. 그후 이 연구결과는 곧바로 공업화를 위한 시험공장 운전에도 성공했다. 그러나 코오롱은 아라미드 장섬유의 대규모 생산을 통한 사업화를 앞두고 큰 난관에 부딪혔다. 이 방탄섬유 제조용 두 가지 기본 원자재인 파라페닐렌디아민과 테레프탈크로라이드를 공업 원자재로 대량 구입할 수가 없었던 것이다. 석유화학 제품인 이 두 원자재는 재판에서 패소한 듀폰사와 아크조사가 거액의 자본을 투입해 독점생산하면서 한국 코오롱사에 대한 원료공급을 철저히 통제했다. 코오롱이 2004년에 아라미드 장섬유를 상업화했을 때 나는 참으로 기뻤다.

1994년 1월 29일 국내 언론들은 정년퇴임을 앞두고 가진 나의 기념강연회를 비중 있게 다뤘다. 특히 〈한겨레신문〉 조홍섭 기자는 "윤 박사는 기적의 방탄섬유 아라미드를 독자적으로 개발하고 섬유형성원리를 밝히는 등 평생을 섬유연구에 바쳐 합성섬유 분야에서 세계적인 연구성과를 올렸다"면서 "과학재단으로부터 종신동안 매달 연금을 받는 우리나라 최초이자 유일한 과학기술 공로연금 수혜자가 됐다"고 소개했다. 조 기자는 이어 "윤 박사는 아라미드 섬유 개발과정에서 그것을 훨씬 뛰어넘는 중요한 발견을 했는데 그것은 동식물 등 모든 자연계의 생체 섬유가 만들어지는 기본 메커니즘을 설명하는 이른바 젤-크리스털이론의 창안이었다"고 전하며 나를 "천연섬유와 똑같은 방식으로 만든 제3세대 인공섬유의 개척자"라고 평가했다. 《월간 조선》은 1998년 6월호에서 내가 정년퇴임 후 집념으로 매달려 새로운 과학교과서를 집필하고 있는 내용과 과학자로서 걸어 온 외길 삶에 관해 장문의 글을 게재했다.

《네이처》에 논문을 쓸 때, 앞서 언급한 분자연쇄론으로서 아라미드 단섬유의 생성원리 설명을 매끄럽게 진행할 수 있어야 했는데, 이것이 기존의 기초 원자물리로서는 거의 불가능했다. 기존의 원자물리학에 결정적인 흠이 있을 것이란 예측을 하게 되었다. 그래서 기초물리학과 원자물리를 1986년 말부터 다시 들여다보기 시작했다.

1986년 12월 26일 이른 아침, 내 머릿속에 강렬한 영감이 떠올랐다. 원자핵 주변을 선회하는 궤도전자는 입자가 아니라 초전도체 내부에 흐르는 영속전류(persistent current) 같은 전자고리라는 것이었다. 새로운 원자모델을 의미하는 이것은 새로운 자연과학이 탄생될 수 있다는 예고였다. 나는 이 새 원자모델을 기반으로 새로운 물리학을 쓰기 시작했다. 13년에 걸친 작업 끝에 《새로운 원자모델에 의한 자연과학》이라는 제목으로 한글판 교과서를 출판했다. 이어 2004년에는 이를 대폭 개정해 'Natural Science Founded on A New Atomic Model'이라는 제목의 영문판을 내놓았다. 장장 17년이 걸린 이 교과서는 분자연쇄론이라는 나의 새로운 과학이론을 근거로 하여 쓴 것이다. 이 교과서는 물리, 화학, 미생물학, 광학, 천문학 등 과학의 거의 전 분야에 걸쳐, 현존 과학이론을 전혀 쓰지 않고 아무런 가설이나 전제를 세움 없이 단지 분자연쇄학의 논리로써 자연계의 모든 현상들을 설명하고 있다. 여기서 분자연쇄력의 근원은, 영속전류 고리인 원자나 분자의 궤도 전자고리가 발하는 자력이다. 참으로 참신한 이 논리는 젊은 과학도들에게 일생을 걸고 한번 탐구해 볼 만한 새로운 과학 분야라고 감히 권유하고 싶다.

2005년 2월 15일부터 나는 우연히 들어간 구글 웹사이트의 물리학 토론 광장에서 'Newedana'란 가명으로 '나의 물리학'을 소개했다. 그런데 이에 대한 반응이 의외로 뜨거워 2006년 2월 현재까지 나의 새로운 과학이론을 둘러싸고 사이버 세계에서 세계의 과학도들 사이에 열띤 토론들이 계속 펼쳐지고 있다. 특히 구글창(www.google.com)이나 미국 최고의 종합검색 엔진인 www.answers.com에 hansik yoon이나 newedana, 또는 yoons new atomic model 등의 검색어를 치면, 1640곳에 걸쳐 나와 세계 각국 물리학자들 간의 토론내용이 뜬다. 내 홈페이지(www.yoonsatom.net/www.yoonsphysics.blogspot.com)에서는 내가 저술한 책의 개요를 볼 수 있다. 나는 이 토론을 통해, 양자 통계역학과 아인슈타인의 상대성원리에 기반을 둔 현대입자물리학이 크게 잘못되었다는 것을 확신할 수 있었고, 언젠가는 나의 과학이론이 세계적인 표준물리학이 되어 각광받을 것이라고 확신하고 있다.

'과학자의 가족은 불행하다'는 말이 있음에도 한평생 실험실과 컴퓨터 앞에 처박혀 나이 먹는 줄도 모르고 사는 나를 옆에서 말없이 지켜봐 준 아내 신성예와 국제변호사인 장남 용석(법무법인 광장 운영이사), 장녀 성원(삼성 서울병원 과장), 차녀 성혜(문화일보 차장)에게 항상 고맙다는 말을 전하고 싶다. 나는 중앙중고교 시절 미술반 때부터 피곤하고 지칠 때마다 틈틈이 그림을 그려 사랑하는 이들에게 나눠주곤 한다.

이상엽

1986년 서울대학교 공과대학 화학공학과를 졸업한 후 유학을 떠나 노스웨스턴대학교에서 박사학위를 취득했다. 1992년 귀국하여 생물공정연구센터 선임연구원을 거쳐 지금까지 한국과학기술원 생명화학공학과 교수(LG화학 석좌교수)로 재직하고 있다. 그간 미생물 대사공학에 관한 연구에 집중하여 이 분야 연구를 선도하고 있으며, 제1회 젊은 과학자상, 미국화학회의 엘머가든상 등 10여 개의 주요 학술상을 수상했고, 세계경제포럼의 아시아 차세대리더와 닮고 싶고 되고 싶은 과학기술인에 선정되었다. 현재 10여 개 국제학술지의 편집업무를 맡고 있으며, 오스트레일리아 퀸즈랜드대학교 명예교수, 싱가포르 BTI 특별자문위원 등으로도 활동중이다. 생명공학 및 화학공학 관련 국내 기업의 발전에 남다른 관심을 가지고 자문하고 있다.

공학으로 더 나은 세상을 만들기 위해

어릴 때부터 과학에 관심이 많았던 내 꿈은 과학자였다. 지금 과학자가 되었으니 어릴 때 꿈은 이루어진 셈이다. 그런데 과학자가 되면서 새로운 꿈이 생겼다. 대학교수를 택한 나의 꿈은 제자들이 자기 분야에서 성공하고, 내 연구 가운데 단 하나라도 실제 산업화가 되어 국가의 경쟁력에 조금이라도 보탬이 되는 것이다. 사람은 영원히 살 수 없다. 언젠가는 죽기 마련이다. 죽음을 앞두고 '내가 세상에 태어났을 때보다 조금이라도 더 좋은 세상을 만드는 데 노력했다'라고 할 수 있다면, 그것이야말로 가장 멋지고 아름다운 인생이라고 할 수 있지 않을까.

대학에서 화학공학을 전공한 나는 졸업할 즈음 진학 문제로 고민하며 당시 지도교수였던 성벽파정 교수님을 찾아뵈었다. 그때 나는 화학 공정합성 및 최적화에 관심을 가지고 있었는데, 성 교수님은 이 분야 연구를 위해서는 미국 노스웨스턴대학의 리처드 마 교수님에게서 학위를 하는 것이 좋겠다고 조언했다. 그래서 나는 노스웨스턴대학 화학공학과로 대학원 진학을 했다.

그런데 지도교수로 정한 리처드 마 교수님은 내가 원하던 세부연구 분야가 아니라 공정에러진단 쪽으로 연구주제를 바꾸신 뒤였다. 나는 도저히 그 분야에 마음이 끌리지 않았다. 그러던 중 텍사스 라이스대학에서 파푸차키스 교수님이 새로 부임한다는 소식을 들었다. 그분의 전공은 생물화학공학이었다. 생물이라고는 고등학교 때 공부한 것이 전부인 내가 생물화학공학을 알 턱이 없었다. 지금은 인터넷에서 유용한 자료를 손쉽게 얻을 수 있지만, 1987년에는 도서관에 가서 관련 전문학술지 논문들을 일일이 찾아보아야 했다.

　일단 생물화학공학이 생물의 전체나 일부를 가지고 화학공학적인 접근으로 인류를 풍요롭고 건강하게 하는 제품들을 생산하는 데 관련된 학문이라는 것을 알게 된 나는 무작정 파푸차키스 교수님을 찾아뵈었다. "교수님의 지도를 받고 싶습니다"라는 첫마디에 교수님은 그렇지 않아도 큰 눈을 더 크게 뜨시고 나에 대해 이것저것 물어보셨다. 나중에 알았지만 그분을 지도교수로 모시고 싶어하는 학생들이 많아 경쟁률이 상당히 높았다고 한다. 그런데 교수님은 한국이라는 조그만 나라에서 온 학생의 '해보겠다'는 투지 하나만 보고 나를 받아들였다.

　지도교수를 정하고 나니 바로 첫 미션이 떨어졌다. 교수님의 모든 연구기기 장비가 아직 텍사스 휴스턴에 있으니 방학을 끼고 6개월 간 휴스턴에 머물면서 관련 분자생물학적 기술을 배워오라는 것이었다. 그리고 오면서 장비들도 이전하라는 것이었다. 시카고에서 휴스턴까지는 차로 꼬박 1박2일이 걸렸다. 휴스턴에 빨리 도착하기 위해 자동차에서 자면서 계속해 운전을 했다. 밤이 되자 고속도로 주변은 고요해졌다. 칠흑같이 어두운 고속도로를 나 혼자 달리며 나는 뭔가 모를 두려움을 느끼고 있었다. 내가 어디쯤 있는지도 잘 모르는 상태에서 앞이 보이지 않는 곳을 계속 달려야 한다는 두려움 때문이었다. 마치 20대 내 청춘의 상황을 그 밤의 고속도로가 그대로 말해주고 있는 것 같았다.

미국에 가자마자 지도교수가 바뀌고, 더불어 전공 분야가 바뀐 것만으로도 나에게는 감당하기 어려운 충격이었다. 그런데 그것도 모자라 휴스턴까지 가서 새로운 기술을 배워오라고 하니 정말 앞이 캄캄했다. '그냥 한국으로 돌아갈까' 하는 생각도 없었던 것은 아니었다. 그러나 두렵고 무서워도 그 길을 계속 가면 휴스턴이 나온다는 것을 알고 있었기에 나는 계속 달렸다. 물론 휴스턴이 나오지 않는다 해도 나는 계속 달렸을 것이다. 그 길이 '내가 가야 할 길'이라고 이미 결심했기 때문이었다.

그렇게 가다보니 새벽이 밝아 오고 나는 어느새 휴스턴 가까이 가 있었다. 휴스턴에 도착해 라이스대학의 생물학과 조지 베넷 교수님을 찾아뵙고 실험을 배우기 시작했다. 학부 4년간 정통 화학공학만을 접해본 나로서는 모든 것이 새로웠다. 베넷 교수님은 나를 지도할 포스트닥터를 한 명 붙여

주었는데, 첫날 첫 실험부터 황당한 일이 벌어지고 말았다. 내가 생명공학 쪽은 실험도 한번 안 했고 지식도 거의 없다고 하니까, 포스트닥터는 내게 "그러면 가장 쉬운 플라즈미드 프렙부터 하라"고 했다. 플라즈미드는 도대체 뭐고, 프렙은 또 뭔가? 그러지 않아도 영어가 서툴러 애먹고 있던 차에 도무지 들어보지도 못한 단어가 튀어나오니 머릿속에서 왕벌이 윙윙거리며 왔다갔다하는 기분이었다. 대충 알아들은 척이라도 할까 하는 생각도 했지만 아는 척 해봐야 나만 손해일 게 뻔해서 용기를 내 물었다.

"플라즈미드는 뭐고, 또 프렙은 뭐죠?"

포스트닥터는 황당하다는 듯이 날 한참 쳐다보고는 고개를 설레설레 저었다. 아마도 말은 안했지만 '내가 이런 친구를 가르쳐야 하나?' 하는 생각을 했을 거다. 그날 밤 나는 집에 오자마자 부리나케 관련 책들을 찾아보았

다. 플라즈미드는 박테리아의 게놈과는 별도로 존재할 수 있는 작은 원형의 DNA로 유전자 재조합기술에 널리 활용되는 도구이고, 프렙이란 '프레퍼레이션(preparation, 준비)'이라는 것을 알고는 몹시 부끄러웠다.

이렇게 생명공학과 나의 첫 만남은 부끄러움으로 시작되었다. 그 부끄러움은 남들보다 더 열심히 밤낮으로 쉬지 않고 공부에 몰두하게 만들었다. 시간이 지나자 부끄러움 대신 호기심과 흥미가 나를 찾아왔다. 호기심과 흥미는 부끄러움보다 더 강력한 힘을 발휘해 나는 연구하는 재미에 푹 빠지게 되었다.

총각으로 유학생활을 했던 나에게는 식사도 중요한 문제였다. 내 배는 토종이라서 그런지 빵보다는 밥을 선호했는데 한식을 먹기 위해서는 이동시간, 식사시간이 많이 들었다. 그래서 좀더 빨리 효율적으로 먹을 수 있는 게 없을까 고민하다가 아주 멋진 메뉴를 찾아내고는 삼시 세끼를 그것으로 해결했다. 바로 김밥이었다. 학교에 오가다 몇 줄씩 살 수 있는 김밥은 먹는데 시간도 적게 들었고, 들고 다니면서 언제 어디서든 먹을 수 있었다. 게다가 오래 먹어도 햄버거처럼 속이 불편하지 않아서 좋았다. 그렇게 시작한 나의 김밥 사랑(?)은 요즘도 학교일이 바쁠 때면 슬며시 찾아온다.

내 박사학위 테마는 클로스트리디움(clostridium)이라는 혐기성 박테리아를 대사공학적으로 개량하기 위한 여러 분자생물학적 도구들을 개발하는 것이었다. 1980년대 말에는 지금처럼 실험을 용이하게 해주는 기기나 실험키트가 많지 않았다. 그래서 매우 많은 양의 실험을 해야만 했다. 그럼에도 실험의 진척속도는 상당히 늦었다. 나는 좀더 빨리 성공적인 실험결과를 내기 위해서 정말로 다양한, 때로는 황당한 많은 종류의 실험을 생각하고 시험했다. 지금 생각해도 '혼자서 어떻게 그렇게 많은 양의 실험을 했을까' 하는 생각이 든다. 다양하고 많은 그 실험경험을 통해 나도 모르는 사이에 실력이 많이 향상되었고, 지금도 모든 연구의 밑거름이 되고 있다.

박사학위를 받은 후 1992년 1월부터 병역특례 요원으로 KAIST 생물공정연구센터 선임연구원 근무를 하기로 했다. 하지만 행정착오로 병역특례 TO가 나오지 않았다. 1년 정도를 더 기다렸다가 병역특례 요원으로 근무하는 것은 시간적으로나 정신적으로 바람직하지 않다고 생각한 나는 18개월 방위병으로 입대했다. 군복무를 하는 동안 밤에는 파트타임으로 KAIST 생물공정연구센터에서 연구를 할 수 있었다. 그러나 현실은 생각처럼 만만치 않았다. 새벽에 일어나 군복무를 하고, 지친 몸을 이끌고 생물공정연구센터로 돌아와 새벽 1시가 넘도록 실험을 해야 했다. 박테리아가 내 시간을 배려해주지는 않으므로 많은 경우에는 실험을 하다가 밤을 새운 채 그대로 출근한 적도 있었다.

정말 이러다가 죽을지도 모른다는 생각이 들기까지 했다. 그때마다 나는 나에게 주문을 걸었다. "나는 할 수 있다! 나는 할 수 있다!!"그렇게 외치다보면 어느새 몸에 기운이 생기는 것을 느끼곤 했다. 그 주문은 해리포터의 마법주문보다 훨씬 쉽지만 더 강력하고 큰 힘을 발휘하는 나의 비밀 마법주문인 셈이다. 나는 요즘도 힘들 때는 이 주문을 외우곤 한다. 그런데 이 주문은 단지 마법적인 효과만 아니라 과학적으로도 믿을 만하다. 긍정적인 생각을 하는 사람들이 병에도 잘 안 걸린다는 것이 과학적으로도 입증되고 있기 때문이다. 사람들에게는 모두 나름대로의 스트레스가 있지만, 특히 과학자들은 연구가 잘되지 않을 때 스트레스를 받는다. 그때마다 긍정적으로 생각하며, 앞을 향해 자신의 길을 걷는 것이 최선이라고 생각한다.

그렇게 힘든 기간을 열심히 보낸 덕분인지 그간 쌓은 연구실적으로 1994년에 화학공학과(현 생명화학공학과) 조교수로 부임했다. 내가 속해 있는 실험실의 이름은 대사 및 생물분자공학연구실의 영문 약자인 MBEL이다. 핵심연구 분야는 미생물 대사공학이다. 나는 이 연구가 좋다. 내가 공학을 전공해서 그런지 실질적으로 인류에게 혜택을 줄 수 있는 연구를 원했고, 미생물 대사공학은 바로 그런 목적을 충족시켜주기 때문이다. 대사공학은 생명체의 대사회로를 인위적으로 조작하여, 우리가 원하는 목적과 방향으로 대사활동이 이루어지게 만드는 일련의 기술을 총칭한다. 원래 미생물이 만들던 다양한 제품들을 훨씬 더 높은 효율로 만들거나, 이제까지 보지 못했던 새로운 제품을 만들거나, 환경 오염물질들을 분해하여 지구환경을 보호하는 등 인류를 풍요롭고 건강하게 하는 데 큰 기여를 할 수 있는 연구 분야이다.

우리 랩에서는 학생 연구원을 식구라고 부른다. 식구란 한솥밥을 먹는 사람을 일컫는 말인데 거의 매일 밤낮으로 보고 같이 밥을 먹으니 식구와 진배없기 때문이다. 우리 실험실은 대학원생과 연구원뿐 아니라 연구교수, 선임연구원, 포스트닥터들 40여 명이 함께 연구중이다. 실험실의 학생들, 연구원들은 '세계 어느 실험실과 비교해도 뒤지지 않게 하자'는 것을 모토로 매일매일 열심히 연구하고 있다. 특히 지난 12년간 미생물 대사공학 연구에 집중하여 이 세부 분야에서는 세계적으로 경쟁력 있는 연구논문을 내고 더불어 세계적으로 인정받는 실험실로 우뚝 섰다.

이렇게 실험실 식구 모두가 좋은 아이디어를 내고, 밤을 낮 삼아 열심히 한 덕분에 현재까지 약 160여 건의 특허와 200여 편의 학술논문을 발표했다. 졸업한 학생들은 현재 대학교수, 국책연구소나 기업연구소의 선임연구원, 그리고 창업하여 회사 사장을 하거나 기업체에 취직하여 어엿한 사회인으로 활약하고 있다. 나는 실험실 식구들이 각자 자기가 있는 곳에서 제 몫을 잘 해내고 여기저기서 잘한다는 소식을 들을 때 가장 기쁘다.

요즘은 의사나 교사 등 소위 안정된 직업을 선호하는 반면, 이공계는 기피한다는 말이 유행어처럼 들린다. 실제로 연구원은 그다지 월급이 많은 것도 아니고 안정되지도 않은 직업이다. 게다가 힘들 뿐 아니라 밤낮없이 연구를 해야 하기 때문에 갈수록 이공계를 기피한다고 한다. 일반적인 사람들은 당연히 힘들고 불편한 것보다 편하고 안락한 생활을 선호할 것이다. 그러나 잘 살고 편한 것만이 행복의 척도나 인생의 기준은 아니다. 자신이 평생을 살아가면서 진정으로 원하고 보람을 느끼는 일이 무엇인가를 우선적으로 생각해봐야 한다.

　그래서 나는 늘 제자들에게 열심히 자신을 발전시키라고 말해준다. 그리고 자신이 좋아서 선택한 것이면, 조금 힘들다고 좌절하거나 포기하지 말고, 줏대를 가지고 자신이 좋아하는 일에서 승부를 하라고 한다. 연구 분야에서 최고 수준이 되면 명예와 부는 저절로 따라온다. 명예와 부 자체를 위한 연구는 결코 성공할 수 없고, 자신이 좋아서 연구를 하다 보면 마침내 성공하게 될 것이다.

　한 나라의 과학기술 수준과 그 국가의 경쟁력은 이제 거의 정확하게 비례한다. 우리가 여러 이유로 이공계를 기피하고, 조금 어려운 수학과 과학을 피하는 동안 다른 나라들은 비상하고 있을지도 모른다. 나는 이제까지 이공계 길을 걸어오면서 내가 하는 일에 대해 단 한번도 후회한 적이 없다. 비록 어렵고 힘든 시절이 있었지만 언제나 이 길이 '내가 가야 할 길'이라고 믿고 최선을 다하고자 했다.

　나는 그동안 부모님의 덕으로 세상 어려움 모르고 자랐고, 아내 덕에 집안 걱정 안하고 연구에 매진할 수 있었다. 연구과정에서는 선배, 동료, 후배, 제자 연구원들의 전폭적인 지원도 받았다. 나름대로 제자들에게, 그리고 다양한 학술 연구관련 봉사활동을 한다고는 하지만, 아직은 준 것보다 받은 것이 많은 것 같다. 이제부터는 우리나라를 위해 더 많은 좋은 일을 하고 싶다. 내가 할 수 있는 게 무엇인가? 연구개발을 통해 경제발전에 조금이나마 기여하는 것, 제자들을 잘 지도해 우리나라를 이끌 재목으로 만드는 것, 대중강연 등을 통해 국민과 함께하는 과학기술이 되도록 하는 것 등이다. 결국 공학인으로서 '지금보다 조금은 더 나은 세상을 만들어놓고 가는 것이 나의 할 일'이다. 그것을 이루기 위해 나는 오늘도 즐거운 마음으로 최선을 다한다.

이상희

1965년 부산고등학교에 입학했으나 2학년 때 결핵으로 휴학, 3년 반에 걸친 투병생활 끝에 대입 검정고시로 서울대학교 약학대학에 입학했고 동 대학원에서 약학박사 학위를 받았다. 1973년 변리사 자격시험에 합격하고, 1976년 미국 조지타운대학교 로스쿨에서 수학, 미국 특허청 심사관 과정을 수료했다. 1978년 서울대학교 경영대학원 최고경영자 과정과 행정대학원 발전정책연구원 과정을 수료했다. 상공회의소 상담역, 11, 12, 15, 16대 국회의원, 한국과학기술원 대우교수, 과학기술처 장관, 한국기계연구소 이사장, 국제특허연구원 명예교수, 국가과학기술자문회의 위원장, 국회 과학기술정보통신위원회 위원장, 한국영재학회 회장 등을 역임했고, 현재 한국사이버교육학회 회장, 한국우주정보소년단 총재, 세계사회체육연맹 회장 등을 맡고 있다. 청조근정 훈장을 비롯해 장영실과학문화상 등을 수상했으며, 저서로는 《꼴찌과학대통령》, 《발명왕 도전하기》 외 다수가 있다.

다시 '과학대통령'의 심정으로

발명왕 에디슨은 1000여 개가 넘는 발명을 했으나, 열다섯 살 때 기차 화물칸에서 실험을 하다가 일으킨 화재로 뺨을 맞아 청력에 문제가 생겼다. 그러나 다친 청력에도 불구하고 전화기를 개량했고 축음기도 발명했다. 이처럼 '이공계 성공사례'는 아무도 기억해주지 않는 무수한 실패 사례가 있기에 비로소 가능하다. 또한 성공 사례를 말하다보면 실패를 감추고 자기자랑만 한다는 오해의 여지도 생길 수 있다.

나는 근 20여 년간 과학기술계를 대표하여 청와대와 행정부와 의회, 그리고 다양한 과학기술단체에서 일을 했다. 게다가 내 이름으로 나간 저서도 10여 권에 이르다 보니 대중들에게 얼굴도 많이 알려졌다. 하지만 주로 닥쳐 올 미래를 주제로 한발 앞서 주장하다보니 다른 사람과의 의견 충돌이 불가피한 경우도 있었다. 그런 경험 중에서 이공계를 전공하는 후배들의 미래를 위해 꼭 남기고 싶은 얘기만 해보려 한다.

만약 일생동안 하나의 직업만으로 살아야 된다면, 참으로 지루하고 단조로운 인생살이가 될 것이다. 애초부터 그런 경우를 가정했던 건 아니지만,

유별나게 호기심이 많은 편이라 나는 여러 직업을 경험했다. 어떤 자리에 있거나 늘 남다른 제안을 하고 낯선 정책들을 주장한다는 이유로, 주위에선 이름을 빗대 '이상하고 희한한 생각'을 한다고 놀리기도 했다. 대충 예를 들어보아도 약사, 변리사, 제약회사 중역, 고위공무원, 과학기술처 장관, 국회의원, 세계사회체육연맹 회장으로 이어지는 그야말로 경계선 없는 이력이었다. 또한 직접 만들거나 관여한 단체만 해도 한국사이버교육학회, 한국영재학회, 한국발명특허협회, 한국첨단게임산업협회, 한국우주소년단, 대한약사회, 대한변리사회 등에 이르기까지 다양하다. 누가 "당신은 무엇 때문에 그런 일에 스스로 뛰어들어 고생을 사서 하며 살아왔는가?"라고 묻는다면, 나는 분명하게 대답할 수 있다. 그것은 20대 초반부터 자각하고 있었던 '지적재산권을 많이 가진 나라가 반드시 세계경제의 중심국가가 될 수밖에 없다'라는 인식의 결과였다고 말이다.

그런 신념으로 이공계를 선택했고 서울대학에서 약학을 전공하여 약학박사학위까지 받았다. 서울대학 교수직이라는 자리에 안주할 수도 있었지만 안정된 직장 대신 원대한 미래를 보고 공부를 더하기로 마음먹었다. 아직 미개척 분야였던 특허에 관심을 갖고 이를 전문적으로 취급할 변리사시험에 응시한 것이다. 당시 변리사시험은 어떤 해에는 전국에서 단 한 명만 합격될 정도로 어려운 도전이었으나 최고의 성적으로 자격을 획득했다. 나는 더 나아가 차별화된 변리사가 될 목표로 특허선진국인 미국으로 건너가 특허심사 전문교육을 이수하고, 미국무성 장학금을 받아 조지타운대학에서 로스쿨 과정까지 수료하여 완전무장을 했다.

사춘기에 병약하여 학교를 채 못 다니고 입원까지 했던 아픔을 겪은 탓에, 10여 년에 이르는 힘든 공부과정도 마치 축복받은 기회처럼 받아들이며 이겨냈던 것 같다. 오직 차별화된 실력을 갖춰야만 미래의 경쟁에서 이길 수 있다는 강한 의지로 하나하나 목표를 달성했다. 비유하자면 그 기간은 내 인생에 있어서 의미 있는 벽돌을 쌓아갔던 과정으로 볼 수 있었다.

공사장에서 벽돌을 나르는 세 사람의 젊은 일꾼에게 누가 물었다.

"당신들은 지금 무엇을 하고 있습니까?"

첫번째 벽돌공이 대답하길 "벽돌을 쌓고 있습니다."

두번째 벽돌공이 대답하길 "시간당 9불 30센트짜리 일을 하고 있소."

세번째 벽돌공은 "지금 세계 최대의 성당을 짓고 있는 중이오"라고 대답했다.

나는 마지막 세번째 벽돌공의 심정으로 젊은 시절 실력을 길렀던 것이다.

정치를 시작한 것은 운명의 장난

첫 직장이었던 동아제약 실험실 근무를 청산하고 정치를 시작하기까지에는 '운명의 장난'이 있었다고 생각한다. 하지만 과학기술만이 미래의 살 길이라고 여기던 차에, 국가의 과학기술 발전을 위해 뚜렷한 족적을 남겨야겠다는 욕심이 생겼다. 그 한 예로, 1986년 12월 13일자 〈조선일보〉 기자칼럼에 '국회의원의 눈물'이란 제목으로 실린 '특허법개정'에 관한 기사를 들 수 있다. 그날 상임위에서의 고군분투는 초선의원의 한계를 보여주는 전형적인 사례였다. 미국이 독주하는 '물질특허' 공세에 맞서 약소국의 최소한의 방어막이 될 개정안을 여당의원들의 무지로 인해 관철시키지 못하고 스스로 정부에 양보한 것이었다. 최근 들어 한국과 미국 사이에 수시로 불거지는 거액의 특허분쟁 사례를 보면서, 당시 흘린 좌절의 눈물이 20년 후에 벌어질 사안에 대한 통분의 표출이 아니었나 하는 생각이 든다.

그 사건을 계기로 법을 제대로 만드는 것이 국회의원 본연의 의무라는 점을 새삼 깨달았다. 뿐만 아니라 특허의 중요성을 널리 알릴 필요가 있다고 생각해 1992년에는 《기업특허전략과 기술개발》이란 책을 펴내기도 했다. 1997년 외환위기라는 역사적 사건을 통해 과거의 패러다임으로 정치를 해서는 OECD 가입국가로서 비전이 없겠다는 판단을 하고, 당 정책위의장이 된 후에는 보다 창조적인 정책을 입안하는 데 신경을 썼다. 국가의 절대 파이를 키우자는 차원에서 여야를 떠나 정책적 협조 분위기를 조성하는 데 진력했지만, 관성처럼 전승되어온 투쟁일변도의 원내정치 현실이 자주 발목을 잡았다. 입안된 정책을 의도대로 반영하기는커녕, 오히려 당내에서도 갈등을 유발하였고, 야당은 정책이 좋더라도 찬성보다는 대여투쟁의 빌미로 삼는 경우가 많았다. 하지만 열악한 조건 속에서도 꼭 필요한 입법이라고 생각될 경우에는 동료의원들을 찾아가서 설득하고 사인을 받아냈다. 명절에 맞추어 작은 약병 하나라도 미리 선물을 주고 성의를 다하다 보면, 여당이든 야당이든 인정이 있기에 당에 관계없이 지지를 받아낼 수 있었다. 내가 국회의원 재임 중에 가장 많은 의원입법을 발의한 기록을 갖게 된 것도 알고 보면 동료의원들의 숨은 도움 덕분이다.

과기처 장관으로 재임 중 기초연구진흥법을 만들어 전국 대학에 기초과학연구소를 설립토록 한 것과 다소 버거운 기금목표지만 미래를 대비해 3000억 원이란 파격적인 목표로 과학재단을 지원하여 오늘날과 같은 이공계 위기에 대비한 것, 기초연구를 위해 포철과 공동투자로 포항공대에 1300억 원 규모의 입자가속기를 설치한 것 등을 그런 노력의 산물로 들 수 있다.

또한 과학기술에 대한 부처 간의 영역을 조정해 과학기술부는 기초과학과 해양, 항공, 우주 분야의 책임만을 지고, 모든 부처가 과학기술 마인드를 공유하고 응용하도록 기반을 만든 것도 당시로서는 미래지향적인 일이었다. 특히 대통령 과학기술자문위원장으로 근무할 당시는, 사회전반의 분위기가 민주화 열기에 편승하여 연일 각종 시위로 지나치게 들떠 있었다. 뒤숭숭하고 불안한 국가적 위기를 미래지향의 에너지로 바꾸어야 할 필요성이 진원

지인 광주지역에 필요하다고 판단해 일부의 반대의견을 무릅쓰고 대통령께 건의해 과학 불모지인 광주시에 '광주과학기술원'을 설립했다.

국회가 정보화 선두가 되도록 선도

국회 과학기술정보통신위원회 상임위원장으로서는 현재 수준과 같이 국회가 정보화의 선두로서 디지털화하도록 선도한 데 큰 자부심을 느낀다. 화상국감은 물론 해외현장 국감까지 가능토록 정보화를 정착시킨 것은 시간과 비용의 절약을 의미한다. 2003년 정기국회 때는 국제회의 참석차 출장을 간 독일 호텔에서 기상청을 상대로 인터넷 화상국감을 한 적이 있었다. 그때 한국의 초고속 인터넷 속도를 제대로 따라주지 못하는 현지 사정을 걱정했을 정도이니 속으로 얼마나 뿌듯했는지 모른다. 첨단산업 분야에서 우리가 21세기 초에 독일을 따라잡은 것은 물론이고 앞서 있다는 실감을 하게 된 것이다.

16년 동안 4선 의원으로서 입법에만 매달려 살았다면 아마 순탄하게 의정생활을 마무리했을 것이다. 그러나 한차례 벤처열풍이 지나간 후, 소위 '테헤란밸리'의 잘나가던 벤처 기업들이 경영난으로 허덕이는 현실을 외면할 수 없었다. 다수의 벤처회사들이 일시적 자금난을 견디지 못하고 사무실을 옮기며 직원들을 해고하는 구조조정단계에 들어가 있었다. 이들의 해외시장 진출을 도와줄 방법을 찾는 것도 국회의 과기정위 상임위원장으로서 당연히 할 일이었다.

새 시장을 개척하는 적극적 역할을 국회상임위가 자임하기로 결정하고, 벤처기업 CEO들과 의원들로 사절단을 구성해 실리콘밸리까지 가서 기업설명회를 열 수 있도록 자리를 주선했다. 이 과정에서 공적인 성과가 있었음에도 본의 아니게 사소한 일로 오해를 받아 소송당사자가 되기도 했다. 소명을 위해 법정을 출입하며 소비한 에너지가 입법 하나를 생산하는 데 든 에너지보다 훨씬 많았다는 사실은 긴 공직생활 중에 가장 지워버리고 싶은 아픈 흔적이다. 이 사건으로 정치인으로서 회의를 느낀 나는 의정생활을 마무리할 때가 됐다고 판단했다.

과학기술의 위기상황을 국민들에게 직접 호소

이 시기를 전후하여 《꼴찌과학대통령》이란 책을 출간하고 국민들을 상대로 과학기술의 국가적 위기상황을 직접 호소하기로 작정했다. 한나라당 대통령후보로 당내경선에 나섰지만, 당선은 애초부터 생각지도 않았고 공천기탁금 2억 원도 개인재산인 땅을 팔아서 마련했다. 그래도 성과는 있었다. 모두가 무너져가는 이공계의 위상을 발 구르며 걱정만 하고 있을 때, 공개된 장소에서 매스컴을 통해 "이공계를 살려야 한다"고 주장할 수 있었던 것이다.

반응은 대체로 냉소적이었지만, 온라인에서는 다른 후보보다 훨씬 뜨거운 화답이 있었다. '과사모'라는 과학사랑모임카페가 만들어지는가 하면 수천 명의 이공계 가족회원들이 연일 격려의 꼬리글을 달아주었고, 이공계 자녀를 둔 부모들도 의원회관으로 전화를 걸고 메일을 보내며 성원을 아끼지 않았다. 전국 지구당을 순회하며 길거리와 음식점에서 분에 넘치는 감사인사를 받고, 함께 사진도 찍으며 사인요청을 받았던 즐거운 유세여행을 잊을 수 없다. 이런 응원과 격려를 바탕으로 마침내 16대 의원 임기 말에 'e-Learning 산업발전법'과 '국가기술공황예방을 위한 이공계지원 특별법'을 의원입법으로 통과시킬 수 있었다. 해당상임위와 법사위를 거쳐 본회의 상정시까지의 줄다리기는 피를 말리는 작업(?)의 연속이라고 할 수 있다. 정기국회가 공전되고 임시회의 본회의를 기다리며 회기 마지막에 아슬아슬하게 통과시킬 법을 기다리는 건 겪어보지 않으면 알 수 없는 시간의 고문과정이라고 표현하고 싶다.

20세기 후반기 30년 동안의 한국경제 성장 동력을 집중 연구했던 미국의 한 대학교수가 "한국에서는 자본력보다 우수한 인적 자산이 성장에 끼친 영향력이 훨씬 크다"고 분석한 바 있다. 나 또한 우수한 인적 자산이 국가경제에 기여한 바를 누구보다 높이 평가하는 입장이다. 유가불안이나 환율리스크를 포함하는 국제환경이 불리할수록 한국경제는 두뇌생산성에서 그 해법을 찾아야 한다.

토지생산성이 전부였던 농업경제와 기계생산성이 좌우하던 산업경제를 거쳐서, 오늘날 우리는 인간의 두뇌생산성이 이끄는 지식경제시대에 살고 있다. 두뇌생산성을 높이기 위해서는 어떤 부분에 투자를 할 것인가 하는 문제에 부딪칠 수밖에 없다. 선진국에서는 창의성 교육과 영재 교육은 물론 일찍부터 뇌과학에 대한 연구에 많은 투자를 하고 있다. 가령 미국은 1990년대 '뇌연구 10개년국가계획'을 세웠고, 일본은 21세기를 '뇌의 세기'로 선언하면서 대표적 연구기관인 이화학연구소를 뇌과학연구 중심연구소로 과감하게 개편했다.

산업구조도 당연히 지식산업구조로 획기적인 개편을 했다. 이렇듯 과감한 노력이 있어야 국가의 경제체질을 개혁할 수 있다. 일찍이 '영재교육진흥법'과 '뇌연구촉진법'을 의원입법으로 제정한 바 있지만, 우리는 여전히 현실문제에 얽매여 법이 실효를 거두지 못하는 안타까운 처지에 있다. 1997년에 저술한 《이제 미래를 이야기합시다》라는 책은 전 국민을 대상으로 과학적 사고와 과학기술의 중요성을 일깨우는 데 목적이 있었다. 그 연고로 영재교육에 관한 웬만한 단체에는 거의 관여를 하게 되었고, 발명과 과학이라는 수식어가 붙은 모임과 세미나에도 어김없이 얼굴을 내밀 수밖에 없는 피곤한 인생을 자초(?)한 면도 있다.

IT강국 위상은 보이지 않는 입법차원의 지원으로 가능

IT강국으로서 무선인터넷과 모바일서비스까지 세계시장을 선도하게 된 현재 한국의 위상은 지난 20여 년 동안 보이지 않는 입법차원의 지원이 있었기 때문에 가능했다. 영상산업으로 대표되는 한류열풍과 게임산업 등도 마찬가지다. 〈쥐라기 공원〉이란 할리우드 영화 한 편으로 벌어들인 수입이 한국산 자동차 150만 대를 수출해 벌어들인 외화수입과 맞먹는다는 얘기도 내가 처음 꺼내 인용되며 영상산업에 대한 범정부적 관심을 촉구하기도 했다. 이후 우리 영화와 TV드라마가 가까운 일본과 중국, 동남아 시장을 뛰어넘어 멀리 중동과 유럽 시장, 그리고 인도와 남아메리카까지 확산되는 오늘과 같은 한류 호황기를 경험하고 있는 것이다.

특히 2000년도에 제정된 '전자정부구현 및 운영에 관한 법안'은 정부시스템 전체의 디지털화를 앞당기는 촉매제가 되었다. 서울 강남구란 지방자치단체 차원에서 출발한 이 시스템은 서울특별시 전자정부화를 거쳐 마침내 로열티를 받고 세계 주요도시들에 시스템 기술이전을 하는 수준에 이르렀다. 이것은 법을 제정할 당시의 기대를 훨씬 뛰어넘는 속도로서 미래 한국의 발전 가능성을 제대로 찾았다고 하겠다.

우리 기업들이 세계적인 메이저 제약사들과 어깨를 겨루며 개발한 차세대 신약들이 속속 특허를 획득하고 막대한 로열티를 받고 수출되는 쾌거가 있기까지는, 역시 두 차례에 걸쳐 보완되며 2000년에 재개정된 '생명공학육성법'의 뒷받침이 있었다. 비록 2006년 초에 국제적인 조작논란에 휩싸였음에도 불구하고, 우리 줄기세포연구팀은 바이오 분야에서도 세계적인 연구기관에 결코 뒤지지 않는 기술을 축적하고 있다는 사실을 재확인하게 되었다. 그 하나만으로도 무한한 성공가능성은 열려 있다고 할 수 있다. 이 말은 황우석 교수팀의 줄기세포 조작문제를 변호하자는 차원이 아니라, 실패한 과학기술에 대해 우리 사회가 좀더 전문적인 잣대를 갖고 있어야 한다는 것이다.

과학자는 '지식재산 경제전쟁시대'의 국가 이익 수호자

과학기술자들은 최전방에서 휴전선을 지키는 군인들보다 훨씬 더 위험에 노출되어 있다. 그들은 '지식재산 경제전쟁시대'를 맞아서 국가 이익을 수호하기 위한 최첨병의 역할을 수행하고 있다. 그러므로 모든 과학적 노력은 설사 실패하더라도 인류의 미래를 위해 반드시 지불해야 할 희생과 대가로 보고 격려해야 한다. 과학기술의 세계에는 휴전상태란 없고, 전 세계에서 언제나 교전중이다. 핵폭탄이 그렇듯이 먼저 개발하는 자만이 승자로 살아남는다. 시장을 선점하는 1위가 파이를 독점하는 구조가 바로 IT와 BT시대의 특징이자 매력인 것이다.

우리나라가 2005년 초의 통계상 수출에서 한해 거의 300억 불에 이르는 사상초유의 흑자를 기록하고도, 대일무역에서는 무려 244억 불의 최대적자를 기록하는 모순이 그런 것이다. '일본은 한국경제의 드라큘라' 라는 어느 경제학자의 표현이 정말 실감나는 통계라고 본다. 첨단기술에 대한 로열티로 나가는 지출이 해마다 늘어날 수밖에 없는 구조를 깨지 않고 우리에게 미래는 없다. 거대한 잠재력을 가진 중국과의 기술격차는 점점 좁혀지고, 세계시장에서 중국제품과 가격경쟁을 해야 하는 고달픈 상황으로 어쩔 수 없이 떠밀려가고 있다. 불과 10여 년 전만 하더라도 낙후했던 중국경제가, 2006년 3월 전국인민대의원대회에서 우리나라처럼 '양극화해소' 의 최우선적 해결과 첨단기술기업 육성을 결의하는 정도에 이르렀다.

세계경제의 변화는 WTO와 미국의 현실만 봐도 읽을 수 있다. 첫째, WTO와 우루과이라운드의 핵심 분야가 처음에는 농산품에서 공산품으로 다음에는 공산품에서 지적재산권으로 옮겨가고 있는 추세다. 당연히 EU, NAFTA 등 경제블록도 점차 지적재산블록으로 변화하고 있으며, EU에서는 이미 EU특허청을 설립하여 미래를 대비하고 있다.

둘째, 최근의 미국통계를 보면 논밭과 공장에서 생산되는 유형자산이 20퍼센트에 불과하다. 대신 머리로 생산하는 무형자산이 80퍼센트나 되어 기업 및 국가의 자산비율이 과거와 정반대로 역전되었다. 이처럼 세계경제는 무형의 지적재산 경제로 확실히 변화하고 있는데 우리 경제체질은 그걸 체감하지 못하고 있다.

그 심각성을 좀더 알기 위해서 가까운 두 나라의 변화를 살펴보자. 우선 중국은 공산당 지배하의 국유경제체제에서 시장경제와 이념갈등을 어떻게 수용하고 극복했을까? 중국 지도부는 이념갈등 에너지를 과학교육으로 흡수하고자 '과교흥국(科敎興國)'이라는 국가좌표를 설정하여 경제의 절대 파이를 키우는 데 역점을 두었다. 또한 4억 1000만 명의 초·중·고·대학생을 회원으로 한 과학보급클럽을 만들어 두뇌생산성의 뿌리육성에도 주력했다. 중국 당지도부는 덩샤오핑의 '흑묘백묘론'을 계승하고 있어서, 경제는 결코 이념투쟁의 영역이 아니라는 암묵적 합의가 있다. 이런 전제에서 이공계 출신이 국가경영의 핵심이 되어 일관성 있게 끌고 가면서, 이젠 과교흥국에서 '과기흥무(科技興貿)'로 국가좌표를 업그레이드시켰다. 그 결과 사상 유례 없는 초고속성장의 지식경제국가로 변모하고 있다.

일본은 이러한 중국을 극복하기 위해 경쟁우위의 특허기술 확보에 주력했다. 국가좌표를 아예 '지적재산입국(知的財産立國)'으로 설정하고, 고이즈미 총리가 직접 본부장을 맡는 '지적재산전략본부'를 설치했다. 후속 조치로 '지적재산기본법'을 제정하여 기술판사, 특허법원, 로스쿨 등과 함께 국가400항목 추진계획을 만드는 일종의 총동원체제로 편성했다. 더욱이 미국과는 지적재산FTA를 추진하면서, 미국과 지적재산 공동생산체제를 구축하고 있다.

숙원사업인 변리사회 법정단체화에 전력투구

2004년 초부터 제32대 대한변리사회 회장으로 재임한 2년 동안 일본과 중국이 지적재산에 쏟는 국가차원의 노력을 국민들과 정부에 제대로 알리고자 전념했다. 즉 수시로 언론매체에 기고하고, 강연을 통해 위기상황을 주지시켜 갔던 참으로 빠듯한 임기였다. 그 일환으로 변리사회의 가장 큰 소망인 '변리사회 법정단체화 추진'에 매달렸다. 사실 이 숙원사업을 위해서는 변리사이자 국회의원인 내가 적임자인 셈이지만, 결과가 어떻게 될지 장담할 수 있는 상황도 또 정치적 여건도 아니었다.

개인적으로도 공직생활을 끝내고 이제 좀 편하게(?) 지내고 싶은 때이기도 했다. 그러나 '세계 지식재산 경제전쟁' 시대의 도래라는 거부할 수 없는 파고 속에서, 내 한 몸의 안일을 위해 당시 변리사회 집행부의 간곡한 요청을 거절할 수 없었다. 법정단체화의 입법에 이르기까지의 과정은 그야말로 험난한 고된 항해였다. 법정단체화가 세력결집을 위한 이기적인 의도가 아니고, 공익사업을 통해 국민에게 봉사하고, 국가경쟁력 강화에 반드시 필요하다는 사회적 · 국민적 공감대 형성을 제1과제로 설정했다.

각계의 사회지도층과 언론을 상대로, 시간과 장소를 가리지 않고 전화, 서신, e-메일, 면담 등의 수단으로 설득하고 이해를 구하는 데 단 하루도 예외가 없었다. 빠듯한 외국 출장 일정 속에서도 잠들기 전에는 잊지 않고 휴대폰을 들어 의원들의 지원을 설득했다. 이 일방적인 단독플레이가 얼마나 무모하고 힘든지는 애초 각오했기에 이겨낼 수 있었지만, 손을 놓고 싶을 정도로 마음 아팠던 것은 법정단체화 추진에 회의적인 일부 회원들의 비협조적인 태도였다.

하지만 이번 기회를 잃으면 언제 법정단체가 성사될지 모른다는 집행부의 위기의식과 전폭적 협조가 큰 힘이 되었고, 오랜 의정생활로 다져진 동료의원들의 협조와 노력으로 2006년 2월 9일 '변리사법 개정안' 이 국회를 통과함으로써 긴 항해가 끝났다.

제3차 세계전쟁은 바이러스와의 국가전쟁체제

최근 무서운 속도로 대륙을 이동하는 광우병이나 조류독감 등에서 볼 수 있듯이 앞으로 일어날 제3차 세계전쟁은 국가와 국가간의 충돌이 아니라 인간과 바이러스의 전쟁이 될 가능성이 크다. 국민 개개인이 예방보건에 신경을 쓰고 스스로 운동처방을 하여 대비하는 것이 최선이다. 2005년 말부터 세계사회체육연맹(TAFISA) 회장에 취임해 주로 활동하는 영역도 불확실한 미래에 대비한 국제적 공조체제를 상정하는 차원의 일이다.

우리 국민들은 줄기세포사건을 통하여 역설적으로 과학에 대한 기대와 상식이 한층 높아졌다. 결과적으로 이공계 후배정치인들은 이런 국민적 관심과 토대 위에서 정치를 할 수 있게 되었다. 여야를 떠나서 정치인들은 우수한 국민들을 내부갈등에 동원하는 초라한 마이너스 정치가 아니라, 미래를 위해 맘껏 에너지를 분출시킬 수 있는 플러스 정치를 해주기 바란다. 그게 선배 과학기술인의 한사람으로서 가장 당부하고 싶은 간절한 '이상이고 희망'이다.

이서구

1965년 서울대학교 문리과대학 화학과를 졸업한 후 ROTC 장교로 군복무를 마치고 1967년 미국 유학을 떠났다. 1972년 미국 가톨릭대학교에서 유기화학으로 박사학위를 받고 32년간 미국 국립보건연구원(1만 9000여 명 인력)에서 한국계로는 유일한 실험실장으로 근무했다. 2005년 이화여자대학교로 돌아와 석좌교수로 재직하고 있다. 미국에서 여러 한국 과학자들과 연구를 수행했으며 그중 50여 명은 현재 국내 여러 대학에서 교수로 재직하고 있다. 1995년 호암과학상, 2005년 미국 활성산소학회 디스커버리상을 수상했고, 세계적으로 논문이 가장 많이 인용되는 250명 생명과학연구자로 선정되기도 했다. 이화여자대학교에 공동연구를 통해 세계적으로 경쟁력 있는 연구소를 수립하고 여성과학자 양성에 노력하면서 부인과 함께 그간 놓치고 있던 문화를 따라가기 위해 영화, 연극무대를 열심히 찾고 있다.

작은 것에서 시작하는 과학을 가르쳐주신 선생님들

고등학교 3학년에 올라가면서 문과반과 이과반을 택하는 문제로 고민하는 친구들이 많았지만 나에게는 간단한 일이었다. 나는 이과를 택했는데, 이과 공부에 뛰어난 재능이 있어서가 아니라 문과에는 자질이 없다는 것을 고등학교 2학년을 지나면서 깨달았기 때문이었다. 2학년 때 우리는 문학평론가이자 훗날 문화부장관을 지낸 이어령 선생님에게 국어를 배우는 행운을 가졌다. 얼마나 재치 있는 말씀으로 가슴에 닿게 가르치는지 모두 넋을 빼고 강의를 듣곤 했다. 나에게도 국어시간이 기다려지는 시간이 되었다. 교과서에 실렸던 안톤 슈낙의 글 '우리를 슬프게 하는 것'을 배울 때는 국어에 대한 나의 사랑이 절정에 도달했던 것 같다. 그리고 중간고사를 치르게 되었는데 기다란 문장을 읽고 문제에 답하는 4지선다형이었다. 열심히 따져봐도 대부분의 문제가 애매해서 하나를 고르는 것이 어려웠다. 결국 좋지 못한 점수를 받아 왜 내 답이 틀리는지 불평을 하며 글깨나 쓴다는 친구들에게 물어보니 이런 문제들은 따지고 분석해서 대답해야 할 것이라고 했다.

우리가 고등학교 2, 3학년이었을 때는 원자력의 위력에 관한 신문기사의 과장 정도가 요즘 줄기세포, 나노과학의 사정과 비슷했다. 지금 같으면 암을 유발한다고 당장 신문에 날 만한 정도의 방사선 물질을 만병통치라고 손목 시곗줄에 차고 다니는 사람도 많았으니 말이다. 서울대학 공과대에 원자력공학과가 생겨 1960년에 처음으로 입학생을 맞았다. 고 3이 되면서 원자력공학과를 지원하겠다고 생각하던 중 우연히 서울공대 원자력공학과를 다니던 같은 동네 선배를 만났다. 1학년이었던 선배는 내 계획을 듣더니 극구 말렸다. 입학을 해보니 역사가 있는 다른 학과와 달라 교수도 없고, 결국 물리나 화학을 공부하는 것과 다를 것 같지 않으니 원자력에 관심 있으면 문리대 물리과나 화학과를 가라고 했다. 내가 당시 알고 있던 지식으로도 수긍이 되는 충고였다. 1학년도 마치지 않은 학부생의 충고로 진로를 바꾼다는 것이 어리석은 짓이었다고 생각될지 모르나 주변에 이공계를 공부한 사람이 없었던 나에게 이런 충고는 값진 것이었다. 마침 3학년 화학을 가르치면서

화학반을 지도하던 송길상 선생님이 본인이 졸업한 서울대학 문리대 화학과를 적극 추천해 지원을 하기로 했다.

바라던 화학과에 입학을 했지만 첫해는 무엇을 배웠는지도 모를 정도였다. 5·16 군사혁명이 일어났고, 청량리에서는 일반물리와 일반화학 강의를 동숭동에서는 교양강의를 듣느라 왔다갔다하던 중에 사회정화를 강하게 내세우던 군사정부 경찰에 무단횡단이 적발되어 길거리에 서서 벌 받은 생각만 난다. 2학년이 되어 최규원 교수님에게 분석화학을 배우면서 비로소 진정한 전공교육이 시작되었다. 분석이라는 특별한 이름이 붙었지만 나에게는 실험을 통해 과학을 전반적으로 깨우쳐준 과목이라 해도 과언이 아니다. 교수님은 계산기가 없던 시절, 복잡한 계산을 상용로그 테이블(logarithm table)로 빠르게 하는 연습부터 실험 데이터 보고와 유효숫자 개념까지 철저히 훈련시켰다. 분석하려는 성분을 발색시켜서 분광광도계로 정량을 하는 것이 교과서에 나오는 방법이지만, 분광광도계가 없던 당시에 우리는 발색정도가 다른 표준용액을 만들어놓고 그것과 비교하는 방법으로 실험 훈련을 받았다. 값비싼 실험기구 대신 교수님과 조교 대학원 선배들이 고안한 돈이 별로 안 드는 방법으로 분석을 하게 되니 자연히 미국 학생들은 몇 시간에 할 수 있는 학부실험을 우리는 몇 날 밤을 새우면서 해야 했다.

대부분 가정교사를 했던 학생들은 아르바이트를 끝내고 실험실에 돌아와 실험하는 경우가 많았고, 견디기 힘들다고 생각한 학생들은 군에 입대를 했다. 나도 분석화학 실험을 하면서는 대학이 가까운 삼선교로 가정교사 자리를 옮길 정도로 열성을 보였다. 훗날 미국에서 박사학위와 포스트닥터 과정 중에 자신 있게 실험에 임할 수 있었던 것은, 그 어려운 상황에서 열악한 기구를 가지고도 어떻게 하면 오차를 줄이며 분석할 수 있는가를 철저히 가르쳐준 최규원 교수님 덕분이라고 나는 항상 생각했다. 나는 지금도 대학원생과 포스터닥터를 지도하면서 실험방법을 말할 때 교수님에게 배운 것을 떠올리곤 한다.

또 하나 잊을 수 없는 과목은 장세헌 교수님의 3학년 과정 물리화학 강의였다. 실험을 통해 얻은 화학현상을 수식으로 배우는 과목인데, 군사정권에 반대하는 학생 데모로 온 문리대 교정이 시끄럽고 많은 대학 내 수업이 정지된 상태였지만 전혀 개의치 않고 강의하는 위엄에 눌려 학생들은 거의 휴강을 하지 못했다. 문리대 내 문과계열 학생들이 화학과 강의실까지 들어와 데모 참여를 호소했지만 별로 호응을 얻지 못했다. 데모를 하는 것이 애국이 아니고, 국비보조로 서울대학에 다니는 특혜를 받은 학생들이 배우기를 등한히 하는 것이야말로 오히려 비애국적이라는 교수님들의 엄한 말씀에 우리는 별 논리를 펼 수 없었다. 결국 그 소란하던 시절에 수백 쪽에 달하는 글라스톤의 교과서를 거의 다 마치고 학기말 시험을 보았다. 교과서 몇 쪽

읽지 못하거나 무엇을 배웠는지조차 모르고 지나간 다른 학과 강의에 비하면 정말로 충실한 가르침이었다.

최규원, 장세헌 두 교수님은 일제치하 제국대학 체제에서 화학을 공부했고, 한두 해 차이는 있지만 해방이 될 무렵 학사학위를 받고 서울대학 화학과에서 가르쳤다. 그리고 6 · 25전쟁 후 미국으로 유학을 떠나 지금으로 치면 만학으로 박사학위를 받고 내가 화학과에 입학하던 1961년에 귀국했던 것 같다. 첨단연구를 하다 귀국한 두 교수님에게는 우리 과학계를 끌어올리려는 욕망이 무엇보다 앞서 있었다는 생각이 든다. 빈곤을 벗어나야 한다는 목적으로 이루어진 군사독재에 대해서는 어떻게 생각하고 있었는지 학부만 마치고 떠난 나는 여쭤볼 기회가 없었다.

ROTC 장교로 강원도 전방 근무를 마치고 바로 미국 가톨릭대학으로 유학을 간 것도 물리화학과 관계가 있었다. 우리 다음 학년의 물리화학 교재가 가톨릭대학의 카스텔란 교수가 쓴 책으로 바뀌었기 때문이다. 그리고 마침 사촌형님이 가톨릭대학이 있는 워싱턴에 오랫동안 살고 있어 이 대학에 지원하기로 결정했다. 몇 달밖에 준비할 시간이 없었지만 분석과 물리화학 테스트를 우수한 성적으로 통과할 수 있었던 것은 내가 지원한 곳이 작은 대학이었던 까닭도 있지만 두 교수님의 가르침이 가장 큰 영향이었다고 생각한다. 유기화학 시험은 잘 못 보았고, 유기화학을 전공한다고 했는데도 입학생 40여 명 중 물리화학 성적이 제일 좋아 카스텔란 교수의 물리화학 조교가 되었다. 나중에 지도교수에게 들은 얘기로는 나의 유기화학 테스트 성적은 낙제 점수였다고 한다. 그런데 다른 두 과목의 성적이 좋아서 학부과목을 듣지 않고 대학원 과목을 수강하도록 허락해주었던 것이다.

나는 대학원에서 유기화학을 전공하기로 마음먹었다. 유기화학은 외울 것이 많아 수식을 사용하는 물리화학에 비해 깔끔하지 못하고 공부하기도 재미없었으나 잘 정리되어 있는 물리화학보다 할 일이 많을 것이라는 생각이 들어서였다. 촉매관련 유기화학으로 박사학위가 끝나갈 무렵 나는 막연히 인삼에서 유효성분을 알아내 합성하는 일을 해야겠다고 생각했다. 그래서 틈틈이 개성인삼의 유효성분 분리정제에 관한 도쿄대학과 소련 블라디보스토크 연구소의 논문들을 모아두고 있었다. 1971년 어느 날 지도교수 존 아이쉬가 졸업 후 계획을 물었다. 인삼에 관한 계획을 말씀드렸더니 화학적 기법만으로는 천연물 합성이 어려우니 생물체 내에서 효소가 만들어내는 과정을 공부해 필요한 효소를 사용할 줄 아는 것이 좋겠다고 했다. 그리고는 효소학의 권위자들이 많은 미국 국립보건연구원(NIH)에서 포스트닥터를 하면서 효소를 배워 귀국 준비를 하라고 권했다.

당시 천연물 합성의 가장 어려운 점은 화학반응에 의해 생긴 여러 종류의 부분입체(거울상)이성질체를 어떻게 분리하는가 하는 것이었다. 부분입체 이성질체들은 성질이 아주 유사해서 분리가 어려우나 그중에서 하나만 생체에 유효한 성분이므로 분리는 필수였다. 이렇게 복잡한 합성을 세포는 효소를 사용함으로써 필요한 이성질체만 만들고 필요하지 않은 다른 이성체는 안 만든다는 것이 잘 알려지고 있었다. 내가 서울대학에 입학하기 오래전부터 미국에서는 생화학, 생물리학 등이 대학의 중요 교과과정이었지만, 불행히도 우리는 이런 분야를 접해보지도 못한 채 졸업을 했고, 대학원에 다니면서도 생(Bio-) 자가 붙은 과목은 기피를 해왔었다.

1970년도 초기는 월남전이 끝나갈 무렵이었고 NIH에서 연구를 하면 징집이 면제되어 많은 박사학위 소지자와 의사들이 몰려들었다. 생물계통 연구에 전혀 경험이 없는 내가 NIH에서 포스트닥터 장학금을 받는 것은 거의 희망이 없어보였다. 다행히 가톨릭대학 리처드 티몬스 교수가 NIH에서 안식년을 보내면서 효소학 연구를 하고 있었다. 내가 대학원 지원을 했을 때 입학을 담당했던 그분은 자신이 가르치는 반응속도론에서 좋은 성적을 받았던 나를 잘 기억하고 있었다. 나는 티몬스 박사의 강력한 추천으로 효소학 분야에서 명성이 높은 얼 스테이트만 박사의 실험실에 포스트닥터로 갈 수 있었다.

스테이트만 박사는 현대 생물학을 연구하기 위해서는 전공 분야가 다른 사람들의 지혜가 필요하다는 확고한 생각을 갖고 생화학, 미생물학은 물론 물리학, 유기화학, 무기화학을 전공한 박사연구원들과 의사들을 포함한 커다란 연구집단을 이끌고 있었다. 내가 펠로십을 받게 되었다는 통지를 받았을 즈음 아이쉬 교수가 뉴욕주립대학의 화학과 주임교수로 떠나게 되었다. 새로 옮기는 실험실을 가동하는 데 도움이 필요하다는 아이쉬 교수의 요청으로 NIH에 펠로십을 연장해놓고 몇 달만 다녀온다고 한 것이 거의 1년을 보내고 NIH로 돌아왔다.

그리고는 스테이트만 박사 그룹에서 분 차크 박사의 지도를 받으며 연구를 시작했다. 차크 박사도 합류한 지 얼마 되지 않아 아직 종신신분을 받지 못했지만, 박사학위는 무기화학 분야 연구로 하고 포스트닥터를 하면서 효소를 배운 분이라 효소에 대한 내 무지를 넓게 이해하며 지도해주었다. 차크 박사와 나는 스테이트만 박사 연구실의 주요 연구과제인 글루타민을 만드는 효소(glutamine synthetase)에 관해 연구했다.

스테이트만 박사는 대장균에 있는 이 효소를 연구하면서 세계적인 학자들을 많이 배출했다. 1985년 콜레스테롤에 관한 연구로 노벨 의학상을 탄 마이클 브라운 박사, 1997년 광우병을 일으키는 프리온 발견으로 노벨 의학상을 탄 스탠리 프루스너 박사, 머크제약회사의 연구담당 사장을 거쳐 1985년부터 1994년까지 회장으로 있었던 로이 바젤로 박사 등이 스테이트만 실험실에서 글루타민 관련 효소 연구를 통해 수련을 받은 사람들이다. 그 외에도 여러 명의 스테이트만 문하생이 세계 각 대학에서 주요 연구자가 되었고, 10여 명은 미국과학학술원 회원이 되었다.

스테이트만 박사는 이미 유명해진 분야의 연구를 따라 하기보다는 남들이 관심을 갖지 않는 연구대상을 중요한 연구과제로 발굴하는 연구자가 정말 유명한 과학자가 된다는 말씀을 항상 하곤 했다. 그는 대장균에서 글루타민 합성효소를 정제하여 분광광도계로 분석을 해보면 조금씩 모양이 다르다는 것을 관찰했고, 보통 사람이면 지나쳤을 아주 미세한 차이를 계속 추구함으로써 아데닐레이션 사이클(Adenylation cycle)이라는 효소활성 조절에 중요한 원리를 발견해냈다. 그렇게 작은 차이를 붙들고 몇 달을 매달릴 수 있는 것은 무엇보다 본인의 실험결과에 자신 있는 사람만이 할 수 있는 일이다.

스테이트만 박사님은 동갑내기인 부인 테레사 스테이트만 박사와 함께 1950년에 NIH에 온 후 지금까지 56년을 연구에만 주력해 왔다. 여러 번의 추천에도 불구하고 노벨상 수상은 못했지만 이미 오래전에 미국과학학술원 회원이 되었고 무엇보다 후학들을 훌륭히 키워놓은 공로를 인정받고 있다. 2004년에는 NIH가 'The Stadtman's Way'라는 심포지엄을 열고 두 분의 공로를 치하했을 정도이다. Stadtman's way로 꼽히는 하나는 포스트닥터들의 장래에 대한 깊은 배려이다. 능력이 되는 사람에게는 혼자 생각하고 실험해서 독립적으로 논문을 발표할 수 있는 기회를 주시곤 한다. 그리고 또 다른 Stadtman's way로 꼽히는 것은 연구자들 간에 화목한 분위기를 만드는 것이다. 스테이트만 박사는 실험실장으로서 자신의 첫번째 임무는 연구자들이 서로 격의 없이 묻고 대답하고, 필요하면 공동연구를 할 수 있도록 분위기를 만드는 것이라고 항상 강조하곤 했다. 일주일에 세 번씩 있는 세미나는 물론 그 외에도 많은 파티 등을 열어 연구원들이 만날 수 있는 기회 마련에 애를 쓰셨다.

NIH에 간 후에는 귀국해서 인삼연구를 하겠다는 생각을 버리고 효소 연구를 하기로 마음을 바꾸었다. 1979년 종신 연구원이 됐고 1988년에는 팀장으로 승진했다. 1994년 스테이트만 박사는 실험실장에서 물러나며 실험실을 둘로 나누어, 내게는 큰형님 같은 차크 박사와 나를 각각 실험실장으로 승진할 수 있도록 해주었다. 포스포리파제(phospholipase) C라는 효소에 관한 연구업적을 인정받았기 때문이다. 여러 명의 뛰어난 한국과학자들이 내 실험실에서 연구하면서 이룩한 포스포리파제 관련 연구는 직접 여러 질병과 관련이 되어 쉽게 다른 연구자들의 주목을 받을 수 있었다.

포스포리파제 연구를 할 무렵 나는 또 하나의 효소를 연구하고 있었다. 그것은 스테이트만 박사의 지도로 연구하던 글루타민 합성효소를 대장균 대신 효모에서 분리하는 도중에, 전남대학 조교수로 근무하다가 내 실험실 포스트닥터로 온 김강화 박사가 우연히 발견한 용도가 무엇인지를 잘 알 수 없는 효소였다. 김 박사가 식품영양학과 교수라는 것을 고려해 효모에 관련된 효소를 연구과제로 선정했던 것이다. 오랜 연구 끝에 우리는 새로 발견한 효소가 새로운 항산화 효소라는 것, 그리고 이미 알려진 다른 항산화 효소와 달리 세포 내에서 복잡한 기전에 의해 조절된다는 것을 밝혀냈다. 이 공로로 나는 2005년 미국 활성산소학회에서 주는 최고의 상(Discovery Award)을 받았다. 김강화 박사의 예리한 관찰에서 시작된 이 뜻밖의 발견은 무엇보다 작은 관찰을 중요시하던 스테이트만 박사님의 가르침이 큰 영향을 주었다. 그리고 빈약한 실험실 형편에서도 철저한 실험교육을 통해 각자가 얻은 결과가 무엇인지를 말해주고, 한계가 무엇인지를 분석할 수 있는 능력을 길러준 최규원, 장세헌 같은 교수님들의 덕분이기도 했다.

나는 1967년 미국 유학길에 오를 때 계획했던 것보다 30년 늦게 유기화학자가 아니고 생화학자로 귀국을 했다. 내 연구실에는 The Stadtman's Way 심포지엄에 사용되었던 스테이트만 박사 부부의 사진이 걸려 있다. 두 분이 실험실의 작은 일에 몰두하며 젊은 과학자들을 지도하고 격려하는 것을 30년 넘게 보고 배운 내가 이제 이화여자대학에서 흉내라도 내보려는 욕심 때문이다.

이태규

1927년 교토제국대학을 졸업하고 동 대학원에 진학하여 촉매화학 분야의 연구로 29세인 1931년 우리나라 최초 이학박사학위를 받았다. 이후 식민지 출신의 한계를 극복하고 교토제국대학의 교수가 되었다. 1945년 해방 후 고국으로 돌아와 서울대학교 초대 문리대학장에 취임하고, 초대 대한화학회 회장직을 수행했다. 1948년부터 1973년까지 미국 유타대학 화학과 교수로 재직했고, 그의 지도 아래 한국 화학계를 이끌 탁월한 학자들이 배출되었다. 1973년 한국과학원 교수로 부임하여 1992년 작고시까지 KAIST 종신 석좌교수를 역임했다. '예리한 관찰과 꾸준한 노력'은 그의 평생의 좌우명이었다. 그는 90평생 중 50여 년을 일본과 미국에서 살았으나, 식민지시대였던 일본생활 중에도 창씨개명을 거부했고, 오랜 미국생활에서도 미국시민권을 가지라는 주변의 유혹을 마다했다. 몸으로 애국하고 마음으로 나라를 사랑한 그는 조국에 대한 봉사를 인정받아 과학자로는 드물게 국립묘지에 안장되어 있다.

예리한 관찰과 꾸준한 노력으로 일관한 과학자, 이태규

학천(學泉) 이태규(李泰圭, 1902~1992) 박사는 한국인으로는 처음으로 노벨상과 깊은 인연을 맺은 학자다. 1965년 한국인 최초로 노벨상 추천위원이 되었고, 1969년에는 아이링 교수와의 공동 연구결과 자신과 아이링 교수의 이름을 따서 발표한 '이–아이링 이론(Ree-Eyring Theory)'이 노벨화학상 후보에 오르면서 세계 화학계의 주목을 한 몸에 받기 시작했다.

1955년 제안되어 분자점성학의 기초가 된 이–아이링 이론은 유동상태에 있는 물질의 비뉴턴성 흐름에 대한 것으로 그동안 뉴턴역학이 적용되지 않았던 일부의 분자세계를 방정식으로 수식화한 일관성 있는 이론으로 평가받았다. 응력완화의 이론에 비뉴턴성 흐름의 아이디어를 도입한 이 이론은, 섬유 유리 그리스(Grease: 기계의 마찰부문에 쓰는 매우 끈적끈적한 윤활유) 등의 응력완화 현상을 성공적으로 해결했다. 또 '이–아이링–한 이론'에서는

이 글은 KAIST 테크노경영대학원의 이회경 교수가 집필했다. 그는 연세대학교 상경대학 응용통계학과에서 학사(1973)와 석사(1978)를 하고, 1986년 미국 뉴욕주립대학교 스토니브룩에서 경제학으로 박사를 취득했다. 이태규 박사는 필자의 큰아버지이다.

틱소트로피(Thixotropy)를 정량적으로 설명하는 데 성공했다. 석영분말, 알루미나의 졸-겔 변환을 일컫는 틱소트로피를 유일하게 정량적으로 설명한 것이다.

이태규 박사는 1992년 10월 91세의 고령으로 세상을 뜨던 그날까지도 한국과학기술원(KAIST)의 실험실을 떠나지 않은 학자로도 유명하다. '예리한 관찰과 꾸준한 노력'을 평생의 좌우명으로 삼았던 그에게 이러한 연구습관은 어찌 보면 당연한 것이었다. 동시대의 과학자들로서는 꿈도 꾸기 힘들었던 600여 편의 논문 작성과 그중 187편이 국내외의 저명한 학술지에 게재된 기록은 이러한 성실함이 뒷받침된 결과였다. 그는 흔히 한국 최초의 이학박사, 초대 대한화학회장 등으로 알려져 있지만 학문밖에 몰랐던 학자는 아니었다. 90평생의 반이 넘는 50여 년을 일본과 미국에서 살았던 그는 일제시대에 일본 대학교수로 근무하면서도 창씨개명을 거부했고, 오랜 미국생활에서도 미국시민권을 가지라는 주변의 유혹을 뿌리쳤다. 그렇게 온 마음과 몸으로 나라를 사랑한 그였기에 조국에 대한 봉사를 인정받아 국립묘지에 안장된 제1호 과학자가 되었다.

이 박사는 충남 예산에서 한학자 이용균의 9남매 중 차남으로 태어나 집에서 한학을 배웠다. 부친은 그의 호기심을 억압하지 않고 질문에 성실히 대답해주었으며, 자립심과 독립심을 길러주기 위해 많은 노력을 기울였다. 역경을 극복하고 훌륭한 과학자로 성장하는 데 아버지의 가르침이 큰 역할을 했던 것이다. 이 박사는 어린 시절부터 부친에게 엄한 훈도를 받았는데 이때 자주 들은 말이 '정신일도 하사불성(精神一到 何事不成)'이라는 가훈이었다. 미국에서 활동할 때 그는 가훈을 'Everlasting Effort(끊임없는 노력)'라고 번역하여 'Keen Observation(예리한 관찰)'과 함께 자신의 좌우명으로 삼았다. 1919년 경기고의 전신인 경성고보 졸업에 이어 부속 사범과에 들어간 그는 호리 선생의 조수로 실험을 도우며 평생의 관심 분야인 화학을 접했다. 교사가 꿈이었던 그는 이듬해인 1920년 졸업과 함께 남원보통학교에 발령을 받았지만 부임도 하기 전에 일본인 담임교사가 주선하여 관비유학생으로 일본 히로시마 고등사범학교로 진학했다. 그곳에서 그는 영어, 수학에서 훨씬 앞서 있던 일본학생들을 따라가기 위해 피나는 노력을 해야 했다. 1924년 히로시마 고등사범학교를 2등으로 졸업했지만 조선인이라는 이유로 발령이 나지 않았다. 하지만 곧 교토제국대학의 물리화학과에서 합격통지서를 받았다.

자유주의적 학풍으로 널리 알려진 교토제국대학에 입학한 식민지 조선 출신의 22세 청년은 어려움을 겪는 가운데서도 단연 두각을 나타냈다. 졸업과 동시에 화학과 주임교수인 호리바 신기치(堀場信吉) 박사의 호의로 동대학원에 진학하여 촉매화학 분야의 연구에 주력했고, 1931년 〈환원니켈 존재하에 있어서 일산화탄소의 분해〉라는 학위논문으로 보통 10년씩 걸린다는 박사학위를 단 4년 만에 받았다. 그렇게 해서 조선인 이학박사 1호가 된 29세의 청년 이야기가 일본 신문들에 보도되었고, 1931년 7월 20일 〈동아일보〉에도 다음과 같은 기사가 났다.

"박사의 학위를 바든 사람이 의학에만은 7, 8년 이래 적지 않게 배출하지마는 다른 과학에는 아즉 한 사람도 업더니 이번에 리학의 학위를 어든 사람이 생기었다. 경도제국대학 리학부 화학교실에 조수로 잇는 리태규 씨는 이번에 그 론문이 경대 교수회에서 통과되었음으로 불일 문부성에서 정식으로 학위를 엇게 될 것이다."

1932년 그는 시인 정지용의 중매로 논산출신 유학생 박인근과 결혼식을 올렸다. 34세가 되던 1936년 식민지 출신의 한계를 극복하고 교토제국대학의 조교수가 되었는데 이러한 파격적 인사는 호리바 교수가 "학문에 민족이 따로 있느냐"며 저항을 묵살하고 주장을 관철시킨 결과였다. 하지만 촉망받는 교수가 되어서도 일본학계의 한계를 절감한 그는 심도 있는 연구를 위해 37세인 1939년 미국 프린스턴대학 교환교수 자격으로 도미했다. 당시 일본에서 금강제약을 경영하던 전용순 씨가 미국까지의 여비전액을, 그리고 경성방직의 김연수 씨가 미국에서의 생활비를 부담해주었다. 그는 쌀 200가마 값인 1000원을 주며 "이 돈은 개인인 나 김연수가 주는 것이 아니고 조국이 그대에게 주는 돈이라 생각하고 받으시오. 우리 민족이 갱생하려면 실력이 있어야 하고, 그러려면 당신 같은 인재를 길러야 할 것이오. 이 돈은 그냥 주는 것이 아니오. 반드시 뒷날 성공하여 조국에게 갚으시오"라고 말했다고 한다.

당시 프린스턴대학에는 상대성이론을 창시한 아인슈타인 박사와 동양 최초의 노벨 화학상 수상자인 유가와 히데키 박사가 있었고, 테일러, 아이링 같은 양자화학 선구자들이 포진하고 있어 이상적인 연구 요람이라 할 만했다. 하지만 태평양전쟁이 시작되자 그는 2년간에 걸친 프린스턴대학에서의 연구생활을 접고 일본으로 돌아가야만 했다. 이 박사는 일본에서는 처음으로 프린스턴에서 배운 양자화학을 강의하고 전파했으며, 41세인 1943년에는 정교수로 승진했다. 그 사이 서울의 경성제국대학에도 이공학부가 생겨 귀국을 희망했으나 받아들여지지 않았다. 1945년 해방이 되어 귀국한 그는 경성대학의 이공학부장을 맡아 일본에서 연구한 학자들로 교수진을 구성했

고, 이후 국립 서울대학이 출범하면서 초대 문리대학장에 취임했다. 하지만 대학 내 좌우익 간의 갈등이 극심했던 시기에 학장직을 수행하면서 세상 물정 및 정치와는 거리가 먼 순수한 학자였던 그는 친일파로 매도당하는 등 많은 고초를 겪기도 했다. 그는 같은 해 26명의 발기인으로 대한화학회를 결성하고 1948년까지 대한화학회 회장직을 수행했다.

1948년 학장직을 사퇴하고 2년 예정으로 미국 유타대학 교수가 되었지

만, 2년 후 발발한 6·25전쟁으로 귀국은 무산되고 두번째 미국생활은 1973년 귀국할 때까지 장장 25년이나 계속됐다. 유타대학 화학과 교수로 재직하면서 양자역학의 화학도입을 집중적으로 연구하며 90여 편의 주요논문들을 발표했고, 1958년에는 권위 있는 미국화학회상을 수상하기도 했다. 1960년 오스트리아 빈에서 개최된 국제원자력기구 회의에 한국수석대표로 참석했으며, 1964년에는 그가 주도해 설립한 대한화학회의 초청으로 귀국해 전국 순회강연을 했다. 유타대학에서 그는 아침 9시에 연구실에 출근하여 새벽 1시까지 연구에 전념했으며, 주위의 한국 학생들도 자연히 그의 생활습관을 따르게 되었다고 한다.

당시 유타대학에서 유학했던 삼보컴퓨터 이용태 회장은 "선생님이 교단에 임하는 태도는 성직자가 제단에 오르는 것처럼 경건했다. 선생님은 미국 유타대학에 계시면서 많은 한국 학생들에게 미국 유학의 길을 열어주셨다. 심지어 미국 신문에 유타대학 화학과는 한국말로 세미나를 한다는 기사가 난 일까지 있었다"고 회고했다. 한국이 발전하려면 우수한 인재가 가장 필요하다고 생각한 그였기에 서강대학 부총장을 지낸 최상업을 비롯해 최성학, 한상준, 권숙일, 박기순, 전무식 박사 등 30여 명의 한국인 학자들을 같은 대학에 대거 유학시켜 심혈을 기울여 지도육성했다. 1973년에 부임한 KAIST에서도 박사 12명, 석사 24명 등 36명의 우수한 화학도들을 길러냈다. 그러면서도 20여 차례 귀국해 서울과 지방에서의 학술강연 등을 통해 과학기술 풍토조성에 크게 기여했다. 한국과학원이 창립된 후 초대소장인 최형섭 박사와 과학계 인사들의 간곡한 권유에 따라 71세가 되던 1973년 모국으로 돌아와 한국과학원 교수로 부임했으며, 1992년 작고시까지 KAIST의 종신 석좌교수를 역임했다.

오랜 외국생활 후 귀국한 이태규 박사가 한국에서 가장 어려움을 느꼈던 것은 언어생활이었다. 그래서 언어와 관련된 일화가 많다. 한번은 시장 모퉁이를 돌아가다 '왕대포'라고 쓴 간판이 죽 늘어서 있는 것을 보고 그는 깜짝 놀랐다. "아직 남북분단 상태니까 집집마다 대포를 놓고 파는 모양이구나. 저렇게 많이 큰 대포를 파니 언제나 통일이 될까?" 그가 걱정하며 돌아와서 제자들에게 심각하게 물었더니 모두 깔깔대고 웃었다. 또 한번은 '통닭'이라고 쓰인 간판을 보고 닭통과 닭을 한꺼번에 파는 집인 줄 알았다가 가까이 가서 통째로 굽는 닭이 통닭이라는 사실을 알아차리고 혼자 웃기도 했다. 심지어는 한국 실정을 이해하기 위해 거리를 걸으면서 간판의 글씨를 열심히 읽고, 잘 모르는 것은 제자들에게 물어보려고 수첩을 꺼내 열심히 적다가 간첩으로 오해받은 적도 있었다.

이 박사는 학문적 연구업적과 조국에 대한 봉사를 인정받아 국민훈장 중 가장 영예로운 무궁화장(1971) 서훈을 비롯해 학술원상(1960), 문화포장(1962), 경방육영회의 수당과학상(1973), 서울시문화상(1976), 5·16 민족상(1981), 세종문화상(1982) 등을 수상했다.

일생을 오로지 순수 연구와 후진 양성에만 전념하여 우리나라 과학기술계 발전에 크게 이바지한 이태규 박사의 장례식은 사회장인 과학기술인장으로 치러졌고, 과학자로는 처음으로 서울 동작동 국립묘지 국가유공자 묘역에 안장되었다.

이용태 회장은 "선생님은 언제 뵈도 어릴 때의 순수한 마음을 그대로 간직하시고 홍진 세상의 티끌이 묻지 않으신 분이었다. 세상의 온갖 시끄러움과 번잡함 속에 90년을 사시면서도 깨끗하고 고고한 품성을 지니고 계시던 분이었다"고 회고한다.

과학자 가문의 혈통은 후대에도 이어져 이태규 박사의 자녀 중 두 명이 이공계를 택했다. 그중 이회인 박사는 유타대학에서 물리학으로 박사학위를 취득한 후 캘리포니아 로렌스국립연구소 연구원으로 재직하고 있고, 이신혜 박사는 유타대학에서 화학으로 박사학위를 한 후 1970년부터 피츠버그대학 생물학과 교수로 최근까지 재직했다.

1992년 이태규 박사의 장례식 직후 이회인 박사는 고인의 KAIST 퇴직금

전액과 부의금, 그리고 자신의 기여금을 포함하여 약 1억 1000만 원 정도를 학문발전과 후진양성을 위한 기금으로 기부하여 이태규선생기념사업회가 설립되었다. 청빈했던 이태규 박사의 유일한 유산이랄 수 있는 퇴직금을 나라에서 베풀어준 여러 배려에 조금이라도 보답하려는 의미로 전액 기부했던 것이다. 그로부터 대한화학회에 이태규학술상이 제정되었고, 1994년부터 이용태 삼보컴퓨터 명예회장이 화학에서 우수한 업적을 올린 학자를 매년 한 명씩 선정하여 상패와 소정의 상금을 수여해오고 있다.

국립서울과학관 4층에는 우리나라 과학기술인 중 14인을 선정하여 '과학기술인 명예의 전당'에 추존하고 업적을 소개하고 있는데, 이태규 교수의 경우 어린 시절부터 노년까지의 사진과 대표적 연구결과인 이-아이링 이론식을 전시하고 있다. 또한 서울 흑석동 국립현충원에는 나라의 발전과 민족 중흥을 위해 몸 바친 국가유공자 61위가 제1, 제2, 제3 묘역 등에 안장되어 있는데, 이태규 교수는 제2 묘역에 안장되어 있다. 유품전시관 충훈실에는 이태규 교수의 경도대학 시절 노트, 과학기술원에서 연구하던 노트, 사용하던 지팡이, 쓰고 남은 몽당연필, 훈장, 신문기사, 전기집, 저명 국제학술지에 발표했던 논문, 유타대학 시절 사진 등이 전시되어 있다. 대전시에서는 한국과학재단에서 충렬사 삼거리에 이르는 1.8킬로미터 도로를 '이태규로'로 명명했고, 한국과학기술원에는 이태규 박사의 흉상이 있다. 그의 묘비에는 다음과 같은 그의 어록이 새겨져 있다.

"모든 사람들은 한 인간으로 태어나 자신에게 주어진 생을 영위한다. '어떻게' 보내는 것이 참 가치 있는 일일까 연구하며 그 방법을 찾기 위해 많은 시간을 보낸다. 물론 나도 그랬다. 그리하여 내가 얻어낸 결론은, 내게 주어진 삶을 성심 성의껏 사는 것이 제일이라는 것이다. 나는 과학자다. 그래서 나는 '예리한 관찰과 꾸준한 노력'이 절대적으로 필요함을 알게 되었으며 이 구절을 마음 깊이 새기고 이 길로 걸어왔다. 그리고 결코 후회하거나 바꿀 의도는 없으며 다시 태어난다 해도 이 길로 걸어가겠다."

이혜숙

이화여자대학교 수학과를 졸업하고 1978년 캐나다 퀸즈대학교에서 박사
학위를 받은 후, 독일에서 박사 후 연수를 마치고 1980년부터 이화여자
대학교 수학과 교수로 재직하고 있다. 이화여자대학교 자연과학대학장, 연
구처장, 국제교육원장, 국가과학기술운영위원 등을 역임했다. 2003년에
과학기술훈장(도약장)과 올해의 여성과학기술자상(진흥부문)을 수상했다.
현재 이화여자대학교 WISE거점센터소장, 국가과학기술자문위원, 한국여
성과학기술단체총연합회 회장, 대한수학회 부회장으로 일하면서 전 과학
기술 분야에서 여성이 보다 큰 역할을 할 수 있도록 환경을 개선하고 여
성과학기술인 네트워크를 활용하여 여성의 리더십을 함양하기 위해서 노
력하고 있다. 또한 과학교육 개혁에도 큰 관심을 가지고 융합적인 과학교
육과 여학생 친화적인 과학교사 연수 프로그램을 공동으로 개발하여 실시
하고 있다. 동료들과 '학교 뒷산 등산' 하는 것을 0교시 과목으로 정해서
휴강 없이 운영하려고 애쓰고 있다.

40년간 함께한 수학과의 로맨스

단순히 수학문제 푸는 것이 좋아서, 수학의 아름다움에 푹 빠져서, 때로는 수학의 엄청난 무게에 짓눌리면서 40여 년간 수학과 함께 해온 로맨스를 생각하면 '행운'과 '감사'라는 말이 떠오른다.

수학, 과학과의 만남, 평생의 선생님

학생들과 어머니들로부터 "어떻게 하면 수학을 잘할 수 있나요?"라는 질문을 받을 때마다 나는 초등학교 3학년 겨울방학이 생각난다. 겨우 한글과 셈본을 깨우친 나는 지루한 겨울방학 동안 심심해서 혼자 수학문제집과 씨름하고 있었다. 처음에는 답도 미리 보고 암흑 속을 헤매기 일쑤였다. 그러다가 어느 순간 반짝하면서 스스로 터득하는 기쁨을 맛보았다. 이후 내게 수학문제 풀이는 심심하면 놀이삼아 하는 취미가 되었다. 나중에 러시아 출신 여성수학자 쇼냐 코발레프스카야가 책을 뜯어서 여기저기 벽에 도배를 한 후 이것들의 순서를 맞추면서 미적분을 공부했다는 얘기를 읽으면서 내 경험에 더하여 여러 가지 학습방법에 대해서도 관심이 생겼다. 학습이론은 수학을 가르치는 내게 언제나 커다란 과제였다.

좋은 선생님들을 일찍이 만날 수 있었던 것은 내게 큰 행운이었다. 특히 1950년, 이미 고교 시절에 태양열 주택에 대한 논문을 쓰고 서울공대 화공과를 졸업한 후 부임하셔서 과학과 화학을 가르쳐준 강순옥 선생님! 그 시절 대학실험실보다 더 설비가 좋았던 우리 학교 실험실에서 4년간 과학의 큰 틀을 보여준 선생님 덕분에 나의 진로결정은 당연히 화학이었다. '여성다운' 전공을 택하기를 바라던 부모님의 반대는 오히려 도전정신을 불러일으킬 뿐이었다. 인기 많은 화공과를 졸업하고도 여성이라서 전공을 살릴 기회가 없었던 선생님은 여성을 잘 길러줄 거라는 이유로 내게 여대 진학을 권했다. 이 과정에서 수학을 좋아하고 실험실에 늦게까지 안 있어도 된다는 이유가 추가되어 전공까지 수학으로 바뀌었다. 통행금지 시간이 없어진 지금 그때 생각을 하면 웃음이 절로 난다.

수학을 통한 도전정신과 배움의 즐거움

모든 학문의 기본이 되는 수학에 평생을 던져볼 만하다는 생각으로 대학에 진학했다. 그 당시에는 좋아하는 주제를 평생 생각하고 또 새로운 것들을 발견하면서 독립적으로 활동할 수 있는 교수직이 가능하다는 것 말고는 경력계발에 대한 정보도 없었고, 위인전으로 읽은 퀴리부인, 아인슈타인, 뉴턴 등 위대한 과학자들 외에는 본이 되는 국내 역할모델도 없었다. 이웃학교에서 강의하러 온 교수 가운데는, 강의 중에서 어려운 부분은 현모양처가 될 우리에게는 필요 없다면서 빼버리기도 해 내 가슴에 분노의 불길을 지핀 적도 많았다. 그렇다고 오늘날처럼 적절한 대처 방법이 있는 것도 아니어서 혼자 냉가슴을 앓기만 했다. 이것이 여성과 직업의식을 희미하게 인식하는 계기가 된 것 같다.

당시의 대학 학습량은 너무도 적었고 별다른 도전이 필요하지도 않았다. 또한 수학문제들을 해결하면서 크고 작은 즐거움은 있었지만 수학이 왜 모든 학문의 언어이고 기본인지는 느낄 수가 없었고 그 누구도 알려주지 못했다. 그래서 학년을 초월한 세미나 그룹을 만들고, 영어로 된 추상대수학 책과 씨름을 하기도 했지만 큰 진전은 없었다. 때로는 수학이 아름답다는 생각도 했지만 '이 어려운 수학을 평생의 과제로 해야 하나?' 하는 의구심이 들 때도 많았다. 그러나 바로 이런 이유들 때문에 수학이 도전할 만하다는 생각을 더 했던 것 같고, 다른 사람들은 이런 과정을 어떻게 극복했는지 또 위대한 수학이론들은 어떻게 만들어졌는지도 알아내고 싶어졌다.

유학이라는 모험을 떠나다

1972년, 당시 허용된 해외여행 한도액인 200불만을 손에 쥐고 캐나다 브리티시컬럼비아대학(UBC)으로 유학을 갔다. 아는 사람이 밴쿠버에 산다는 것이 장학금을 받은 여러 대학 중에서 그 대학을 선택한 유일한 이유였다. 무식하다보니 의사 결정이 단순하고 간단했다. 문화적 충격과 영어를 못해서 겪는 어려움 속에서도 얻은 것이 너무 많은 시절이었다. UBC를 수석으로 졸업한 여학생 노마는 내게 영어와 수학 모두 도움을 주었고, 앤더슨 선생님은 조교 장학금 외에 캐나다 학생들도 받기 어렵다는 NRC 장학생으로 추천해 주셨다. 서툰 영어로 잘못된 채점에 이의를 제기해 바로잡은 것이 계기가 되었다. 선생님의 실수를 지적하는 것에 익숙하지 않은 동양문화권 출신이었지만 성적이 나쁘면 조교 장학금에 악영향이 미칠까봐 고민 끝에 용기를 내 찾아갔던 것이 오히려 선생님께 나를 알리는 계기가 되었던 것이다. 내게는 동서양의 문화적 차이를 실감케 해준 사건이었다.

그러나 UBC에서의 가장 큰 경험은 1974년 밴쿠버에서 열린 세계수학자대회에 참석해서 꿈에 그리던 수학자들을 만날 수 있었다는 것이다. 여기서 필드상을 수상한 대수기하학자 멈포드 교수는 기자들의 질문에 자신의 연구업적이 한 200년 후에나 이용될 것이라고 말했다. 하지만 그의 이론은 이미 영상처리 등에 널리 활용되고 있으며, 그 자신도 지금 브라운대학에서 영상처리 연구를 활발하게 하고 있다. 컴퓨터와 디지털 기술의 발달로 수학의 영역은 크게 확장되고 있으며 활용 가능한 범위도 우리의 상상을 초월하는 경우가 많아졌다. 명실공히 수학이 과학의 언어이고 기본이 됨을 실감할 수 있는 시대가 온 것 같다. 이러한 사례들이 바로 몇 년 앞을 내다보지 못하고 응용이 안 된다는 이유로 기초과학에 대한 지원과 연구를 소홀히 하는 것이 얼마나 위험한 일인지 실증해주고 있는 것이다.

세계수학자대회 의장은 꿈속에서도 수학을 할 정도인 학생들만 수학을 계속하라고 말해서 대학원생들의 기를 꺾어 놓았다. 그 당시 영어로 꿈꾸는 수준이 되어야 조교 노릇을 편히 할 수 있다기에 나 역시 영어로 꿈꾸는 날을 기다리고는 있었지만 거기에 한술 더 떠서 꿈에서도 수학을 하라니 어이가 없었다. 그런데 논문 준비를 시작하고 났더니 꿈속에서도 절로 문제와 씨름하고 있는 나를 발견할 수 있었다. 대회 의장 얘기에 수학을 그만둔 친구들도 몇 명 있었는데 비록 기는 죽었었지만 포기하지 않아서 참 다행이었다. 선배들의 조언은 신중해야 하고, 또 남의 조언에 쉽사리 꿈을 접는 어리석음도 피해야 한다는 교훈을 얻었다.

퀸즈대학의 박사학위

전 세계에서 모인 수학자들은 여러 가지 의견을 내놓았다. 그중에는 북미대륙은 동부와 서부가 너무 다르므로 동부 학생들은 서부를, 서부 학생들은 동부를 경험하라는 충고도 있었다. 멀리 한국에서 온 내게는 해당사항이 없었음에도 무식해서 용감했던 나는 노마와 함께 석사학위를 마치고 킹스턴의 퀸즈대학으로 가기로 결정했다. 그러나 노마는 여름에 논문 지도교수와 약혼하는 바람에 밴쿠버에 남게 되었고, 나만 혼자 온타리오 호숫가의 조그만 대학촌 킹스턴으로 갔다. 세계 제일의 미항을 미련 없이 떠난 나는 후회할 사이도 없이 또 새로운 환경에 적응해야만 했다.

작지만 대수학이 강한 퀸즈대학 수학과에는 위대한 수학자는 없었지만

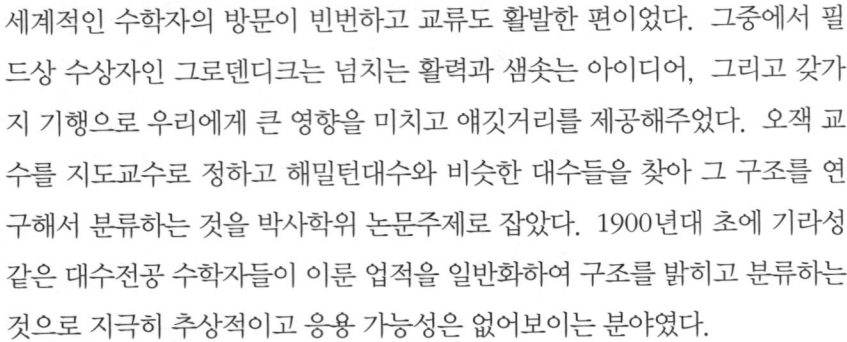

세계적인 수학자의 방문이 빈번하고 교류도 활발한 편이었다. 그중에서 필드상 수상자인 그로덴디크는 넘치는 활력과 샘솟는 아이디어, 그리고 갖가지 기행으로 우리에게 큰 영향을 미치고 얘깃거리를 제공해주었다. 오잭 교수를 지도교수로 정하고 해밀턴대수와 비슷한 대수들을 찾아 그 구조를 연구해서 분류하는 것을 박사학위 논문주제로 잡았다. 1900년대 초에 기라성 같은 대수전공 수학자들이 이룬 업적을 일반화하여 구조를 밝히고 분류하는 것으로 지극히 추상적이고 응용 가능성은 없어보이는 분야였다.

그러나 수학에서 분류는 중요하고 아름다운 문제이다. 다른 전공 대학원생들과의 만남에서 이것은 다른 학문에서도 중요한 과제임을 알았고, 수학적 방법론이 다른 학문에 기여할 수 있다는 것, 그리고 이로써 수학이 과학의 언어임을 다시 확인할 수 있었다. 수학 외에도 참 많은 것을 배웠다. 나는 그럴듯한 아이디어로 내 이론을 80~90퍼센트 정도 증명하고 사실임을 주장하곤 했다. 지도교수는 철저히 나의 오류를 점검했고, 점검 없이 논문을 냈다가 망신당한 사람들 얘기를 해주면서 수학하는 방법, 나아가 학문하는 방법을 터득하게 해주었다. 수학자들 중에는 가우스처럼 훌륭한 이론을 증명했지만 더 아름다운 증명법을 찾느라고 발표를 미룬 사례도 있었다. 또한 미국수학회는 자신의 무지로 인해 다른 사람이 이미 발표한 연구결과와 같은 내용을 발표한 경우에도 표절로 취급하여 학자로서의 생명에 치명적인 영향을 준다고 하니 수학하는 길에 대한 안내를 준엄하게 받은 셈이다.

여성수학자 역할모델을 만나다
수학과 학문하는 방법을 알려준 지도교수님은 논문 구두 발표가 끝난 후에,

가족이 멀리 있는 나를 위해 1달간 틈틈이 빵을 손수 구워 냉동시켜두었다가 파티 당일 날은 장을 봐서 성대한 파티를 열어주었다. 지도교수는 부부가 모두 수학과 교수였는데 부인은 현명한 여성으로 내게 여러 면에서 역할 모델이 되었다. 처음으로 여성수학자를 만나 가까이에서 상의하고, 자녀 양육과 가정 그리고 학문을 어떻게 병행해나가는지 일상사를 살펴볼 수 있었던 것은 내게 두고두고 큰 도움이 되었다. 지금 대도시 서울의 분주한 일상 속에서 학생들을 대하면서도 그분들의 배려와 사랑이 자주 생각나고, 그때마다 나를 긴장시키기도 한다.

박사학위를 받았지만 수학이라는 큰 숲은 보이지 않았고 내가 이룬 것은 너무 작았다. 위대한 수학자들이 찾아낸 광맥에서 떨어진 부스러기를 찾는 느낌이었다. 수학의 무게에 꽉 눌려서 학생 때보다 부담이 더 컸다. 이미 미국이 수학의 중심이 되었지만 독일 수학에 대한 전통이 궁금해서 독일 레겐스부르크대학에 박사후연구원으로 갔다. 그곳은 위대한 독일 수학의 전통 속에서 열심히 그러나 즐겁게 공부하는 분위기였다. 교수들의 서투른 바이올린 연주회도 열리고 라틴어, 희랍어로 시 낭송대회도 있었다. 나도 고등학교 시절에 배운 '청산에 살으리랏다'를 소개했다. 그러다가 새벽 1~2시까지 수학을 논하기도 하고, 그렇게 학문과 놀이가 한데 어우러진 것이 아름다웠다.

인류 문화유산의 하나인 수학의 무게에 짓눌리는 대신 그 안의 작은 발견도 소중히 여기면서 평생을 꾸준히 계속 공부하자는 적극적 사고가 자리를 잡게 되었다. 다만 만국의 국제어인 수학을 주로 영어로 말하다 보니 독일어는 거의 진전이 없는 것이 큰 유감이었다. 나는 유학시절에 독일어와 불어, 러시아어를 방학마다 수강해서 문법을 익히는 데 재미를 붙였다. 수학을 하면 외국어 문법은 쉽게 배우는 것 같다. 나중에 취미로 몇 나라 문법을 더 배우려는 야심찬 계획까지 세웠는데 지금껏 실천하지는 못하고 있다.

가르치면서 배우는 보람

수학을 좋아한 덕분에 단돈 200불을 들고 해외로 나가 장학금으로 평생을 함께할 수학을 배우고, 외국어를 익히고 좋은 친구들과 훌륭한 선생님들을 만나고 새로운 문화를 맘껏 체험하고 신나게 살다가 7년 반 만에 모교인 이화여자대학교 수학과에 돌아왔다. 돌아와 보니 고국은 많이 풍요로워졌고 학생들도 활기가 넘쳤다. 적어도 배운 대로 가르치자는 결심과 선생님들이 내게 베풀어 주신 대로 베풀자는 각오로 시작된 대학교수 생활이 이제 27년째로 접어든다. 학생들과 더불어 수학의 숲과 나무를 함께 보려는 노력도 하고 있다. 그 과정에서 나는 오랫동안 스스로 궁금했던 것에 대한 답을 얻어간다. 수학은 패턴을 연구하는 학문으로 과학의 언어이고, 나아가 생각의 패턴까지도 그 영역으로 한다는 것이다. 비로소 '수학의 본질은 자율성에 있다'는 집합론의 창시자 칸토르의 말이 이해된다. 가르치면서 배울 수있는 것이 감사할 뿐이다.

학생들에게는 내 경험을 통해서 유학을 적극 권한다. 어느 틈에 수학자라기보다 수학전달자이고 교육자가 된 나를 발견한다. 창조적인 수학 연구에 몰두하지 못하는 것이 아쉽기는 하다. 그러나 제자들이 훌륭한 수학자가 되어 활약하는 것을 보는 것이 작은 수학 지식의 생산보다 더 큰 기쁨과 보람임을 느낀다. 국내외 대학의 교수로 재직하고 있는 후배들, 수학을 활용해서 전자공학, 컴퓨터, 정보보호, 생명정보에 이르기까지 다양한 분야에서 융합적인 영역을 구축해나가고 있는 제자들, 모두가 이제는 친구들이고 오히려 학문적으로 배워야 하는 자랑스러운 나의 선생님들이다.

여성과학자 육성과 WISE 프로그램

과학기술 분야에는 학생들에게 역할모델이 별로 없다. 더욱이 여성과학자의 비율이 12퍼센트 수준인 우리 현실에서 여학생들을 위한 역할모델은 가시화되지 못하고 있다. 또 훌륭하게 성장한 제자들이 취업에 어려움을 겪는 것을 보면서, 여학생들을 위하여 인위적으로라도 멘토(mentor. 코치)를 찾아 맺어주는 멘토링 프로그램을 기획하게 되었다. 수학에서 과학 전반으로 멘토링의 범위와 대상도 확대되었다. 처음에는 과기부, 그리고 지금은 교육인적자원부의 지원으로 이 프로그램은 전국의 10개 WISE(Women Into Science & Engineering)센터로 자리를 잡아나가고 있다. 여성과학자들이 멘토로 참여해서 과학자로서의 삶과 지혜를 학생들에게 나누어 주고 경력계발에 대한 조언을 하는 것이다. 대학생들은 중학생들을 찾아가 함께 과학과 수학실험을 하고 과학기술 관련 진학에 대한 조언도 한다. 후배를 돕는 과정에서 대학생들은 자신의 전공에 대한 동기유발과 자긍심도 함께 경험하며 전공 공부도 더욱 열심히 하게 되었다. 이런 사실을 발견하고 그들 스스로도 놀라고 있다. 작지만 아름다운 현상이 이공계에서 자발적으로 일어나고 있는 것이다. 카오스 이론처럼 이 조그만 나비 날갯짓이 큰 폭풍이 되어 우수한 여성과학자들이 곳곳에서 활약하는 모습을 볼 날을 기대해 본다.

과학자들과 학생들 간에는 수직적 네트워크가, 그리고 각 분야 간에는 수평적 네트워크가 생겨 마침내 격자무늬의 바람직한 네트워크를 통해 서로를 격려하고 끌어주고 받쳐주는 이 프로그램에 참여한 학생들은, 과학으로 봉사하면서 오히려 스스로 배우고 도움을 받는 소중한 경험을 했다고 털어놓는다. 내가 뒤늦게 깨달은 것을 학생들은 일찍이 깨닫고, 도움을 받았던 멘티(mentee) 학생이 이제는 멘토로 참여하는 순환고리가 형성되는 것을 보면 큰 보람과 희망이 생긴다. 10개 센터소장들과 함께 멘토링 자리를 펴놓은 나는 봉사를 한다기보다는 항상 젊은 친구들에게 자극받고, 도전받고, 세대 차이를 잊고 배움을 나누고 있으니 얼마나 감사한 일인지 모르겠다. WISE센터의 과학 멘토링 캠프에 참여해서, 세계적인 뇌과학자가 되어 서울에 연구소를 세우고 뉴욕과 동경에 지점을 차리겠다던 진아, 세계 최초로 동물과 의사소통할 수 있는 약을 개발해서 노벨상에 도전하겠다던 지혜, 생명공학자가 되어 난치병을 치료하고 WISE센터소장이 되어 봉사를 하겠다던 친구들, 얼마나 똑똑하고 당찬 후배들인가! 이들의 크고 아름다운 꿈이 있어서 우리의 밝은 미래를 확인할 수 있는 현장을 나는 사랑한다. 학생들과 그들을 도와서 멘토로 참여하는 여성과학자들과의 만남이 내게는 수학의 울타리를 넘어서 만든 참 소중하고 감사한 인연이다. 시간과 노력이 많이 들어가는 이런 일을 기꺼이 해주는 동료 과학자들과 WISE식구들이 항상 고맙다. 또 WISE 프로그램을 이해하고 전공을 살려서 조언과 지원을 아끼지 않는 남편, 많은 시간을 밖에서 보내는 엄마를 이해하고 스스로 알아서 자기일 처리하고 집안일도 도와주는 아들이 큰 위로가 되고 또 고맙다.

여성과학기술인들의 네트워크 한국여성과학기술단체총연합회

2006년부터는 한국여성과학기술단체총연합회 제2대 회장이 되어 과학과 여성이라는 큰 틀 안에서 다시 한번 네트워크를 구축하며 여성의 역할을 높여나가는 의미 있는 일을 하게 되었다. 과학의 진보에 여성의 힘을 보태고 여성이 활동할 수 있는 더 나은 환경을 만드는 데 일조할 수 있다는 생각에 감사할 따름이다. 미래 과학기술은 융합의 과학이다. 다양한 과학기술이 합쳐져서 새로운 학문을 창조하는 융합과학기술시대에 있어서는 여성들의 역할이 무엇보다 중요하다. 여성들은 '관계중심적인 삶'을 살고 있기 때문에 생명과학, 환경문제 등 다양성을 추구하는 융합과학에서 여성들의 능력 발휘가 더욱 기대된다. 이런 시대적 특성을 살려서 여성 리더들이 부족한 과학기술계 전반에 걸쳐 여성 인력에 대한 사회의 인식을 개선하고 여성과학자들을 가시화 해나가는 일, 여성과학자들이 부딪치는 도전과 기회를 활용하는 일, 여성과학자들의 네트워크를 활용하여 여성 전체의 과학마인드를 확산해 나가는 일 등과 같은 과제를 함께 풀어나갈 것을 기대하고 있다.

수학과 함께 해온 40년 세월! 수학에 대한 이해가 커지고 이것을 통해 배우는 방법을 터득하면서 평생을 재미있게 배우며 나눌 수 있는 이 과정은 벽돌

을 한 장 한 장 쌓아 무한히 커나가는 집을 짓는 것 같다는 생각이 든다. 수
학에서는 이 무한의 집도 존재 가능하다. 어느 수학자의 말대로 수학을 해
서 합리적이고 지극히 창의적인 사람들에 둘러싸여 지낼 수 있었던 것이 행
운이고, 여기저기 여행을 할 수 있고 어디서나 수학활동을 할 수 있는 것도
감사한 일이다. 게다가 과학의 발달과 함께 수학의 미래도 한없이 크게 펼
쳐질 가능성이 보이니 내가 할 일도 많아져 더욱 신이 난다. 그러나 무엇보
다도 수학이라는 커다란 우산 아래에서 함께하는 나의 학생들, 선생님들,
동료들, 그리고 가족 모두가 내게는 한없이 소중하고 크나큰 축복이다.

이호왕

1928년 함경남도 신흥에서 출생하여 서울대학교 의과대학을 졸업하고, 미네소타대학교에서 미생물학 석사와 의학박사 학위를 받았다. 서울대학교, 고려대학교, 울산대학교 의과대학에서 교수직을 역임했다. 유행성출혈열의 원인이 되는 바이러스를 1976년 세계 최초로 발견하여 한탄바이러스라 명명하고, 이 병을 예방하는 백신인 한타박스도 1989년 발명했다. 2000년부터 2004년까지 대한민국학술원 회장을 역임했다. 1979년 미국 최고 민간인 공로훈장, 1980년 대한민국학술원상, 1983년 미육군성 연구개발부 연구업적상, 1990년 과학상, 1992년 호암상, 1995년 Prince Mahidol Award, Thailand, 2002년 창조장 등을 수상했다. 현재 한탄생명과학재단 이사장이며, 또한 한국에 세계본부를 두고 있는 국제백신연구소(IVI)의 한국후원회 회장직을 맡고 있다.

인류의 생명을 구하는 것만큼 가치 있는 일은 없다

소년기

함경남도 신흥, 개마고원에서 그리 멀지 않은 산 좋고 물 맑은 마을에서 나는 태어났다. 아버지는 쌀과 비료 등을 파는 상점을 했는데 내가 태어났을 때 동네 당골 사주쟁이가 오래 살지 못할 거라 하여 어머니는 내 이름을 '장수돌이'라고 지었고 초등학교 입학할 때까지 그 이름으로 불렸다. 하지만 그것은 기우였고, 나는 읍내 최고의 개구쟁이로 튼튼하게 자라나며 특히 달리기와 제기차기로 이름을 날렸다. 집에서 학교까지의 약 300미터 거리를 떨어뜨리지 않고 제기를 차고 다녔으니까 말이다. 그렇다고 놀기만 한 것은 아니고 공부도 열심히 하고 글짓기 솜씨도 좋아 여러 번 상을 받고 소년 신문에도 났다. 한 치의 거짓이나 꾸밈도 용납되지 않는 과학세계에서 일생을 보낸 나는 가끔 당시 글짓는 재능을 살려 소설가가 되었다면 어떻게 되었을까, 상상의 나래를 마음껏 펼치며 꿈처럼 아름다운 이야기를 누에고치 풀듯 한없이 풀어낼 수 있었을 텐데 하는 생각을 하곤 했다.

　중학교 입학을 앞두고 내게 첫번째 위기가 다가왔다. 어머니는 한의사였던 할아버지 뒤를 이어 의사가 되라고 했지만 아버지는 인근에서 성냥공장을 차려 큰부자가 된 박춘삼 씨를 부러워하며 공부를 그만두고 돈을 벌라고 했던 것이다. 어쨌든 사생결단으로 내 진학을 밀어붙인 현명한 어머니 덕분에 나는 함남중학교에 진학했다. 이제는 제기차기 대신 중학교 수준에 맞게 농구와 달리기를 했는데 특히 달리기는 나를 당할 친구가 없었다.

대학 시절

1950년 한국전쟁이 일어나 부산 피난촌에서 서울대학 의대에 다닐 때는 헌병대위이던 작은형이 어렵게 학비를 대주었다. 점심은 늘 굶기 일쑤였지만, 답안지를 보여달라는 친구들의 요청을 거절하지 못한 덕분에 시험 때만은 도시락을 많이 얻어먹었다.

전쟁이 끝나자 서울로 돌아와서 대학을 졸업한 후 대학원에 진학했다. 그런데 미생물학이 따분하다고 생각했던 내가 미생물학을 전공으로 선택해야 하는 역설적인 운명이 기다리고 있었다. 나는 학생 때부터 훌륭한 내과의사가 되고 싶었다. 어머니의 소원이 머릿속 깊이 입력되어 있었기 때문이다. 한국전쟁을 겪으면서 전국에서 전염병으로 죽은 사람이 전쟁으로 죽은 사람 못지않음을 목격했다. 부산에서만 한 해 3만 명의 천연두 환자가 발생하여 2만 명이 목숨을 잃었고, 병원마다 뇌염, 장티푸스, 발진티푸스, 말라리아 등 각종 전염병 환자가 넘쳐났다. 전염병을 알려면 먼저 병균을 알아야 하고, 그러려면 미생물학을 알아야 했다.

당시 서울의대 미생물학과에는 실력 있고 고집 세기로 유명하여 괴짜교수로 불리던 기룡숙 교수가 계셨는데, 나는 그분 밑으로 들어갔다. 대학원에 들어가 조교생활을 시작했는데 전기가 제대로 들어오지 않아 밤늦게까지 숯불을 피워 야전용 멸균기로 세균배양기를 멸균했다. 세균을 배양하려고 해도 부란기에 전기가 계속적으로 들어오지 않아 세균이 든 배양기를 가슴에 품고 다니면서 체온으로 세균을 배양해 학생실습에 쓰곤 했다. 그렇게 부지런히 실험과 공부를 하면서 교수님의 유일한 조교 연구원이 되었다. 하지만 훌륭한 내과의사가 되기 위해 선택했던 미생물학이 이때부터 내 평생의 학문이 되어버렸다.

미국 유학

1955년 여름 꿈에 그리던 미국 유학이라는 행운이 내게 다가왔다. 당시 미네소타대학과 자매결연을 한 서울대학은 미국정부의 원조로 교수요원들을 그 대학으로 보내 1~2년간 연구 및 교육을 받게 했다. 이때 의과대학의 각 교실에서 한 명씩 젊은 조교들도 보내기로 했는데 내가 거기에 낀 것이다. 미국의 젖줄이라는 미시시피강이 가까이 흐르는 미네소타대학에서 미생물학 석사과정을 끝내고 시버튼 주임교수의 추천으로 다시 박사과정을 밟았다. 그렇게 박사학위를 받은 사람은 30여 명의 유학 조교 중 단 두 명에 불과했다.

유학 공부가 처음부터 그렇게 호락호락했던 것은 아니다. 처음 1년간은 언어 장애로 강의 노트는 제목 하나 달랑 적힌 채 텅 비어 있기 일쑤였고, 한번은 휴강한다는 말조차 못 알아들어 강의실에 혼자 앉아 있기도 했다.

처음에는 친절한 미국 친구의 노트를 빌려 주말에 한 글자도 틀리지 않게 베껴 적고, 주중에 교과서를 참고하면서 그 내용을 공부했다. 그렇게 2년이 지나자 귀가 뚫리기 시작했다. 처음 1년간은 기숙사 생활을 했고 2년째부터는 밥이 먹고 싶어 친구와 함께 다락방에서 자취를 시작했다. 손바닥만한 창문으로 햇빛이 들어오는 방에서 나는 친구와 일주일씩 번갈아가며 식사 당번을 했다. 가끔은 미국사람들이 싫어하는 갈비, 족발, 소내장 같은 것을 싼값에 사다 푸짐하게 끓여 먹었고, 양배추로 사내들끼리 엉터리 김치도 담가

먹었다.

나는 석사논문과 박사논문의 연구주제를 일본뇌염 바이러스로 잡았다. 매년 여름 우리나라에 떼죽음을 불러오는 괴질이었던 일본뇌염 바이러스의 조직배양과 면역기전에 관한 연구를 했다. 그 연구를 하려면 살아 있는 동물세포를 길러 거기에 뇌염바이러스를 배양해야 했는데 그것이 보통 세포에서는 잘 자라주지를 않았다. 그러다 우연히 아직 태어나지 않은 새끼돼지 콩팥세포를 동료연구원에게 조금 얻어 시험 배양했더니 결과가 좋았다. 이후 월요일 아침마다 커다란 양동이 두 개를 들고 도살장으로 가는 것이 내 일이 되었다. 차를 타고 40분을 달려 유명한 호멜식품회사의 도살장에 가면 2000마리가 넘는 돼지가 컨베이어에 실려 나온다. 그러면 지키고 섰던 일꾼들이 칼로 배를 갈라 내장을 쏟아버렸다. 거기에 새끼를 밴 어미 돼지가 포함되어 있어 태중의 새끼돼지를 양동이에 공짜로 담아왔던 것이다.

실험실에 돌아오면 새끼돼지를 해부해 콩팥을 분리해냈다. 그리고 시험관에서 배양한 콩팥세포에 뇌염바이러스를 기르는 연구를 했다. 밤중에 혼자 실험실에 나가 밤을 꼬박 새는 외롭고 어려운 생활이 계속되었다. 결국 세계 최초로 뇌염바이러스를 배양하는 데 성공했다. 29세의 한국 과학도가 세계 최초로 뇌염바이러스에 의해 파괴되는 돼지 신상피세포를 발견한 결과를 담은 논문이 1957년 미국 저널에 게재되었다. 박사논문은 16마리의 원숭이에서 뇌염바이러스의 감염과 면역기전을 규명하는 것이었는데 엄청난 고생을 했다. 연구 시작 2년 후인 1959년 12월 13일 박사학위 논문심사가 통과되던 그날을 나는 지금도 생생히 기억한다. 기독교인들이 가장 싫어한다는 13일의 금요일이 내게는 행운의 날이 되었다. 대학에 그냥 눌러앉으라는 제의도 받았지만 나는 한국정부의 돈으로 공부했으니 고국으로 돌아와야 한다고 생각했다. 거기서 심리학을 공부하고 있던 아내를 만나 간단한 약혼식을 올리고 혼자 귀국했다.

교수 시절

바이러스 전문가가 되어 귀국한 나는 서울의대에서 교편을 잡고 학생 실습과 강의를 꼼꼼하게 준비하며 학생들을 가르쳤다. 보람은 있었지만 가슴 한편에 무언가 채워지지 않는 미진한 것이 늘 마음을 괴롭혔다. 그러던 어느 날 그 원인을 알았다. 당시 서울대학은 연구시설 및 연구자재가 너무나 열악했고 연구비도 없었다. 나는 미국에서처럼 연구를 하고 싶었던 것이다. 아무래도 미국 국립보건원의 연구지원비를 받아야겠다는 생각으로 수업 짬짬이 연구계획서를 작성했는데 영어로 신청서를 완성하는 데 꼬박 1년이 걸렸다. 외국인에게는 하늘의 별따기보다 어렵다던 연구비를 받겠다고 신청서를 제출하고 결과를 기다리던 1년간은 피가 마르는 것 같았다. 날마다 우체통을 열어보아도 기다리는 편지는 오지 않았다. 그러던 어느 날 나는 이상한 꿈을 꾸었다. 화산이 터져 시뻘건 용암이 분출하고 하늘마저 빨갛게 물들어 있었다. 그리고 며칠 뒤에 그렇게도 기다리던 행운의 편지가 우체통에 들어 있는 것이 아닌가.

뇌염 연구

1964년부터 3년간 4만 불의 연구지원비와 자동차를 받게 된 연구과제는 '한국에서의 일본뇌염 바이러스의 월동기전'이었다. 뇌염바이러스를 연구하려면 뇌염모기가 100만 마리쯤 필요했다. 나는 연구원들과 함께 산으로 들로 모기를 잡으러 다녔다. 사람들은 나를 '모기 박사'라고 불렀다. 모기를 한꺼번에 많이 잡으려면 특별한 방법이 필요했다. 나는 숲속에 백열전구를 켜고 그 옆에 선풍기를 틀어놓았다. 그리고 옆에는 그물을 쳤다. 밤이 되면 모기들이 불빛에 이끌려 몰려왔다가 선풍기 바람에 휩쓸려 정신을 잃고는 그물통에 걸리는 것이다. 다음날 아침 그물통에 걸린 수천 마리의 모기를 들고 연구실로 돌아오면 현미경으로 핀셋을 이용해 뇌염모기를 골라내야 했다.

또한 뇌염바이러스가 뱀과 박쥐의 체내에서 살기 때문에 그들도 많이 잡아야 했다. 나는 뇌염모기를 갈아서 살아 있는 세포 안에 주입하거나 쥐에 주사하여 뇌염바이러스를 분리했다. 뱀과 박쥐의 심장에서 주사기로 피를 뽑아 뇌염바이러스의 항체를 검사하기도 했다. 그렇게 5년 동안 열심히 뇌염 연구를 했는데 어느 날 하늘이 무너지는 것 같은 소식을 들었다. 일본에서 뇌염바이러스의 예방백신을 개발했다는 것이다. 뇌염이 정복되기 시작하는 순간이었다. 이제 더 이상 뇌염 연구를 지속할 이유가 사라지기 시작한 것이다.

다시 한번 처음부터 시작해야 한다는 생각이 들면서 그동안의 연구로 내게 무엇이 남아 있나 되돌아보았다. 내게는 수년간 함께한 귀중한 연구인력과 그동안 쌓인 값진 경험들이 남아 있었다. 다시 도전해볼 만한 연구과제와 연구비를 찾아야 했다. 그러던 중 잘 알고 있는 미육군의학연구소의 유명한 과학자가 한국과 중국, 러시아에서 많이 발생하는 유행성출혈열을 연구해보라고 권유했다. 주로 군인들이 많이 걸리던 그 병은 아시아에서만 1년에 수만 명이 감염되고 수천 명이 죽어나가는 무서운 병이었다. 한국전쟁 당시에도 3200여 명의 미군병사가 감염되어 '한국형출혈열'이라 불리기도 했다. 미국은 1952년부터 노벨상을 수상한 두 명의 과학자를 포함해 230여 명의 연구자를 한국에 파견하여 연구했고, 또 연구 재료를 미국으로 가지고 가서도 연구했지만 감염경로를 밝히지 못했다. 엄청난 고급두뇌와 4000만 불의 연구비를 투입하고 15년간 연구했어도 그때까지 병원체를 규명하지 못한 병이었다.

유행성출혈열 연구

나는 새로운 연구에 도전하기로 하고, 다시 한번 미국에 정밀한 연구계획서를 제출해 병원체 규명을 위한 연구비 지원을 요청했다. 하지만 미국 측은 일언지하에 거절했다. 그런 전력을 가진 어려운 연구과제를 한국의 무명과학자가 해낼 수 있겠느냐는 것이었다. 그런데 1년 후인 1969년 도쿄 미육군 극동사령부에서 연구개발사령관이 찾아왔다. 나는 1년에 1만 3000불의 연구비를 요구했고, 그들은 연구가치가 있다고 판단해 연구를 지원하겠다고 했다.

들쥐가 그 병을 옮긴다고 생각했기 때문에 들판으로 돌아다니며 수천 마리의 들쥐를 잡아야 했다. 들쥐구멍이 있는 곳을 기가 막히게 찾아내는 전문가 김수암 씨가 그 일을 맡아 쥐구멍 곁에 쥐틀을 놓았다가 밤중에 쥐틀을 수거하여 산 채로 쥐를 잡아왔다. 우리는 잡아온 들쥐의 혈액을 채취하고 쥐를 해부해 각종 조직을 배양하여 병균이 있는지를 조사했다. 들쥐의 피와 유행성출혈열에 걸린 환자의 피도 대조했다. 그 병에 걸린 환자들이 주로 신장과 혈관에 이상이 생겼기 때문에 우리는 들쥐의 피, 심장, 뇌, 신장, 간, 취장을 샅샅이 검사했다. 그러나 병균은 찾을 수가 없었다.

그러던 어느 날 김수암 씨가 쓰러졌다. 고열과 설사에 온몸에 빨간 반점이 생기고 소변이 나오지 않았다. 급히 창동에 있는 육군병원에 입원시켰다. 그동안 연구원들도 병에 걸릴 수 있다는 생각은 하지도 못한 채 오로지 연구에만 매진했던 것이다. 김수암 씨의 부모는 몹시 분노하며 내게 책임을 추궁했다. 연구원들도 모조리 사표를 냈다. 나는 연구실 문에 '출입금지' 라는 팻말을 달고 한 달간 연구실을 폐쇄했다. 간절히 올린 기도의 응답이 있었는지 김수암 씨의 정신이 돌아왔고 한 달 후에는 회복되어 퇴원했다. 그로 인해 중요한 단서 하나를 잡게 되었다. 김수암 씨가 쓰러질 무렵 주로 등에 줄이 있는 등줄쥐를 많이 잡았는데 그들이 원인이 아닐까 하는 생각을 하게 된 것이다. 한 달 후 연구원들이 돌아와 다시 연구가 시작되었다. 그동안 11가지의 미확인 미생물을 발견했지만 그 어느 것도 내가 찾는 출혈열의 병원체는 아니었다.

나는 1960년대 말에 새로 개발된 '형광항체법' 을 1973년부터 우리 연구에 이용해보기로 했다. 5년 동안 연구한 결과, 회복기 환자에게는 급성기 환자에서는 나타나지 않는 감마글로불린 즉 lgG, lgM이라는 항체가 다량 증가한다는 사실을 알고 있었다. 이 항체에 대한 특이한 항원을 찾을 수만 있다면 문제를 해결할 수도 있다는 생각이 들었다. 회복기 환자의 감마글로불린을 토끼나 면양에 주사해서 안티-감마글로불린-항체를 만들고 이것에 형광색소를 붙였다. 이것으로 병원체를 찾기 시작했다.

연구가 시작된 지 5년이 지났을 때 마침내 1976년부터는 연구비가 중단된다는 통고를 받았다. 너무나 오랫동안 단 하나에 모든 것을 걸고 매달렸던 나였다. 당시 내 심정은 허탈감도 무력감도 아니었다. 다만 한없이 고독하고 공허했다. 지나간 일들이 다 헛되고 또 헛된 것이란 말인가. 이듬해 여름이면 연구비 지원이 끊어지게 되어 있었다. 그때 미국에서 편지 한 통이 날라왔다. 오랫동안 유행성출혈열을 연구했다는 젤리슨 박사가 보낸 그 서신에는 들쥐의 폐에 생기는 곰팡이가 병의 원인인 것 같다는 의견이 들어 있었다. 그때까지 나는 들쥐의 모든 장기를 검사했지만 폐만은 제외되어 있었다. 그날부터 나는 들쥐의 폐도 검사하기 시작했다. 그렇게 겨울이 온 어느날 현미경 아래 등줄쥐의 폐세포 속에서 황금색 점으로 반짝이는 녀석을 찾아냈다. '유레카!' 바로 유행성출혈열을 일으키는 바이러스였던 것이다. 매서운 겨울바람에 창문이 덜컹거리던 그 잊을 수 없는 밤, 고개를 쳐들고 위를 바라보니 연구실 천장에 난 구멍으로 반짝이는 별이 보였다. 연구 시작 6년째의 쾌거였다.

한탄바이러스와 서울바이러스의 발견

1976년 4월 29일 유행성출혈열 바이러스 사진을 발표했다. 세계 의학계는 무척이나 놀란 듯했다. 미국의 초호화연구팀이 4000만 불을 들이고도 실패한 프로젝트를 한국 과학자가 단돈 10만 불에 해낸 것이다. 6월에 미국 〈타임〉지 기자가 찾아와 유행성출혈열 병원체 발견이라는 기사가 나간 후 세계 주요 신문들이 이를 앞다투어 보도했다. 그리고 세계 각국의 학자들이 이를 검증하고 인정하는 데 무려 8개월이 걸렸다. 마침내 연구결과가 인정을 받게 될 무렵 나는 녀석의 이름을 '한탄바이러스(Hantaan virus)'라고 부르기로 했다. 38선을 따라 흐르는 한탄강 근처 들판에서 등줄쥐를 잡았기 때문이다. 또한 한탄강은 분단의 상징이었으므로 북에 계신 부모님을 생각하며 어서 통일이 되기를 바라는 마음도 있었다. 이후 세계 각국을 방문하며 강연도 하고 환자가 생기면 진단도 해주며 바쁘게 다녔다.

1980년 초에는 서울 시내 아파트 지하실에서 잡은 집쥐에서 제2의 유행성출혈열 바이러스를 발견하고 '서울바이러스(Seoul virus)'라고 명명했다. 그런데 이 무렵 다시 한번 연구원들이 유행성출혈열에 걸려 위험한 고비를 맞았다. 1년간 다섯 사람이 실험실에서 연구하다가 병에 걸려 입원했으나 다행히 모두 완전히 회복되어 연구실로 돌아왔다. 하지만 이를 계기로 나는 빨리 백신을 개발해야겠다고 결심했다.

백신 개발

1983년부터 세계보건기구와 녹십자사가 연구비를 지원하여 연구에 들어갔고, 1988년 세계 최초로 백신을 개발하여 '한타박스'라고 이름 지었다. 이는 내가 발견한 바이러스로 순수하게 우리나라 기술로 만든 신약 1호가 되었다. 이 백신 수출로 중국과 구소련 지역에서만 매년 1000만 불 이상의 외화 획득까지 이루어졌다.

나는 DNA를 굉장히 강조한다. 사람이 타고난 유전자가 인격 형성이나 공부하고 연구하는 데 결정적인 역할을 한다고 생각하기 때문이다. 타고난 소질이 없으면 그 분야에서 대성할 수 없듯이 성격도 타고나는 것이다. 나는 하고자 하는 것이 있으면 그 일에 몰두해서 끝장을 낼 때까지 집중하는 성격이다. 실패해도 개의치 않고, 하고 또 하고 또 할 수 있는 능력을 타고나야 한다. 내 성격은 실패를 해도 별로 싫다는 생각이 들지 않으며 피곤하지도 않다. 그래서 나는 가끔 연구를 할 수 있는 DNA를 어머니로부터 타고

났다고 말하곤 한다.

성공의 열쇠

꿈만 꾸는 과학자가 되어서는 안 된다. 꿈을 이루기 위해서는 창조적인 아이디어와 연구비를 받을 수 있는 능력을 겸비해야 한다. 또 연구비를 받았다고 독불장군처럼 혼자 해서는 안 되고, 여러 사람과 함께 연구를 할 줄 알아야 한다. 같이 일할 사람들을 잘 다스리고 화목하게 공동연구할 수 있는 분위기를 만들 수 있는 사람이 되어야 한다. 또한 연구원의 능력에 맞춰 연구과제를 주고, 문제가 있을 경우 해결할 수 있도록 돕는 것도 중요하다.

학문 세계에서는 기적을 기대해서는 안 된다. 한탄바이러스를 발견하기까지의 과정을 《한탄강의 기적》이라는 책에 담아낸 적도 있지만 기초과학에 대한 투자 없이 과학발전의 성과를 기대하는 것은 큰 오산이다. 정부가 과학자를 우대하고 기초 분야 연구에 지속적인 투자를 해야 한다. 현대의학에서 중요한 역할을 하는 MRI도 모두 기초연구에서 나온 것이다.

나는 2000년부터 4년간 대한민국학술원 회장을 역임했고, 한국인으로는 유일하게 미국 학술원의 회원이기도 하다. 학술원은 우리나라 학술발전에 지대한 공헌을 한 원로학자를 모신 곳으로 인문사회과학 분야 75명, 자연과학 분야 75명 등 총 150명으로 구성되어 있다. 각 분야에서 한두 사람밖에 뽑지 않기 때문에 학술원 회원이 되는 것은 장관이나 상을 받는 것보다 훨씬 더 힘들다.

요즘은 한국에 세계본부를 두고 있는 국제백신연구소(IVI)의 한국후원회 회장직을 맡고 있다. 지진해일 쓰나미는 20만 명의 목숨을 앗아갔지만 예방 가능한 감염성질환은 5세 이하 어린이 500만 명을 비롯해 매년 1100만 명 이상의 생명을 앗아가고 있다. 그래서 예방백신 개발이 중요하다. 하지만 우리나라는 1990년대 이후 백신산업이 크게 후퇴해 현재 백신 자급률이 10퍼센트 안팎에 머물고 있다. 언제든 심각한 백신 부족상태를 맞을 수 있는 것이다.

사람들은 나의 연구업적이 노벨상 수상 대상이지만 국력의 한계로 외면받았다고들 한다. 일본이 급속히 발전한 것은 도쿄올림픽과 함께 1965년 도모나가 신이치로가 노벨물리학상을 받은 것이 원동력이 되었다. 그후 일본은 물리학상, 화학상, 문학상 등 네 명의 노벨상 수상자를 냈고, 그 자신감을 바탕으로 세계 제2의 경제대국을 이루었다. 노벨상의 경우 스칸디나비아 각국의 교수 및 이미 상을 받은 학자와 노벨재단이 지정하는 단체에서만 후보자를 추천하도록 되어 있다. 따라서 누군가 앞서 길을 트는 것이 중요하다. 국력이란 군사적 힘이나 경제력만을 말하는 것이 아니고 학문의 깊이와 수상자의 수로 말하는 것이다. 이미 우리나라에서도 노벨 평화상을 받아 길을 텄으니 앞으로 과학계에서도 수상을 기대해봄 직하지 않은가.

하지만 다시 생각해보면 내가 상을 받지 못한 것이 무슨 소용인가. 백 명이든 열 명이든, 아니 단 한 명이라도 내 연구 덕분에 목숨을 건진 사람이 있다면 그것은 돈이나 노벨상으로도 살 수 없는 것 아닌가. 인류의 생명을 구해내는 것만큼 감격스럽고 가치 있는 일은 또 없는 것이다.

이희범

1971년 서울공대 전자공학과를 졸업하고 같은 대학 행정대학원(행정학과)에 재학중이던 1972년 제12회 행정고시에 수석합격해 상공부 산하 공업진흥청에서 행정사무관으로 공직생활을 시작했다. 1981년부터 2년간 청와대 사정비서실에서 근무했으며, 이후 주미 한국대사관 상무관보, 총무과장, 전자정보공업국장, 주유럽연합(EU) 한국대표부 상무관, 산업정책국장 등을 거쳐 1급으로 승진한 후에는 무역위원회 상임위원, 차관보, 자원정책실장을 역임했다. 산업자원부 차관, 한국생산성본부 회장, 서울산업대학교 총장 등을 지내고 2003년 12월부터 2006년 2월까지 산업자원부 장관을 역임한 후 현재는 한국무역협회 회장으로 재직하고 있다. 미국 조지워싱턴대학교에서 만학으로 시작한 경영학 석사학위 과정에서 외국인으로 최우수상을 받았으며, 경희대학교에서 경영학 박사학위를 취득했다. 한국행정학회 부회장, 한국유럽학회 이사를 역임했으며 공학한림원 정회원, 유럽전기전자공학회(IEE) 정회원으로 활동하고 있다. 저서로는 《유럽통합론》이 있으며 황조근정훈장을 수상했다. 바둑과 등산을 취미로 하고 있다.

과학을 수학한 자의 변

사실 나는 과학자는 아니다. 대학 4년간 전자공학을 전공했으나 졸업 후 실험실에서 근무하거나 과학에 관한 논문을 써본 적도 없다. 대학 졸업 후 국내외 기업들의 취직제의를 뿌리치고 대학선배의 권유에 따라 행정대학원을 지원했는데, 수석합격 소식과 두둑한 장학금을 준다는 유혹에 다시 행정학을 공부했다. 그러다가 대학원 재학중에 치른 행정고시에서 수석합격을 해 어렵고 힘든 34년의 공직생활을 하게 되었다. 미국 유학에서는 경영학을 공부했고 경영학으로 박사학위를 받았으니 경영학도로 불리는 것이 옳을 듯하나 무적자 또는 다학적자로도 불릴 수 있을 것이다.

그럼에도 많은 사람들이 나를 공학도로 분류하고 있는 이유는 간단하다. 대학 재학중 형성된 공학적 사고가 일생을 두고 영향을 미치게 된 것이다. 또한 커리어 면에서도 주로 이공계 또는 산업정책을 다루는 분야에서 일을 했다. 공직의 첫 근무지가 공업진흥청(지금 중소기업청의 전신) 표준국 표준과였다. 우리나라의 모든 산업을 표준(KS)으로 분류하고 이를 ISO, IEC 등 국제규범과 일치시키는 일이야말로 공학과 산업정책의 시작이었다.

1970년대 중반 산업자원부 기계공업국 전자공업과 사무관 시절에는 기계식 전자교환기를 전전자식(ESS)으로 교체하는 업무와 컬러TV의 국산화와 보급업무에 앞장섰다. 1980년대 중반에는 초대 정보기기과장으로 근무하면서 당시로서는 황무지였던 국산 컴퓨터 생산과 보급에 주력했다. 1990년대 초 전자정보공업국장 시절에는 업체 간 컨소시엄을 구성해 D-RAM 반도체 연구개발을 주도했고, 디지털 TV(HDTV) 개발사업단을 구성해 차세대 디스플레이 연구를 선도했다.

차관보 시절에는 시장친화적 방법으로 부품소재산업 개발정책을 수립했다. 즉 종전까지는 정부가 개발 대상품목을 선정하고 재원을 배분했다. 그러나 새로운 방식에서는 기업들이 민간 또는 공공연구소와 공동으로 개발 대상품목을 결정하고, 벤처캐피털을 포함한 민간 투자자들이 투자기관협의회를 구성하여 사업성을 검토한 후 투자하기로 결정하면, 정부는 매칭자금 형식으로 민간투자에 상응하는 규모의 연구개발자금을 지원토록 한 것이다. 개발품목과 투자규모를 공무원 대신 민간이 결정함으로써 그만큼 시장친화적 방식이 되었고 실패율도 낮아졌다. 또한 기술수준이 높거나 규모의 경제에 미달해 국내 개발이 어렵다고 판단되는 품목은 외국기술을 도입하거나 외국인 투자유치 대상품목으로 유도했다. 그 결과 부품소재산업이 급속도로 발전했으며 만성적 무역적자에서 무역흑자 산업으로 전환되는 계기가 되었다.

서울산업대학 총장 시절에 강조한 것은 산학협력 사업이었다. 우리나라 이공계의 취약점은 대학에서 이수하는 학문과 기업이 요구하는 수준 간의 괴리현상이 크다는 점이다. 전국경제인연합회가 2002년 11월 300여 개의 회원사를 대상으로 조사한 바에 따르면, 대학 졸업생의 질적 만족도는 기업 요구 수준의 26퍼센트에 불과했다. 그 결과 대기업들은 대학 졸업생을 채용한 후 33개월 동안 1인당 평균 2700만 원을 투입하여 인성교육과 직무교육을 다시 시키고 있는 것으로 조사되었다. 기업들이 대학에 그 절반을 투자하여 대학 재학생들에게 기업의 수요에 부응하는 맞춤형 교육을 시킨다면, 그만큼 비용과 시간을 절감할 수 있다는 계산이었다. 서울산업대학은 일부 학과를 중심으로 재학생들에게 한 학기 동안 기업현장에 가서 근무하도록 했으며, 졸업논문 대신 졸업작품을 설계하고 전공 관련 제품을 하나씩 제작 하는 졸업작품제도(Capstone Design)를 처음으로 실시했다. 최근 들어 산 학협력은 거의 모든 대학이 앞다투어 도입함으로써 대학교육의 새로운 패러 다임으로 자리잡았다.

공직생활은 개인적으로 순교자 같은 희생과 봉사를 필요로 하며, 어항 속 물고기처럼 투명한 생활을 요구한다. 공직자의 가족들에게도 극기가 요구 된다. 공직에 있었던 동안 일부 기간을 제외하고는 일요일과 휴일을 쉬어 본 기억이 별로 없다. 오히려 일요일에 집에 있으면 불안할 정도였다. 가족 들과 외식을 하거나 여행을 하는 것도 해외근무시 외에는 상상조차 해볼 수 없었다.

그러나 공직을 수행하면서 보람 찬 일들도 많았다. 차관보 시절이던 1999년 유럽연합(EU)은, 한국정부가 조선업계에 보조금을 지급하고 있다 고 주장하면서 미국의 '슈퍼 301조'에 해당하는 무역장벽제거조치를 발동

했다. 유럽연합은 외환위기 기간중 한국 금융기관이 조선업계에 대해 출자 전환 또는 부채감면을 해준 것이 WTO 보조금 금지규정에 위반된다고 주장 하면서 대통령 정상회의 아젠다로 포함할 정도로 심각하게 다루었다. 우리 입장에서도 조선업계가 외환위기를 성공적으로 극복하고, 세계 조선 발주 량의 40퍼센트 가까이 수주하는 등 도약의 길로 진입하고 있어서 통상문제 해결은 시급한 과제였다. 양측은 1999년 3월 대통령의 이탈리아, 프랑스,

독일 방문 직후 차관보급 고위회담을 개최하기로 했다.

주EU한국대표부 상무관을 지낸 인연으로 우리 측 수석대표를 맡았으나 조선협상은 자국의 이익과 자존심이 걸려 있었기 때문에 협상 전망이 밝지만은 않았다. 만약 합의에 이르지 못하면 한국과 EU 통상관계뿐 아니라 우리 조선업계의 구조조정 노력에도 부정적인 영향을 미칠 수 있는 중대 사안이었다. 유럽의 입장도 바이킹의 후예인 덴마크와 노르웨이, 15세기 이후 해군력을 앞세워 전 세계를 제패한 영국, 스페인 및 포르투갈, 제2차 세계대전 이후 조선왕국을 건설한 독일, 오나시스가 군림하는 그리스 등 서유럽 15개국이 모인(현재 회원국이 25개국으로 확대) 유럽연합의 세계 조선시장 점유율이 20퍼센트 이하로 떨어지자 더 이상 양보할 수 없는 자존심 대결이 되었다.

한국과 EU 양측은 3일 동안 밤낮을 가리지 않고 협상에 임했으나 결과는 결렬이었다. 낮에는 EU 집행위원회 공무원들과 밤에는 서울에 있는 관계부처 공무원들과 협상을 했으나 양쪽을 모두 만족시키는 답안을 찾지 못한 채 예정된 시간이 흘러갔다. 빈손으로 귀국하려니 자존심이 허락하지 않았다. 서울에 하루만 더 말미를 달라고 요구한 후 다음날 아침 단독으로 EU 측 수석대표를 만났다. 30분 이상 우리 입장을 설명하자 수석대표는 "얼굴에서 (협상을 타결하려는) 진지한 눈빛이 보인다(I see genuity in your face)"며 회의를 하루 더 연장했고, 귀국 비행기를 타기 직전에 몇 가지 쟁점사항을 남겨둔 채 가합의문을 만들 수 있었다.

2000년에는 전력산업 구조개편이 초미의 관심사항이었다. 한국전력공사에서 발전부문을 분리한 후 여섯 개의 자회사로 분할하는 구조개편안은 외환위기 이후 최대의 개혁과제였으나 노조의 반대에 부딪혀 1년 넘게 표류하고 있었다. 구조개편을 주장하는 측은 경쟁을 통한 효율향상을, 구조개편을 반대하는 측은 분할시 전력수급 불안과 함께 규모의 경제를 저해하여 효율을 떨어뜨리게 될 것이라고 주장했다. 이러한 논란이 계속되는 가운데 차관보에서 자원정책실장으로 보임되었다. 물론 직을 걸고 전력산업 구조개편을 추진하라는 지시도 함께 떨어졌다.

반년 이상 전력노조와 수십 차례의 노사정회의를 개최하면서 수많은 대화를 나누었다. 양측은 중앙노동위원회의 조정에도 불구하고 파국 직전까지 가기도 했고, 때마침 미국 캘리포니아주에서 정전사태가 발생하자 노사가 함께 시찰하기도 했다. 결과적으로 노사 양측은 구조개편 방안의 합의에 이르렀고, 국회는 전력산업 구조개편 관련 법률을 여야 만장일치로 통과시켰다. 전력노조와는 업무적으로 입장을 달리하며 많은 논쟁을 했으나 인간적으로 친한 친구가 되었다. 전력노조는 서울산업대학 총장 취임식장에 꽃다발을 들고 찾아와 애증을 표시했다.

2003년 말 장관에 취임하면서 가장 심각하고 시급히 해결해야 했던 과제는 원자력발전소에서 배출되는 방사성폐기물 처분장 부지를 확보하는 일이었다. 1986년 정부가 방사성폐기물 처분장 부지선정 작업을 개시한 후 '안면도 사건', '굴업도 사건', '부안사태' 등을 거치는 19년 동안 수많은 희생과 대가 속에서도 최장기 미제인 국책과제였다. 2005년 11월 2일 주민투표를 통해 경주가 방사성폐기물 처분장 부지로 확정되었다. 새로운 부지선정 방식에는 첫째, 전체 정부차원에서 혁신적인 시스템이 가동되었다. 위로는 대통령부터 국무총리와 당청정에 이르기까지 전체가 오케스트라처럼 일사분란한 행정체계를 유지했다. 둘째, 행정의 투명성과 민주성을 확보하기 위해 주민투표와 경제적 보상원칙을 특별법으로 보장했다. 셋째, 과거의 실패사례를 분석하고 반성함으로써 행정의 일관성을 유지했다. 넷째, 지방자치단체장에게 처분장 유치가 주민 복지를 위해 이득이 된다는 확신을 심어주었고 자치단체 간 경쟁체제를 유지했다.

우리나라는 이공계에 우수 인재들이 몰림으로써 산업발전의 원동력을 제공해 왔다. 그 결과 1960년대 60불대에 머물던 개인소득 수준이 2만 불대에 이르러 세계 11위 GDP 국가, 세계 12위 무역국이 되었다. 반도체와 조선, 휴대전화 등은 세계 1위 생산국이 되었고, 자동차와 철강, 섬유 등도 세계 5위 수준이다. 중동에서는 우리가 만든 휴대폰을 갖고 다니는 것이 부의 상징이고, 인도에서 우리 자동차 열쇠는 환영받는 혼수감에 속한다. 또한 차세대 자동차, 차세대 반도체, 이동통신, 연료전지, 홈오토메이션 등 신성장 동력산업은 차세대의 먹거리가 되고 있다. 모든 것이 이공계 선배들이 만들어 놓은 찬란한 작품들이다.

그러나 최근 들어 이공계에도 위기가 오고 있다. 우선 대학을 선택하는 과정에서도 인기가 낮고, 대학을 졸업한 후에도 취업률이 높지 않다. 특히 국가 기간산업으로서 꼭 필요한 학과의 인기도 하락은 국가경쟁력 차원에서 시급히 해결해야 할 과제이다. 참여정부는 '과학기술중심사회'를 중요 국정지표로 설정하고 R&D 투자 확대, 이공계 졸업생에 대한 공무원 채용비율의 대폭 확대, 이공계 재학생에 대한 장학금 지급 확대, 2차 BK21의 추진과 자금지원 확대 등을 추진하고 있다.

글로벌화되는 세계에서 국가간 경쟁은 치열해지고 있다. 기업간 경쟁에서와 같이 국가간 경쟁에서도 'winner takes all' 법칙이 적용된다. 우리가 '어제보다 나은 오늘'을 물려받았듯이 '오늘보다 나은 내일'을 후손들에게 물려주기 위해서는 산업경쟁력 향상이 따라야 한다. 산업경쟁력의 요체는 기업경쟁력이며 이는 기술의 선점에 달려 있다. 지금 세계최고의 반도체와 휴대폰 생산기술을 갖고 있듯이 미래에도 이를 이어나갈 제품 개발이 따라야 한다. 이를 위해 우수한 이공계 인력을 확보하고 기술개발 여건을 조성하는 것은 우리 세대의 과제다.

임지순

1974년 서울대학교 물리학과를 졸업하고, 미국 버클리대학교에서 물리학 석사와 박사학위를 받았으며, 1980년부터 1982년까지 MIT에서 박사후연 구원 과정을 했다. 1982년 AT&T 벨연구소 고체이론실 박사후연구원 과 정, 1984년부터 1986년까지 벨코어 반도체연구실 상임연구원을 거쳐 서울대학교 물리학과 교수로 재직하고 있다. 1998년 미국 버클리대학교 연구팀과 함께 탄소나노튜브는 한 가닥일 때 도체가 되지만 다발이거나 모양을 변형시키면 반도체가 된다는 것을 밝혀내 탄소나노튜브가 반도체 소자로 이용될 수 있는 근거를 마련함으로써 한국의 나노 소재 기술 분야를 세계 수준으로 끌어올렸다. 1996년 한국의 노벨상이라 불리는 한국과학 상, 1998년 올해의 과학자상, 2002년 제1회 닮고 싶고 되고 싶은 과학자상, 2004년 제18회 인촌상을 수상했다. 세종대왕을 가장 존경하며 '초심을 잃지 말자'는 좌우명을 가지고 있다.

물리학은 자연의 신비를 파헤쳐나가는 과정이다

물리학이란 자연의 신비를 파헤치는 과정이다. 이 정의에서 나는 '과정'을 강조하고 싶다. 과정으로서의 학문이며 그러기에 항상 미완성이다. 그것을 한 발자국 나가게 하는 것이 학문의 의미이다. 모든 게 끝나서 정리되고 완성된 상태란 없다.

1996년 가을 나는 서울대에서 안식년을 받아 미국 캘리포니아주 버클리 대학에 갔다. 그러나 그해는 내게 안식년이 아니라 치열한 연구의 해가 되었다. 나는 버클리의 물리학 연구실에서 박사학위 논문 지도교수였던 마빈 코헨 교수와 선배인 스티븐 루이 교수와 함께 '탄소반도체' 연구에 몰입했다. 밤낮을 가리지 않고 연구에 몰두했던 1년 여의 시간 동안 실패와 한숨도 거듭됐지만 한 가지 목표만을 떠올리며 연구에 매달려온 우리들은 '도체인 탄소나노튜브를 여러 다발로 포개놓을 때 반도체의 성질을 갖는다'는 이론을 발견하고 증명하는 데 이르렀다. '반도체 혁명'이라는 개가를 이루기 위해 단 한순간도 긴장을 늦출 수 없었지만 거듭되는 실패 속에서도 새로운 사실을 하나씩 깨닫게 될 때마다 넘치는 희열에 잠을 이룰 수 없었다.

1996년 당시 많은 과학자들에게 아직은 큰 관심거리가 아니었던 탄소나노튜브는 뭔가 새로운 것을 찾던 내게 도전의 가능성으로 다가왔다. 《네이처》에 게재된 이 연구결과는 기존 실리콘 반도체보다 집적도가 1만 배 이상 높은 초고집적 반도체 소자의 탄생 가능성을 열어 세계 과학계의 주목을 받았다. 그리고 2000년에는 미국 연구팀과 공동으로 연구한 '최소형 탄소나노튜브 트랜지스터 제작기술'에 관한 논문이 《사이언스》에 발표되어 탄소나노튜브를 이용한 반도체의 실현 가능성을 선보였다.

마빈 코헨 교수와 함께 한 극적인 순간은 그보다 17년 전인 1979년에도 한번 더 있었다. 당시 20대 박사과정생이던 나는 전자, 원자구조의 새로운 계산법에 관한 박사학위 논문을 썼는데, 고체의 전자구조를 양자역학적인 방법을 이용해 컴퓨터로 계산하는 방법을 제시했다. 이 논문은 세계 각국 연구자들이 지금까지 1000회 정도 인용했으며 고체 계산물리학의 중요 논문이 되었다.

지난 몇 년간은 탄소나노튜브가 실제적으로 응용되는 디스플레이에 관한 연구에 집중했다. LCD 모니터나 PDP에 비해 탄소나노튜브를 이용한 디스플레이는 소비전력을 획기적으로 줄일 수 있을 뿐 아니라 고화질도 확보할 수 있는 것으로 밝혀졌다. 꿈의 디스플레이로 불릴 탄소나노튜브 TV가 상용화될 날도 이제 멀지 않은 것으로 예상된다.

자연법칙은 연구하면 할수록 너무도 오묘해서 내가 모르는 게 많다는 것을 점점 절감하게 한다. 학문을 통해 진리에 다가서려 했던 파우스트의 절망감도 공감하지만 내 경우는 오히려 그것이 미지의 세상과 내 삶을 더욱 긍정적으로 만들어준다. 그래서 연구를 할수록 나는 신(神)을, 신의 존재를 느낀다. 과학을 깊이 하면 종교가 된다는 것이 아니라 내 경우는 과학과 종교 사이에 갈등이 없다는 것이다.

다섯 평 남짓한 내 연구실의 대부분은 책과 노트가 차지하고 있다. 나는 이론물리학자이기 때문에 특별한 실험기구나 실험공간이 필요없다. 연구는 컴퓨터의 도움을 받지만 대부분은 내 머릿속과 자그마한 칠판에 수식을 써 가면서 이루어진다. 내 의자 뒤로 나 있는 창문에는 2층 내 방 높이까지 올라오는 목련나무가 있다. 양지바른 그곳이 따스한 탓인지 벌써 꽃망울을 키우고 있는 그 나무를 나는 장난스럽게 내 꽃나무라 부른다. 이른 봄이 되면 목련은 창 전체를 온통 화사한 꽃으로 뒤덮어 한 일주일 정도 장관을 지속한다.

경기중고등학교를 수석으로 졸업하고 1970년 서울대학에 수석으로 입학한 나는 비교적 이름이 알려진 상태에서 학교를 다녔다. 하지만 대학에 들어간 이후의 열병과 방황은 남달리 심한 것이었다. 경기고 재학 시절에 3선 개헌 반대시위를 준비하다 적발되어 정학을 당하기도 할 만큼 나는 사회에 대한 관심이 컸다. 그래서 사회과학에 관심을 가지고 다양한 서클활동을 했다. 그 가운데 문리대 교지를 편집하는 '형성' 이라는 서클이 있었다. 당시는 박정희 대통령 시절이니까 비판적인 글들이 많았지만 열심히 쓰기만 하

고 발간하지 못한 글들도 많았다. 나는 이과였기 때문에 실제 활동은 그리 많이 하지 않았지만 문과학생들과 함께 학생운동도 했고, 또 독서 서클에서도 활동을 같이했다.

한 청년이 하나의 인간으로 자라나기 위해 거쳐야 하는 과정, 즉 새가 알을 깨고 나오듯 나는 사회과학, 철학, 사회운동에도 빠져보고 그러다가 종교에도 발을 들여놓았다. 대학 시절 방황의 끝에서 기독교를 만나게 된 것이다. 그후 나는 내 직업으로서 내가 갈 길은 물리며, 내가 사회에 공헌할 수 있는 길도 물리를 잘 하는 것이란 결론을 얻었다. 방황하느라 대학 시절 학과공부는 열심히 하지 않았지만 그래도 나는 그것이 정형화된 교육의 껍

질을 깨는 데 꼭 필요한 과정이었다고 생각한다.

그래서 나는 올해부터 상담지도교수를 자청했고, 또 작년부터는 일부러 물리학과 1학년 신입생들의 강의를 맡았다. 강의 틈틈이 삶에 필요한 이야기, 물리 이야기도 해주면서 물리학도로서의 좋은 틀을 잡아나가는 것이다. 또한 꼭 한 번은 시간을 내서 신입생 MT도 따라간다. 그들과 자연스럽게 함께 하면서 몸과 분위기로 물리학을 느끼게 해주고 싶기 때문이다. 노래방에 가면 이전처럼 가곡을 부르는 대신 그들과 어우러지기 위해 빠른 템포로 분위기를 살리는 아파트, 남행열차, 울릉도 트위스트 등도 부른다. 평소엔 조용하지만 노래방의 썰렁한 분위기는 참을 수가 없다. 술도 소주 한 병 정도는 마시니까 함께 마시기도 한다. 더욱이 신입생들은 전공이나 공부 방법 등에 대해 궁금한 것이 많기 때문에 보통 1주일에 한두 명 몇십 분씩 상담을 해준다.

내가 강조하는 것은 물리교육자와 물리학자의 길이 다르다는 것이다. 물리교육자는 교과서에 있는 것을 잘 정리해서 전수하면 되지만, 물리학자는 대학교나 연구소, 혹은 기업에서 연구하고 발명하거나 새로운 아이디어를 내야 하기 때문에 항상 의문점을 제기하고 그 문제를 진정 자기 피부로 느껴야 한다. 그래서 무조건 이해하거나 받아들이지 않고 의문을 가지고 나름으로 생각해서 다시 질문을 던지고 하는 그런 사고과정을 가르치려고 노력한다. 하지만 그런 것은 단순히 가르친다고 얻어지는 것이 아니고, 몸소 경험을 해야 한다. 무언가 틀을 깬다 해도 자신이 깨야 하기 때문이다. 그런 면에서 나는 과학과 예술의 공통점을 느낀다. 다만 예술에서는 그런 경향이 강할 뿐이다.

하지만 나 자신도 그렇게 틀을 잘 깨고 살지는 못하는 것 같다. 미국에서 공부할 때 아주 괴짜인 선배가 있었는데, 그가 바로 KAIST 총장으로 와 있는 로버트 러플린 박사이다. 한 언론과의 인터뷰에서 그는 자기가 늦되는 타입이라 했지만 내가 보기엔 그분이야말로 천재형의 사람이었고 생각하는 것이 남달랐다. 너무나 기발하고 독창적인 생각이 때로는 비현실적이고 엉터리처럼 들리는 그런 스타일은 행정가인 총장보다 학문이나 예술에 더 적합해 보였다. 그런 사람은 미국 사회에서도 왕따당하는 분위기였는데 그렇다고 매장당하진 않았다. 그러니까 결국 노벨상을 받지 않았는가. 인간관계가 부드럽지 못하고 일상생활에서도 괴팍한 면이 있지만 학문에 있어서는 비상한 아이디어가 반짝이는 진짜 천재 스타일이다. 내가 말하고자 하는 것은 그가 만약 한국에서 자랐다면 진작 매장되어 노벨상이고 뭐고 생각할 수도 없었을 거란 점이다. 괴짜를 인정해주는 풍토 없이는 창의성도 키울 수가 없다.

그래서 나는 신입생들에게 적어도 저학년에는 너무 성적에 매이지 말라고 조언한다. 그렇다고 아예 공부를 하지 말라는 얘기는 아니다. 다만 모든 것을 다 잘하려고 하지 말라는 것이다. 나도 고등학교 때까지는 모든 과목을 다 잘하려고 노력했다. 하지만 인생관이 정립되고 나서 보니 괴짜 학생이 사실 더 많은 가능성을 가질 수도 있다는 생각이 든다. 또한 한 분야에서 전문성을 쌓고 꾸준히 노력하면 창의적인 발상이 가능해진다는 것이 내 지론이다. 내가 물리학을 몰랐다면 탄소나노튜브를 연구하더라도 다발로 묶었을 때의 변화에 대해 연구할 생각은 하지 못했을 것이다. 그러므로 기본 소양을 갖추고 있어야만 창의적인 생각도 가능하다.

나는 초등학교 때부터 막연하지만 과학자가 꿈이었다. 어느 날 책장을 정리하다가 아주 오래전의 기록인 초등학교 때 문집 같은 것을 보게 되었는데 거기에 아인슈타인처럼 되겠다는 꿈이 쓰여 있었다. 당시 대부분의 아이들은 대통령이나 장관이 되겠다던 시절이었다. 하지만 초등학교 때도 달이 지구 주위를 돌거나 밀물과 썰물이 생기는 것을 이상하게 여기고, 곰곰이 생각한 끝에 나름대로 설명의 근거를 찾아냈던 것이 기억난다. 초등학교뿐만이 아니라 중고등학교 때도 줄곧 수학과 과학 성적이 좋았고 재미있었다. 물리학과를 지망할 때도 후에 어떤 비전이 있나, 돈은 벌리나, 어떤 직업이 가능한가 등은 생각하지 않았고, 그저 내 적성과 내가 하고 싶은 공부라는 생각만 했다.

하지만 대학에 들어와 물리를 접해보니 앞으로 공부해야 할 물리학은 고등학교 때 생각했던 것과는 거리가 멀었다. 단지 자연의 원리를 깊이 이해하는 것쯤으로 생각했는데 대학을 몇 년 다니고 보니 그냥 배워서 이해하는 게 목표가 아니구나, 내가 거기에 뭔가 새로운 걸 더해서 실제로 창의적인 물리학자가 되는 게 중요하구나, 창조하는 학문이구나 하는 생각을 하게 되었다.

학문에서의 창조는 무에서 이루어지지 않는다. 또한 지금까지의 것이 다 틀렸다고 선언하며 제로에서 다시 시작하는 경우도 거의 없다. 그래서 어느 정도 기초가 중요하다. 물론 과학사에서 기존의 것을 다 무너뜨리고 새로 정립하는 경우도 없지는 않았지만, 그러한 일은 몇백 년에 한번 있을까말까 한 정도다. 과학에서의 창조를 위해서는 그에 앞서 알아야 할 것들이 많다. 그리고 거기에 무언가 작은 것을, 이전에 몰랐던 하나를 보태는 것이다. 그래서 과학자는 있는 그대로를 전수해주는 교육자 역할과 새로운 것을 창조하는 연구자 역할을 겸할 수 있고, 그 사이의 긴장이 예술보다는 덜한 편이다. 눈부신 속도로 과학이 변화하고 발전하기 때문에 계속 배우고 따라잡아야 전달자의 역할도 제대로 할 수 있다.

올해로 20년째 서울대 물리학과에서 교수를 하면서 제자들을 배출했다. 그동안의 많은 제자들이 다시 교수가 되어 여러 대학에서 정진하고 있다. 초기 제자들은 이제 막 마흔을 넘어섰다. 나는 1년에 두세 번 정도 그들을 만나는데 1월에는 정식으로 우리 집에 초대하곤 한다. 대학원생 이상의 졸업생 제자들이 가족까지 모이면 30~40명 정도 된다. 어린이의 경우 갓난아기에서 초등학생까지 있는데 물리학의 대가족 집회라고 할 수 있는 그 모임을 나는 참 좋아한다.

나는 오래전부터 한번 생각에 빠지면 모든 것이 차단되는 듯 깊이 들어갔다. 초등학교 때도 무엇에 몰두하면 어머니가 밥 먹으라고 부르는 소리도 벼락치는 소리도 통 듣지 못했다. 그런 집중의 힘은 약간 희석되었을 뿐 지금도 상당히 남아 있다. 한번 집중하면 무한 차원의 세계로 빠져드는 경향이 있고 내가 어디에 있는지도 모를 정도다. 나는 원리를 따지기 좋아하고 생각을 깊이하는 학생들은 수학을 못해도 훌륭한 물리학자가 될 수 있다고 조언한다. 흔히 물리학이 어렵다고 하는 이유 중 하나로 수학을 드는데, 이제는 컴퓨터가 수학적 문제를 많이 해결해주므로 그리 걱정할 필요가 없다. 그리고 좋아하고 재미가 있으면 선택하는 데 주저할 필요가 없다. 좋아하는 것을 열심히 하는 초심만 잃지 않으면 반드시 성취감을 느끼며 인생을 살 수 있다는 믿음 때문이다.

물리학은 참 재미있다. 과학자들은 현재 문제가 해결되지 않았더라도 자기가 문제를 해결해가고 있다는 것은 느낄 수 있다. 이렇게 한 단계씩 문제를 해결해 갈 때의 기쁨은 말로 표현하기 어렵다. 오히려 문제가 해결되면 허탈할 정도다. 물리학에서 어떤 문제를 해결하면, 아주 복잡한 현상들이 1000조각 퍼즐을 맞춰놓은 듯 아름다운 조화를 이룬다. 나는 물리학과 평생을 가는 사랑에 빠졌다고 할 수 있다. 다시 태어나도 물리학을 할 것 같다.

나노과학적으로 보면, 1912년 4월 14일 밤 20만 톤 이상으로 추정되는 빙산과 충돌해 불운한 운명을 맞은 초호화 여객선 타이타닉호도 나노기술이 있었다면 침몰하지 않았을 것이다. 미약한 빙산과의 충돌로 배에 생긴 구멍의 크기가 1.2평방미터인데 만일 당시 강철보다 강도가 뛰어나고 알루미늄보다 가벼운 재질의 나노소재 제조기술이 있었다면 침몰의 위기는 없었을지도 모른다. 나노기술의 진흥으로 21세기 과학산업의 대명사는 '실리콘(규소) 밸리'에서 '카본(탄소) 밸리'로 바뀔 것이다. 그렇다고 실리콘 밸리가 사라진다는 것이 아니라 카본 밸리가 주가 되리라는 것이다. 카본은 생명과학도 포함하기 때문이다.

다행히 나노는 생명공학과 달리 인간윤리 문제에서 자유롭다. 다만 환경

문제가 두 가지 있는데 그중 하나는 새로운 기술이고 물질이다 보니 발전하는 미래에 환경이나 인체에 어떤 해가 되지 않을까 하는 논란이 있을 수 있다. 이 문제는 드러내놓고 논의하고, 철저한 과학적 임상이나 실험을 통해 해를 규명해야 한다. 다른 하나는 이 신기술이 환경문제를 해결하는 데 쓰일 수 있다는 긍정적인 면이다.

사회에 대한 관심은 지식인의 의무이다. 하지만 아직까지도 연구 때문에 직접적 활동을 하지 못해서 자책감을 느끼고 있다. 앞으로도 정년까지 10년 동안은 시간이 날 것 같지가 않다. 예를 들어 나는 경실련 창립회원이었지만 지금은 잠자는 회원이다. 정년퇴임을 하고 명예교수가 된 후에 더욱 연구해서 창조적인 결과가 나온다면 계속하고, 공부를 해도 더 이상 그러지 못한다면 다른 생각을 할 수도 있을 것이다.

물리학에 여성이 귀해서 여학생이 들어오면 끝까지 키우려고 많은 노력을 한다. 물리학자 중에는 진보적인 사람들이 많다. 나는 학생들에게 DNA 발견 당시 로잘린드 프랭클린이 중요한 X선 사진을 찍었음에도, 여성차별적 관행으로 그 공로가 제임스 왓슨과 프랜시스 크릭에게만 돌아갔던 차별이 더 이상 없어야 한다고 이야기한다. 서울대 물리학과에는 작년의 경우 학부 40명 중 3명의 여학생이 있었고 대학원에는 약간 더 많다.

이제 탄소나노튜브 연구는 어느 정도 줄이고, 차세대 에너지, 미래 청정 에너지인 나노기술을 이용한 수소 저장방법을 연구하고 있다. 3~5년 정도면 어떤 결과가 보이지 않을까 싶다. 학자들이나 국가, 자동차업계는 수소 에너지 실용화를 2020년 이후로 예측하고 있다. 전 세계 정치계가 주목하는 큰 프로젝트이다.

2006년에는 학부 고학년 강의에 실험적인 과목을 하나 넣었다. '이론물리연구' 라는 이 강의는 실제로 연구를 기획하고 실행해볼 기회를 대학생들에게 주기 위한 것이다. 가능한 연구주제들을 내가 제시하고, 각자가 여러 연구그룹의 연구주제 중 하나를 선택하여 한 학기 내내 그것을 파헤치게 된다. 연구에 대한 접근방법, 연구체계 구성방법, 결과물 내기, 요령 있게 결과 전달하기 등을 개별적으로 지도한다.

현재 내 연구팀에는 박사후연구원 2명, 석사과정 5명, 박사 과정 7명으로 총 14명이 있다. 이들이야말로 우리 그룹의 모든 창조적인 연구성과를 가능하게 하는 보물 같은 존재들이다. 나는 21세기의 젊은이들에게 '흥미 있는 일에 최선을 다해 몸을 던져라. 정말 좋아서 선택한 일에 올인하라'고 말하고 싶다.

정광화

서울대학교 물리학과를 졸업하고 미국 피츠버그대학에서 물리학 박사를 취득한 뒤 1978년 한국표준과학연구원에 해외 유치과학자로 들어왔다. 이후 진공기술전문가로 질량표준연구실장, 압력진공연구실장, 진공기술센터장, 물리표준부장 등을 역임하는 등 진공기술 전문가로 진공표준 확립에 기여해 왔다. 대외활동으로는 국가과학기술위원회 민간위원, 대한여성과학기술인회 회장, 한국물리학회 이사 등을 역임했으며, 현재 한국진공학회장, 국가과학기술자문위원회 자문위원 등으로 활동하고 있다.

이공계 여성이 미래를 이끈다

한국 최초의 출연연구기관 여성 기관장이 되다

2005년 12월 9일 한국표준과학연구원 원장으로 취임한 지 벌써 3개월이 가까워진다. 대한민국 출연연구소 40년 역사상 최초의 여성 연구원장이라서 여기저기 신문 및 TV 인터뷰와 기고 요청을 받는다. "이러다 탤런트 되는 것 아니야?" 하고 으쓱해지려고도 한다. 대중 앞에 나서는 것이 여간 쑥스럽지 않고, 아직도 회의나 포럼에서 발언하는 게 서툴지만 국민들에게 잘 알려지지 않은 한국표준과학연구원을 알리기 위한 절호의 기회다 싶어 열심히 응하고 있다.

나는 원래 욕심이 없어 어지간하면 양보해버린다. 다른 사람 돕는 것을 좋아하지만 나서기는 싫어하고 특별히 지도력을 발휘한 적도 없어서 나는 초중고 시절에도 반장을 해본 적이 없다. 별다른 취미도 없고 요란스러운 것도 싫어하던 나는 항상 주어진 일만 충실히 할 뿐이었다. 이러한 성격은 연구를 할 때도 이어져 한국표준연구소에 들어온 후에는 연구에 일생을 바치리라 결심했다. 그래서 퇴근 후 집에 가서 밥만 먹고 다시 실험실로 돌아와 밤늦게까지 실험하는 생활을 불만 없이 해왔다.

그러나 1999년 내 인생은 새로운 전기를 맞았다. 새롭게 시작된 국가과학기술위원회 위원으로 선출되어 2000년부터 4년간 대한여성과학기술인회 회장을 맡은 것이다. 회장직을 맡을 때는 대한여성과학기술인회를 친목단체 정도로 가볍게 생각했다. 하지만 당시 여성과학기술인에 대해 높아진 정부의 관심에 부응하고, 더불어 맡은 일을 최상으로 하는 성격 때문에 열심히 일을 벌이고 활동하다보니 어느새 나는 여성과학자를 대표하는 사람 가운데 하나가 되어 있었다. 내 선택이나 행동이 개인의 선택이나 행동 이상이 된 것이다.

그래서 현재의 나 자신에 대해 스스로가 더 놀라고 낯설어하고 있다. 하지만 이러한 생각은 내가 물리학이라는 다소 비여성적인 학문을 전공하고 전문직 여성이라는 흔치 않은 길을 걸어왔음에도 나 스스로가 여성에 대한 편견에서 그리 자유롭지 못했다는 것을 의미하는지도 모른다. 다른 사람이나 사회가 내게 요구한 여성의 지도력 한계를 스스로에게 부과한 것이 아닌가 하는 생각도 든다.

지도력을 타고나는 사람은 없다. 사람들과 부대끼면서 크고 작은 일들을 경영하며 성공과 실패를 경험해야 경영능력은 향상한다. 인간의 능력은 실제 그 자리에 도달하기 전에는 알 수가 없다. 그동안은 여성들이 자신을 훈련시킬 기회가 별로 없었지만 앞으로는 사회가 더 활짝 문을 열어줄 것이라 기대한다.

지나온 길

내가 태어난 해는 해방 직후로 정부가 수립되었고, 2년 후에는 6 · 25전쟁이 발발했다. 그래서 내가 광주 대성초등학교에 다닐 때는 여전히 전쟁의 상흔이 남아 수업조차 천막교실이나 나무 밑을 이용해야 했다. 초등학교 4학년 때 서울로 전학을 왔는데, 우리 집 부근에는 아직 폐허가 많이 남아 있었다. 그 폐허에서 나는 아이들과 어울려 숨바꼭질을 했고, 큰길에서 개나리 가지를 칼 삼아 전쟁놀이를 하며 놀았다.

항상 손님으로 붐볐던 우리 집은 여유가 없어서 손님과 우리 남매가 모두 한 방에서 지내야 했다. 나는 사람들이 떠들어대도 한구석에 앉아 공부만 하고 있었다고 한다. 심지어 바로 옆에서 "광화야" 하고 불러도 듣지를 못해 어머니는 내 귀에 문제가 있다고 생각하시고 이비인후과에 데려가기도 했다. 그리고 나는 따지기를 좋아하는 아이였다. 그래서 "계집애가 왜 따져" 하는 어른들의 꾸중을 자주 들었고 여러 차례 맞기도 했다. "여자는 뛰면 안 돼", "여자는 휘파람을 불면 안 돼", "여자애 목소리가 왜 그렇게 크니?" 등 등. 왜 그리 '여자는 ~하면 안 돼' 라는 것이 많았는지. 그런 말을 들을 때 마다 반항심부터 생겼었다.

나는 대부분의 여학생들이 취약한 수학과 물리과목의 성적이 좋았는데, 부모님은 수리과목 잘하는 사람이 머리가 좋은 거라며 나를 늘 자랑스러워 하셨다. 아버지는 여러 자식 중에서 나를 특히 예뻐하시며 친구분들께 자랑 하시곤 했다. 어머니는 당시로는 정말 드물게 경성사범전문학교를 나와 당 신 스스로 일본 유학을 가시려다 집안 사정으로 포기하고 초등학교 교사를 한참 하시다가 아버지 뒷바라지를 위해 그만두셨는데, 항상 나를 격려해주 셨다. 당시는 대부분 여학생들의 꿈이 '현모양처' 였고, 여유가 있어도 딸은 대학에 보내지 않는 경우가 다반사였다. 혹 대학을 보내더라도 시집 잘 보내 기 위한 조건으로만 생각하는 부모가 태반이었다. 그러한 시대에 물리학을 좋아하는 딸을 자랑스럽게 생각하신 부모님을 만난 것은 내게 천운이었다.

예나 지금이나 자연은 나를 매료시킨다. 나는 자연에 대한 호기심과 경외 감으로 그것을 탐구하고 싶었다. 자연과학 중에서도 단순히 자연현상을 관 찰하는 것이 아니라 우주의 근본과 그 조화와 아름다움을 탐구하는 학문인 물리학에 특히 매혹되었다. 자연은 아름답고 신이 창조한 내면세계의 조화 와 질서는 더 아름다우며, 물리학은 바로 그 내재적인 아름다움을 추구하는 학문이라 생각했다. 인문과학, 사회과학, 그리고 예술 등은 사람이 만든 것을 공부하는 것이라 일시적이고 부질없으며, 오직 물리학만이 공부할 가치가 있다고 생각했다.

　대학 시절 나는 모든 것에 무관심하고 털털한 학생이었다.　언니가 입은 바지를 물려받아 무릎과 엉덩이를 기워 입었고,　늘 운동화만 신고 다녔다. 당시에는 나 스스로 내가 여성이라는 것 자체를 부정했다.　결혼은 여성에게 '인생의 무덤'이라 생각하고 평생 혼자 물리학만 연구하며 살겠노라고 다짐했다.　당시는 데모가 극심해서 휴교상태일 때가 많았는데 나는 몇몇 뜻있는 친구들과 집에서 세미나를 하며 공부했다.　물리학과는 30명 정원 중 여학생이 단 두 사람뿐이었는데 남학생들은 근처 여대생과 미팅을 하면서 우리는 늘 빼고 했기 때문에 그 흔한 미팅도 못해본 채 대학 시절을 보냈다.

　내가 대학을 졸업할 당시는 아직 우리나라 경제가 발전하기 전이라 대학 졸업생이 취직할 수 있는 곳도 드물었다.　그러나 물리학과 졸업생들에게는 장학금으로 미국에 유학할 수 있는 길이 비교적 넓게 열려 있었다.　미국 교

수들이 부족한 연구인력을 확보하기 위해 한국 유학생들을 많이 받았던 것이다.　최근 늘어나는 국가연구 개발사업으로 한국의 여러 대학과 연구기관들이 부족한 연구인력 확보를 위해 개발도상국 학생 유치에 열을 올리는 것과 비슷한 상황이었다.　그러나 그때는 공부를 시켜주며 장학금까지 주는 것이 고맙고 이상하기도 했다.

　나는 자연스럽게 미국 유학수속을 밟았고 장학금 조건이 가장 좋은 피츠버그대학으로 유학을 결정했다.　한국 학생들에 대해 좋은 인상을 가지고 있는 피츠버그대학에는 많은 한국 학생들이 공부하고 있었다. 특히 교육학과

에 한국 학생들이 많았는데 이들은 훗날 한국 교육계의 중추를 담당하게 된다. 이상주 전 교육부총리, 김학준 동아일보 사장, 그밖의 많은 분들이 피츠버그대학 출신이다. 집안 사정이 어려웠던 나는 돈을 빌려 비행기표를 샀기 때문에 장학금을 절약해 항공료를 갚았고, 그 뒤로도 장학금의 절반 정도는 집으로 송금해야 했다. 그리고 항공료가 아까워 유학기간 6년 내내 귀국조차 하지 못했다. 한국전쟁이 끝난 지 불과 10여 년밖에 되지 않았기 때문에 우리나라의 경제상황은 아주 낙후했고 대부분의 유학생들은 나와 처지가 비슷했다. 그렇게 적은 장학금을 쪼개 집으로 송금하며 아등바등 공부하는 우리를 보던 미국인들의 시각은 아마도 우리가 지금 베트남이나 네팔 등지에서 온 학생을 보는 것과 같은 느낌이었을 것이다.

나는 이론소립자 물리로 6년 만에 학위를 받았고, 그러는 동안 3년 선배인 남편과 결혼도 했다. 그 사이 한국은 경제개발에 착수해 많은 과학기술자가 필요했고, 정부는 KIST 등 출연연구기관을 설립해 외국에 있던 과학기술자들을 열심히 유치하기 시작했다. 나는 이미 대전에 터를 잡은 남편을 따라 대전의 한국표준연구소(현 한국표준과학연구원)에 자리를 잡았다. 대학에서 교편을 잡고 하던 공부를 지속하고 싶었으나 대학에는 내가 일할 자리가 없었다. 한국표준연구소 초대소장 김재관 박사님은 부인이 이화여대 교수로서 여성 전문인에 대한 편견이 없는 분이었기에 나를 받아들였을 것이라 생각된다. 당시 초기 유치과학자에 대한 대우는 극진했다. 아파트가 귀하던 시절 아파트를 사택으로 제공했는가 하면, 개발이 되지 않은 논밭 사이 길을 승용차로 아침저녁 출퇴근까지 시켜줄 정도였다.

과학자들 또한 이러한 국가적 지원에 부응하여 진심으로 국가를 위해 무엇이라도 할 자세였다. 나도 기왕 전공을 접은 터여서 국가가 요구하는 일이라면 어떠한 과제든지 연구할 각오였다. 또한 연구소 내부의 동료 과학자들도 무척 친절해서 비교적 편하게 생활할 수 있었다. 나는 국가의 장래에 무엇이 필요할 것인가를 고민했고, 중장기적으로 모든 산업과 첨단과학의 바탕이 되는 진공기술이 중요하다고 판단하여 1983년경부터 진공표준 연구를 시작했다. 진공은 기본단위가 아닌 데다 연구비도 많이 들어 연구소에서 제공하는 기존 연구비로는 추진하기 어려웠다. 마침 과기처 장관이 연구소를 방문했을 때 브리핑할 수 있는 기회를 가졌고, 진공표준을 본격적으로 착수할 수 있는 연구비 지원을 받게 되었다. 운이 좋아서인지 연구비가 끊길 때쯤 되면 국제공동연구, 극한기술개발, 진공기술기반구축 등과 같은 새로운 사업이 일어나 끊어지지 않고 연구비가 확보됨으로써 나는 20여 년 동안 진공연구를 지속할 수 있었다.

처음 입소했을 때는 연구환경이 너무 열악해서 내 전공을 살릴 수가 없었다. 그러나 지금의 상황은 달라졌다. 국내 연구환경도 좋아져서 얼마든지 학위공부를 할 수 있고 좋은 연구도 할 수 있다. 그러므로 지금 귀국하는 과학자들은 당연히 자신의 전공 분야를 살려 지속적으로 연구할 수 있다. 그러나 국가에 대한 헌신이나 연구 열정은 초창기가 더 컸던 것 같다.

이공계 여성, 미래의 희망

처음 출연연구기관에 왔을 때만 해도 10년이 넘는 기간 동안 여성과학자라고는 나를 포함해서 둘뿐이었다. 그때는 우리 사회의 여성 비하가 매우 심했다. 나는 절대로 직접 전화를 받지 않았는데, 여자 목소리가 들리면 상대방이 어김없이 반말을 해서 하루 종일 불쾌했기 때문이었다. 초기 유치과학자들은 나이순으로 돌아가면서 보직을 맡았지만 내 차례가 되자 중단되었다. 나 또한 육아와 가정일 때문에, 그리고 내 지도력을 스스로 의심했기 때문에 보직을 주지 않은 것에 전혀 불만은 없었다. 지금도 어느 면에서는 내가 여자였기에 일찍 보직을 맡지 못한 것이 차라리 다행이라고 생각한다. 늦게 보직을 맡았기 때문에 독자적으로 오랜 기간 직접 실험하면서 연구를 할 수 있었고, 어느 정도 내 연구가 완성되어 가면서 후계자 양성도 가능했기 때문이다.

최근에는 여성의 이공계 지원도 꾸준히 늘어나고, 정부의 정책적 배려도 많아져 이공계에 여성이 진출하기에 참 좋은 시기이다. 그래서인지 과학기술인이나 교수가 되는 여성의 수도 많이 늘어났고, 사회적 분위기도 긍정적이다. 하지만 여성의 이공계 진출에 있어 두 가지 면에서 걱정되는 점이 있다. 하나는 여성과학자의 전공이 너무 편중현상을 보인다는 것이며, 다른 하나는 여성들의 네트워크와 폭넓은 교류가 아직도 취약하다는 점이다.

　　이공계 여성의 상당수가 의·약학, 전산, 생물학 등 일부 전공에 편중되어 심각한 문제로 지적되고 있고, 박사학위를 가지고도 취업하지 못하는 여성이 많아졌다. 하지만 막상 여성을 채용하려는 기업이나 연구원들은 적절한 인력을 찾기가 마땅치 않다. 여성인력이 일부 전공에 편중되는 것은 아마도 물리학이나 수학, 공학 등은 머리 좋은 사람만이 논리적으로 파고들어 따지고 해결할 수 있는 학문이라고 오해하기 때문인 듯하다. 그 오해는 딱딱하고 부적절한 교육방법에도 그 원인이 있을 것이다. 또 순서대로 단계를 따라가야 하며 어느 한 단계라도 건너뛰고는 계속해서 진도를 나가기가 어렵다는 것도 하나의 이유가 될 것이다. 그러나 수학이나 물리학은 순서대로 단계를 따라 공부하여 그 흐름을 타게 되면 어느 학문보다도 쉽고 재미있다.

　　생명과학의 폭발적인 발전은 X선 회절기술을 이용하여 DNA의 구조를 밝힌 데서 비롯되었다. DNA의 이중구조를 밝힌 네 명의 학자 중 제임스 왓슨만이 생물학자였고, 프랜시스 크릭을 비롯한 다른 세 사람은 물리학자 또는 화학물리학자였다. 생명과학 분야에서도 좀더 근본적인 문제를 탐구하고 그 분야의 리더가 되기 위해서는 수학, 물리학, 화학 등의 기초학문을 보다 철저히 해야 한다. 여성들이 딱딱한 분야들을 외면하면 새로운 현상을 설명하거나 이론을 정립할 때 단편적 실험 데이터 제공 등 말단적인 일만 하게 되기 십상이고, 과거처럼 소극적 역할에서 벗어나기 어렵게 된다.

　　개인적으로 나는 지금이 물리학을 시작하기에 참 좋은 시기라고 생각한다. 생명과학, 나노과학, 천문학 등에서 매일 새로운 사실들이 쏟아져 나오고 있다. 지금까지의 과학은 100여 년 전에 정립된 상대성이론, 양자역학 같은 물리학의 토대로 발전된 것이다. 지금과 같은 과학기술의 새로운 발견이 계속된다면 앞으로 10년 쯤 후에는 생명과 우주에 대해 상대성원리나 양자역학을 초월하여 자연의 근본 개념을 뒤바꾸는 새롭고 혁명적인 물리학 이론들이 나오지 않을까, 그리하여 다시 물리학의 황금시대가 도래하지 않을까 기대해본다.

과거에 비해 여성과학기술자에 대한 국가의 정책적 배려와 사회적 관심은 크게 향상되었다. 하지만 아무리 좋은 정부 정책이라도 여성과학기술자의 적극적인 참여가 없다면 실효를 거두기 어렵다. 여성과학기술자들도 자기 본연의 실력을 쌓고 주변 사회, 경제나 과학기술 및 산업의 발전을 주시하며 자신의 진로선택을 신중하게 고려해야 한다. 또한 주변 환경과 유기적인 관계를 맺어 네트워크를 구축하는 것도 중요하다. 연구실에서 연구에 몰두하는 것이 연구원 본연의 모습이지만 지나치면 시야가 좁아져 리더십을 키울 기회조차 갖기 어렵기 때문이다. 여성과학기술자도 자신의 일에만 몰두하는 것이 아니라 과학계, 산업계, 더 나아가 세계가 어떻게 변화하고 있는지 살펴볼 필요가 있다. 연구와 가사 사이에서 시간이 없겠지만 학회나 사회활동에 좀더 참여할 필요가 있으며, 새롭게 대두되는 여러 분야의 학문적 발견들에 폭넓은 관심을 가져 균형 있는 지식을 쌓을 필요가 있다.

이렇게 변화된 시각을 가지고 미래를 모색한다면 막힌 고속도로가 확 뚫리듯이 그동안 묵묵히 연구에 정진해 온 젊은 여성 과학자들의 활동성과가 빛을 발하게 될 것이다. 또한 과학의 길이 당장은 험난하고 어려워도 미래에는 다른 어떤 분야를 택한 것보다 값진 열매를 얻을 수 있다는 '평범한' 진리를 얻게 될 것이다.

현재의 지식기반사회에서 국가경쟁력은 곧 '과학기술력'이다. 현대사회는 이공계 지식 없이는 경쟁에서 뒤떨어질 수밖에 없으며, 따라서 이미 기업들의 CEO 중 절반 이상이 이공계 출신이다. 소득 2~3만 불 시대로 진입하기 위해 이공계 인력에 대한 수요는 급증하리라 기대한다. 특히 과학기술이 국가경제의 주요 요인으로 등장하고 국가예산의 중요 부문을 차지하면서 과학기술이 몇몇 특정인에 의해 발전되던 시대는 지나갔다. 옛날과 달리 지금은 과학기술이 사회적 이슈가 되었다. 과학기술에 대한 사회의 요구사항도 많아지면서 기술의 가치평가, 기술의 상용화, 과학기술정책, 과학기술 문화의 확산 등 과학기술과 사회문화의 인터페이스에 대한 중요성도 빠르게 증가하고 있다. 이와 같은 분야의 수요는 급증하고 있으며 이공계 인력에 대한 또 다른 수요를 창출한다.

현대는 모든 과학 분야의 융합시대이며, 나아가서 과학과 문화, 과학과 사회의 융합시대로 나아가고 있다. 인문사회 계열을 하다가 이공계를 습득하는 것은, 이공계를 전공하고 인문사회 계열 지식을 습득하는 것보다 더 어렵다. 그러므로 나는 이공계 전공자의 앞날이 더 밝다고 생각하며, 아직까지는 사회적 약자인 여성들이 이공계로 적극 진학하기를 권한다. 앞으로는 과학현장의 여러 분야에 여성들이 더 많이 진출하여 전쟁이 아니라 평화를 지키고, 환경을 파괴하지 않고 유지하며, 생명을 중시하는 인간성을 가지고 다양성을 추구함으로써 과학기술의 발전을 촉진시키고 우리의 미래를 밝게 이끌어갈 것이다.

지금 나는 수천 년간 역사적으로 비하했고 나 자신도 부정했던 나의 여성성을 자랑스럽게 여긴다. 그리고 우리나라의 미래는 우리 여성과학자들의 참여로 더욱 밝아질 것이라고 확신한다. 괴테는 《파우스트》를 통해 말했다.

"영원히 여성적인 것이 우리를 이끌어 올리도다!"

조경철

북한의 김일성대학에 입학했다가 1947년에 월남해 6·25전쟁 때에 종군한 뒤 연희대학교 물리학과를 1954년 졸업했다. 그해 말 미국으로 유학을 가서 투스큘럼대학교 정치학과를 졸업하고 미시간대학교를 거쳐 펜실베이니아대학교에서 1962년 천문학으로 박사학위를 취득했다. 그 후 미해군천문대, 항공우주국(NASA)의 연구원, 메릴랜드대학교 교수를 거쳐 1968년 귀국하여 모교인 연세대학교 천문학과 교수로 취임했다. 국립천문대 건설과 한국과학기술정보센터 창설에 관여했고, 한국천문학회 및 한국우주과학회 회장과 새마을기술봉사단장 등을 역임했다. 1979년 경희대학교로 옮겨 우주과학과를 창설하고 공대학장과 부총장직을 지낸 뒤 퇴직했으며, 과학의 홍보와 계몽을 위해 매스컴과 저술활동을 통해 지금까지 노력해왔다.

고난을 이기고 한국에 천문학의 씨를 뿌린 보람

1929년 평안북도 선천에서 태어난 나는 중학교 3학년 때 해방을 맞았다. 일정 말기였던 중학교 2~3학년 시절에는 일본군대의 비행장 건설을 위해 이른바 '근로봉사대'로 동원되어 수업이 거의 없었다. 몇 개월 단위로 이 지방 저 지방 끌려가 땅을 파는 중노동에 종사하던 노동학생이었으므로, 집에 돌아올 기회는 1년에 약 1개월이나 될까 하는 정도였다. 중학교 1학년 때 배운 것으로 기억하는 영어교육도 교과서 첫 장에 실린 "The spring has come and the winter is over"라는 한 구절밖엔 없다. 당시는 일본이 잘 나가던 때라, 선생은 "이제 곧 일본이 미국을 지배할 때가 올 것인즉 영어를 배울 필요가 없다" 하며 영어시간마다 자신이 좋아하던 낚시 이야기에만 꽃을 피우기 일쑤였다. 이런 상황에서 몇 년 후에는 또다시 죽음의 일본군대로 끌려갈 운명이었으니, 당시의 우리는 젊음의 꿈이며 희망이란 전혀 가질 수가 없었다.

그러다 해방이 되었다. 하루아침에 환경이 완전히 달라졌고 우리말을 되찾았다. 중학교 4학년으로 진학한 나는 1945년 10월 평양에서 개최된 시민대회에서 끼고 있던 안경을 떨어뜨리면서까지 대열변을 토하던 조만식 선생의 강연에 열광했다. 그리고 학교의 국어선생님이 침을 튀기며 들려준 안중근과 윤봉길 의사의 생명을 건 통쾌한 의거행위에 우리들 청춘의 피가 들끓었다.

"새 조국건설의 일꾼이 되라!"고 하신 선생님의 말씀을 따라 애국혁명가가 되려 했으나 이미 해방이 되었으니 다른 길을 찾아야만 했다. 나는 일본이 미국에 항복한 이유의 하나가 원자폭탄 때문이었으니 나도 그 공부를 해야겠다고 생각해 다음해인 1946년, 갓 설립된 김일성대학 물리학과에 입학했다. 그런데 여기서도 문제가 생겼다. 대학은 창설되었지만 건물이 부족해 학교 주변에서는 건설이 한창 진행되고 있었다. 매일 아침 11시에 열리는 독보회(讀報會)에서 "우리 학생들도 조국의 건설사업에 합세하자!"라고 결의했다. 그리고는 오후 수업 후 3시부터 6시까지 노무자들과 함께 땅을 파고 벽돌을 쌓다가, 1개월 후에는 오후 내내 그 노동에 종사하는 판국이 되었다. 그것은 일정 말기 노동학생 생활의 연장이나 다름없었다.

한편 김일성 일당에 의해 북한을 공산주의사회로 만들려는 계획이 착착 진행되고 있었다. 산업기관 국유화, 토지국유화, 그리고 붉은 돈으로의 화폐개혁 등 점진적으로 국민의 목을 조이기 시작하며 자유가 사라져가고 있었다. 이에 항거해 학생운동을 일으키려다가 옥고를 치른 나는 기적적으로 석방된 1947년, 북한을 등지고 단신 남한으로 도망쳐 왔다.

그렇다보니 북한에서 배운 것이란, 김일성대학 오전수업에 들은 러시아어, 막스·레닌주의 및 유물사관뿐이었고, 내가 공부하고 싶었던 물리학은 교과서조차 없었던 형편이었다. 그나마 내 꿈의 한 가닥을 이어준 것은 한 권의 책과의 만남이었다. 그때까지 평양에 남아 있었던 중고서점에서 약 200쪽쯤 되는 에드윈 허블의 《성운들 저 건너편에 *Beyond the Ream of Nebulae*》라는 일본어 번역서 한 권을 발견한 것이었다. 집에 돌아와 읽기 시작하자 그 내용에 푹 빠져버렸다. 우리가 살고 있는 지구는 엄청나게 큰 천체이지만, 지구가 속해 있는 태양계는 더욱 큰 규모다. 그런데 태양계의 태양 같은 별들 수천 억 개가 하나의 은하라는 집단을 이루고 있으며, 우주에는 이렇게 방대한 은하가 또 수천 억 개 산재하고 있다. 뿐만 아니라 이 모든 은하들은 우리 은하계를 중심으로 사방으로 흩어져 날아가고 있다. 멀리 있는 은하일수록 더욱 빨리 달아나고 있고, 어떤 은하는 광속도로 날고 있으니 그 은하의 빛은 지구에 도달할 수 없을 것이며, 이것이 바로 우주의 끝일 것이다. 그 끝까지의 거리는 140억 년을 광속도로 달려가야만 한다.

이렇게 우주에 산재한 각기 은하들의 후퇴속도는 어떻게 측정하며, 그 은하들과의 거리는 또 어떻게 구하는 것일까? 여기서 물리학과 천문학의 위력이 발휘된다. 아주 큰 망원경에 분광기(分光器)—그때는 이것이 무엇인지 몰랐다—를 달고, 하룻밤 내내 한 은하를 향해 노출시켜 얻은 스펙트럼을 가려내 도플러 효과를 나타내는 분광선을 측정하면 그 은하의 후퇴속도를 구할 수가 있다. 그러나 말이 쉽지 그 스펙트럼 한 장을 얻기 위한 관측이 보통 힘든 것이 아니었고, 또 하나의 문제는 지구와 은하 사이의 거리를 구

해내는 방법이었다. 그것은 그 은하를 구성하고 있는 수천 억 개의 별들 가운데에서 세페이드(Cepheid)라는 변광성(變光星)을 찾아내고, 이 변광성의 광도곡선을 관측하여 계산해서 얻는다고 했다. 그 과정이 너무나 힘들어 당시 세계에서 가장 큰 미국 윌슨천문대조차 250cm 구경인 반사망원경을 사용하고도 4년 동안 겨우 25개 은하의 후퇴속도와 거리만을 얻을 수 있었다고 한다. 그 자료를 이용해 허블은 우리의 우주 크기는 반지름이 140광년이며 지금도 계속 팽창하고 있다는 것을 발견해냈다. 이 발견에 이르기까지의 그의 이야기는 소설보다도 더 큰 감격을 안겨주었고, 과학의 힘이 얼마나

위대한가를 새삼스럽게 인식시켜주었다. 그러나 남한에도 천문학을 가르치는 학과는 없었다.

게다가 혼자 빈손으로 남한에 피난 온 신세라, 우선 매일의 생활문제 해결이 급선무였기 때문에 대학입학은 생각조차 할 수 없었다. 지금의 동국대학 앞에 일본인이 남기고 간 사찰에 설치한 피난민 수용소와 북한에서 넘어온 중학교 동창 가족들의 집을 전전하며 품팔이로 하루하루를 지냈다. 그러다가 약 1년 후에 부친이 이북서 쫓겨 남쪽으로 오셨기에 숨을 돌릴 수가 있었다.

1948년 나는 연희대학 물리학과에 1학년으로 재입학했다. 그런데 이 학과에 입학하고 보니 천문학 강좌가 개설되어 있었다. 우리나라 이학박사 제1호는 이원철이란 분이었는데, 그분은 1926년 천문학으로 미국 미시간대학에서 학위를 받았다. 연희학당 출신이었던 그분은 해방되기까지 일정에 의해 가택연금 상태로 있다가 국립중앙관상대 초대대장으로 취임했는데, 바로 그분의 천문학 강의를 들을 수 있었던 것이다.

그러나 해방 직후인지라 이 박사님은 관상대 업무와 이승만정권의 특사, 인하공과대학 창설 및 YMCA이사장 일들을 수행하느라, 우리에게 천문학 교과서를 미국에서 발주하여 준 것 이외엔 단 한번도 강의를 하지 못했다. 학기말이 다가온 어느 날 드디어 이 박사님이 나타났다.

"그동안 너무나 바빠 한 시간도 강의를 못했지만, 너희들에게 성적은 줘야하니 나눠준 천문학 교과서의 첫 20쪽만 읽고 오너라. 읽고 온 내용으로 구두시험을 치를 것인즉 다음 수업시간까지 준비하고 오라." 그러나 친구들은 영어교과서를 읽기도 귀찮은 데다 그동안 한번도 강의를 하지 않았으니, 이번에도 시험에 나오지 않고 적당히 점수를 주겠지 생각했다. 나는 혹시나 하는 마음으로 이틀 동안 사전을 찾아가며 나름대로 열심히 책을 읽고 강의시간에 나갔는데 이 박사님이 벌써 와 있었다.

한 사람씩 호명하며 묻는 질문에 모두가 대답을 못하던 차에 내 차례가 돌아왔다. "조경철 군, 이클립틱(Ecliptic)이란 무엇이며 버널 에퀴녹스 (Vernal Equinox)란 무엇이냐?" 내가 공부한 대로 대답했더니 "허허, 조 군은 공부를 하고 왔는데……" 했다. 시험이 끝나자 박사님은 "성적표를 교수 대기실 문에 붙이고 가니까 보도록 하여라" 하고는 자리를 떴다. 가서 보니 90점인 나를 제외하고 모두 60점이었다. 이것이 내가 한국에서 배운 천문학 공부의 전부였지만, 훗날 이 일이 내 일생을 완전히 뒤엎는 계기가 될 줄은 그때는 꿈에도 생각지 못했다.

2년의 세월이 평화롭게 지나 3학년으로 진학했을 때 한국전쟁이라는 엄청난 일이 발생했다. 중학교 교육도 제대로 못 받았는데, 이번엔 대학교육이 중단되어버린 셈이었다. 국군에 입대하여 북한군과 싸우는 동안 이승만 정권이 얼마나 무력했고, 또한 정치적 혼돈에서 헤매고 있었던가를 통감했다. 다행히 전쟁에서 살아남자, 이 나라를 바로잡기 위해서는 물리학이 아니라 정치가로 나서야겠다고 결심했다. 전쟁이 끝난 직후 우리 부자는 무일푼이었다.

1953년 가을 제대한 나는 연희대학에 복학해 나머지 공부를 끝내고, 1954년 2월에 졸업했다. 그 무렵, 박태준 교수의 추천으로 미국 투스큘럼대학의 장학금을 얻었으나 미국에 갈 여비가 없었다. 그 문제는 얼마 후 창설된 한미재단이 실시한 여비수급시험에 응시하여 다행히 합격함으로써 해결되었는데, 여비수급이란 합격자 10명을 부산에서 화물선에 태워 짐짝 나르듯이 미국으로 수송해 가는 혜택이었다. 하여튼 공짜로 미국까지 갈 수 있었으니 나는 만족이었다. 그때 아버지가 긁어 모아준 돈의 총액은 115불. 이것을 갖고 미지의 세계인 미국으로 뛰어든 것이다.

이북에서 본 허블의 책으로 키운 천체물리학자의 꿈을 한국전쟁 때문에 접고, 정치가가 되기를 기약하며 미국에 건너간 나는 투스큘럼대학에서 정치학과의 문을 두드렸다. 1년을 다니고 졸업한 다음에는 펜실베이니아대학의 정치학과 대학원에 입학했다. 이제부터 본격적인 정치학 이론을 전공할 셈이었다. 다행히 장학금도 얻어서 순조로운 출발을 했는데 그때 이원철 박사님으로부터 두툼한 편지 한 통을 받았다. 연희대학 1학년 때 천문학 강좌를 통해 짧은 인연을 맺은 뒤, 그후 대학생활과 전쟁을 겪고 미국으로 올 때까지 8년이라는 긴 세월 동안 전혀 교류가 없어서 나 같은 존재는 완전히 잊어버렸을 터인데도 어떻게 주소까지 알고 편지를 보냈는지 놀란 마음으로 봉투를 열었다. 내용인즉, "자네가 미국에서 정치학이란 학문으로 외도를 했다는 말을 듣고는 실망했네. 나는 천문학으로 미국에서 학위를 얻었으나, 현재 한국에서 국무(國務)에 쫓기다보니 내가 배운 학문을 한국에 펼 기회가 없었고, 이젠 다 늙었다. 8년 전 연희대학 천문학 강좌 때의 자네 인상이 아직도 남아 자네를 내 후계자로 키우고자, 내 모교인 미시간대학 천문학과 대학원의 입학허가서를 동봉하니, 당장 그곳으로 떠나라"는 것이었고, 국비유학생 증서까지 동봉되어 있었다.

중학교와 대학 시절은 전쟁으로 인한 과도기여서 제대로 공부를 못했고, 남북분단으로 우리 네 가족이 어머니와 동생은 북한에, 아버지와 나는 남한으로 갈라진 채 홀로 미국까지 와서 고독과 역경과 싸우고 있던 상황에서 깊고 따뜻한 정을 느끼게 하는 이 박사님의 편지에 나는 한참 동안 감격의 눈물을 흘렸다. 나는 스승의 뜻을 이어받아 한국 천문학을 개척하겠다고 결심했다. 그리고는 정치학을 버리고 미시간대학으로 떠났다. 이것이 바로 내 인생의 결정적인 분수령이 되어버린 셈이다.

천문학의 천(天)자도 공부 못한 나에게 미시간대학의 대학원 생활은 그야말로 악전고투의 연속이었다. 게다가 국비유학생은 이름뿐이었고, 한국에서 약속된 송금은 단 한 푼도 오지 않았다. 이 박사님은 '미안하다'는 편지만 계속 보냈고 그렇게 거의 1년이 지났다. 생활비 마련을 위해 안 해본 일이 없었다.

그즈음의 에피소드를 소개할까 한다. 한국에서 고등학교 교사를 하다가 유학 온 K라는 학생이 있었다. 그분도 생활의 어려움으로 아르바이트를 찾아다녔지만 미시간대학이 있는 앤아버라는 곳은 학생도시여서 외국학생이 직업을 구하기란 정말로 힘들었다. 그분이 하루는 나를 찾아왔다. 때마침 나는 프레츨 벨이란 식당에서 접시닦이로부터 웨이터로 진급한 무렵이었다. 그 자리가 비어서 소개하려고 했더니, "나는 한국에서 고등학교 교사를 했는데 그런 천한 일을 할 수가 있겠느냐"고 한다. "나도 한국국군의 육군사관학교 교수를 지냈던 육군대위 출신으로서 접시닦이와 식당보이 노릇을 반년 이상 했는데 그런 생각은 말라"고 했지만 그는 자존심이 허락지 않는다며 사양했다. 결국 그는 골프장의 캐디 직업을 구했지만, 아직 영어가 서툴러 첫날부터 플레이어들의 말도 잘 알아듣지 못하고, 공도 제대로 찾지 못해 야단을 맞았다. 같은 상황이 며칠 반복되자 그는 술을 잔뜩 마시고 물 저장탱크에 올라가 자살하고 말았다. 청운의 꿈을 안고 이향만리인 미국까지 유학을 와서, 그 자존심 하나 때문에 아까운 일생을 마감해버렸던 것이다.

고생 끝에 낙이 온다는 말이 있다. 어떻게 해서든지 역경을 이겨내려는 용기가 자존심보다 앞서야만 미래는 열린다. 그럭저럭 1년이 지나 새봄이 왔고 그곳에서 미국천문학회가 열렸다. 이것저것 열심히 논문발표를 들으면서 질문도 했더니, 휴식시간에 한 교수가 나한테 말을 건넸다. 그는 펜실베이니아대학의 프랭크 우드 교수였다.

"나는 펜실베이니아대학 교수인데, 참 재미있는 질문을 하더군요. 혹 우리 대학으로 오지 않겠소? 장학금도 줄 수 있는데……."

"펜실베이니아대학이요? 바로 그 대학에서 작년에 이곳으로 온 걸요. 가겠습니다. 가겠어요."

이렇게 해서 나는 한 푼도 받지 못한 한국 국비유학생의 생활을 접고, 다시 정들었던 펜실베이니아대학으로 되돌아갔다. 이번엔 정치학과가 아닌 천문학과 대학원생으로 말이다. 또 하나의 분수령을 넘었다.

학과장인 우드 교수는 아직 미비했던 나의 천문학기초를 손수 지도해주었고, 나는 그분의 전공인 식변광성(食變光星) 분야를 따르기로 했다. 여기서 대형망원경으로 별을 관측하는 기술을 익혔다. 천문대에서 망원경으로 변광성을 관측하기란 그리 쉬운 일이 아니다. 특히 겨울에는 약 8시간쯤을 쉬지 않고 1분 교대로 망원경 시야에서 변광성과 비교성(比較星)을 바꿔가며 측광기로 변광 과정을 기록해야 하기 때문에 화장실에 갈 여유도 없다. 그래서 소변깡통을 옆에 두고서 추위와도 싸워야 했다. 그러나 결과가 잘 나왔을 때에는, 해가 뜨며 날이 밝을 무렵 천문대의 돔(dome)을 닫으며 느끼는 피로감이 기쁜 성취감으로 바뀌는 것이었다. 이 관측자료를 갖고 낮에는 분석과 계산을 하고, 다시 밤이 오면 천문대로 달려가는 연구생활은 천문학자 아니면 맛볼 수 없는 희열이다.

1962년, 나는 드디어 박사학위를 취득했다. 이후 나에게 미국해군천문대, 항공우주국(NASA), 그리고 메릴랜드대학 교수의 길이 열렸고, 귀국한 후에는 모교인 연세대학과 경희대학에서 교편을 잡는 한편, 우리나라에 국립천문대를 세우며 한국에 우주를 소개하는 개척자가 될 수 있었다. 비록 큰 감투는 쓰지 못했지만, 한국에 천문학이란 씨를 뿌렸다는 자부심만은 추호도 남한테 뒤지지 않는다.

이러한 결과는 나 혼자만의 노력으로 된 것이 아니다. 훌륭한 사회의 장학제도와 수많은 고마운 분들의 도움이 있었기에 오늘의 내가 있을 수 있었다. 그래서 나는 은혜를 잊지 않고 사회에 환원하고, 후진과 대중의 지도계몽을 게을리하지 않았다. 후세를 위해 책도 170여 권을 집필했다.

지난 10년 동안만 해도 현대천문학은 10미터급 망원경을 구사하는 동시에 눈부신 우주개발의 덕분으로 태양계 각 행성의 모습을 우리 눈앞에서 보는 것처럼 접근시켜 놓았고, 우리 태양계와 비슷한 외계태양계도 100개 이상이나 발견되었다. 이제 차세대 젊은이들은 이 행성들에 직접 가보고, 외계인과도 접촉할 기회가 있을지도 모른다. 이렇게 가슴 설레는 우주 · 천문학 발전에 헌신하는 많은 과학자가 나오기를 나는 기대한다.

우리나라도 과학자 우대 정책을 펴고 있으니 능력 있는 과학자가 이 나라의 대통령이 될 날도 멀지 않았다. 빈곤과 역경을 싸워 이겨야만 했던 우리 세대와는 달리, 한국은 지금 안정되고 풍부한 연구지원시설도 많이 갖추었다. 이런 환경에서 공부하는 현세대와 차세대에게는 오로지 국제무대에의 도약만이 있을 뿐이다. 신의도 없고 앞날도 불안한 정치가나 인문예술 분야에서 뜻을 펴느니, 확고한 과학기술과 학문의 기초를 닦고 대학을 나오면 그 사람에겐 양양한 대로가 열릴 것이며, 이 나라의 과학발전에 한몫을 한다는 자부심과 사명감도 가질 수 있을 것이다.

내가 만일 이 세상에 다시 태어나면 어떤 길을 택할까? 나는 불행했던 과거의 역경 속에서 못 다한 과학자의 길을 다시 택할 것이다.

조무제

1968년 경상대학교 농과대학 농화학과를 졸업하고 1970년 서울대학교 대학원에서 석사학위를 받았다. 풀브라이트 장학금으로 미국 유학길에 올라 1976년 미주리대학교에서 박사학위를 받았다. 귀국 후 지금까지 경상대학교 자연과학대학 생화학과 교수로 재직하다가 2003년 12월부터 경상대학교 총장으로 일하고 있다. 그동안 미국 위스콘신대학교, 일본 교토대학교, 독일 바이로이드대학교 등에서 객원교수로도 활동했다. 한국과학재단 지정 우수연구센터소장, 교육부 BK21사업단장, 한국분자생물학회회장을 역임했다. 한독, 한일, 한중, 한이스라엘 생명공학 국제공동심포지엄에 한국 측 조직위원장 혹은 대표로 참석하여 우리나라 생명과학의 국제화에도 기여했다. 한국과학상, 금호생명과학상, 국회과학기술대상 등을 수상했으며, 과학기술훈장 창조장(1등급)을 수훈하기도 했다. 바둑을 좋아하며 주말이면 몇 년 전부터 배우기 시작한 골프를 가끔 즐기면서 삶의 여유를 찾고 있다.

연구와 실험으로 쉼 없이 달려온 30년

– 경상대학교를 우리나라 식물생명과학의 메카로 만들기까지

1970년대 초에 미국으로 유학을 간다는 것은 그리 쉽지 않은 일이었다. 1960년대에 시작한 경제개발로 겨우 보릿고개는 면했지만 여전히 어려운 시절이었기 때문이다. 그런 시기에 왕복 여비뿐만 아니라 등록금까지 지원해주는 풀브라이트 장학금을 받아 미국 유학의 기회를 얻은 것은 내게 다시 없을 큰 행운이었다. 돌이켜보면 그때 미국행 비행기에 오른 것이 현재의 나를 있게 한 기나긴 여정의 첫발이 아니었나 싶다.

나는 1974년 미국 미주리대학 컬럼비아 캠퍼스에서 생화학전공으로 박사과정을 시작했다. 미주리의 컬럼비아는 작고 조용한 대학도시로서 공부만 하기에는 최적의 도시였다. 당시 한국인 유학생이 약 30명가량 있었으나 나는 미국인 룸메이트와 기숙사에서 생활했다. 그곳에서의 박사과정 3년을 반추해보면 미국 생활의 낭만보다는 힘들었던 기억밖에 없는데 그중 가장 힘들었던 것은 고향과 가족에 대한 그리움이었다. 나는 그 그리움을 이겨내기 위해서라도 연구에 몰두해야 했다.

그렇게 3년 동안 연구한 결과, 나는 1976년 말 〈동물 백혈구 내에 존재하

는 단백질 분해 효소들의 특성 규명〉이라는 논문으로 박사학위를 받았다. 가족들과 헤어져 지낸 외로움과 고생 끝에 얻은 박사학위를 가슴에 품고 고 국으로 돌아오는 비행기 안에서 나는 얼마나 마음이 설레었는지 모른다. 그러나 귀국하자마자 나는 다시 고민에 빠지고 말았다. 박사학위만 받았을 뿐 한국에 돌아와 수행할 연구계획과 준비가 전혀 없었던 것이다.

미국 유학 전에 경상대학 농과대에 전임으로 근무했기 때문에 원직으로 복귀할 수 있었다. 서른세 살에 미국에서 박사학위를 받고 대학교수 생활을 시작한 나는 학생들에게는 존경받는 교수, 학문적으로는 국제적으로 인정받는 학자가 되겠다는 꿈에 부풀어 있었다. 하지만 모든 것이 쉽지 않았다. 지방 국립대학의 연구시설은 매우 열악했고 연구비 사정은 더욱 어려웠다. 귀국 후 한두 해가 지나면서 연구의욕은 점점 꺾여 갔고, 용기도 잃기 시작했다. 강의가 끝나면 바둑만 두었는데, 그때 배우기 시작한 바둑이 지금은 아마추어 초단 실력 정도이다.

그러던 어느 날, 아직 30년이나 교수생활이 남았는데 허구한 날 바둑만 두면서 보낼 것인가 생각하니 아찔했다. 어려운 농촌 사정에도 불구하고 훌륭한 사람 되라고 대학 공부시키면서 고생하신 부모님 생각도 났다. 왕복 16킬로미터이던 학교를 김칫국 냄새 나는 도시락을 메고 매일 걸어 등하교하던 중고등학생 때, 나는 과연 무엇이 되고 싶었고 무엇을 하고 싶어했던가를 떠올리자 얼굴이 붉어졌다. 등하교 길에 바라보던 농촌 마을도 떠올랐다. 농촌에서 태어나 농과대학을 졸업하고 농과대학 교수가 된 내가 농민들에게 어떤 도움을 줄 수 있을까를 심각하게 고민하기 시작했다.

그즈음 미국 스탠퍼드대학 보이어 박사팀이 성공한 재조합 DNA기술(우리나라에서는 유전공학기술로 불림)은 나에게 큰 감동과 호기심을 불러일으켰다. 재조합 DNA기술이란 한 생물의 유전암호문(DNA)을 시험관 내에서 분리하고 원하는 부분을 잘라 다시 다른 생물에 옮겨서 지구상에 존재하지 않던 새로운 생명체를 만드는 기술이다. 지금은 분자생물학을 전공하는 거의 모든 실험실에서 수행할 수 있는 보편적인 기술이지만 1980년대 초에는 이런 실험을 할 수 있는 연구실이 국제적으로도 많지 않았다.

나는 이 새로운 기술을 농업에 이용해 비료나 농약 없이도 잘 자랄 수 있는 농작물 개발 관련연구를 해보고 싶었다. 중고등학교 시절 등하교 길에 바라보던 농촌 들녘에서 비료를 뿌리고 농약을 주던 농민들, 내 부모님 같은 그 농민들을 위해 내가 할 수 있는 일이 바로 이것이라고 결심을 하게 된 것이다. 하지만 당시 국내에는 재조합 DNA기술을 이용해 연구하는 실험실도 없었고 학자도 없었다. 결국 나는 다시 미국으로 가서 이 분야의 공부를 계속하기로 결심했다.

대학과 실험실 선택을 놓고 고심한 끝에 위스콘신대학 메디슨캠퍼스를 선택했다. 1982년 1월 추운 겨울날 시카고를 거쳐 메디슨에 도착했는데, 공항에 마중 나오기로 한 친구가 나타나지 않았다. 영하 29도의 추위에 자동차 시동이 걸리지 않았던 것이다. 첫날부터 우리나라에서는 겪어보지 못한 추위를 체험하면서 또 만만치 않은 유학생활이 기다리고 있겠구나 싶었다. 하지만 위스콘신대학 메디슨캠퍼스는 '멘도타' 라는 큰 호수를 끼고 있어 매우 아름다웠을 뿐만 아니라 생명과학 분야의 연구역량이 미국 내에서도 매우 높은 평가를 받는 곳이었다.

메디슨에서의 1년 6개월 동안, 나는 짧은 기간이었지만 토요일과 일요일도 없이 실험실에 나가 정말 열심히 배우려고 최선의 노력을 다 했다. 이번에는 그냥 공부만 한 것이 아니라 귀국 후 무엇을 할 것인가도 꾸준히 생각하며 준비도 철저히 했다. 두 번 다시 같은 실수를 되풀이하지 않기 위해 많은 지인들과 상의도 하고 자주 우리나라로 전화해 토론을 하기도 했다. 그리고 생활비를 아껴 모아둔 약 3만 불의 사비로 귀국 후 실험에 사용할 시약과 기구들도 사 모으기 시작했다. 이때 사 모은 시약과 실험기구들이 소중하게 쓰이리라는 생각은 했지만, 20여 년 뒤 경상대학의 모습을 지금처럼 바꿔놓는 밀알이 될 것이라고까지는 정말 생각지 못했다.

1983년 7월 귀국하여 준비해 온 보따리를 풀었다. 아무리 능력이 있다 해도 국제 경쟁력 있는 연구를 혼자서 하는 것은 불가능하다는 사실을 이제 나는 잘 알고 있었다. 그래서 공동연구를 하고자 하는 교수들을 모아 국내에서는 최초로 유전공학연구소를 만들었고, 몇 차례의 워크숍을 통해 재조합 DNA기술도 전파했다. 연구소를 좀더 체계적으로 가꾸기 위해서는 더 많은 돈이 필요했기 때문에 교육부로 출근하다시피 해가며 교육부 관료들을 설득하기 시작했다. 처음에는 정말 아무도 내 말을 들어주지 않았다. 웬 시골 대학교수가 와서 귀찮게 하느냐는 표정이 역력했지만 나는 포기할 수 없었다. 결국 나는 교육부를 설득하는 데 성공해 유전공학연구소에 필요한 기기구입비와 연구비를 지원받아 연구소 모양을 갖추어 나갔다.

각 고등학교를 돌며 생명과학의 미래 청사진을 제시하고 우수학생 유치에도 적극 참여했다. 생명과학이라는 생소한 학문 분야에 대해 대학교수로부터 설명을 들으면서 무엇을 알아듣기라도 하는 듯 고개를 끄덕이고 빙그레 웃던 순박한 시골 고등학생들의 그 형형한 눈빛은 지금도 눈에 선하다. 대학원 석사와 박사 과정도 만들어 우수한 학생들이 대학원에 진학해 연구

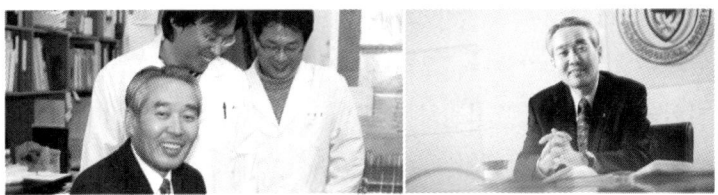

를 계속하도록 설득했다. 어려움 속에서도 연구소의 연구기기와 인력이 차츰 궤도에 오르면서 우리도 하면 되겠구나 하는 자신감도 생기기 시작했다. 그때가 1980년대 말이다.

과학기술부와 한국과학재단에서 획기적인 대학연구지원 프로그램을 공고했다. '우수연구센터 프로그램'이었다. 이것은 우리나라 최초의 장기간 대학 연구비 지원 프로그램으로 연간 약 10억 원씩 9년간 지원하는 획기적

인 계획이었다. 우수연구센터에는 기초과학 연구를 지원하는 과학연구센터 (SRC)와 응용연구를 지원하는 공학연구센터(ERC) 두 부문이 있었다. 1989년 이 프로그램이 공고된 후 전국 대학에서 150여 센터들이 경합하여 SRC 6개와 ERC 7개가 선정되었는데 특히 생명과학 분야의 경쟁이 심했다. 생명과학 분야에서는 44개 센터가 경합해서 3개 센터가 선정되었다. 그중 하나가 내가 센터소장으로 있던 '식물생명과학연구센터'였다. 최종 결과가 발표되던 날은 내 연구생활 가운데 가장 기쁜 순간이었다. 사람들은 어떻게 경상대학이 우수연구센터를 유치했는지 의아해했고, 3년 후 중간평가에서 탈락할 것이라는 말이 나돌기도 했다.

우리 연구센터의 연구목표는 식물이 병충해의 공격을 받으면 어떻게 이 것을 인지하고 자기 방어기전을 발휘하느냐 하는 식물생체 방어신호전달기 전을 밝히고, 이를 이용해 병충해 등에 저항성을 가진 내재해성 작물을 개발하는 것이었다. 이 연구가 결실을 거두면 농약과 비료를 뿌리느라 등골이 휘어지는 농민들에게 농약이나 비료 없이도 병충해를 이겨내는 농작물을 선물로 안겨줄 수 있으리라 기대했다.

나는 처음부터 연구 과제의 선택과 집중, 그리고 연구성과에 대한 철저한 경쟁과 인센티브 제도를 도입했다. 연구에 참여하는 대학원 학생들에게 연구비와 연구시설을 전폭적으로 지원하는 대신 질적 관리를 철저히 하는 것이 무엇보다 중요하다고 생각됐기 때문이었다. 박사과정의 경우 TOEFL 530점 이상과 박사학위 논문의 국제학술지 발표를 의무화했다.

처음에는 이러한 센터운영 방향에 대해 참여 연구원이나 대학원생들의 불만이 적지 않았다. 그러나 나는 일관된 정책을 밀고 나갔고, 몇 년이 지나자 큰 효과가 나타나기 시작했다. 세계적 학술지 《네이처》, 《사이언스》, 《셀》에 논문을 발표하는 연구원들이 나오기 시작했고, 대학원생들 사이에도 선의의 경쟁의식이 생겨나기 시작했다. 토요일이나 일요일 밤늦게까지 실험실에 남아 있는 대학원생 수가 점차 늘어났으며, 학위과정 중에 의무사항으로 규정된 국제학술지 논문 한 편이 아니라 두세 편의 논문을 발표하는 대학원생도 생겨났다. 또한 외국의 여러 대학과 연구소에서 공동연구 제의가 들어오기 시작했는데, 독일 막스플랑크 식물육종연구소와는 2년마다 교차로 국제공동 심포지엄을 개최하기로 하는 등 활발한 국제교류도 이루어졌다.

이처럼 지방대학의 어려움을 극복하고 한국과학재단 지정 우수연구센터를 유치하여 국내뿐만 아니라 국제적으로 인정받을 만큼 연구센터가 발전해나가는 것을 보는 것은 나에게도 큰 보람이었다. 더욱 큰 보람은 많은 보통학생을 받아 스타 학자로 길러내는 자부심이었다. 이 우수연구센터사업을 통해 배출된 박사 중에는 국내대학 출신으로는 최초로 박사학위논문을 《네이처》에 발표한 학생도 있고, 《셀》에 표지논문을 발표해 세계를 깜짝 놀라게 한 학생도 있다.

특히 《셀》에 표지논문을 발표한 연구원은 고성농업고등학교를 졸업하고 경상대학 농과대에서 내 지도로 학사·석사·박사 과정을 마친 후, 지금은 미국 스탠퍼드대학 의과대 약리학교실에서 연구원으로 일하고 있다. 또 한 연구원은 MIT에서 5년간 박사후연구원 생활을 마치고 2005년에 미국 위스콘신대학의 조교수로 임용되기도 했다. 이 두 연구원의 사례는 출신 고등학교나 대학의 학벌이 모든 것을 좌우하는 우리 사회에 큰 교훈을 주는 사례라 할 수 있으며, 나는 이들이 내 제자라는 것을 무척 자랑스럽게 여긴다. 중국의 성현 맹자가 천하의 영재를 얻어 교육하는 것을 인생삼락의 하나(得天下英才敎育之三樂也)라고 말한 깊은 까닭을 알 것도 같다.

1998년 우수연구센터에 대한 9년간의 정부지원이 끝나자 우리는 위기를 맞았다. 그동안 정말 어려운 여건에서도 국제 경쟁력을 가질 정도로 발전시켜 놓은 연구센터가 와해 위기를 맞은 것이었다. 그러나 하늘은 스스로 돕는 자를 돕는다고 했다. 때맞춰 교육부의 두뇌한국21(BK21) 사업공고가 나온 것이다. 나는 뛸 듯이 기뻤다. 사업에 선정될 것인지의 여부는 나중에 생각하더라도 어쨌든 천재일우를 다시 얻게 된 것이었다. 그러나 경쟁은 생각보다 치열했고, 지방에 있는 대부분의 국립대학들은 사업단 구성조차 어려운 까다로운 조건이었다.

나는 9년간의 SRC사업을 통해 쌓은 연구업적과 대학원생 배출 실적을 바탕으로 사업단을 구성했다. 지원서를 제출하고 최종 결과를 기다리는 동안 우리는 묵묵히 실험과 연구에만 몰두했다. 겉으로는 묵묵히 실험을 하고 있었지만 나는 목이 말랐다. 2002년 월드컵에서 히딩크 감독이 16강에 진출하고도 아직 목이 마르다고 말한 적이 있는데 그것은 당시의 내 심정과 똑같은 것이었다. 그리고 마침내 우리가 제출한 응용생명과학사업단은 지방 국립대학으로는 유일하게 선정되었다. SRC사업 종료로 센터가 존폐의 기로에 있었는데 새롭게 재도약할 수 있는 기회가 만들어진 것이었다.

BK21사업단 운영도 SRC를 운영할 때와 마찬가지로 참여 교수와 학생 모두에게 경쟁과 인센티브를 철저히 적용했다. 특히 참여 대학원생들에게는 국제학술대회에 참석해 연구결과를 발표하도록 적극 지원하고 독려했다. 국제교류도 점점 확대되고 미국, 일본, 중국, 베트남, 인도 등 외국인 대학원생도 점차 늘어 영어가 각 실험실들의 공용어가 될 정도로 국제화되기 시작했다. BK21사업은 대부분의 예산이 참여 교수들의 연구비보다는 대학원생들의 인건비로 지원되었기 때문에 참여 교수들은 연구비 확보에 어려움을 겪었다.

과학기술부에서 국가핵심연구센터(NCRC)라는 프로그램을 발표한 것이 그 무렵이었다. 센터당 연간 30억원씩 7년간 210억 원의 연구비를 지원하는 프로그램으로서 이전까지 있었던 그 어떤 프로그램보다 규모나 운영 면에서 획기적인 것이었다. 그런데 이 사업은 사업 1차 연도인 2003년에는 전 분야를 대상으로 두 곳만 뽑을 계획이었다. 생명과학 분야에서만 두 곳을 뽑는 것도 아니고 NT, IT 등 전 분야에 걸쳐 두 곳을 선정하는 것이었다. 포기하자는 의견이 대부분이었다. 지금까지 많은 성과를 이룬 것은 사실이지만 이번에는 벽이 너무 높은 것 아니냐는 회의론이 일기 시작했다. 경쟁률이 20~30대 1이 넘을 텐데 가능하겠느냐는 주장은 사실 일리가 있는 말이었다.

그러나 나는 지금까지 SRC, BK21 사업 중 쉬운 것이 있었느냐, 우리가 최선을 다해 준비하고 노력하면 좋은 결과를 얻지 않았느냐고 독려했다. 며칠을 두고 토론을 벌여 계획서를 내기로 결정하고, 10여 명의 교수가 일주일 이상 합숙하면서 계획서를 작성하여 제출했다. 전국 40여 대학에서 50여 센터가 경합했다. 세 단계의 평가를 거쳐 발표된 최종 승자는 서울대학의 나노 분야와 경상대학의 생명과학 분야 두 곳이었다. 우리 경상대학이 우리나라 생명과학 분야의 대표선수라는 사실이 공식적으로 확인된 셈이었다.

1983년 국내대학으로는 최초로 유전공학연구소를 만들어 우리나라에 재조합 DNA기술을 이용한 새로운 생명과학연구의 싹을 틔우고, 이를 바탕으로 1990년 한국과학재단 지정 우수연구센터를 유치하여 우리나라 식물생명과학 분야 연구수준을 국제수준으로 발전시켰으며, 다시 1999년 교육부의 BK21 대학원육성사업단을 유치하여 국제경쟁력 있는 박사급 고급 연구인력 양성에 공헌하고, 2003년 과학기술부 지정 국가핵심연구센터를 유치하여 국제적으로도 인정받는 연구센터로 발전시키는 데 꼭 20년이란 세월이 흘렀다. 10년이면 강산도 변한다고 하는데 강산이 두 번이나 변할 수 있는 기간을 식물생명과학 연구에 몸 바쳐 일해 오면서 많은 어려움과 때로는 좌절도 있었지만 단연코 후회는 없다.

2003년 말, 나이 예순을 바라보는 시기에 지금까지 했던 연구활동을 잠시 접고 대학 총장이라는 '외도'를 시작했다. 총장 취임 후 가장 보람 있었던 일 가운데 하나는 미국 퍼듀대학과 생명과학 분야 복수박사학위제를 도입하기로 한 것이다. 복수박사학위제는 내가 총장으로서 능력을 발휘한 것이라기보다는 평교수 때 쌓아 놓은 연구성과들이 뒷받침되어 이루어진 것이다. 국내대학으로는 처음 있는 일로서 우리의 연구역량이나 박사과정 수준이 미국 상위권 주립대학들과 비교해도 손색이 없다는 평가를 국제적으로 공인받은 것이어서 큰 자부심을 느낀다.

아직도 주말이면 나는 실험실을 찾곤 한다. 30년 전 내가 그랬듯이 지금의 대학원생들도 의욕이 넘친다. 토·일요일도 없이 밤늦도록 연구에 매달리는 모습을 보는 것은 큰 즐거움이다. 연구실의 열기 속에서 대학원생들과 뜨겁게 토론하는 것은 분명 바둑과는 비교할 수 없는 즐거움이다. 대학원생들과 연구 진척 과정을 토론하는 것이 대학을 경영하는 것보다 재미있게 느껴지는 것을 보면 나는 총장보다는 학자가 더 적성에 맞는 모양이다.

조완규

1952년 서울대학교 문리과대학 생물학과를 졸업하고 1956년 이학석사, 1969년 이학박사학위를 받았다. 1957년 같은 대학 전임강사로 임명된 후 1992년까지 발생생물학을 강의했다. 1964년부터 2년간 미국 펜실베이니아대학교에서, 그리고 1971년부터 2년간 미국 하버드대학교 의과대학과 영국 케임브리지대학교에서 생식생리학 분야, 특히 난자성숙과 배아발생 관련 연구를 수행했다. 1975년 이래 서울대학교 자연과학대학 학장, 부총장, 그리고 1987년 총장을 역임했으며 그 사이 대통령과학기술자문회의 위원장, 과학재단 이사장, 과총 회장, 한국과학기술한림원 초대원장, 교육부장관, 그리고 현재 한국바이오산업협회 회장을 맡고 있다. 1989년부터 9년간 UN대학부설 신기술연구소 이사, 1995년부터 3년간 일본 RIKEN 첨단분야연구사업 국제자문위원을 역임했다. 청조근정훈장, 과학기술훈장 창조장을 수훈했다. 1975년 이래 10여 년간 아침 조깅을, 그리고 그 뒤에는 새벽 등산으로 건강을 유지하고 있다.

맨손의 연구와 감동, 그리고 봉사의 반세기

우리 세대의 어린 시절은 혼란과 실의의 시기였다. 중학교 때는 일제 말이
어서 근로동원에 끌려 다녀야 했고, 광복 후 대학에 다닐 때는 좌우익 싸움
을 불안한 마음으로 지켜보아야 했다. 6·25전쟁 때는 부산 가교사(假校舍)
에서 공부했고, 종전 후 환도하여 파괴된 교사에서 대학생활을 새로 시작했
다. 그런 환경에서 나는 석사과정을 마쳤다. 해방 후에는 젊은 때라서 헌 책
가게를 뒤지고 다니며 끼니보다는 책을 사 모으는 데 열을 올렸다. 헤르만
헤세 전집, 괴테 전집 등과 이와나미문고의 책들을 사 모았다. 당시 탐독했
던 책에 베르그송의 《창조적 진화》가 있었다. 영속하는 생명의 창조력은 규
칙에 따라 유전하며, 이 힘이 축적되어 새로운 종(種)을 창조한다는 내용으
로 생명을 물질과 대비해 간파한 다분히 철학적 서술의 책이었다. 또한 다
윈의 《종의 기원》, 헤겔의 《생명의 불가사의》, 그리고 파브르의 《곤충기》 등
을 읽음으로써 생명탐구에 대한 욕구가 솟았다. 당시 우리나라에서 생물학
은 새로운 분야여서 나는 이 분야가 전망이 밝을 것으로 생각했다. 여러 날
의 고민 끝에 택한 생물학은 결국 평생 내 혼과 몸을 바칠 제2의 보금자리가

되었고, 오늘에 와서도 생물학을 택했던 결정을 후회하지 않는다.

나는 당시 새로 나왔던 항생물질인 '스트렙토마이신'이 〈흰쥐 백혈구 운동능(運動能)에 미치는 영향〉이라는 연구논문으로 석사학위를 취득했다. 1955년에 수행한 실험주제로는 매우 파격적인 것이었다. 생체를 관찰하는 일이어서 베니어판으로 상자를 짜 현미경을 덮고, 그 안에 꽂은 전구로 37도 온도를 맞추어 가며 백혈구 운동을 관찰했다. 지금으로서는 상상할 수도 없을 만큼 원시적인 실험기기였지만, 그 논문은 80여 편의 논문 중 첫번째 것이었다. 그렇듯 부실한 환경 때문에 실험실 연구가 거의 불가능해서 나는 연필과 종이로 할 수 있는 집단유전학, 인류유전학, 그리고 출생성비 연구에 힘을 쏟았다. 일반적으로 여아 100명 출산에 남아 출산이 105~106명이지만, 우리나라의 경우는 1936년 영국학자가 가장 높은 113명으로, 그리고 1940년 일본인 교수가 가장 낮은 100명이라고 발표했다. 이 같은 차이의 진상을 밝히고자 나는 이 연구에 전력을 쏟았다. 몇몇 산부인과병원의 출산자료 분석과 어머니들의 면담을 통해 조사한 결과 우리나라는 다른 나라에 비하여 110 정도로 비교적 높은 성비임을 알게 되었다. 부모 나이, 출생서열에 따른 출생성비 등의 분석결과를 여러 편의 논문으로 종합해 외국 학술지에 실었다.

차차 환경이 개선됨에 따라 실험실 연구로 연구방향을 바꾸기로 했다. 다행히 1964년 첫번째 유학기회를 얻었다. 미국 인구협회 생의학연구부(Biomedical Division, Population Council)의 연구장학금을 받아 미국 펜실베이니아대학 생식생리학연구소의 연구원이 되어 배양 중의 생쥐 미성숙 난소로부터 배란을 유도하는 실험을 수행했다. 이 연구소는 배양 중(in vitro) 생쥐 배아 발생 연구로 세계를 선도하고 있었다. 나는 마침내 배양 중인 난소로부터 배란시키는 데 성공했다. 호르몬 처리된 배양액 내에서 3~4일 지나 성숙한 난자가, 마치 동산에 떠오르는 보름달처럼 밝은 빛을 내며 난소

로부터 빠져나왔다. 나뿐 아니라 이 광경을 관찰한 동료 연구원들 모두가
감동했다.

2년 후 귀국할 때는 록펠러재단으로부터 1만 5000불의 연구비를 수령해
이 돈으로 기관(器官) 및 배아배양 실험실을 갖추기로 했다. 당시 우리나라
에서는 정밀화학시약은 물론이요 간단한 실험재료조차 구할 수 없었기 때문
에 1000여 종의 실험기기 및 재료를 유럽과 미국의 30여 개 회사에 주문했
고, 완벽한 실험실이 되기까지는 1년이 걸렸다. 그때만 해도 통관절차가 미
비하여 세관 직원과의 실랑이가 빈번했으며 그런 고난을 겪으면서 배양시설
을 꾸며나갔다.

배아배양시설이 갖추어지기까지의 1년 동안은 생쥐 안전방(眼前房)을 이
용한 난자성숙 및 생쥐 배아발생실험을 수행했다. 안전방 내 체액에서 난자
가 정상적으로 성숙되고, 수란관(輸卵管) 내에서처럼 안전방 내에서도 초기
배아가 포배까지 발생했다. 그중에는 투명대를 벗고 부화하여 착상할 단계
까지 성장한 배아도 있었다. 이때 얻은 결과를 간추린 논문으로 서울대학교

이학박사학위를 취득했다.

1967년 꾸민 배양시설은 오늘날 수준에서는 매우 원시적이고 초라했으
나 실험하는 데 전혀 손색이 없었다. 37도로 맞춘 배양기에는 95퍼센트의
공기와 5퍼센트의 이산화탄소를 계속 공급할 수 있도록 유량계(流量計)를
설치했다. 한쪽 유량계는 압축공기가 들어 있는 가스통과 연결시켜서 일정
양의 공기를 공급했고, 가스통에는 24시간 발동기를 돌려 공기를 저장했다.
또 다른 유량계는 이산화탄소 가스통과 연결하여 배양기 내에 유입되는 이
산화탄소 가스의 양을 조절했다. 당시 국내에도 이산화탄소 가스를 제조 공

급하는 회사가 있었다. 또 가끔 일어나는 정전에 대비해 따로 소형의 발전기도 설치했다. 이렇게 하여 비록 초보적이긴 했으나 배아 등 기관배양장치가 우리나라에 처음 마련된 것이다.

1966년 미국에서 귀국할 때 일본의 국립유전학연구소에 들러 실험용 생쥐 3~4계통과 쥐 2계통을 분양받아 우리 연구실에서 사육하여 실험에 이용했다. 그동안 실험에 썼던 계통 불명의 생쥐는 모두 없앴다. 플라스틱 사육상자가 없어서 우선 나무로 사육상자를 짜고, 쇠그물 덮개인 그물에 물병을 꽂아 급수했다. 사육중인 1000여 마리 생쥐에게는 실험실에서 제조한 사료를 줬는데, 영양학 교수가 적어 준 처방에 따라 매번 시장에서 구입한 재료를 배합하고 적당한 크기로 잘라 건조시켜서 사료로 썼다. 영양가가 풍부한 최고 품질의 쥐 사료였다. 내 방 대학원생들이 사료 재료구입과 제조를 맡았었는데, 그때의 학생들은 전화 한 통으로 즉시 사료를 배달해주는 오늘날과 비교하여 금석지감이 있을 것이다.

실험실이 갖추어져 연구에 몰두할 무렵 문리과대학 학생과장에 징발되었다. 당시는 부정선거 규탄, 3선개헌 반대 등 학생운동으로 학내가 소란스러웠고, 또 학생지도를 하면서 연구생활을 하는 것은 거의 불가능할 것 같아 대학 측 요청을 강하게 거절했다. 그러나 곧 총장실로 불려가 학생과장 발령장을 받았다. 그로부터 2년간 연구와 학생지도라는 두 가지 일을 수행해야 했다. 거의 매일 밤, 그리고 토요일과 일요일 등 공휴일은 내 시간이었고, 그때는 아무리 긴박해도 예정된 실험이 끝난 뒤에야 나는 학생들을 만났다. 오히려 학생과장 2년 동안 발표한 논문 수가 다른 때보다 더 많았다.

학교 행정에 말려 들어가는 것이 싫어서 1971년 세계보건기구(WHO)의 연구장학금을 받아 다시 2년간 외국유학의 길을 떠났다. 처음 4개월은 미국 존스홉킨스대학 보건대학원에서, 그리고 1972년부터 14개월간은 새로 발족한 하버드의과대학 내 인간생식 및 생식생물학연구소에서, 그리고 마지막 6개월간은 영국 케임브리지대학 생리학연구실에서 생식생리학 연구에 종사했다.

하버드에 있는 동안 생체 내 '제2의 메신저'라고 알려진 cAMP가 난자성숙(극체의 생성)에 미치는 영향에 관한 연구를 수행하여, 결국 이 물질이 난자성숙을 가역적으로 억제한다는 사실을 밝혔다. 생쥐 난소여포로부터 축출한 난자를 배양액에 옮겨서 3~4시간 지나면 난자 핵막이 붕괴되기 시작하며 성숙분열 과정을 밟는다. 그러나 cAMP가 함유된 배양액 내에 옮겨진 난자는 성숙과정이 20시간까지도 정지된 상태로 있다. 이 난자들을 정상배양액으로 옮기면 즉시 성숙과정에 들어가 10여 시간 안에 극체를 생성한 성숙난자가 된다. 일단 핵붕괴가 시작된 난자에게는 cAMP의 성숙억제 효과가 없다는 사실도 확인했다. 이 실험결과를 학술지에 발표했는데, 그 뒤 난자성숙 관련 연구에서는 누구든 이 실험결과를 인용했다. 귀국 후 나는 cAMP의 난자성숙 억제기능과 핵붕괴의 관계, 그리고 성숙촉진기능을 추구하는 연구에 많은 시간을 보냈다.

케임브리지대학에 있는 동안에도 난자성숙과 배아발생 관련 실험에 몰두했다. 생리활성물질이며 인공유산(人工流産)에 효력이 있다고 알려진 '프로스타글란딘'과 난자성숙의 관계를 밝히는 실험에 착수했다. 프로스타글란딘은 유용성(油溶性)물질이어서 종래의 배양방법으로 그 영향을 측정하는 것은 적절하지 않다고 판단했다.

당시에는 포유류 난자와 배아를 배양하는 데 일반적으로 '파라핀오일 방법'을 이용했다. 즉 배양접시에 파라핀오일을 가득 채우고, 거기 정착시킨 배양액 방울 안에 배양할 난자 혹은 배아를 넣어 관찰한다. 파라핀오일로 배양액을 덮는 이유는 배양액의 증발을 막고 외부 공기와의 직접 접촉에 의한 오염을 예방하며, 또 배양액의 가스평형상태(공기 95퍼센트, 이산화탄소 5퍼센트)를 유지하기 위한 것이다. 만일 유용성 물질을 함유한 배양액이 파라핀오일과 직접 접촉할 경우 배양액 내 유용성 물질이 파라핀오일로 유출되거나 희석될 수 있어 그 물질의 영향 측정에 오차가 있을 수 있다. 그래서 배양액과 파라핀오일이 직접 접촉하지 않고 배양 목적을 이룰 수 있는 새로운 배양방법이 필요했다.

그 결과 고안된 것이 '미세관(微細管)배양법'이었다. 구경 약 1밀리미터의 가는 유리관을 5센티미터 길이로 자르고, 관의 중앙부에 1센티미터 길이가 되게 배양액을 주입한다. 그리고 그 안에 배양할 난자 등의 재료를 넣는다. 관의 양쪽 끝은 약 3~4밀리미터의 파라핀오일 마개를 하고 배양액과의 사이에 공간을 둔다. 이 유리관을 받침대로 고정시켜서 배양기 안에 설치한다. 이 배양법에는 몇 가지 이점이 있었다.

첫째, 배양중인 배아 등의 장거리 이송 혹은 휴대가 가능하다. 즉 종래의 배양접시 배양법으로는 배양접시 이동 때 파라핀오일이 출렁거려 밖으로 흐르거나 안의 배양액 방울이 움직여서 단 몇 발자국도 옮기기가 어려웠다. 실제로 나는 배양액에 생쥐 2-세포기 배아 다수를 주입한 미세관을 시험관에 고정시켜 이를 케임브리지에서 에든버러대학까지 휴대해 그곳 연구실에서 배아발생 과정을 확인했다. 걷고 기차와 버스를 타고 호텔에서 숙박하는 등 긴 여행 중에도 미세관 내의 여러 배아들은 정상적으로 포배까지 자랐다. 배양액의 온도를 36~37도로 유지하기 위해 미세관을 시험관 내에 고정시켰고, 이 시험관을 솜으로 몇 겹 말아 몸에 부착시킴으로써 이동중에도 체온으로 보온했다. 이 결과를 확인한 에든버러대학의 동료과학자들은 모두 경탄했다. 그때까지만 해도 배양중인 배아의 이송은 생각지도 못하던 터였

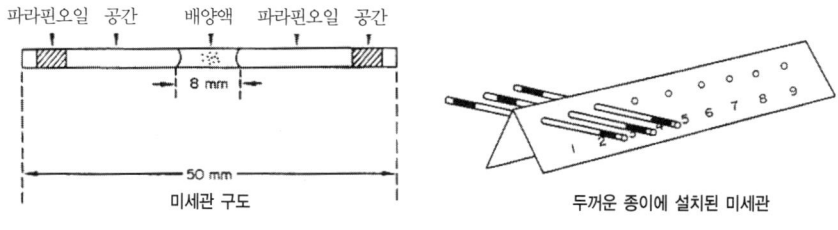

파라핀오일 공간   배양액 파라핀오일 공간

|← 8 mm →|

|← 50 mm →|

미세관 구도

두꺼운 종이에 설치된 미세관

미세관 배양법

기에 감동하지 않을 수 없었다. 이 실험결과도 영국 내 학술지에 발표했다. 둘째는 배양액이나 파라핀오일이 극소량 소비되고 유리관의 값도 매우 저렴해 우리 형편에 알맞는 경제적인 배양방법이었다.

나는 프로스타글란딘이 감수분열중인 난자핵 염색체의 불규칙적인 이동을 유발함으로써 정상적인 난자 성숙에 영향을 준다는 것을 밝혔다. 1973년 귀국 후 내 연구실에서는 배양중인 난자 혹은 배아 발생 실험에 미세관 배양법을 이용했다. 귀국할 때 WHO에서 얻은 8000불의 연구비로 실험실 내 소모품 및 부품을 보충했다. 난자 혹은 배아배양 실험은 당시로는 첨단의 실험이었으며, 오늘날 배아줄기세포 연구기반은 30~40년 전 나를 포함한 생식생물학자들의 축적된 연구결과의 산물이라고 할 수 있다. 다만 내가 대학행정직에 징발됨으로써 이 분야 연구를 중도에 접을 수밖에 없었던 것은 매우 안타까운 일이다.

1973년 귀국 후 배아발생 실험에 몰두하고 있을 때 생각지도 않게 서울대학교 문리과대학 이학부장 보직을 맡았다. 영문도 모른 채 그 자리를 맡은 것이 결국 내내 대학행정에 발목 잡히는 계기가 되고 말았다. 당시 서울대학교는 1975년 관악으로의 이전을 계획하고 있었다. 종합계획에서는 문리과대학이 인문, 사회과학, 그리고 자연과학의 세 대학으로 분리될 예정이었다. 나는 새로 출발할 자연과학대학 교육의 질을 향상시키기 위한 재원 마련을 위해 미국대사관 AID의 차관도입을 총장에게 강력히 요청했다. 결국 미국대사관은 AID차관사업타당성조사단을 구성했다. 미국 측은 콜로라도 대학 대학원장을 단장에, 그리고 기초과학 분야 저명학자 여섯 명을 타당성 조사단 위원으로 위촉했고, 나는 서울대학 측 조사단 대표가 되었다. 미국 측 위원에는 물리학 분야의 벤저민 리(이휘소) 박사도 있었다. 결국 정부와 미국 AID는 5개년 계획으로 500만 불을 제공하기로 협의했다. 이 재원의 반은 교수 교환계획에, 나머지 일부 재원은 교수들이 파견지에서 연구에 사용했던 기기들을 구입하여 가져오게 했다. 그리고 도서자료 구입과 교수의 연구지원비에 배당했다. 나는 1975년 관악 기슭에 터를 잡은 서울대학 자연과학대 초대학장으로 임명되었고, AID차관사업집행위원장으로서 이 사업집행의 책임자가 되었다.

차관사업의 효율성을 높이기 위해 몇 가지 개혁사업을 추진했다. 하나는 자연과학대학 교수 공개채용 제도 도입이다. 이 제도가 성공하자 서울대학교 모든 대학이, 그리고 마침내는 전국 대학이 이 제도를 채택했다. 두번째는 연구비 중앙관리제도의 확립이며, 세번째는 자연과학대학 교수들의 기초과학 육성기금 적립, 그리고 기초과학 연구지원을 위한 자연과학 종합연구소 설립이었다.

특히 차관사업 종료 후에도 그 효과를 지속시키기 위해 조성키로 한 교수들의 기금적립 운동은 당시의 문교부장관(박찬현 박사)을 감동시켰고, 결국 정부가 대학부설 기초과학연구소 사업을 추진키로 했다. 이 사업은 특정 국립·사립대학에 특성 분야를 지정하고 정부(당시 문교부, 현 교육인적자원부)가 연구비를 지원하는 사업으로 1979년 시작하여 약 15년간 지속되었다. 지정된 연구 분야는 타 대학 교수도 참여하는 공동연구체제라야 하고, 대학원 학생 참여, 평가제도가 확립된 학술지에 논문 게재, 또 연구비의 중앙관리 등이 조건이었다. 이 사업은 매년 교수들로 구성된 평가단에 의해 연구 진행 과정을 평가받도록 했는데 평가결과에 따라 연구비 액수 조정 혹은 연구비 지급 중단조치 등 평가가 매우 엄정했다.

1979년 사업 시작 때부터 1987년 서울대학 총장으로 취임할 때까지 평가사업단 위원장으로서 나는 이 사업의 추진을 책임지고 있었다. 이 사업은 대학원 기초과학 교육의 질 향상 등 우리나라 대학의 연구인력 양성에 크게 기여했으며, 정부 지원사업 가운데 가장 성공한 사례로 기록되고 있다. 특히 교수들의 공평무사(公平無私), 소신 있는 평가작업으로 인하여 대학사회의 신뢰가 컸고, 평가받는 교수들의 성실한 자세 또한 이 사업을 성공하게 한 절대적 요인이었다. 기초과학연구소 사업도 결국 AID차관사업 효과를 증대시킬 목적사업 중의 하나였으며, 나는 이 사업을 창안하고 추진책임자로 봉사할 수 있었던 것을 고맙게 생각한다. 학장으로 근무하는 동안에도 대학원생을 지도하며 여러 명의 박사를 배출했다. 그러나 1979년 서울대학교 부총장으로 임명되면서 점차 가중되는 대학 행정업무로 말미암아 연구생활은 더 이상 계속하기 어려웠다. 물론 그 뒤에도 대통령과학기술자문위원회 위원장, 과학재단 이사장, 한국과학기술단체총연합회 회장, 한국과학기술한림원 초대원장 등 과학기술관계 여러 단체의 책임을 맡아 봉사했다.

그러던 중 1980년대 초 우리나라에 유전공학이 소개되었다. 그 기술의 고부가가치성을 내다 본 10여 개 산업체가 유전공학연구조합(이사장 정주영 현대회장)을 조직했고, 과학자 10여 명은 유전공학학술협의회를 구성했다. 나는 이 협의회 회장으로 추대되었고, 이것이 계기가 되어 결국 오늘까지도 우리나라 생명공학 관련 사업에 깊이 관여하고 있다. 1984년 유전공학육성법이 공포되었고, 이 법에 따라 여러 대학에 유전공학 관련 학과가, 또 여러 기업체에 생명공학 관련 연구소가 설립되었다. 과학기술처는 정부출연 유전공학연구센터(현 한국생명공학연구원)를 설치했다. 신설된 유전공학 관련 학과와 연구소가 급증함으로써 교육 및 연구인력 수요가 급속히 늘었고, 법 발효 7~8년 사이에 해외에서 잘 훈련받은 생명과학자 1000명이 귀국해 교수 혹은 연구원이 되었다. 황무지 같았던 생명공학 분야도 국제경쟁력을 갖추게 되어 이미 세계 수준에 이른 분야도 생겼다. 생명공학 연구에서 얻은 새로운 지식과 기술의 산업화를 촉진하기 위해 1991년 한국생물산업협회(현 한국바이오산업협회)를 창립했다. 50여 생물산업 관련 회사가 회원으로 참여했으며 나는 회장으로 선임되어 오늘에 이르고 있다. 발족 당시는 미미했으나 현재는 생명공학 혹은 바이오산업 관련 정책연구 및 정책건의뿐 아니라 국제 교류와 협력을 주선하는 창구역할을 성실히 수행하고 있다.

1990년대 초에는 우리나라 최초의 국제기구인 국제백신연구소 유치에 온 정력을 쏟았고 그 결과 우리나라가 연구소 유치에 성공하였다. 그 뒤 국제백신연구소 국제이사로, 연구소장 특별고문으로, 그리고 연구소 한국후원회 이사장으로 연구소 발전에 기여할 수 있었던 것은 나의 큰 보람이다. 연구소의 목적은 한 해 1000만 명의 후진국 어린이 목숨을 앗아가는 전염병 예방에 필요한 백신을 개발하는 일이며, 지극히 인도적인 이러한 사업에 정부가 연구소 건물과 일부 운영비를 제공하고 있다. 나는 세계에서 유일한 이 연구소가 우리나라 생명과학과 생명공학 발전에 크게 공헌할 것이라고 믿고 있다.

　　돌이켜보건대 과학도로서, 또 생명과학도로서 불모지와 같았던 50년 전에 거의 맨손으로, 단지 의욕과 창의적 투지만으로 연구활동을 시작했다. 그러는 사이 국제적 수준의 연구업적을 남길 수 있었던 나의 전반부 반세기는 과학도로서 흐뭇하고 보람 있는 기간이었다. 비록 연구비가 없을 때도 타오르는 연구의욕만으로 연구결과 창출에 최선을 다했었다. 결국 맨손으로도 창의력과 의지만 있으면 첨단적 연구가 가능하다는 사실, 그리고 '필요가 성공의 근간'이라는 이치를 깨달은 것이다. 다만 대학 행정직에 징발된 뒤 중도에 연구활동을 접게 된 것은 매우 아쉬운 일이다. 만일 내 전공 분야 연구를 계속할 수 있었다면 오늘날에는 포유류 발생 및 분화 과정 탐구에 더 많은 업적을 남길 수 있었을 것이다.

　　한편 나의 후반부 반세기는 우리나라 기초과학, 그리고 과학기술의 육성, 특히 바이오산업 발전을 위해 봉사한 기간으로, 내 봉사가 우리나라 발전의 씨앗이 되었다면 이는 큰 기쁨이고 또 보람이 아닐 수 없다. 남은 생에 이처럼 뜻있는 봉사 기회를 갖게 된 것에 감사할 따름이다.

조장희

서울대학교 전자공학과를 졸업한 후 같은 대학원을 졸업했다. 1966년 스웨덴 웁살라대학교에서 물리학 전공으로 박사학위를 취득했으며, 스톡홀름대학교의 조교수와 부교수를 거쳐 1972년 미국 UCLA 부교수로 부임하여 1978년까지 재직했다. 1979년부터 컬럼비아대학교, 한국과학기술원 초빙 석좌교수 등을 역임했고, 현재 캘리포니아대학교, 가천의과대학 석학교수 및 뇌과학연구소 소장으로 재직하고 있다. 2003년에는 PET와 MRI 연구의 선구적인 업적을 인정받아 캘리포니아대학교가 2500여 명 대학교수들 가운데서 단 한 명을 뽑는 '올해의 최우수 교수'로 선정됐다. 이상은 탁월한 연구 성과로 학교발전에 큰 공헌을 한 교수에게 수여하는 것으로 역대 수상자 가운데 두 명이 노벨상을 수상했다. 최근에는 '침술의 과학적 입증'이라는 주제를 가지고 연구 중이며, 미국정부(보건성)로부터 미국 국립보건연구원(NIH) 국가자문위원으로 임명되어 활약하고 있다.

뇌과학은 우리 미래의 과학기술

'20세기 초 뢴트겐에 의한 X선 발견, 1970년대 초 하운스필드에 의한 X선-컴퓨터단층촬영(CT) 등장, 1970년대 중반 나(조장희)와 마이클 펠프스, 마이클 터 포고시언 교수에 의한 양전자방출단층촬영(PET) 개발, 스위스의 리하르트 에른스트 교수, 미국의 폴 로터버와 영국의 피터 맨스필드 박사에 의한 자기공명영상(MRI) 개발, 1990년대 초 세이지 오가와 박사의 뇌기능 자기공명영상(fMRI) 고안' 등은 지난 세기 의학사에 새로운 지평을 연 획기적인 발견들이다. 뢴트겐과 앨런 코맥, 하운스필드, 에른스트는 노벨 물리학상, 화학상, 그리고 생리의학상을 수상했다. 그리고 로터버와 맨스필드는 2003년 노벨 의학상 수상의 영광을 안았다. 이제 PET(Positron Emission Tomography)와 fMRI(functional MRI)만 노벨상 수상을 남겨놓은 셈이다. 만일 노벨상 선정위원회가 수상 대상을 또다시 뇌영상 연구 분야로 선정한다면, PET와 fMRI가 현대 신경과학 연구에 기여한 혁혁한 공로를 결코 간과할 수 없을 것이라고 관련 과학자들은 입을 모은다.

PET를 개발하고 한 분야에서 세계 3대 석학이 되기까지 내가 과학자로서 한평생 걸어온 외길 인생이 결코 순탄치만은 않았다. 나는 1966년 스웨덴 웁살라대학에서 전자 및 물리학 박사학위를 취득하자마자 스톡홀름대학에서 연구원으로서 본격적인 연구생활을 시작했다. 그로부터 4년 만인 1970년 나는 핵물리 분야 중 '핵의 초고속 비행속도 추정'에 관한 연구와 원소측정에 사용되는 반도체 검출기 개발에 공헌하게 되었다.

그해 미국에서 열린 핵과학학회에 참석한 나는 우연히 뉴욕 브룩헤이븐 연구소의 로버트 체이스 박사와 얘기를 나눴다. 그러던 중 내 연구에 유달리 관심을 보인 그가 "미국에서 함께 실험해보지 않겠는가"라고 제안했다. 나는 얼떨결에 그의 제안을 받아들였다. 이듬해인 1971년 초부터 1년 동안 브룩헤이븐 국립핵물리연구소의 방문 연구원으로 갔는데, 경비는 미국 발렌베리재단 펠로십과 브룩헤이븐 연구소가 공동 분담하기로 했다. 그것이 나의 연구활동 무대를 유럽에서 미국으로 옮기게 된 결정적인 계기가 됐다.

브룩헤이븐 연구소에서 1년간의 연구생활을 마친 나는 이듬해인 1972년 스톡홀름대학의 부교수로 승진 발령을 받았다. 그런데 공교롭게도 마침 그때 브룩헤이븐 연구소와 UCLA에서도 일할 수 있는 기회가 동시에 주어졌다. 그후 미국 원자력연구위원회와의 계약대로 UCLA와 샌디에이고 소재 캘리포니아대학을 오가며 연구를 해야 했고, 결국 캘리포니아에 영구 정착하게 됐다.

내가 UCLA의 부교수로 자리를 옮긴 1972년 9월, X선을 이용한 컴퓨터 단층촬영(CT: Computerized Tomography)이라는 획기적인 새 의료장비가 영국에서 처음 개발됐다. 인체의 각 부분을 마치 칼로 잘라놓은 듯 컴퓨터로 단층촬영할 수 있는 이 기기는 신기에 가까워 미국뿐 아니라 전 세계의 의학계를 발칵 뒤집어놓았다. 따지고 보면 X선-CT 이론은 이미 1917년 라돈이 발견한 변환수학이론을 1963년 미국 터프츠대학의 앨런 코맥이 재적용해 푼 다음 실체화한 것이었다. 그런데 50여 년이 지난 후 영국의 하운스필드가 이들 이론을 적용해 비밀리에 상품화한 것이다. 그는 실제 라돈의 이론과는 조금 다른 '짜맞추기식 방법'을 이용했다. 하운스필드의 CT는 대당 25만 불(현재 화폐가치로 약 250만 불)에 수출돼 영국의 수출 판도를 바꿔놓을 정도로 큰 파장을 불러왔고, 덕분에 그는 영국 여왕으로부터 작위까지 받는 영광을 안았다. 마침내 코맥과 하운스필드는 그 공로로 1979년 노벨 생리의학상을 공동수상했다. 나와 개인적으로 친분이 있던 코맥은 하운스필드가 자신의 수학이론을 참고하지 않고 라돈의 이론만을 응용해 CT를 상품화했다는 것은 도저히 말도 안 된다면서 CT 발견은 전적으로 자신의 공로라고 주장했다. 코맥과는 대조적으로 하운스필드는 노벨상 수상 강연회에서 내 논문에 대해서까지 언급하면서 다른 사람들의 공로를 높이 치켜세우는 너그러운 자세를 보였다.

1972년까지만 해도 CT의 내막은 영국의 '국가 제1 기밀사항'에 속했다. 미국의 과학자와 기업가들은 CT 비밀을 캐기 위해 첩보전을 방불케 하는 대대적인 작전에 돌입했다. UCLA 교수들도 교수회의를 열어 이 문제를 논의했다. 대부분의 교수들은 이 연구가 '세계 최초다', '아니다' 하면서 시큰둥한 반응을 보였다. 그런가 하면 일부 의대교수들은 "너무 어려워 도전할 엄두도 못 내겠다"며 처음부터 아예 관심조차 보이지 않았다. 그런데 당시 UCLA 방사선과의 가브리엘 윌슨 교수가 대뜸 "나는 물리나 수학은 잘 모르겠으니 조 박사가 한번 CT의 비밀을 캐보지 않겠는가"라며 나에게 CT 연구를 권했다. 나는 이미 스톡홀름과 뉴욕 브룩헤이븐 연구소에서 갈고 닦아 익숙해진 컴퓨터 시뮬레이션 기술(당시만 해도 희귀했다)을 활용해 3개월 후인 1972년 12월 CT의 수학적 알고리즘에 관한 데이터를 학계에 처음 공개할 수 있었다.

이듬해부터 세계적으로 CT촬영 붐이 일기 시작했다. 학계에서 나는 일약 유명인사로 떠올랐다. 황무지나 다름없던 CT 분야에서 새로운 이론적 대가로 알려지자 여기저기서 강의를 요청하는가 하면 관련 아이디어와 문의 등이 쇄도했다. 1973년 9월 UCLA는 버클리 소재 캘리포니아대학의 톰 부딩거(Tom Budinger), 벨연구소, 시카고대학, 미국 국립보건연구원(NIH) 등 핵의학 분야의 내로라하는 수학과 물리학 전문가 50명을 초청하여 세계 최초로 CT 관련 국제심포지엄을 개최했다. 당시 다섯 명의 주제 발표자 중 나를 포함한 세 명이 그후 미국 학술원 회원이 되었다. 나는 회의 결과를 모아 이듬해 미국에서 발간된《핵의학Nuclear Science》의 'CT 특집'으로 구성했다. CT이론을 처음 정립한 이 논문집은 CT 역사상 가장 많이 인용된 특집이 됐다. CT이론에 대한 수학적 도전은 1975년 내가 세계 최초로 3차원 영상의 원형 양전자방출단층촬영(PET)을 독자적으로 연구, 개발하는 데 결정적인 밑거름이 됐다.

나는 한평생 작은 수레를 하나 가득 채울 만큼 많은 논문을 썼다. 하지만 환갑이 넘은 나이에 생을 돌아봤을 때 건질 만한 논문이라곤 불과 몇 편에 불과했다. 그중 원형횡축 양전자방출단층촬영(Circular Ring Positron Emission Tomography) 기기와 이를 위한 핵검출기(BGO: Bi4Ge3012) 관련 논문들은 생애를 통틀어 나의 연구업적을 결정짓는 가장 중대한 작품들이다. PET의 기본원리는 감마선이 날아가는 것을 짧은 시간 동안 수학적으로 측정해서 컴퓨터를 통해 영상을 재구성하는 것이다. 이것은 내가 브룩헤이븐 연구소에서부터 해오던 양전자 소멸시 발생한 감마선의 비행속도 측정원리와도 유사한 것이었다. 이를 CT 개념과 접목해 3차원의 단층촬영 개념으로 확대해 적용시킨 것이 나의 원형 PET의 개념이다.

1973년 나는 이론연구에만 머물지 않고, 스웨덴으로부터 연구원들을 불러모아 실제로 기계 프로토타입 제작과 실험에 착수했다. 1975년 내가 완성해 학회에 처음 발표한 '원형-PET'를 사람들은 '조스팻(Cho's PET)' 혹은 '조스링(Cho's Ring)'이라고 불렀다. 그리고 이듬해 학회에서는 고해상도에 필요한 비스무트 게르마늄 합성(BGO) 핵검출기를 도입, 3차원 영상 개념의 PET(초창기에는 핵검출기가 64개였던 데 비해 현재 상업화된 PET는 핵검출기가 무려 1만 1000개로 늘어났음)에 관해 발표했다. 나의 원형 PET는 현재 세계 각국의 뇌연구 분야에서 사용되는 고해상도 PET 개발의 이론적·실체적 기초를 제공했다. 또한 나의 'BGO' 검출기는 고해상도 PET의 기본요건이 되었다. 하지만 PET를 개발했을 당시만 해도 나는 '원형-PET' 연구가 오늘날의 뇌과학 연구에 이렇게 활발하게 이용되리라곤 상상하지 못했다.

1992년은 fMRI의 등장으로 MRI의 전성기였다. 1970년대 중반에 개발된 PET와 1990년대 초반부터 착실히 발전되어온 fMRI는 20세기 후반 뇌영상 분야의 두 주류를 이루며, 현대 뇌과학을 발전시키는 데 공헌한 과학기술의 결실이다. 특히 후자인 fMRI는 현존하는 MRI를 이용하여 손쉽게 쓸 수 있는 기술로 세계적으로 1000여 개 이상의 연구소와 연구단체가 활발한 연구를 하고 있으며, 오늘날 뇌과학 연구의 중심축을 이루고 있다. fMRI는 인식 과학 분야 및 뇌기능 연구 등에서 점차 필수 불가결한 연구기기가 되고 있다.

fMRI는 미국 벨연구소의 오가와 박사가 제창한 BOLD(Blood Oxygen Level Dependent) 기술에 의해 MRI를 갖고 측정 영상화할 수 있는 뇌과학의 첨단기술이다. fMRI의 원리는 뇌의 신경전달물질과 이들 수용체의 활동을 지원하는 산소의 국소적인 소모, 또 이 소모를 보충하기 위해 공급되는 산소가 풍부한 동맥류의 흐름에 의해 이루어지는 현상을 보는 것이다. fMRI 기술의 뇌과학 응용은 시간적으로나 공간적으로 해상도와 분해 능력이 뛰어나 하루아침에 뇌과학자들에게는 기적의 뇌영상 기기로 떠올랐다.

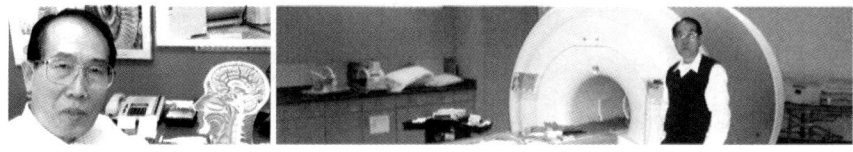

fMRI의 발전은 뇌과학 발전에도 크나큰 공헌을 하여 잠자고 있던 사자를 깨우듯이 뇌과학계를 흔들어 놓기에 족했고, PET와 더불어 뇌과학의 중요성을 일깨워주기에 충분했다. 그리하여 국가와 많은 독지가들이 뇌연구에

필요한 연구비를 지원함으로써 뇌과학의 발전은 전성기를 이루었다. 그러나 좀더 발전된 지난 10여 년간의 뇌과학 분야 연구는 점차 fMRI의 한계점을 드러냈다. 그리고 산소나 피의 흐름뿐만 아니라 뇌를 움직이는 궁극의 원인인 뇌신경전달물질 및 수용체와 연관된 효소들의 변화를 보고자 했다. 다시 말해 분자과학적인 변화를 보고자 했고, 뇌과학계는 양전자단층촬영기 PET의 재조명을 예견하게 된다.

한편 과거 20년 동안 뇌과학 분야에 꾸준히 공헌해온 PET는, 특히 PET의 핵심인 핵검출기 및 구조적인 제약과 비싼 장비와 운영비(사이클로트론이 필수) 등의 제약으로 발전이 지연되었다. 하지만 fMRI의 출현으로 붐이 일기 시작한 뇌과학 분야의 발전은 PET 연구 붐도 함께 가져오는 큰 계기가 되었다. PET의 제약점은 해상도의 부족이었고, 기존의 많은 PET들은 뇌전용이 아니라 전신용이었던 관계로 뇌연구에 적합하지 않았던 것이 큰 원인이었다. 2000년대 들어오면서 이러한 문제점이 해소되었고, 감도 높은 뇌과학 전용 PET를 새로 개발하자는 움직임이 일어났다. 2003년 드디어 CPS(CTI)라는 미국 회사가 제한된 수의 고해상도 연구용 PET인 HRRT(High Resolution Research Tomography)의 시제품을 만들어 세계 유수의 PET 연구센터와 연계해 공동개발하기로 했다. 그리고 그 일환으로 미국의 존스홉킨스대학, 에모리대학, NIH, UC 어바인, 독일의 막스플랑크 연구소와 한국의 가천의과대학(뇌과학연구소) 등에 설치 중이다.

섬세한 인간의 두뇌를 분자과학적으로 볼 수 있는 HRRT는 PET 중에서 가장 발달된 것이며 처음으로 의미 있는 뇌연구를 할 수 있는 기기로 생각되고 있다. HRRT-PET의 해상도는 기존의 5~6밀리미터에서 획기적으로 발전한 2.5밀리미터로 이는 PET로서는 아직까지 상상할 수 없는 높은 해상도이며 이로써 뇌과학 분야의 많은 섬세한 부분을 볼 수 있게 했다. 이러한 PET와 fMRI의 발전은 뇌과학자들이 뇌과학의 많은 미지의 세계를 열어볼 수 있는(예를 들면 시상이나 시상하부의 세부구조까지도) 새로운 단계로 성큼

다가서게 했다.

　그러나 이러한 발전에도 불구하고 뇌의 섬세한 구조 및 분자과학적 변화를 보기에는 둘 다 단점들이 있다. fMRI의 높은 해상도는 분자과학적인 뒷받침이 없고, 반면에 PET의 분자과학적 정보는 아직도 부족한(2.5밀리미터) 해상도의 개선을 요구하고 있는 것이다.

　최근 1~2년 사이에 일어나고 있는 일련의 발전들, 다시 말하면 HRRT의 발전과 fMRI 및 MRI 분야에서 초고자장(Ultra High Field) MRI(7.0T)의 발전은 우리에게 새로운 기회를 제공하고 있다. 한 예로 7.0T MRI는 fMRI 분야에서 가장 중요한 정보를 제공하는 초기산소 소모량(Initial Dip)을 볼 수 있고, 영상 해상도는 200마이크로미터를 자랑하는 고해상도로서 뇌피질의 각종 층을 볼 수 있을 만큼 뛰어나다. HRRT-PET가 갖고 있는 분자과학적인 정보와 해부학적인 해상도에서 월등히 좋은 MRI의 장점을 살린다면, 우리의 궁극의 꿈인 '고감도 fMRI 및 고해상도 MRI'와 융합한 'PET의 분자과학적' 정보를 공간적으로나 시간적으로 동시에 얻을 수 있을 것이다.

　그러나 이 두 기기를 만드는 것은 기술적으로 많은 난관이 있다. 특히 두 개의 첨단 고성능 MRI(7.0T)와 고해상도 PET(HRRT)를 통합 단일기기로 만드는 일은 7.0T MRI의 자장이 자장에 가장 민감한 PET에 치명적인 타격을 주기 때문에 아직까지는 학계의 금기가 되어 있다. 잘 설계된 자기장 자체 및 PET 보호기술 등 PET와 MRI의 융합은 아마도 21세기 뇌과학의 가장 큰 도전이 될 수 있을 것이다. 이 단일 복합기기와 PET-MRI의 실현은 분명히 가능하다. 2003년부터 시작된 가천의대 뇌과학센터-뇌영상과학연구소의 연구가 바로 이것이다. 이 두 첨단기기의 융합은 뇌과학의 집대성을 예견하며 20세기에 못다 푼 뇌과학의 신비를 벗기는 데 선봉이 될 우리 과학의 쾌거가 될 것이다.

　노벨상 위원회가 현재 뇌과학 분야에서 큰 공헌을 하는 PET와 fMRI, 즉 functional Neuroimaging 분야에 상을 주겠다고 하면, 노벨 생리의학상에 접근한 생존 과학자는 나와 펠프스 교수, 그리고 오가와 박사가 그 선두 후보자일 것이다. 그 가운데 특히 나의 '원형-PET' 원리를 이용한 PET가 현재 가장 많이 상용화됐고, 내가 개발한 BGO라는 소자가 뇌과학용 PET의 표준 핵심소자로 이용되었다. 그 밖에도 노벨상과는 직접 관계가 없지만 나는 지난 1970년 초반부터 3차원 영상 재구성 등 CT 분야에서 선구적 위치에 있었고, 1985년 KAIST 초빙교수로 재직할 당시에는 2.0T MRI를 단독으로 개발하여 세계 의과학계를 놀라게 했다. 그리고 뇌과학을 위한 PET와 MRI 기술을 완벽하게 섭렵한 세계적 권위자는 유일무이하다. 이번에 가천의대에서 설립하는 뇌과학연구소의 PET-MRI의 퓨전영상 개발을 통해 더욱 그 확률이 높아질 수 있을 것이다. 왜냐하면 이번 PET-MRI는 현대 뇌과학자들에게 꿈의 장비이며, 뇌과학 발전을 통한 인류사회 발전에 확실하게 공헌할 것으로 생각되기 때문이다.

이 퓨전영상 기술이란 세포의 분자과학적 영상과 유전자의 기능과 변화를 알 수 있을 뿐 아니라 뇌의 기능과 미세구조까지도 함께 볼 수 있다. 그리하여 지금까지 진단할 수 없었던 많은 질병의 조기 발견은 물론 인류의 꿈인 인간의 인지과학 연구에도 새로운 장을 열 수 있을 것이다.

따라서 세계 의과학계는 다시 PET를 이용한 뇌과학 분야에 열을 올리고 있다. 지난해만 해도 세계에서 무려 1200대의 PET기기가 새로 판매되어 대대적으로 증가 추세를 보이고 있다. MRI가 암 등의 윤곽을 잡아내는 데는 탁월하지만, 조기 진단에 필요한 분자과학적인 변화는 PET를 통해서만 가능하기 때문이다. 더욱이 유전자 공학 및 유전자 조작의 발달이 분자과학영상과 맞물려 PET를 이용한 암 조기진단은 물론 치료까지도 급속히 발전하고 있다. PET의 시장규모는 더욱 확대될 전망이다. BT(Bio Technology), NT(Nano Technology), CS(Cognitive Science) 등 분자과학적인 움직임을 관찰하기 위한 연구가 중심을 이루고, 나아가 이들 모두가 융합되는 방향으로 연구가 활발하게 진척되고 있기 때문이다. 말하자면 생명공학과 분자과학이 새로운 뇌과학 시대를 열고 있는 것이다. 이 중에서도 PET 연구의 발달은 곧 뇌과학 시대를 여는 키워드이다.

흔히들 노벨상은 세 가지 요건이 맞아야 수상할 수 있다고 말한다. 첫째는 연구 자체의 독창성이다. 둘째는 과학의 발전뿐 아니라 인류사회 전체에 얼마나 기여하고 파급효과를 가져왔느냐이다. 그리고 나머지는 행운이다. PET는 이미 의료 영상진단 장치로서 인류의 각종 뇌질환 치료에 기여했고, 앞으로도 그 역할은 무궁무진하다. 현재 PET, MRI 시장은 2003년 기준으로 연간 60억 불(독일 지멘스 제공)에 달하고, 더욱이 급증 추세다. 만약 내가 PET와 MRI 기능을 함께한 퓨전영상을 개발해 PET의 확실한 뇌과학 분야 공헌을 증명할 경우, 노벨상 수상은 한 발짝 가까워질 것이고 뇌과학의 꿈을 실현시키는 일도 될 수 있다. 그리고 국가 산업적 측면에서도 엄청난 국가적 부를 가져올 것이다. 세계 의학계와 과학계가 비상한 관심을 가지고 주목하는 것도 여기에 이유가 있다. 그렇게 되면 한국은 노벨상 없는 과학 문화 미개국이라는 오명에서 벗어날 수 있을 것이고, 또한 21세기 과학의 선두주자인 뇌과학을 통해 선진국 대열로 들어서는 결정적 계기를 마련할 것이다.

국가의 산업적 측면에서 볼 때도 PET-MRI의 퓨전영상 시스템 개발은 중요한 의미를 갖고 있다. 예를 들어 과학기술 중진국과 선진국 사이에서 무엇을 팔아서 국민이 먹고 살 것인가를 생각할 때 PET-MRI 시스템의 연구개발을 통해 우리나라는 최첨단 의료과학 기술로 1대당 600~1000만 불을 호가하는 단일 복합기기를 만들게 되는 것이다. 고도의 학문에 기반을 둔 과학기술의 이러한 생성물은 중진국들이 쉽게 모방할 수 없는 기술로 우리가 꼭 확보해야 할 미래의 과학기술이다.

진정일

서울대학교 문리과대학 화학과에서 학사와 석사 과정을 마치고 1966년 미국으로 유학을 떠났다. 1969년 뉴욕 시립대학교에서 고분자화학 박사 학위를 받은 후 5년간 미국 스타우퍼케미컬사의 연구소에서 연구생활을 하고 1974년부터 고려대학교 화학과에서 가르치고 있다. 미국 매사추세츠 대학교와 영국 케임브리지대학 방문교수를 지낸 바 있으며, 고려대학교 교무처장, 대학원장 및 부총장(대행)을 역임했다. 대한화학회장, 한국고분자학회장, 한국과학기술학회장, 한국과학기술한림원 이학부장 등을 역임하며 우리나라 학술 진흥에 앞장서 왔을 뿐만 아니라 현재 국제순수응용화학연합회의 고분자분과회장으로 국제 학술활동도 활발히 펼치고 있다. 한국과학상, 세종문화상, 일본고분자학회 국제상 등을 수상했으며 과학의 대중화에 앞장서 현재 한국과학문화진흥회 부회장으로 활동하고 있다.

학문하는 즐거움과 보람

IUPAC 차기 회장에 당선

19:9:5! 당선자는 한국 서울의 진정일! 가슴이 멈추는 듯한 순간이었다. 내가 드디어 국제순수응용화학연합회(IUPAC: International Union of Pure and Applied Chemistry. 1919년 창립된 세계 유일의 국제적 화학학술단체로 세계 45개국이 정회원, 20여 개국이 준회원으로 가입해 있으며 물리·생물리화학, 무기화학, 유기·생분자화학, 고분자화학, 분석화학, 화학과 환경, 화학과 인간건강 및 화학명과 구조 표현 등 8개의 학술분과회가 있다)의 고분자분과회 차기 회장으로 당선된 것이다. 한국인으로는 처음이고 아시아인으로도 IUPAC 역사상 두번째가 아닌가. 2001년 오스트레일리아 브리즈번의 퀸즈랜드대학에서 제41차 IUPAC 총회 및 제38차 학술대회가 개최되었고, IUPAC 고분자분과회 차기회장 선거의 입후보자 세 명 가운데 압도적으로 당선되는 영광을 차지한 것이다. 세계 정상에 우뚝 서는 짜릿함을 느낄 수밖에 없었다. 2002년부터 4년간은 부회장으로 2006년부터 2009년 말까지 4년간은 회장으로, 또 그 다음 2년간은 전 회장으로서 자그마치 10년을 고분자과학 세계를 이끌게 되었다.

평생 학문을 즐거움 삼아 한다지만 예상 밖의 난관에 부딪혀 돌파구를 찾지 못하며 허덕일 때는 못난 머리를 탓하기도 했고, 게으른 제자에게 책임도 돌려보기도 했다. 하지만 항상 귀결되는 깨달음은 열정과 노력이 부족했다는 자책이었다. 다른 과학자들에게는 가능했던 우연한 발견이 내게는 왜 찾아오지 않나 하는 한스러움도 수없이 많았다. 그러나 역시 결론은 파스퇴르가 말했듯이 '우연은 준비된 자에게만 다가오는 행운'임을 깨닫게 되곤 했다. 결국 계속된 자기 채찍과 한 우물 파기에 얼마나 많은 땀을 흘렸는가가 달콤한 만족의 열매를 맛보게 한다는 평범한 진리를 또다시 만나게 된다. 우물을 팔 때는 곁눈질이 필요하지 않으며, 좋은 연장과 남보다 더 열심히 꾸준하게 일하는 태도가 우물의 깊이를 좌우한다.

그러나 국제무대에서의 활동에는 이와는 전혀 다른 면이 있다. 과학자가 자국의 울타리를 벗어나 국제무대로 활동영역을 넓히고자 할 때는 우선 세계인으로서의 자질을 지녀야 한다. 물론 가장 우선은 자기 전문 학문영역에 대한 세계적 인정과 명성이 바탕이 되어야 하며, 세계적 관심사에 적극적인 도움과 해결책을 제시할 수 있는 능력을 갖추어야 하고, 다른 나라 사람들과 융화를 하면서도 존경받을 수 있는 지도자의 자질을 갖추어야 한다.

지난 10년간 IUPAC 고분자분과회의 여러 활동에서 처음에는 투표권도 없는 단순한 국가대표였다. 다음은 준회원으로 당선되었고 그로부터 2년 후 정회원으로 당선되어 분과회의 운영과 사업내용 결정 등에 무게 있는 발언권을 갖게 되었다. 그렇게 적극 참여한 지 4년 만에 부회장(차기 부회장)으로 당선된 것이다. 그러나 당선이 목적이 될 수 없으며, 세계와 세계 고분자학계의 발전을 위해 효과적으로 의미 있는 사업들을 펼쳐나가야 하는 커다란 임무도 잘 알고 있다. 이 책무를 위해 세계 고분자과학의 학술적 발전 촉진, 고분자과학 교육과 대중의 고분자 재료에 대한 올바른 인식 제고, 저개발 및 개발 도상국가들에 대한 교육지원 및 정보 접근법 개선 지원 등을 우선 실천과제로 삼고 있다. 과학한국에 걸맞은 기여와 공적을 현실화 하도록 최대한 노력을 경주할 각오다.

나는 타고난 화학자인가

우리가 왜 자연과학도의 길을 선택했고, 지금도 과학자의 길을 걷는 데 만족하고 있는지를 청소년들에게 어떻게 들려주고 있는지 후배교수와 이야기할 기회가 있었다. 후배의 답은 정말 명쾌했다. "과학이야말로 가장 재미있으며 자연과학적 새로운 발견은 가장 큰 만족감과 행복감을 준다. 확신컨대 여러분이 과학의 길을 걷더라도 나와 똑같을 것이다." 그렇다. 과학은 우선 참으로 재미있는 학문이다.

초등학교에 들어가기 전부터 나는 선친이 운영하던 화학 관련 회사의 실험실에서 실험과정, 진행되는 화학변화 및 실험결과를 지켜보면서 이미 화학에 매혹당했다. 우선 여러 모양을 지닌 유리기구, 저울, 약숟가락, 사기깔때기, 거름종이, 버너, 알코올램프와 갖가지 시약병 등 장난감으로 갖고 놀아도 싫증나지 않을 것들이 너무나 많았다. 또한 실험과정에서 끓이고 증류하고, 지시약의 색깔이 파랑에서 빨강으로, 빨강에서 무색으로 변하는 등의 신기한 변화는 나를 감동시키기에 충분했다. 특히 생고무가 고무신으로 만들어지는 전 과정은 나를 사로잡았다. 반창고, 비옷, 파리약 등 기타 제품들이 생산되는 공장 시설은 조그만 나에게 어마어마하게 커 보였다. 여기저기서 들리는 스팀소리, 장비가 돌아가는 시끄러운 굉음, 기사와 직공들의 열심히 일하는 모습과 소음 속에서 의사를 전달하기 위해 서로에게 내지르던 소리. 이 모든 것이 멋있게만 보이던 옛일을 기억하니 나는 이미 그때부터 화학자의 길을 걷기로 되어 있었던 모양이다.

이것저것 만들기를 좋아했으나 망치만 들면 손가락에 멍이 들었고, 톱을 들면 여지없이 상처를 만들었다. 어렵사리 만든 썰매가 제대로 달리지 않았던 것을 보면 기계적 감각은 비교적 적었던 모양이다. 또한 지금까지도 전기퓨즈 하나 갈 때도 감전되지 않을까 겁이 나니 전기 관련 분야도 내 재능과는 거리가 멀었던 것 같다. 고등학교 시절 과학반에서도 주로 화학 관련 실험에만 흥미를 느꼈다.

왜 똑같이 흰 가루인데 설탕은 타고 소금은 타지 않을까? 왜 설탕은 단데 소금은 짤까? 왜 물이 얼기도 하고 끓기도 하나? 왜 소금과 설탕이 물에 녹으면 흔적을 찾아볼 수 없을까? 배가 아플 때 엄마가 주는 약을 먹으면 왜 통증이 멎을까? 비료는 어떻게 만들고 왜 논밭에 뿌릴까? 나이가 들어감에 따라 화학에 대한 호기심과 탐구욕도 함께 자랐다.

힘들었던 대학생활을 지나 유학의 길로

대학생활은 처음부터 실망이었다. 입학식과 신입생 환영식 등이 얼마 지나지 않아 터진 4·19혁명으로 나라는 물론 대학도 혼돈이었다. 대학 첫해에는 매일 시내 곳곳에서 군중들의 시위가 끊임없었고, 무력한 정부는 갈팡질팡하는 모습이었다. 다음해는 군부의 5·16쿠데타로 연이어 휴교했고, 대학 2년생의 또 한해도 부실하게 마감되었다. 그나마 엄격한 교수님들 덕분에 다른 과 학생들보다는 더 공부를 할 수 있었다. 마지막 2년 동안이라도 학업과 대학생 생활에 충실할 수 있어 다행이었다. 사회 안정이 젊은이들의 정상적 교육에도 절대적이라는 점을 절실하게 깨달았다.

어릴 때부터 원했던 화학과에 진학한 기쁨도 잠깐이었다. 낙후된 교육시설과 불충분한 실험장비 및 부족한 기기들 때문에 가장 기본적인 실험을 제외하고는 실험조차 할 수 없었으므로 화학에 대한 흥미를 거의 잃을 뻔했다. 실험 없는 화학은 무의미했고, 화학에 대한 정열은 실험을 통해 실행된다고 믿던 터였다. 고등학교 시절부터 가장 좋아하던 유기화학을 전공하겠다고 대학원 석사과정에 진학했으나 연구는 거의 불가능했다. 그러나 그 부족한 여건에서도 연구에 열중하던 교수님들의 학문에 대한 집념은 나를 크게 감동시켰다. 그나마 학술논문을 통해 선진국 과학자들의 연구를 접할 수 있었고, 토론과 세미나를 통해 지식을 연마하는 중요한 경험을 얻었다. 돌이켜보면 당시의 힘든 여건이 주어진 상황에서 최선책이 무엇인가를 헤아리는 태도와 능력을 조금이나마 갖게 한 것 같다.

이런 와중에도 독서를 게을리하지 않은 것은 훗날 나에게 큰 보배가 되었다. 문학, 철학, 종교, 역사, 사회학 등 닥치는 대로 광범위하게 책을 읽었고 일부는 잘 이해가 되지 않는데도 계속 읽어댔다. 긴 겨울방학은 깊은 독서에 안성맞춤이었다. 외국어 공부도 게을리하지 않았다. 영어는 물론 독일어, 일본어, 러시아어, 그리고 프랑스어와 스페인어 등도 호기심으로 공

부했다. 지금도 러시아를 방문할 때 더듬거리며 길가의 간판을 읽을 수 있어 커다란 도움이 된다. 도둑질 말고는 무엇이든지 배우면 언젠가 도움이 된다는 우리 조상들의 옛이야기가 외국어의 경우에는 특히 잘 들어맞는다. 몇 마디의 인사말로도 외국인과 훨씬 부드럽게 가까워질 수 있음을 나이 먹은 후에 실감했다.

시향의 심포니 연주회, 고상(?)한 음악만 들려주던 다방, 싸구려 영화를 두 편씩 상영하던 영화관, 시화전, 미술 전람회, 민속 탈춤 및 무속 춤 관람 등 과학도치고는 구경도 바삐 다녔다. 여러 부류의 친구와 친교를 맺고 있었던 까닭도 있겠으나 그만큼 화학이 나를 매료시키지 못했음을 웅변해주는 대학 및 석사과정을 지냈다. 그러나 화학에 대한 애착은 결코 식지 않았고, 어떻게 해서든 어려서부터 좋아하던 화학의 진수에 더 가까이 하고자 하는 욕망도 함께 자랐다. 직장도 거의 없던 시절인지라 취업은 일찌감치 포기하고 결국 미국으로 유학의 길에 오르리라 결심하게 되었다.

지금에 와서 보면 대학 시절 광범위했던 독서범위와 독서량이 더할 수 없는 양식이 되어 내 속에 녹아 있으며, 훗날 정신적 풍요로움을 즐길 바탕을

마련해주었다. 요즈음 청소년들이 독서보다는 다른 매체에 매달려 시간을
보내는 현실이 안타까울 뿐이다. 사회가 달라지고 의사전달 방법이 변해도
가장 좋은 마음의 양식 제공자는 책이라는 내 믿음은 조금도 변하지 않았다.
역사적 명현들과 훌륭한 과학자들과 영웅들의 얘기는 항상 읽는 사람에게
큰 감동과 용기와 지혜를 준다.

고분자화학과 40년

"불이야!" "불이야!" 조금 떨어진 실험실에서 들려오는 외침에 귀를 의심하
면서도 놀란 마음으로 황급히 연구실 문을 박차고 달려갔다. 그런데 어찌된
일인가? 형광등이 모두 꺼진 실험실에서 학생 몇 명이 껄껄거리며 희희낙락
하고 있는 것이 아닌가! 안도의 숨을 내쉬며 "무슨 일이니?" 하고 물으면서
실험실로 들어갔다. 지금은 미국 명문 버클리대학에서 교수를 하고 있는 한
제자가 발광성 고분자가 전기발광을 하는 것을 보고는 너무나 감격해 '불 봤
다! 불 봤다!' 라고 소리친 것이 나에게는 '불났다' 라고 들렸다는 걸 알았다.

　1년 반 만의 성과. 이 학생은 머리를 쥐어짜며 밤잠을 줄이며 지난 18개
월을 실험실에서 살다시피 했다. 그 노력과 집념 끝에 찾아온 달콤한 성공
앞에서 그는 '심봤다!' 대신 '불 봤다!' 라고 외친 것이다. 과학의 즐거움은
이처럼 성취감에서 온다. 인류 역사상 내가 처음으로 이룩한 꿈의 열매가
가져다주는 흥분과 보람은 어떤 것과도 비교할 수 없다. 그러기에 아르키메
데스는 목욕통에서 부력의 원리를 발견하고는 그 기쁨을 못 이겨 자기가 발
가벗고 있다는 것도 모른 채 달리고 달렸던 것이다. 좌절하지 않고 오로지
'최초' 와 '최고' 가 되겠다는 집념과 노력으로 원대한 꿈을 향해 달리는 과학
자들의 삶은 '치열하다' 고 표현함이 더 옳으리라.

　분자는 분자들만의 세계를 지니고 있다. 작은 분자의 구조나 그들 간의
상호작용 및 반응은 꽤 많이 이해되고 있으나 아직도 완벽하지 못하다. 따
라서 화학자들은 지금도 끊임없이 새로운 반응을 시도하고 새로운 화합물을

합성한다. 내가 지난 40여 년간 씨름해온 분자는 고분자다. 분자량이 쉽사리 만, 십만, 백만을 넘는다. 이들은 지난 세기에 이미 현대재료로 자리를 잡았고, 21세기에는 기능성 신소재로 자주 언급되는 하이텍 가운데 자리를 차지하고 있다. 고분자를 다루기 위해서는 화학은 물론 물리와 생물학 지식도 함께 필요하다. 짧게 말해 종합과학적 무대가 고분자과학에서 펼쳐진다.

왜 어떤 플라스틱은 강한데 다른 플라스틱은 약할까? 그들의 화학구조상 차이가 어떻게 이런 차이를 만들까? 왜 어떤 고분자는 스스로 배향된 구조를 하는가? 절연체로만 인식되던 고분자 중에 전기전도성 고분자가 속속 발견되어 이들에 대한 관심이 고조되고 있다. 이들은 어떻게 합성하며 왜 그런 특성을 갖는가? 그들 중에는 빛을 쪼여주거나 전기장을 걸어주면 발광을 해 새로운 디스플레이 재료로 사용하기 위해 전 세계 고분자 과학계가 큰 관심을 가지게 된 것도 있다. 내가 가장 먼저 가장 우수한 고분자 디스플레이 재료를 만들 수 있을까? 유전정보의 보고인 DNA를 새로운 재료로 사용할 수 있을까? 그렇다면 DNA는 어떤 전기적 특성 및 자기적 특성을 지녔을까?

지난 40여 년간 150여 명의 석사와 박사 과정 제자들과 끊임없이 이런 의문과 씨름하며 지내왔다. 어렵고 실망스러운 때도 많았으나 '불 봤다' 같은 환희와 만족감이 단지 나 자신과 제자들만의 것으로 끝나지 않고, 그로부터 찾은 새로운 발견과 지식이 우리나라를 과학강국으로 만들고, 이어서 기술경제 대국이 되게 하며, 이 세상을 더 살기 좋은 곳으로 바꾸어놓는 데 보탬이 되리라는 커다란 자긍심을 지니며 살아왔다.

지나고 보니 분명 인생은 짧다. 이 짧은 삶 동안 '가치와 의미'를 쫓는 과학자의 삶은 동시에 새로운 '진리' 발견이라는 임무를 띠면서 '아름다움'과 '만족'으로 장식된다. 그러기에 나는 다시 태어나도 과학자가 되길 원하며, 특히 화학자가 되길 원한다. 또 하나의 꿈이 이루어지길 바라면서.

채연석

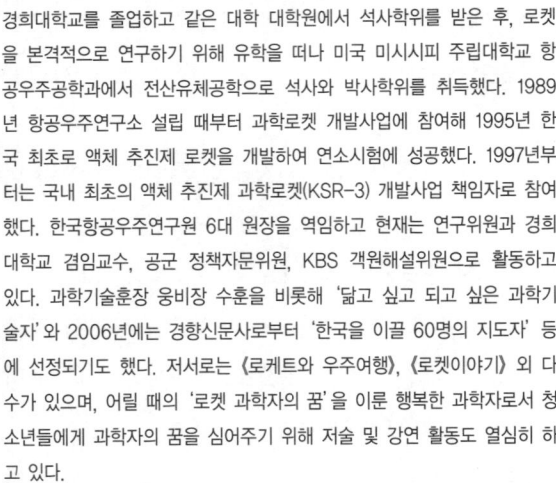

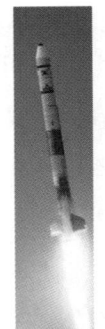

경희대학교를 졸업하고 같은 대학 대학원에서 석사학위를 받은 후, 로켓을 본격적으로 연구하기 위해 유학을 떠나 미국 미시시피 주립대학교 항공우주공학과에서 전산유체공학으로 석사와 박사학위를 취득했다. 1989년 항공우주연구소 설립 때부터 과학로켓 개발사업에 참여해 1995년 한국 최초로 액체 추진제 로켓을 개발하여 연소시험에 성공했다. 1997년부터는 국내 최초의 액체 추진제 과학로켓(KSR-3) 개발사업 책임자로 참여했다. 한국항공우주연구원 6대 원장을 역임하고 현재는 연구위원과 경희대학교 겸임교수, 공군 정책자문위원, KBS 객원해설위원으로 활동하고 있다. 과학기술훈장 웅비장 수훈을 비롯해 '닮고 싶고 되고 싶은 과학기술자'와 2006년에는 경향신문사로부터 '한국을 이끌 60명의 지도자' 등에 선정되기도 했다. 저서로는 《로케트와 우주여행》, 《로켓이야기》 외 다수가 있으며, 어릴 때의 '로켓 과학자의 꿈'을 이룬 행복한 과학자로서 청소년들에게 과학자의 꿈을 심어주기 위해 저술 및 강연 활동도 열심히 하고 있다.

창조적인 과학자만이 느끼는 최상의 매력

언제부터 내가 로켓을 좋아하게 되었는지를 곰곰이 생각해보았다. 로켓과 우주선을 처음 알게 된 것은 만화책 덕분이었다. 라디오나 텔레비전이 없던 당시에는 동네에서 쉽게 빌려볼 수 있던 만화책이 우주개발과 우주여행에 대한 상상을 할 수 있게 해준 유일한 창구였다. 당시의 만화 중에는 과학자가 우주선과 로켓을 만들어 타고, 우주 세계를 탐험하며 벌이는 재미있는 내용이 많았다. 그런데 초등학교 4~5학년 때에 실제로 사람들이 우주선을 타고 우주여행을 하고 있다는 소식을 들으면서 엄청난 충격을 받았다. 내가 다니던 청주 석교초등학교 정문 옆에 큰 게시판이 있었는데, 거기에는 어린이들이 관심을 가질 만한 국내외의 각종 소식이 적혀 있었다. 학교를 오가며 그 게시판을 읽다가 어느 날 눈이 번쩍 뜨이는 내용을 보았다.

미국과 러시아가 사람을 태우고 우주를 비행할 수 있는 우주선 개발을 서로 경쟁하고 있다는 것이었다. 즉 러시아가 보스토크호에 사람을 태우고 지구를 몇 십 바퀴 돌다 무사히 내려왔다는 이야기와 미국 우주비행사가 우주선을 타고 지구를 몇 바퀴 돌다 내려왔는데 소련에 크게 뒤지고 있다는 내용이었다. 만화에나 등장한다고 상상하던 우주여행 같은 일들이 실제로 벌어지고 있다는 것을 처음 알게 된 그때의 충격이 얼마나 컸는지 40년이 지난 지금도 기억에서 지워지지 않는다.

이 소식을 읽은 후 내 머릿속에는 '사람이 타는 우주선은 어떻게 생겼을까? 우주선을 발사하는 로켓은 어떻게 생겼을까? 어떻게 사람이 우주선을 타고 저 높은 우주를 날 수 있을까?' 등등 우주선과 로켓에 대한 생각이 꽉 차 있었다.

꿈을 키우기

중학교에 입학한 후에는 본격적으로 도서관에서 우주과학에 대한 책을 빌려보기도 하고 한편으로는 사 모으기 시작했다. 많은 책을 보면서 우주선의 모양과 기능 등 그동안 궁금했던 점을 풀어나갈 수 있었다. 그중에서 아직도 기억에 남는 책은 학원사에서 출판한 《우주시대의 과학》과 《21세기 과학의 오늘과 내일》이다. 이 책에는 당시 개발 중이던 미사일, 우주선 등 한창 발달하고 있던 우주개발의 사진과 그림이 함께 자세히 설명되어 있었고, 궁금했던 여러 사실들을 이해할 수 있는 흥미진진한 내용들이 들어 있었다. 이러한 책을 구입해서 시간이 있을 때마다 보고 또 보면서 '과학이라는 것이 참 재미있고, 과학자가 되어 새로운 것을 연구하고 만들어내면 참 좋겠다'는 생각으로 과학자가 되겠다고 결심했다.

중학교 때 과학 선생님과 아주 가까워지는 계기가 생겼다. 새로운 학기가 시작되고 얼마 되지 않아 선생님이 과학책에 나오는 네 가지 식물의 꽃눈을 그려오라고 숙제를 내주었다. 그림에 소질이 있기 때문에 잘 그려갈 수도 있었는데, 실제와 똑같은 꽃눈을 가져가겠다고 생각한 나는 산에서 과학책에 나오는 것과 같은 나무의 꽃눈을 찾아서 그 부분을 잘라 공책에 붙였다. 내 숙제를 본 선생님은 깜짝 놀라면서도 껄껄껄 웃으시며 칭찬해주었다. 화학을 전공한 선생님은 화장품이나 식품 만들기를 무척 좋아하셨다. 그때부터 나는 과학선생님의 조수가 되어 매일 밤늦게까지 학교에 남아 과학실험을 했다. 시간이 많이 필요한 실험은 주말에 별도로 학교에 나와서 했는데, 어느 날은 학교에서 실제로 간장을 만들어 점심때 밥과 함께 먹기도 했다.

과학선생님과 가깝게 지내면서 자연스럽게 과학과도 친해졌다. 어느 날은 과학시간에 장학사를 모시고 성냥을 만들었는데 수업시간 후에 성냥의 황을 많이 모아 한번에 태우며 나중에 만들 로켓의 추진제 생각을 하기도 했다. 중학교 때에는 로켓과 우주 분야뿐만 아니라 비행기, 자동차, 선박, 원자력 등 다양한 분야의 과학에 흥미를 갖게 되어 자료를 모으며 공부했다. 또한 과학선생님의 추천으로 청소년 과학잡지인 《학생과학》의 학생기자가 되어 과학에 관한 글을 쓰기도 했다.

고막을 잃게 한 로켓 폭발

고등학교에 입학해서는 과학 분야 가운데 '로켓과 우주개발 분야' 전문가가 되기로 마음먹고, 로켓 관련 책만 집중적으로 보며 열심히 공부했다. 그리고 처음으로 로켓비행기를 만들어 과학전람회 출품을 계획했다. 학교 과학선생님이 지도를 해주었는데, 글라이더는 먼저 만들어놓고 로켓 엔진을 만들어 부착할 계획이었다. 어느 날 오후 학교 과학실에서 고체 추진제를 만들어 로켓의 몸통에 넣은 후 실험실 앞마당에서 연소실험을 했다. 드디어 불을 붙였는데 소식이 없어서 로켓 엔진 쪽으로 엉금엉금 기어가는데 '꽝!' 하며 터져버렸다. 얼굴과 팔 등에 화약가루가 붙어 있었다. 세면대로 가서 세수를 하며 코를 풀어보았더니 왼쪽 귀로 바람이 새고 있었다. 한쪽 귀의 고막이 없어진 것이었다. 이때부터 한쪽 귀는 소리를 들을 수 없었다. 더욱이 고막이 없어진 귀에서 계속 바람소리가 들려 정신을 집중하는 데 방해가 되었고 귓병 때문에도 고생을 많이 했다.

로켓실험의 폭발 이후 집과 학교에서는 더 이상 로켓실험을 못하게 했다. 로켓 과학자가 되려는 꿈을 포기할까 생각도 했다. 하지만 여기서 포기한다면 결국 철없는 고등학생이 로켓으로 불장난 하다가 고막만 하나 잃은 꼴이 되므로 다시 마음먹고 로켓 공부를 계속하기로 했다. 내가 로켓을 좋아하는 것을 안 학교 친구가 구해준 로켓 추진제를 이용하여 작은 로켓을 만들어 발사실험을 했다. 여러 차례 실패 끝에 마침내 하늘 높이 솟구치는 로켓 발사 실험에 성공했다. 불을 붙이자 굉음을 내며 순간적으로 20~30미터씩 하늘로 날아오르는 로켓의 모습은 정말 환상적이었고, 더욱더 나를 로켓에 빠져들게 했다.

친구들과 함께 로켓공부를 해야겠다고 마음먹고 '충북우주로켓클럽'을 만들었다. 그런데 당시는 지금과 상황이 달라 교내 서클만 가능했지 학교 간 연합서클은 불가능했다. 다행히 우리 학교는 로켓서클을 허락해주어서 로켓연구 동아리를 조직하고 회장이 되었다. 학교 친구들은 시간만 나면 우

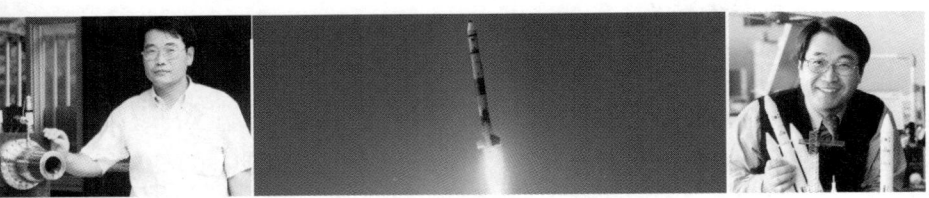

주와 로켓에 대해 이상한 이야기를 하는 내게 '골빈박사'라는 별명까지 붙여주었다. 1969년 3학년 때에는 200여 명 정도 되는 YMCA 소속 중고등학생들에게 달 탐험에 대한 강연을 했다. 내 첫번째 강연회가 된 이날의 강연 제목은 '아폴로의 밤'이었다. 암스트롱이 아폴로 11호로 달 탐험을 준비하던 시기라 우주선, 달로켓 등 100여 장의 슬라이드 사진을 보여주면서 우주개발에 관심을 갖게 했다.

첫 연구, 우리 로켓의 기원
대학에 입학해서는 《학생과학》 편집장의 제안으로 '로켓 이야기'란 제목으로 잡지에 글을 연재하기 시작했다. 처음에는 세 번 정도 쓰려고 했는데 독

자의 반응이 좋아 1년 6개월이나 계속 쓰게 되었고, 대학 2학년 때는 한 출판사의 도움으로 그동안 쓴 글들을 모아 《로케트와 우주여행》이라는 우주과학책을 출판했다. 이 책은 그해에 문화공보부가 추천한 우량도서로 선정되었고, 덕분에 총장장학금을 받게 되어 졸업 때까지 등록금 걱정 없이 학교를 다닐 수 있었다. 내가 로켓을 좋아한다는 것을 알게 된 교수님 중에는 수업시간에 이름 대신 '로켓토'라고 출석을 부른 분도 있었다.

대학에 다니면서 우리나라 로켓의 기원을 밝히는 연구를 시작했다. 고등학교 때 역사공부를 하면서 고려 말 최무선이 화통도감에서 개발한 18종의 화약무기 중에 화전(火箭: 불화살)이라는 화약무기가 있었다는 것을 알았다. 외국의 로켓 관련 책들은 중국의 화전을 초기 로켓으로 보고 있었기 때문에 고려의 화전도 우리나라 최초의 로켓일 수 있다는 생각을 했고, 이를 대학에서 본격적으로 연구한 것이다. 옛 자료를 뒤지며 고려 화전에 관한 연구를 시작했다. 그리고 4년간의 연구 끝에 최무선이 고려시대 말에 '주화(走火: 달리는 불)'라는 로켓을 개발했고, 조선 세종 때에는 세계적으로 뛰어난 로켓화기인 신기전(神機箭: 귀신 같은 기계화살)이 개발됐다는 사실을 밝히게 되었다. 우리나라 로켓의 기원에 관한 연구결과는 대학원 1학년 때인 1975년 한국역사학회에서, 그리고 미국에 유학 중이던 1983년 국제항공우주학회에서 발표하여 학계로부터 많은 관심을 받게 되었다.

옛 화기의 복원

경희대학 기계과 대학원에서 〈고체 추진제 로켓 연소실에서 열전달 연구〉로 석사학위를 받은 후 유한대학의 기계과 교수로 부임했다. 고 박정희 대통령의 지시로 '신기전'과 옛 전차의 일종인 '화차'를 비롯해 조선 세종 때의 화약무기를 복원하고 옛 방식으로 발사실험을 하는 프로젝트를 정부로부터 받아 연구를 진행했다. 그때 제작한 신기전과 각종 화약무기는 지금도 행주산성 기념관에 전시되고 있다. 그때 처음으로 과학자의 맛을 보았다. 기록에만 남아 있고 지금은 볼 수 없는 선조들의 훌륭한 화약무기가 하나씩 복원되어 옛 모습을 되찾고, 생명력을 불어넣어 옛날 방식으로 발사되어 날아갈 때의 기쁨은 과학자만이 맛볼 수 있는 귀한 것이었다.

연구할 때는 힘이 많이 들고 무척 고생스럽지만 남들이 모르는 새로운 연구결과가 나와 이 세상을 긍정적인 방향으로 조금씩 바꿔간다는 기쁨은 창조적인 일을 하는 과학자가 가질 수 있는 최상의 매력이었다. 우리의 옛 로켓과 화약무기 연구를 통해 과학연구의 매력을 맛보게 된 나는 로켓 연구를 본격적으로 하기 위해 미국 미시시피주립대학의 항공우주공학과로 유학을 갔다. 미국에서는 컴퓨터를 이용하여 유체운동을 실험하는 공부를 했다. 이 분야는 돈을 많이 들여 실제로 항공기나 로켓을 만들어 실험하지 않고, 컴퓨터를 이용해서 값싸게 간접적으로 실험하는 것이므로 우리나라 같은 항공우주 분야 후발 주자들에게 매우 유익한 학문 분야다. 항공우주 분야의 연구개발에서 가장 어려운 부분 중 하나가 각종 실험에 많은 비용과 시간이 필요하다는 것인데 컴퓨터를 이용하면 비용과 시간을 획기적으로 줄일 수 있는 것이다.

액체 추진제 로켓 개발

공부를 마치고 NASA에서 잠시 견문을 넓힌 뒤 1987년 귀국하여 항공우주연구소에서 과학 로켓 연구를 시작했다. 1990년 초부터는 우리나라 장래의 우주개발에 꼭 필요한 액체 추진제 로켓 엔진의 기초연구를 시작했다. 우리나라가 원하는 시기에 우리의 인공위성을 우리 땅에서 발사하고, 본격적으로 우주개발을 하기 위해서 액체 추진제 로켓기술은 우리에게 꼭 필요한 것이었다. 우리나라는 1970년대 초부터 막대한 투자를 하여 미사일에 사용되는 고체 추진제 로켓을 연구 개발했기 때문에 이 분야의 기술 수준은 국제적으로 높은 편이었다. 고체 추진제를 사용하는 로켓은 구조가 간단해 군사용으로 사용하기는 우수하지만 성능 조절이 쉽지 않아 우주개발에서는 부분적으로만 사용되고 있다. 반면 액체 추진제 로켓은 정밀한 부품이 많아 개발과 제작이 어렵고 개발비용이 많이 들긴 하지만, 성능 조절이 가능하고 대형 로켓을 만들 수 있어서 우주개발에 꼭 필요한 것이다.

그러나 우주개발에 많은 관심이 없던 1990년대 초 우리나라의 액체 추진제 로켓 연구는 불모지대였다. 더욱이 로켓의 부품도 고체 추진제 로켓보다 수십 배 많고 연구개발 비용도 많이 들었기 때문에 모두들 시작할 엄두를 내지 못하고 있었다. 정부에서 지원도 없었고 학계에서도 별로 관심이 없었다. 그러나 우주개발을 위해서는 대형 로켓이 필요하고, 대형 로켓을 개발하기 위해서는 액체 추진제 로켓기술이 꼭 필요하기 때문에 어떻게든 준비를 해야 했다. 더구나 국제적인 분위기가 손쉽게 대형 미사일로 변환이 가능한 대형 고체 추진제 로켓의 개발을 못하도록 규제를 강화하고 있었기 때문에 우리나라에서 고체 추진제 로켓으로 대형 우주 로켓을 개발한다는 것은 불가능할 수도 있다는 생각이 들었다. 이 분야에 관심 있는 연구원을 모으고 연구비를 마련하여 우선 액체 추진제 로켓 개발에 필수적인 엔진 연구를 시작했다. 많은 어려움 끝에 1995년 9월 드디어 소형 액체 로켓 엔진을 만들고 첫 연소시험에 성공했다. 그리고 이를 기반으로 액체 추진제 로켓을 개발하여 발사하는 데 도전했다. 1993년 대전 엑스포 기간 중에는 우리의 옛 로켓인 신기전과 화차를 복원하여 성공적으로 발사실험을 함으로써 우리 민족의 우수한 로켓 과학기술 능력을 전 세계에 소개하기도 했다.

1996년 실시한 2단형 과학 로켓 발사가 성공적이지 못해 1997년 초부터 시작해야 할 다음 단계의 로켓 연구가 시작도 되지 못하고 있었다. 만일 1997년 말까지 정부와 로켓 연구의 새로운 계약을 성사시키지 못하면 30여 명에 달하는 항공우주연구원의 로켓 연구자들이 연구소를 떠나야 하는 절박한 상황이었다. 여기에다 1997년 11월에는 국가재정의 파산상태(IMF)가 시작되어 경제가 무척 어려웠다. 정부를 설득하고 많은 분들의 도움으로 국내 최초의 액체 추진제 과학 로켓개발 프로그램은 1997년 12월 24일부터 시작될 수 있었다. 연구원들도 액체 추진제 로켓은 개발해본 경험이 없었고, 로켓기술의 특수성 때문에 외국으로부터의 기술이전은 꿈도 꿀 수 없었다. 외국에서 로켓개발 경험이 있는 과학자의 국내방문조차도 허가가 나지 않았다. 이렇게 어려운 국내외적 상황에서 항공우주연구원의 연구원들과 산업체 기술자들의 피나는 노력으로 액체 로켓의 종합설계와 3000여 개의 부품이 자체적으로 개발되었다. 그리고 드디어 2002년 11월, 세계에서 15번째로 외국의 기술도움 없이 순수한 국내기술로 '액체 추진제 로켓(KSR-3)'을 개발해 발사하는 데 성공함으로써 전 세계를 놀라게 했다.

과학기술자들의 보람

한국에서의 액체 로켓 개발은 거의 불가능해 보이는 일이었다. 로켓에 관심이 많은 과학자들도 국내에서 액체 로켓을 개발한다는 것은 불가능하다고 믿고 있었다. 왜냐하면 액체 로켓을 연구하려면 연구비도 매년 최소 수백억 원씩 필요하고 첨단기술도 많이 필요한데 당시 정부의 로켓연구 예산은 연간 30억 원 정도였기 때문이다. 그래도 국가 미래의 우주개발을 위해 꼭 필요한 것이었기 때문에 개발에 실패했을 때 개발책임자로서 받을 불이익과 불명예를 감수하고라도 개발을 시작하여, 연구원들에게 액체 로켓의 연구개발 경험이라도 할 수 있게 해주어야 한다는 생각이 좋아보였는지 주변의 많은 도움이 있었다. 그 결과 연구원들이 열심히 노력하여 결국은 액체 추진제 로켓을 성공적으로 개발할 수 있었고, 액체 로켓 기술을 가진 나라가 된 것이다. 국산 액체 추진제 로켓(KSR-3) 개발에 사용된 각종 기술이 장차 대형 우주로켓을 연구 개발하는 데 크게 이바지할 것이라고 생각하니 가슴이 뿌듯해진다.

어려서부터 로켓을 좋아해서 액체 추진제 로켓의 필요성을 일찍부터 인식할 수 있었고, 결국 액체 로켓 개발에 성공하여 후배들이 이 분야를 계속 발전시킬 수 있게 터전을 마련하여 놓은 것이 로켓 과학기술자로서의 큰 보람이다.

   과학기술자들은 이렇게 국가의 미래와 국민들을 위해 필요한 과학기술을 연구개발하고 발전시킬 수 있는 주인공이 될 수 있는 것이다.

우주개발은 미래를 꿈꾸는 청소년의 과학기술

우리나라가 우리의 우주로켓으로 우리의 우주센터에서 우리의 인공위성을 성공적으로 발사한다면, 우리나라는 세계에서 아홉번째로 인공위성 자력 발사국이 된다. 세계인들에게 우리나라를 첨단과학기술국으로 각인시키며 2002년 월드컵 4강에 들어간 것보다 세계를 더 놀라게 할 것이다. 그리고 청소년들에게 미래 과학기술의 꿈을 제시하게 될 것이다. 우리나라는 우수한 과학적 두뇌와 재주를 바탕으로 2015년까지 우주선진국으로 발돋움할 중장기 우주개발 계획을 세워놓고 열심히 투자하고 노력하고 있다. 세계적으로도 2020년까지는 달 개발을 시작하고, 2030년까지는 화성에 유인탐험대를 보낼 계획을 가지고 있는 등 획기적인 국제 우주개발 계획들이 기다리고 있다.

   누구보다 많은 시간 동안 로켓을 꿈꾸고 생각하며 함께 살아온 로켓과학자로서 청소년들에게 항공우주 개발 분야로의 진출을 적극적으로 추천한다. 이 분야는 많은 사람들이 호기심과 관심을 갖고 있으며, 재미있고 역동적인 종합첨단기술 분야이기 때문에 21세기에 더욱더 빛나는 과학기술 분야가 될 것이다.

최순자

1975년 인하대학교 공과대학 화학공학과 졸업 후, 경기도 강화의 화도중학교와 부천의 부천공업고등학교에서 교사생활을 하다가 1981년 유학길에 올라 1985년 미국 캘리포니아 남가주대학교에서 석사와 박사학위를 받았다. 그후 미국 매사추세츠주립대학교 박사후연구원을 거쳐, 1987년 인하대학교 공과대학에 부임하여 지금까지 생명화학공학부 교수로 재직하고 있다. 고분자 물리를 전공했으며 현재 연구 분야는 고분자 합성과 고분자 블렌드의 물성이다. 2002년 과학기술부의 '정보소재연구실'로 국가지정연구실에 선정되어 정보소재에 활용되는 나노-마이크론 입자 합성과 응용을 연구하고 있다. 1992년에 프랑스 파리 ESPCI 교환교수, 과학기술부 예산자문위원, 2002년 과기부 '올해의 여성과학기술인상' 공학부문 수상, 2006년 한국공학한림원 최초의 여성 정회원으로 선임되었다. (사)한국여성공학기술인협회장으로 여성공학기술력의 육성 및 활용에 대한 사회활동을 하고 있다.

끝없는 꿈과 도전

내 나이 쉰이 넘으면서 가끔은 옛날, 정말로 아주 옛날인 초등학교 때 인연이 있었던 사람들을 만나는 기회가 생긴다. 무슨 공적인 일 때문이 아니라 그들의 자녀가 대학을 입학하거나 재학, 또는 졸업하면서 그들 자녀의 진로에 대한 멘토로서 대학에 있는 나를 찾아주는 것이다. 내 기억에는 거의 없는 옛날 일이지만, 어린 나이에 내가 그들에게 보여준 강한 의지와 행동이 그들의 멘토 역할을 했다는 것이다.

엊그제도 그러한 방문객이 있었다. 초등학교 때 아주 친했던 친구의 둘째 동생으로 나보다는 세 살 아래인 W라는 여성이었다. 내가 대학을 졸업하고는 만난 기억이 없으니 거의 30년 만이었다. 우리 학교 3학년이 된 ROTC 후보생 둘째아들의 입단식에 참석하러 가족과 함께 학교에 와서 나를 방문한 것이다. 오랜만의 해후에 서로 포옹을 하며 눈물까지 흘렸다. W를 만나는 순간 나는 가난에 찌들었던 초등학교 시절 그녀 집에 갈 때마다 밥을 먹여주는 등 극진하게 대해주던 W 어머니 생각에 눈물이 나왔고, 그녀 또한 나를 보자 어머니 생각이 난다며 눈물을 흘렸다. 그녀의 가족과 오랜 시간

점심을 먹으면서 우리는 옛날 얘기로 몇 번이나 울다가 웃다가를 반복했다.

중학교 3학년 때부터 내가 그녀의 멘토였다는 사실, 그녀의 어머니가 나를 모델로 여겨 공부하고 강한 의지로 살아가라고 했다는 이야기, 2남4녀인 그 집안에서 경제적 여유와 관계없이 딸은 상업고등학교를 졸업하고 돈을 벌어야 한다는 그녀의 아버지에게 딸도 교육을 시켜야 한다고 주장했다는 나, 네 딸들은 아버지가 어려워 말도 못 꺼내는데 열심히 그녀 아버지를 설득하려 했다는 나와 얽힌 옛 이야기들에 나는 놀랐다. 내게는 우리에 비해 잘 살았던 그녀의 집에 갈 때마다 밥을 잘 차려줘 그녀의 어머니가 참 좋았다는 기억밖에 없는데, 어머니가 나를 네 딸의 멘토로 여겨 집에 오는 것을 좋아했다는 내용들은 상상도 못한 일이었다. 결국 W는 아버지의 주장에 밀려 상업고등학교로 진학했으나 나와 어머니의 집요한 설득으로 졸업 후 대학에 진학하고 대학원까지 나왔다는 이야기를 들으며 멘토에 대해 깊이 생각하게 됐다. 특히 교수라는 내 직업을 생각할 때에 학생들에게 훌륭한 멘토가 되는 것이 또 다른 나의 의무임을 실감했다.

멘토는 그리스 신화에 나오는 사람의 이름이다. 영웅 오디세우스가 트로이 전쟁에 나가면서 가장 친한 친구인 멘토(mentor)에게 자신의 아들 텔레마코스의 교육을 맡겼다. 오디세우스는 전쟁에서 10년 만에 돌아왔는데, 멘토는 그동안 텔레마코스의 아버지, 상담자, 친구 등의 다양한 역할로 그의 진로를 잘 돌보아주었다. 그후 지혜와 신뢰로 인생을 이끌어주는 스승이나 안내자, 또는 앞길의 본보기가 되는 사람을 멘토라고 불렀다. 진로에 도움을 주는 사람은 누구나 멘토가 될 수 있으므로 멘토는 한 사람일 수도 있고, 인생을 살면서 만나는 수많은 사람이나 그 어떤 것일 수도 있다. 내 인생에서는 누가 멘토였으며, 끝없는 꿈을 실현시키기 위한 어떤 도전이 있었는지를 되돌아보기로 한다.

나는 초등학교 2학년까지 한글을 읽지 못했다. 그래서 항상 선생님에게 꾸지람을 들었고, 반 친구들에게도 바보처럼 주눅이 들어 할 말이나 행동을 제대로 못했던 기억이 있다. 이런 나를 해방시킨 것이 전학이었다. 초등학교 3학년 초반기까지 걸어서 약 1시간이 걸리는 학교를 다녀야 했는데, 주거지역에서 가까운 학교로 강제적 전학이 이루어지면서 나도 전학을 하게 됐다. 그 학교에서는 어느 누구도 내가 2학년 때까지 한글을 못 읽었다는 것도, 우리 집이 찢어지게 가난하다는 것도 몰랐으므로 자유로움 속에서 내가 가진 역량을 발휘하며 새로운 생활을 시작할 수 있는 획기적 계기가 만들어진 셈이다. 막연하게 '훌륭한 사람'이라는 꿈을 실현하기 위한 도전이 시작되었는데, 그것은 바로 동네 친구의 삼촌과 고모가 사준 몇 권의 위인전 덕분이었다. 그 책을 읽으면서 나도 그 위인들처럼 훌륭한 사람이 되겠다는 결심을 했고, 그들이 그랬던 것처럼 어린 시절의 어려움을 극복하며 지냈으니 초등학교 때 나의 멘토는 위인전 속의 인물이었다고 할 수 있다.

그후 중학교에 입학하고 고등학교를 졸업할 때까지 나의 멘토는 책이었다. 내가 책을 읽게 된 이유는 단순히 책이 좋아서만은 아니었다. 많이 배우거나 잘 사는 사람들의 집에서 공통으로 볼 수 있는 책장의 책을 보며, 그들처럼 되기 위해서 책을 읽어야 한다고 결심했던 것이다. 그리하여 한 달에

몇 권을 읽어야 한다는 목표까지 세웠다. 읽은 책의 수를 일기에 적어가면서 책 속에서 만난 삶은, 구체적으로 그릴 수는 없었지만 나의 멘토가 되기에 충분했다. 그들과 같은 삶을 살기 위한 계획과 실천을 거듭하면서 나의 멘토는 수시로 변했다.

대학에 들어가기 전, 신문기사에서 유공(지금의 SK)에 근무하는 화공과 출신 여성엔지니어(부장)의 기사를 읽고는 돌연 그녀와 같은 화학공학 전공의 여성엔지니어가 나의 멘토가 되었다. 그래서 대학 전공도 화학공학으로

택했다. 사실 고등학교 2~3학년 때 가장 관심 있었던 학문은 철학이나 심리학이었다. 그러나 가난에서 벗어나지 못했던 그때, 인문사회 계통의 전공으로는 경제적 독립이 어렵다는 판단으로 그 시절 가장 인기 있던 화학공학에 덜컥 미래를 맡겼던 것이다. 아마 고등학교 과학과목 중에서 화학을 가장 잘 한 것도 화학공학을 택한 또 다른 이유가 되었을 것이다.

대학 4년 동안 나는 멘토 없이 방황했다. 등록금만 갖고 입학한 대학생활이 너무도 어려웠기 때문이다. 학교에서 나오는 장학금이 등록금 전액이 아니고 매학기 성적순으로 정해지다 보니 학업 이외에도 돈을 벌기 위해 많은 다른 일을 해야만 했다. 학생을 가르치고, 학교 잔디밭의 잡풀을 뽑고, 학원 등에서 강사를 하는 등 닥치는 대로 일을 했다. 졸업 후 내 인생이 신문기사 속 유공의 그 여성부장과 같으리라고 그려보는 것만이 고달픔을 잊게 해주는 기쁨이었다.

졸업반이 되어 KIST, 삼성, 대우에 원서를 접수하려 했지만 KIST를 제외하고는 원서 접수마저 거부당했다. 1975년경 우리 사회는 여성을 엔지니어로 맞이할 준비가 되어 있지 않았던 것이다. 그것도 모르고 용감하게 원서를 들고 갔으니, 내가 찾는 미래는 여성이 늘어선 줄(여비서 모집)과는 너무나 거리가 멀었다. 비빌 언덕이 없던 나는 운명을 스스로 개척해야 한다는 믿음 하나로 다른 길을 찾아나서야 했다. 한국에 컴퓨터가 도입되자 컴퓨터 키펀처가 되려고 포트란이란 소프트웨어도 배워 직업을 찾았지만 허탕이었다. 집안에서 유일하게 대학을 나온 내가 취직도 못하고 있는 모습은 참혹했다. 결과론적으로 보면 나를 스쳐간 모든 고난은 오늘의 나를 가져오기 위한 시련이었고 나를 더 강인하게 만드는 시험이 아니었나 생각한다.

'하늘이 무너져도 별 들 날이 있다'고 했던가. 무직으로 헤매던 나는 결국 중고등 교사가 되기 위해 경기도 교사임용고시에 응시했고, 그것이 발판이 되어 1975년 4월 경기도 강화군 화도면에 있는 한 중학교의 과학교사로 부임하면서 직장생활이 시작되었다. 그때 나에게는 구체적 꿈은 없었지만 내가 안고 있는 현실을 박차고 다른 현실로 가려는 강한 의지만은 분명했다. 어려운 우리 집에서 대표로 대학까지 나온 나이기에 가족을 위해 무엇인가를 해야 한다는 의무감과 현실세계로 돌아와 내가 그리는 나를 만드는 두 가지 그림이 끝없이 그려지고 있었다.

강화에서 1년간의 교사생활을 마치고 경기도 부천에 있는 공업고등학교로 부임했다. 인문계 학생들보다 학업지수가 떨어지는 학생들의 학업과 생활 배경은 열악하기 그지없었다. 특히 결손가정이 많아 학생들의 사정을 일일이 짚어보노라면 가슴이 아파서 학생지도를 할 수 없을 정도였다. 그래도 그들이 취직할 수 있도록 기능사 시험을 대비한 보충수업을 해주면서 나 또한 다른 길을 개척하기 위해 노력했다. 나는 일단 학업을 더 하기로 결정했는데, 끊임없이 공부하던 주변사람들이 나의 멘토였다.

그 꿈을 찾아 1977년 인하대학 공대 대학원에 파트타임 학생으로 입학하면서 나는 산중에 터널을 뚫듯이 길을 뚫어가기 시작했다. 그런데 대학원에 입학한 지 1년 반이 지나 석사학위를 받을 시기가 다가올 무렵 지금은 고인이 되신 지도교수님의 "학위는 마음의 학위여야 한다"는 말씀을 들었다. 그때 나는 밥 먹다가 체한 사람처럼 석사학위를 받을 만큼의 실력이 내게 없다는 생각을 했고, 학위를 포기하고 미국 유학의 꿈을 꾸었다. 언제나 웹스터 영영사전을 책상 위에 두고 공부하시던 교수님의 모습은 나의 멘토로 작용하기에 충분했다.

석사학위 논문을 뒤로 하고 시작한 유학의 길은 고행의 연속이었다. 1980년 외국유학을 위한 국가시험인 역사와 윤리 등을 어렵사리 통과하고 미국에서 입학허가서를 받았으나, 집안에 청천벽력 같은 엄청난 일이 생겼다. 우리 집의 유일한 남자였던 오빠가 간경화 진단 후 4개월 동안 투병을 했지만 결국 실패한 것이다. 오빠의 장례를 치르고 집안을 추스른 후 떠난 유학은 바로 '사막에 추락하여 살아남은 한 사람'의 형상이었다. 슈퍼마켓, 주유소를 전전하며 먹고 사는 것과 한국의 노모에게 한 푼이라도 보내는 일,

그 속에서 나의 꿈인 학업의 성공, 이 모든 것이 내 눈앞의 현실이었다. 미공군의 교훈이 'Aim high, fly high' 라던데 정말 꿈이 클수록 도전도 크고 다가오는 현실도 크다는 것을 몸소 실천하는 계기가 된 세월이었다. 지금에 와서는 정말 기억하고 싶지 않은 어려운 시절이었지만, 초등학교 시절 가졌던 '훌륭한 사람'에 대한 꿈이 멘토로 존재하고 있어 그 어려움을 극복하고 있었다.

모든 고난을 극복하고, 매사추세츠주립대학 박사후연구원 1년 반을 보내면서 나의 멘토는 마가렛 대처 전 영국 수상이었다. 그녀의 대학전공은 화학이었는데 노동부 장관을 거쳐 수행한 수상직에서 남성 못지않은 업무수행을 했기 때문이었다. 그후 1987년 당시로서는 결코 쉽지 않은 공과대학 여교수로 모교인 인하대학에 부임한 후 나의 멘토는 나보다 훌륭한 교육과 연구를 하시는 선배 교수였다. 나는 무엇보다 학생들에게 인생의 멘토를 찾으라고 강조했다. 인하대학에 부임한 지 19년째인 요즈음 나의 멘토는 인생을 향해 끊임없이 도전하는 20~40대 젊은이들이다. 나태해지기 쉬운 내 나이에 그들의 도전과 성공은 나를 자극하여 새로운 도전을 위한 꿈을 꾸게 하기 때문이다.

최재천

1977년 서울대학교를 졸업한 후 1979년 도미하여 미국 펜실베이니아 주립대학에서 생태학 석사를, 하버드대학에서 진화생물학 박사학위를 받았다. 1994년 서울대학교 생물학과로 부임하기 전에 하버드대학교와 미시간대학교에서 교편을 잡았으며, 현재 하버드대학교 자연사박물관의 객원연구원으로 일하고 있다. 사회행동과 번식구조의 생태와 진화에 관해 많은 논문과 저서들을 발표했으며, 일반인들을 위해 과학에 대한 책을 쓰기도 하고 강의를 하기도 한다. 미국곤충학회의 젊은 과학자상(1989), 제8회 아시아환경상(2002), 제12회 국제전문직여성연맹 BPW Gold Award(2004) 등 많은 수상 경력을 갖고 있다. 2006년 2월 서울대학교 생명과학부 교수에서 이화여자대학교 생명과학 전공 석좌교수로 자리를 옮겨 우리나라에 '크고 깊고 느린' 생물학을 뿌리내리게 하기 위해 애쓰고 있다.

통섭의 시대가 열리고 있다

몇 년 전 며칠 간격으로 중학교 2학년과 고등학교 1학년 교과서에 내가 쓴 글들이 실린다는 연락을 받은 적이 있다. '개미와 말한다'와 '황소개구리와 우리말'이라는 글이 이 땅의 거의 모든 중고등학생들이 읽는 책에 실리게 됐다는 말에 나는 정말 상당히 흥분했다. 자연과학을 하는 사람으로서 적절한 언행인지는 모르겠지만 당시 나는 '노벨상을 받은들 이보다 더 기쁘랴' 싶었다.

내 글이 국어 교과서에 실린 것에 대해 이처럼 경박스러울 정도로 좋아하는 데에는 나만의 역사적인 배경이 있다. 어렸을 때 나는 단 한번도 과학자가 되겠다는 생각을 해본 적이 없었다. 철이 좀 덜 들었을 시절에는 시인, 조각가, 또는 건축가가 되고 싶었고, 먹고 살기 위해서 돈 버는 직업을 가져야 한다는 걸 깨닫기 시작했을 때에는 기자나 외교관이 되어 온 세계를 누비고 싶었다.

그랬던 내가 지금은 꽤 알려진 과학의 전도사가 되어 누구 못지않게 바쁜 집필과 강의 생활을 하고 있다. 더욱이 국제 수준의 연구를 수행하는 실험실 운영까지 하고 있으니 내 삶이 얼마나 바쁠지는 쉽게 짐작할 수 있으리라. 너무나 바쁜 일정에 때로 힘들긴 해도 나는 무척 행복한 사람이다. 내가 만일 어렸을 때의 꿈인 글쟁이의 삶을 택했다면 지금쯤 어디에서 무얼 하고 있을까? 어쩌면 이 나이에도 신춘문예를 준비하느라 눅눅한 방구석에 들어앉아 애꿎은 담배만 동을 내고 있거나, 운 좋게 등단을 했더라도 별볼일없는 작가 중 하나로 여기저기 기웃거리고 있을 것이다. 자연과학을 한 덕에, 그리고 자연과학자치고 참아줄 만한 글을 쓸 줄 알기에 오히려 작가들의 모임에 초대까지 받는다. 요즘 우리 문단에서 가장 잘 나가는 작가들인 공지영, 김영하, 은희경, 김형경 씨 등이 자신들의 새 책에 친히 사인을 해서 내게 보내준다. 나는 무슨 복을 이리도 분에 넘치도록 많이 갖고 태어난 것일까?

하지만 내 삶이 늘 지금처럼 행복에 겨웠던 것은 결코 아니다. 내가 고등학교에 다니던 1960년대 말과 1970년대 초에는 지금과 달리 거의 무조건 이과를 지망하던 시절이었다. 장래에 관한 계획이 정리되지 않은 채 고등학생이 된 나도 여지없이 이과로 배정되었다. 중학교 2학년 때 교내 백일장에서 '낙엽'이라는 시로 장원을 거머쥔 바 있는, 누가 봐도 문과 영순위였던 나를 이과로 편성하는 것은 불합리하다고 항변하면서 어영부영 3년을 흘려보냈다. 그리곤 아버지의 권유로 서울대 의예과에 원서를 넣었다. 성적이 모자라는 것도 아니었건만 나는 보기 좋게 낙방했다. 재수를 하고 다시 한번 의예과에 도전했지만 또다시 낙방의 고배를 들고 말았다. 나는 아마 애당초 의사가 될 운명이 아니었던 것 같다.

가고 싶었던 미술대학이나 철학과, 사회학과 또는 국문과도 아닌, 게다가 제2지망으로 붙어서 억지로 하게 된 생물학 공부에 나는 도무지 흥미를 붙일 수가 없었다. 그러던 어느 날 내 앞에 그야말로 천사가 나타났다. 그 천사는 미국 유타대학의 조지 에드먼즈 교수로서 세계 제일의 하루살이 곤충학자였다. 수업이고 일이고 다 팽개치고 나는 그분의 조수가 되어 일주일

동안 전국의 개울들을 찾아다녔다. 여행을 시작할 무렵 겨우 영어 단어를 내뱉을 뿐이었던 나는 일주일 만에 제법 문장을 만들기 시작했다. 여행 마지막 날 나는 선생님에게 "무엇 때문에 우리나라까지 오셔서 관광도 한번 못하고 물에서만 첨벙거리다 가시나요?" 하고 물었다. 선생님은 기껏 조수 노릇 잘해놓고 이게 무슨 뚱딴지같은 소린가 하며 의아해했다. 그러면서 선생님은 나이와 체격에 걸맞지 않게 익살을 떨며 내게 자기를 다시 소개했다. 자리에서 벌떡 일어선 선생님은 마치 춤을 청하는 남자처럼 양팔을 몸의 앞뒤로 굽혀 올리며 다음과 같이 말했다.

"저는 미국 유타대학 곤충학과의 교수입니다. 유타주 솔트레이크시티 산중턱의 저택에서 밤이면 시내의 야경을 내려다보며 살고 있으며, 플로리다주 바닷가에 별장도 한 채 갖고 있습니다. 금발의 미인을 부인으로 모시고 살며 하루살이를 연구하러 전 세계를 돌아다닙니다. 당신의 나라는 백두 번째 나라입니다."

그 순간 나는 나도 모르게 선생님 앞에 무릎을 꿇었다. 그리곤 선생님처

럼 되게 해달라고 거의 애걸하기 시작했다. 어릴 때 《김찬삼의 세계여행기》를 읽으며 아버지가 붙여놓은 엄청나게 큰 세계지도에 가고 싶은 나라들마다 동그라미를 치고 그들을 선으로 연결하며 마음속으로는 이미 수천 번 세계일주를 한 나였다. 그리고 대학 시절 내내 나는 어떻게 하면 고향 강릉에 돌아가 개울물에 첨벙거릴 수 있는 직업을 찾을 것인가 고민하며 살아왔다. 그런데 내가 그렇게도 바라던 삶을 사는 실존인물이 내 눈앞에 버젓이 서 있는 게 아닌가?

어쩌다 선택한 생물학 안에 내 꿈의 삶이 있다는 걸 발견한 그날 이후부

터 지금까지 나는 단 한번도 한눈을 팔지 않았다. 오랜 방황 끝에 발견한 그 길 위로 지난 30년간 나는 무서운 속도로 앞만 보며 달려왔다. 뒤늦게나마 적성에 맞고 좋아하는 일을 찾은 나는 한없이 행복한 사람이다. 언젠가 '닮고 싶고 되고 싶은 과학자'에 선정된 다음 청소년들에게 한 마디 해달라는 요청에 나는 이런 말을 했다. "악착같이 자기가 제일 하고 싶은 일을 찾아라. 젊음의 방황은 아름다운 것이다. 그리고 자신의 길을 찾으면 그냥 앞만 보고 달려라. 제발 먹고 살 걱정일랑 하지 말아라. 돈은 쫓아가는 게 아니다. 돈이 나를 쫓아오도록 해야 한다. 나는 지금까지 살면서 자기가 가장 좋아하는 일을 무지하게 열심히 하면서 굶어죽은 사람은 단 한 사람도 본 적이 없다."

미국에서 새로 시작한 내 삶은 마치 물을 만난 물고기 같았다. 눈만 마주치면 공부하라고 다그치던 어머니도 안 계신데 공부가 그렇게 신나는 것인 줄 나는 그때야 알았다. 잠을 청하기도 아까웠다. 대학 성적이 나빠 겨우 턱걸이하여 들어간 펜실베이니아 주립대학에서 생태학 석사를 한 다음 나는 우리나라 사람들에게 더할 수 없이 좋은 대학으로 각인되어 있는 하버드대학에서 박사학위를 하게 되었다.

한다하는 양반들이 버글거리는 그 자극적인 곳에서, 특히 가르치고 있는 나를 오히려 주눅들게 만드는 하버드대학의 학부 학생들을 바라보면서 나는 참으로 많은 걸 배웠다. 우리 대학생들은 상상도 하지 못할 엄청난 양의 과제물을 요구하는 과목들을 서너 개씩 들으면서도 다양한 문화생활과 봉사활동을 포함하여 매일같이 일고여덟 가지의 일들을 해내는 하버드대학의 학생들을 보며 감탄하지 않을 수 없었다. 나는 마감일을 특별히 잘 지키는 사람이라는 평을 듣고 산다. 하버드 학생들을 보며 터득한 나만의 인생 비법이 있기 때문이다. 나는 마감일을 받으면 곧바로 그보다 며칠 빠른 마감일을 정해 스스로를 속이기 시작한다. 이렇게 하면 내가 세운 마감일을 어기게 되더라도 아직 며칠의 여유가 있다. 똑같은 양의 일을 해도 마감에 쫓기지 않으면 훨씬 능률이 오른다.

미국 유학을 시작한 지 무려 11년 만인 1990년에야 나는 박사학위를 받았다. 물론 능력이 부족해 남보다 오래 걸렸지만, 나는 공부를 오래한 것에 대해 조금도 후회하지 않는다. 남들이 짧게 공부하며 얻은 지식을 써먹느라 허덕일 때 나는 느긋하게 공부했고, 학위를 한 다음에도 여전히 공부할 수 있는 기회를 얻었다. 지금까지의 내 인생에서 다른 어느 시기와도 바꿀 수 없는 시기가 바로 박사학위를 한 다음 미시간대학에서 보낸 2년이다. 1992년 나는 미시간대학의 생물학과 조교수 겸 미시간대학의 '명예교우회' 특별연구원으로 임용되었다.

나는 미시간대학 생물학과의 조교수가 된 것보다 명예교우회 특별연구원으로 선임된 것을 더 큰 행운으로 생각한다. 명예교우회 제도는 1933년 하버드대학에서 처음으로 만들어졌는데, 하버드대학 총장을 지냈던 로렌스 로웰 교수가 "위대한 학자들의 독자적인 연구가 바로 위대한 대학의 정신"이라며 자신의 재산 거의 전부를 기부하여 만든 기관이다. 그는 "탁월한 젊은 학자를 길러내는 최상의 전략은 자유"라며 일체의 훈련과정이나 형식적인 틀을 거부했다. 하버드대학 명예교우회 특별연구원은 3년 동안 다른 특별연구원들과 종신연구원들과 저녁식사를 함께 하는 것 외에는 아무런 요구사항이 없는 가운데 연구에만 몰두할 수 있다. 장래가 촉망되는 젊은 학자들을 데려다 그야말로 '일 저지르라'고 돈과 자유를 제공하는 제도이다. 하버드대학 명예교우회는 그동안 무려 13명의 노벨상 수상자와 수많은 퓰리처상 수상자들을 배출했다. 자유의 위대함은 학문세계에서도 예외 없이 빛난다.

미시간 명예교우회는 1970년에 시작되었으며 하버드에 비하면 훨씬 그 규모가 작다. 또한 하버드 명예교우회가 미리 정해진 추천인단의 추천에 의해 심사가 진행되는 것과 달리 미시간 명예교우회에는 누구나 지원할 수 있다. 나는 윌슨 선생님의 추천으로 하버드 명예교우회에서 인터뷰까지 했으나 아쉽게도 탈락하고 말았다. 하지만 이듬해 재정적인 이유로 1년에 네 명밖에 뽑지 않는 미시간 명예교우회 특별연구원으로 발탁되는 행운을 거머쥐었다.

내가 한국에 돌아와 자연과학을 하는 사람치곤 말이 좀 통한다며 인문학자들로부터 종종 그들의 잔치에 초대받게 된 까닭을 억지로 찾는다면 나는 미시간 명예교우회에서 주워들은 다양한 논제들 덕분이라고 답할 것이다. 천장 높은 고풍스러운 홀에서 와인을 곁들인 훌륭한 저녁식사를 제공 받으며 밤늦도록 학문을 논할 수 있었던 그 시절을 나는 결코 잊지 못한다. 동양용 문양의 역사, 재즈의 미학, 중산층의 허구 등으로부터 철학의 죽음과 양자물리학에 이르기까지 그때의 토론주제들은 적어도 100개가 넘는다. 그러다 보니 인문학자들의 모임에 가서도 그저 10여 분만 들으면 그들이 하는 얘기가 대충 어느 동네 얘기인지를 짐작할 수 있다. 일단 동네를 파악한 다음 적당한 기회를 보아 그 동네에서 유명한 지형지물 한두 곳에 대한 유식한 듯 들리는 발언을 하며 슬며시 대화에 끼어들곤 한다. 이 땅에 그런 명예교우회를 만드는 것이 내가 꾸는 큰 꿈들 중 하나다.

해마다 기초학문을 중심으로 젊은 학자 1000명을 선발하여 한 5년간 지원해보자. 생활비와 약간의 연구비를 합하여 1년에 4000만 원 정도면 될 것이다. 기껏해야 연 400억 원의 예산만 책정하면 되는 일이다. 5년 후면 무려 5000개의 두뇌들이 이 나라의 앞날을 위해 반짝일 것이다. 나라의 앞날이 그만큼 더 밝아질 것은 너무나 당연한 일이리라. 흐루시초프의 말처럼 "강물도 보이지 않는데 다리를 놓아주겠다"며 목청만 높이는 정치가 아니라 보다 나은 미래를 위해 오늘은 그저 몇 개의 주춧돌을 쌓겠다는 정부를 보고 싶다. 나는 오늘도 다시금 집현전을 부활시켜줄 그런 지도자를 꿈꿔본다.

1994년 가을 미국에서의 오랜 연구생활을 접고 내 나라 내 후학들을 가르치고 싶어 서울대학에 부임했다. 그리고 2006년 2월 이화여대로 자리를 옮기기까지 10년 남짓 우리나라에 동물행동학 및 사회생물학의 뿌리를 내리게 하느라 적지 않은 노력을 기울였다. 그간의 노력으로 이제는 세계 학계에서도 그 존재를 인정받을 정도로 성장했다고 자부한다. 이제 이화여대에서 보다 확실한 지원을 바탕으로 '크고 깊고 느린 생물학'을 본궤도로 끌어올려 우리나라의 생물학도 드디어 균형을 갖고 발전할 수 있도록 노력할 생각이다.

21세기를 맞은 거의 모든 학문 분야에는 통합(integration)의 바람이 거세게 불고 있다. 생물학도 예외가 아니다. 예외가 아닌 정도가 아니라 어떤 의미에서는 통합의 바람을 일으키는 진원지 중의 하나인지도 모른다. 10여 년 전 버클리 소재 캘리포니아 주립대학에서 시작된 통합생물학(integrative biology)이 이제 거의 모든 명문 대학으로 번져 세분되어 있던 기존의 생물학 관련 학과들이 통합생물학과로 한데 뭉치거나 적어도 대학원에 통합생물학 프로그램을 만들지 않은 대학이 없을 지경이다. 본질적으로 피라미드 형태의 위계구조를 지닌 생명현상을 다루는 종합과학이 바로 생물학이다.

나는 2005년 하버드대학 시절 지도교수님이었던 윌슨 교수의 명저《통섭-지식의 대통합Consilience: The Unity of Knowledge》을 번역해 내놓았다. 19세기 자연철학자 윌리엄 휴얼이 처음으로 소개한 개념인 'consilience'는 'jumping together' 즉 '더불어 넘나듦'이라는 뜻이다. 좀더 풀어서 설명하면 "서로 다른 현상들로부터 도출되는 귀납들이 서로 일치하거나 정연한 일관성을 보이는 상태"를 의미한다.

나는 'consilience'의 개념을 우리말 '통섭(統攝)'이라는 말로 풀었다. Consilience라는 단어가 웬만한 영어사전에 나와 있지 않은 것처럼 통섭 역시 웬만한 크기의 우리말 사전에는 적혀 있지도 않은 희귀한 단어다. 하지만 인터넷에서 '통섭'을 검색해보면 적지 않은 용례들이 쏟아져 나온다. 이런 점에서 보면 사실 그리 희귀한 단어도 아니다. 일반인들의 귀에 익숙하지 않을 따름이다.

통섭은 사실 불교와 성리학에서 흔히 사용하는 용어로 특히 원효대사의 화엄사상에 대한 해설에 자주 등장한다. 조선 말기 실학자 최한기의 기(氣) 철학도 통섭의 개념을 아우른다. 통섭은 '큰 줄기' 또는 '실마리'라는 뜻의 통(統)과 '잡다' 또는 '쥐다'라는 뜻의 섭(攝)을 합쳐 만든 말로서 '큰 줄기를 잡다'라는 의미를 지닌다. 또한 '삼군(三軍)을 통섭하다'는 경우와 같이 '통리(統理)' 즉 '장관'이라는 뜻을 지닌 정치제도적 용어이기도 하다. 그럴 경우에도 그 뜻은 '모든 것을 다스린다' 또는 '총괄하여 관할하다'라는 뜻이므로 그런대로 잘 들어맞는 것 같다.

나는 통섭의 시대가 활짝 열리고 있다고 생각한다. 이제 우리가 진리의 행보를 따라 과감히 그리고 자유롭게 학문의 국경을 넘나들 때가 되었다고 생각한다. 학문의 국경을 넘을 때마다 여권을 검사하는 불편한 과정을 생략할 때가 되었다. 그동안 우리는 이른바 학제적(interdisciplinary) 연구라는 걸 한답시고 적지 않은 시도들을 해왔다. 하지만 우리의 노력 대부분은 단순히 여러 학문 분야의 연구자들이 자기 영역의 목소리만 전체에 보태는 다학문적(multidisciplinary) 유희에 지나지 않았다. 이제는 진정 학문의 경계를 허물고 일관된 이론의 실로 모두를 꿰는 범학문적(transdisciplinary) 접근을 해야 할 때가 되었다. 이것이 바로 통섭의 시대를 맞이하는 길이다.

통섭의 시대를 맞이하는 노력의 일환으로 나는 2005년 말 5년에 걸쳐 진행해온 인문학자 도정일 선생님과의 토론과 대화를 바탕으로 한 책 《대담─인문학과 자연과학이 만나다》를 펴냈다. 20세기가 물리화학을 바탕으로 한 경성과학의 시대였다면 21세기는 바야흐로 연성과학 또는 감성과학의 시대이다. 그 한복판에 생물학이 있다. 21세기의 생물학은 환원주의적 방법론을 사용하는 '작은 생물학(micro-biology)' 못지않게 '큰 생물학(macro-biology)'을 절대적으로 필요로 한다. 선진국의 생물학은 이미 두 수레바퀴가 어느 정도 균형을 맞추기 시작했다. 우리 생물학계도 머지않아 균형을 잡기 위한 변신을 하게 될 것이다.

'작은 생물학'도 그렇지만 특히 '큰 생물학'을 하려면 무엇보다도 인문학적 소양이 필요하다. 나는 인문학이 모든 배움의 기본이 돼야 한다고 생각한다. 인문학적 소양이 결여된 자연과학은 결코 통섭의 경지에 이를 수 없기 때문이다. 그런가 하면 21세기를 대비하는 학생들에게 수학과 과학은 어느 분야를 막론하고 기본이 돼야 한다. 하버드대학을 비롯한 세계 최고의 대학들은 지금 거의 모든 전공 분야의 학생들에게 자연과학을 필수로 가르치는 방향으로 교과과정을 개혁하고 있다. 풍부한 인문학적 소양을 갖추고, 분석적인 동시에 종합적인 능력을 갖춘 후학들이 '큰 생물학' 의 세계로 뛰어들기를 기대한다.

최형섭

1944년 와세다대학교 이공학부 채광야금과(공학사)를 졸업한 후 1946년 경성대학 교수로 임용되었고 이어 해사대학 교수, 공군항공수리창장 등으로 재직했다. 이후 미국 노트르담대학교에서 금속공학 석사, 미네소타대학교에서 화학야금학으로 박사학위를 받았다. 1959년 귀국해 국산자동차(주) 부사장, 상공부 광무국장, 한국원자력연구소 소장 등을 거쳐 1966년 한국과학기술연구소(KIST) 초대소장을 맡아 한국과학기술 발전의 기틀을 마련했다. 한국과학기술단체총연합회 회장, 한국과학재단 이사장, 한국과학원원장 등을 역임했다. 1971년 과학기술처 장관으로 임명되자 과학기술 관련 법령들을 제정하여 과학기술개발 기반을 다졌으며, 공직에서 은퇴한 뒤에는 개발도상국들의 과학기술정책 자문을 맡아 활동했다. 국민훈장 무궁화장, 프랑스 국가공로훈장 등을 수상했으며 2003년에는 국립서울과학관의 '과학기술인 명예의 전당'에 과학 위인으로 등록되었다. 2004년 5월 29일 세상을 떠날 때까지 《개발도상국의 과학기술개발 전략》 외 12권의 저술과 120여 편의 학술논문을 발표했다.

내가 기억하는 최형섭 박사님

우리는 오래전부터 이공계를 '과학기술계'라고 하면서 과학과 기술의 구별 없이 하나의 단어로 사용해왔다. 그러나 엄밀히 말해서 과학과 기술은 엄연히 다르다. 마치 연구개발이라는 단어를 연구와 개발로 구별해 생각해야 하는 것과 마찬가지 논리다. 과학과 기술의 차이점을 단적으로 구분한다면 과학정보를 얻는 데는 돈이 그리 들지 않지만 기술정보를 얻는 데는 돈이 많이 들 수 있다. 최형섭 박사님은 이미 40여 년 전에 과학과 기술의 차이점을 확실하게 구분하고, 1966년 한국과학기술연구소(KIST: Korea Institute of Science & Technology)를 설립했다. KIST는 당시 여러 곳에 산재해 있던 기존 연구소들과 달리, 오직 기술을 개발하는 기관이어야 한다는 확고한 기본방향과 이를 실천할 구체적 수행방안까지 마련해놓고 있었다.

이 글은 현재 ㈜BTC Communication 회장이며 중앙대학교 경영대학 겸임교수로 재직하고 있는 윤여경 교수가 집필했다. 그는 미국 유타주립대학교에서 경제학 학사학위를, 퍼듀대학교에서 공업경제학 석사학위를 취득한 후, 1968년 KIST 해외유치과학자로 선발되어 KIST 경제분석실장, 공업경제부장 등을 역임했다. 그리고 한국기술진흥주식회사(K-TAC)의 초대 대표이사와 한국개발투자금융의 대표이사 사장으로서 우리나라 기술상용화를 위한 기술금융의 개척자로 일했다.

1968년 봄, 미국 오하이오주 콜럼버스의 바텔기념연구소에서 있었던 KIST 주최 세미나에서 최형섭 박사님을 처음 만났다. 세미나가 끝난 후 최형섭 당시 KIST 초대소장은 참석한 재미 한국과학자 수십 명을 별도로 초청해 함께 식사를 했다. 그 자리에서 소장님은 한국 경제개발에서 기술개발의 필요성, KIST의 역할, 또 그러한 역할을 수행할 KIST가 필요로 하는 사람들에 대한 소신과 철학을 상세히 피력했다. 특히 소장님은 "만약 여러분 중에 생의 목표가 노벨상 수상인 분은 아직은 한국에서는 필요하지 않다. 이런 분들은 미국처럼 연구하기 좋은 선진국에서 계속 연구해 국위를 선양하는 것이 나라를 위해서도 좋은 일이며 바람직한 일이다. KIST는 한국의 산업계가 필요로 하는 기술을 개발하는 곳이다. 새로운 과학에 대한 이론보다는 기술개발 실무에 밝은 경험자들이 필요한 곳이다. 6·25전쟁의 피해를 겨우 회복하고 일인당 GNP가 100불을 갓 넘은 개발도상국가 한국은 이제 선진국을 따라잡기 위한 기술개발을 시작하려는 것이다"라고 말씀하셨다.

"기술개발을 통한 개발도상국가의 경제개발전략은 산업계가 필요로 하는 기술을 빠른 시일 내에 발굴하고, 이를 개발해 산업적으로 활용할 수 있어야 한다. 이를 위해서는 우선적으로 효과적인 기술도입 및 소화 개량에서 출발하여 궁극적으로는 자체개발 수준까지 끌어올리는 기술개발전략이 필요하다"는 소장님의 한국 기술개발전략은 매우 인상적이었다. 그러나 그날 그 말씀이 내 장래를 결정할 줄은 나 자신도 몰랐다.

모임이 끝날 무렵, 내가 질문을 했다. "최 소장님, 제 이름은 윤여경입니다. 저는 인문계로서, 경제학과 경영학을 공부했는데, 저 같은 사람이 KIST 같은 연구소에서 할 일이 무엇입니까?" 소장님은 기다렸다는 듯이 "KIST는 기술을 개발하는 연구기관임에 틀림없지만 산업계가 필요로 하는 기술을 개발해야 한다. 다시 말해서 KIST는 공업연구(Applied Industrial Research)를 해야 하는데 상용화는 기업이 한다. 기업은 이익이 나지 않을 기술은 상용화하지 않으므로 KIST는 기업화 타당성이 있는 기술을 개발해야 하는 것이다. 따라서 KIST는 기술개발을 할 때 사전 타당성 검토를 하고, 기술개발이 끝난 후에는 기업화 전략을 세워서 기업으로 하여금 개발된 기술의 상용화 촉진을 도모해야 하며 여기에 윤여경 씨의 경험이 필요하다"라고 말씀하셨다.

나는 막연하게나마 KIST에서 할 일이 있을 것 같았고, 소장님 같은 분 밑에서 일하면 무엇인가 이룰 수 있을 것 같은 강한 충동을 느꼈다. 소장님의 첫인상은 '빈틈 없는 분, 개발도상국의 기술개발 전략에 소신이 있으신 분, 강한 추진력을 가지신 분'이었다. 당시 나는 KIST와 미국의 모 전자부품회사를 두고 많은 고민을 했다. 이 전자회사는 서울 근교에 부품조립공장을 건설하고 1년 내에 시운전을 계획하고 있었으며, 나를 한국 총책임자로 채용하겠다는 제안을 한 상태였다. 이에 반해 KIST는 불모지에서 새로운 분야를 개척하는 일이었다. 봉급도 당시 한국 상황에서는 파격적이었지만 미국 회사가 제안한 금액의 3분의 1 정도였다. 결국 나는 KIST로 최종 결정을 했다. KIST에서의 성공적 역할 수행이 힘들기는 하겠지만 젊은 나이에 도전해볼 만한 가치가 있다고 생각되었기 때문이다.

최형섭 박사님이 KIST 설립 후 가장 먼저 착수한 것은 기술경제성 조사였다. 국내 산업계, 학계, 정부의 전문가 57명과 미국 바텔기념연구소의 전문가 23명으로 구성된 산업실태조사단은 10개월간의 조사 후, 당시 우리나라 산업계의 실태를 체계적으로 분석한 보고서를 만들어냈다. 이러한 결과를 바탕으로 KIST는 재료공업, 기계공업, 전기전자공업, 화학공업, 식품공업의 다섯 개 분야와 기술정보, 전자계산, 공업경제, 재료실험, 화학분석의 지원 부서로 출발하게 되었다. 이는 오늘날 신규사업을 시작할 때 시장조사를 먼저 하는 원리와 비슷하지만, 지금부터 40여 년 전 후진국의 과학자가 이처럼 철저하고 대대적인 시장조사 후에 연구소의 주요 연구 분야를 결정한 것은 특이한 경우였다. 이는 기업화를 전제한 기술개발을 통해 기술입국을 달성하겠다는 목표로 출발한 KIST의 역사적 사명(mission)을 실천함에 있어 초대소장으로서 최형섭 박사님의 철학과 의지를 역력히 보여주는 대목이라 하겠다.

KIST에서 수행한 기술개발은 반드시 실용화되어 국가경제발전에 기여해야 한다는 확고한 소신이 결국 KIST를 계약연구기관으로 출범하게 만들었다. 이것은 KIST의 모든 연구와 개발업무에는 계약이 선행되어야 한다는 의미였다. 소장님은 "한국을 포함한 모든 개발도상국가에 이미 많은 연구소가 있지만 이들은 100퍼센트 정부 지원으로 연구는 하면서도 국가경제발전에는 기여하지 못하고 있다. 가장 중요한 원인은 연구소 현실을 무시한 구태의연한 선비적 사고방식으로 자기만족을 위한 연구, 자기관심을 중심으로 한 연구과제 수행 등 산업계와는 무관한 연구수행을 하고 있기 때문이다"고 결론을 내렸다. 그리고 이에 대한 해결책으로 '계약연구제도'를 주장했다. 계약연구의 대전제 조건으로 비용을 부담할 고객이 있어야 한다는 것이

다. 즉 산업기술개발의 경우 이 기술에 관심을 갖고 후원할 기업을 찾지 못하면 연구나 개발을 할 수 없다는 뜻이었다.

소장님은 KIST의 연구실을 독립채산제로 운영했다. 각 연구실은 연구비를 많이 확보해야만 계속 존립할 수 있었으며, 연구실을 운영할 만한 연구 프로젝트를 수년간 확보하지 못하는 연구실은 없어지게 되어 있었다. 결국 연구실 실장은 항상 후원자를 구해야 했으며, 이를 위해서는 자기 분야를 중심으로 산업계의 문제점과 기술적 애로상황을 빨리 파악하고 이에 대한 기술적 해결방안이 있어야 했다. 한편 KIST의 연구와 개발을 지원한 후원

자는 대부분 기업가로서 기업가는 반드시 본전을 회수하려고 할 것이며, 그 과정이 곧 기업화이기 때문에 계약 연구결과의 활용 확률도 자동적으로 높아질 것이라는 점이 KIST를 계약연구기관으로 만든 또 하나의 이유였다.

그러나 당시는 "선진국 연구소에서도 계약연구가 힘들다고 하는데, 개발도상국의 계약연구는 꿈도 꾸지 말라"는 것이 전 세계에 알려진 일반적 상식이었다. 실제로 당시 한국의 기업풍토는 기술도입이 유일한 기술획득 수단이었으며, 국내 기술이란 상상도 못하던 시절이었다. 이러한 상황을 충분히 알면서도 굳이 계약연구를 주장한 것은 계약연구만이 연구계와 산업계를 연결시키는 가장 빠른 방법이라고 믿었기 때문이다.

소장님은 이에 대한 최선의 해결방안을 갖고 계셨다. 그것은 '계약연구 정신(Spirit of Contract Research)' 이었다. KIST의 기술개발 방향은 첫번째, 효과적인 기술도입을 위한 기술지원, 두번째, 도입된 기술의 소화 및 개량, 세번째, 소화 및 개량된 도입기술을 바탕으로 한 신기술 개발로 진행되었으며, 수입대체를 위한 연구와 개발에서 출발하여 수출증대를 위한 연구와 개발로 발전한다는 계획이었다.

한국에 돌아와 KIST를 처음 방문한 것이 1968년 9월이었다. 귀국인사를 하러 방문했더니 소장님은 "미스터 윤, 앞으로 2개월간 유급 휴가를 줄 테니 KIST에서 무엇을 할 것인가를 구상해보고 그 결과를 다시 만나 이야기해봅시다. 여기에 KIST에 관한 모든 자료가 있으니 공부하시고, 가능하면 공장 방문 등 산업시찰을 많이 해보시오"라고 하며 자료와 월급봉투를 건네주셨다. 2개월간 나는 열심히 공부하고 배웠다. 울산 공업단지 업체들도 방문했고, 중소기업에도 가보았다. 그 과정에서 나는 10여 명의 박사 후보를 제치고 왜 내가 뽑혔는지를 막연하게 알 것 같았고, KIST에서 해야 할 업무 영역도 정리되기 시작했다.

두 달 후에 나는 그동안 방문했던 기업체들에 대한 소감과 함께 결론으로 다음처럼 말씀드렸다. "소장님, 현재 KIST 내에는 거시경제를 다루는 연구실이 있지만 KIST의 성격상 앞으로는 미시경제의 필요성이 강조될 것입니다. 저는 연구개발의 사전 및 사후 타당성 검토를 기업가 입장에서 해야 한다고 생각하고, 우리나라 산업진흥 정책수립에 필요한 시장조사 및 타당성 검토의 필요성도 대두되리라 생각합니다. 멀지 않은 장래에 한국기업들이 경영합리화의 필요성을 느끼게 될 텐데 KIST는 여기에도 대비해야 합니다. 이러한 일들이 제가 할 수 있는 일이고 KIST에 꼭 필요한 업무라고 생각합니다." 불과 세번째 뵙는 소장님에게 겁도 없이 그렇게 말씀드릴 수 있었던 것은 이미 소장님과 통하는 바가 있었기 때문인지도 모른다. 소장님은 미소를 띠며 "나도 미스터 윤이 그런 결론을 가지고 오기를 은근히 바라고 있었소. 현재 거시경제를 다루는 연구실이 경제분석실이니 경제분석 제2연구실을 만드시오. 영어로는 Techno-Economics Group II로 표기하세요"라고 말씀하셨다.

기술경제학(Techno-Economics)이란 단어를 처음 들었지만 내가 KIST에서 하고 싶은 일들이 아주 적절하게 표현되어 있다고 생각했다. 그후 Techno-Economics Group I을 통합하여 Techno-Economics Group으로 알려진 경제분석실은, 정부가 추진한 산업육성 정책수립에 KIST가 참여할 때 반드시 함께한 부서로 인정받아 Technology와 Economics의 교량 역할을 보람 있게 해냈다고 자부하고 있다.

계약연구제도는 많은 반대와 비관적인 평가에도 불구하고 출범한 지 1년이 지나면서 상상외로 순조롭게 진행되었다. 합리적인 기술도입을 위한 기술지원으로 '포항종합제철 타당성 검토', '한국특수강(현 삼미특수강) 설립을 위한 타당성 검토' 등 정부 및 민간기업을 대상으로 많은 성공사례를 남겼으며, 수입대체를 위한 기술개발도 정밀화학을 중심으로 매우 활발했다. Freon 12 생산기술(현 울산화학), 에탄부톨(한독약품에서 생산), 살충제의 원료인 HOP(현 동부한정화학) 등 실질적인 효과가 정부기관 및 업계를 중심으로 나타나기 시작했고, 이들 연구결과는 모두 계약연구로 출발하여 이루어진 것이었다. 1975년에는 계약건수가 1200건을 넘었으니 개발도상국에서도 계약연구가 가능하다는 점을 KIST가 세계 최초로 입증한 셈이다.

KIST가 설립되면서부터 최형섭 소장님은 개발도상국에서 계약연구를 성공시킨 과학자, 역두뇌유출(Counter Brain Drain)을 달성한 과학자로서 세계적으로 관심을 끄는 인물이 되었다. 당시 '유능한 인재의 해외유출' 문제는 전 세계 모든 개발도상국가의 고민이었다. 특히 UN 산하기구인 UNDP, UNIDO, UNESCO, ESCAP(당시 ECAFE), 또는 세계은행, ADB 등 개발도상국가의 경제발전에 관심이 있던 국제기구들이 KIST와 최형섭 소장에 대해 깊은 관심을 갖기 시작했다.

소장님은 1971년 6월 과학기술처 장관으로 취임했다. 1978년 12월에 퇴임하기까지 7년 6개월 동안 이룩한 업적이 오늘날 우리나라 과학기술발전의 밑거름이 되었다는 점에 대해서는 그 누구도 부인할 수 없을 것이다.

우선 최형섭 장관의 업적으로는 우리나라 두뇌의 양성지로 알려진 한국과학원(KAIS, 현재의 KAIST)의 설립을 들 수 있다. 현재 한국과학기술원(KAIST)에서 배출한 졸업생들이 학계와 산업계에서 활약하는 것을 보면 당장 알 것이다.

또한 박사님은 대덕종합연구단지 건설의 필요성을 주장했다. 현재는 우리나라 최대 연구단지로 세계적으로도 잘 알려져 있고 충청남도의 자랑거리가 되었지만, 당시에는 박정희 대통령을 제외하고는 누구도 그 주장을 귀담아 들은 사람이 없었다. 심지어는 "왜 하필이면 대덕이냐?"는 시비에서부터 "최형섭 장관이 대덕에 많은 땅을 갖고 있다"는 투서까지 박사님은 오랫동안 부정적인 여론에 시달려야 했다. 박사님은 KIST에 용역을 주어 종합연구단지 설립의 타당성 검토를 의뢰했다. 나는 이 프로젝트를 시작할 때 약간 비판적인 입장이었다. 박사님에게 비판적인 견해를 말씀드렸더니 "당신 같은 사람이 KIST에 있기 때문에 KIST에 용역을 준 것이오. 타당성 검토는 합리적인 답을 원하는 작업이며, 합리적인 답에는 긍정적인 답도 있고 부정적인 답도 있소. 정당화시키기 위해 국가예산을 낭비할 생각은 없으니 소신껏 검토하면 되오”라고 확실하게 말씀하셨다. 타당성 검토의 결론을 내면서 나는 대덕종합연구단지의 필요성을 확실하게 믿었고, 박사님의 장기비전과 박정희 대통령의 신뢰에 감탄했다.

현재는 정보통신산업에 대해 누구나 한마디씩 한다. 그러나 박사님은 1975년에 이미 정보산업의 장래성을 인식하고 정보산업육성을 위해 과학기술처에 정보산업국을 신설했다. 한편 정부가 동력자원정책을 총괄하는 업무를 맡을 부서를 물색하면서 과학기술처가 가장 적합하다는 결론이 나고 있었다. 이로 인해 과학기술처 내에서는 차관을 위시한 거의 모든 직원이 들떠 있었다. 그러나 박사님은 “과학기술처는 과학과 기술에 관련된 업무에 충실해야 하지, 동력자원업무까지 맡아서 매년 겨울 연탄값 걱정, 여름에는 전기수급 걱정을 할 수는 없다”라며 동력자원업무를 거절했다. 이 때문에 과학기술처 내에서는 불만이 많았지만 돌이켜보면 역시 박사님의 판단이 옳았다고 본다.

1978년 3월경으로 기억한다. 제4대 KIST 소장으로 취임한 고 천병두 소장님을 모시고 새로 임명된 부소장단이 취임인사차 과학기술처 장관을 예방하러 갔다. 최형섭 장관님이 나를 보고 “윤 부소장, 당신이 왜 기획관리위원회 부위원장이 된 줄 아십니까? 나와 천병두 소장이 의논한 결과, 앞으로 KIST가 나아갈 길을 모색하는 일이 윤 부소장의 가장 중요한 일이 될 것이라고 우리는 결론 내렸습니다”라고 하며 말씀을 계속했다.

KIST는 출범 후 10여 년간 충실하게 주어진 업무를 잘 수행해 왔다. 즉 합리적 기술도입을 위한 기술지원에서 시작하여 도입된 기술의 소화 및 개량, 또 수입대체산업에 대한 기술지원 등 그 성과는 이미 인정을 받고 있다.

그동안 한국의 경제도 많이 발전했고, 중소기업들도 기술개발의 필요성을 인식하기 시작했으므로, 앞으로도 이러한 업무는 계속 증가할 것이다. 그러나 지금까지 KIST가 수행했던 중소기업 대상 기술지원업무는 KIST에서 분가한 한국화학연구소, 한국전자통신연구소, 한국선박연구소, 한국표준연구소 등의 전문연구소에서 취급해야 할 것이다. 또한 많은 기업들이 대기업으로 성장하면서 자체 기술개발능력을 보유하고 있고, 현장에서 발생하는 기술적 문제를 자체 해결할 능력을 갖춘 기업도 많이 탄생했다. 이렇듯 급격하게 변화하고 있는 한국의 기술개발 현황에서 한국의 유일한 종합연구기관으로서 또 맏형 격인 연구기관으로서 KIST는 기술지원업무로부터 점차 벗어나야 한다. 그렇다면 앞으로 KIST는 어떠한 기술개발 분야를 개척해야 하는가?

박사님은 "지난 10년간 KIST는 산업계의 당면한 문제해결에 전력을 다해 왔다. 그러나 지금부터는 앞으로 일어날 수 있는 문제를 예측하고 이에 대한 해결책을 찾는 방향으로 나가야 할 것이다"라고 힌트를 주었다.

박사님의 말씀을 몇 번이고 되새겨 생각한 결과 나는 '지금과 같이 급속한 경제성장이 지속된다는 가정하에, 앞으로 10년 후에 일어날 수 있는 문제점들과 이러한 문제점들을 KIST가 기술개발을 통해 해결할 수 있는 분야를 찾아내기로 소장단의 결정을 얻어냈다. 그 즉시 모든 KIST 연구실이 해당 분야의 문제점 발굴 작업에 들어갔다. '한강이 죽어 가고 있다'는 경고가 환경공학부에서 나왔고, '금보다 비싼 화학약품'이란 말이 정밀화학 분야에서 나왔다. 수출용 자동차의 경량화 문제가 신소재 개발의 필요성과 관련하여 주장되었다.

결과적으로 KIST는 기계, 전기전자 및 정밀화학, 신소재 개발 및 공해방지를 포함하여 10년 내에 우리나라가 당면할 경제사회적 문제를 지적하고, 이에 대한 해결방안을 5개년 연구계획서에서 제시하면서 '국책연구과제' 라는 용어를 처음으로 사용했다. 그 결과 1979년도 출연연구비 43억 원을 1

차년도 국책연구과제 수행 예산으로 확보하는 데 성공했다.

현재 KIST가 성공적으로 수행하고 있는 신기술, 원천기술 개발업무가 최형섭 박사님의 비전에 의해 그때 태동했던 것이다.

홍완기

1940년 충남 논산에서 출생하여 강경상고를 졸업하고 한양대학교 공업경영학과를 졸업했다. 이후 모터사이클용 헬멧 제조회사인 홍진산업 대표이사를 거쳐 1987년부터 현재까지 (주)홍진 크라운(HJC) 대표이사를 맡고 있다. 1983년 세계 오토바이 헬멧시장의 절반을 차지하는 미국에 진출한 이후 1992년 35퍼센트의 점유율로 선두를 차지한 뒤 현재 40여 개국에 제품을 수출하여 세계 시장 점유율에서도 10년 연속 부동의 1위를 차지하고 있다. 2005년 5월 효성기계공업 대표이사 회장직에 취임했다. 한국경제신문사가 제정한 제13회 다산경영상을 수상했으며, 수출의 날 수상으로 2000년에는 5000만 불 수출의 탑(금탑산업훈장)을 수상했고, 2004년에는 7000만 불 수출의 탑을 수상했다. '조립식 고가도로'로 1997년 제네바 국제발명품대회에서 금상을 수상했고, 2004년에는 제1회 중소기업 명예의 전당에 추서되는 4명 중 하나가 되었다. 서울대학교 최고경영자과정, 국제디자인대학원(IDAS) 4기를 수료했고 세종대학교 명예경영학박사학위(2002)를 취득했다.

한국의 헬멧을 세계인의 머리에 씌우다

세계 최대의 헬멧(폭 11.6미터 높이 11.5미터)이 상징물로 자리하고 있는 HJC(홍진크라운) 본사 3층에 위치한 내 방으로 들어서면 '승풍파랑(乘風破浪)' 즉 '바람을 타고 거센 물결을 헤쳐가라'는 휘호가 보인다. 거침없는 필체의 이 휘호는 강경상고 시절의 절친한 친구인 정척희가 내가 사는 모습을 보면 늘 생각나는 어구라면서 애정을 담아 써준 말이다. 이 휘호를 바라볼 때마다 나는 일찍이 맨땅에 헤딩하듯 세계화를 시도한 이후 미국 대기업의 OEM 주문을 받으라는 편안한 길의 유혹마저 뿌리치고, 자체 브랜드로 세계를 개척하여 세계 1위 상품을 만든 내 삶의 역정이 생각나며, 동시에 앞으로도 젊은 기상으로 헤쳐 나갈 검푸른 파도가 눈앞에 떠올라 힘이 솟아난다.

사람들은 내가 성공했다느니 헬멧 하나로 세계를 제패했다느니 하고 말들을 하지만 나는 그런 것은 잘 모른다. 처음부터 커다란 기업을 세우겠다거나 세계로 나가겠다고 생각하지는 않았다. 내 시작은 소박했다. 다만 한 가지 꼭 지킨 것이 있었다면 순간마다 최선을 다했다는 것, 그리고 기왕 할 바에는 좀더 잘해보자는 마음으로 더 나은 방법을 찾아보았다는 것뿐이다.

그러면서 하루하루를 지내다 보니 어느덧 오늘의 위치에 와 있었다.

2005년 11월 〈워싱턴포스트〉는 우리 헬멧을 미국시장에 선점 공급하는 유통업체 중 하나가 되어 거부가 된 미국인 밥 밀러 사장과 그 헬멧을 만들어 미국에 수출한 한국인인 나를 비교하면서 '미국 무역적자 큰 불균형을 이루다', '아시아인은 저축하고 미국인은 소비하고—상보적 관계'라는 헤드라인을 사용했다. 하지만 미국인의 경각심을 자극하는 헤드라인과는 달리 기사 본문에는 HJC 헬멧의 우수성과 한국인의 개척정신, 그리고 근검절약정신에 대한 존중이 담겨 있었다.

HJC 미국지사장을 맡고 있는 동생 홍수기(미국명 Scott Hong)와 HJC 헬멧이 미국에서 1위를 차지하기까지 불가결한 도움을 주었던 미국 디스트리뷰터 중 하나인 밀러 사장은 61세로 동갑이다. 밀러 사장은 주중에는 벤츠, 주말에는 BMW를 타고 부인의 차는 재규어인데 이 세 대의 차 가격만 해도 20억 원을 호가한다고 한다. 반면 독일국민차로 불리는 3년 묵은 소형 폭스바겐을 운전하는 홍수기와, 밀러 사장이 오래전 젊은 시절에 살던 브룩클린 아파트보다도 더 초라하다고 묘사한 내 아파트가 적나라한 대비를 이룬다고 〈워싱턴포스트〉는 전했다. 아내와 둘이 살고 있는 나의 서초동 100평 아파트가 그들의 눈에 그렇게 보였다는 것은 좀 의아한 일이다.

어쨌든 그 기사로 인해 HJC가 미국인에게 위협감을 느끼게 할 만큼 성장했다는 것을 실감할 수 있어 감회가 깊었다. 동생 홍수기 사장이 미국에서 시장을 개척하던 초기에 우리 헬멧을 쓰고 오토바이를 타고 가는 사람을 목격했다. 너무나 기뻐서 그 사람 뒤를 1시간이나 따라갔더니 그 사람이 멈추어서서 "왜 내 뒤를 쫓냐?"고 추궁했다. "당신의 헬멧이 우리 헬멧이거든요(Your helmet is my helmet)!"라고 말하면서 눈물을 줄줄 흘렸다고 말하던 것이 엊그제 같다.

HJC는 용인시에서도 '서리'라는 시골에 묻혀 있어 한국인들도 찾아오기가 쉽지 않다. 그런데 그런 외진 곳을 최근에는 외국 기자들이 심심치 않게 찾아온다. 위에서 말한 〈워싱턴포스트〉 기자도 2005년 말 다녀가면서 직원들까지 두루 인터뷰를 했고, 2006년 3월에는 영국 제1의 오토바이산업 전문지인 《마요 윌리스 매거진》의 터프한 여기자 루스 윌리스가 다녀갔다. 그녀는 인터넷을 뒤져 나와 HJC에 관한 정보를 찾아내고는 꼭 기사를 싣고 싶어 먼길을 달려왔다고 말했다. 그리고 그녀와 함께 온 우리의 영국 디스트리뷰터 앤드류는 우리가 최근 개발한 고가품(200파운드) 카본 헬멧의 반응이 좋아 1000개를 선주문받았다며 항공 운임까지 본인이 부담할 테니 빨리 제작해달라고 했다. 참으로 뿌듯한 일이었다.

아이디어를 상품화한다

아이디어는 돈이다. 나는 예순이 넘은 지금도 변함없이 새벽 일찍 일어나 서재에서 제도판과 씨름을 한다. 새로운 아이디어가 떠오르면 직접 도면에 옮기는 것이다. 끊임없이 샘솟는 아이디어로 오늘날의 HJC를 만들어 이제 세계 헬멧 시장의 20퍼센트를 장악하고, 연매출 1200여억 원을 올리며 세계 넘버원 헬멧을 생산하는 글로벌 기업으로 발전시켰다. 직원도 300여 명으로 늘었다. 요즘은 HJC 회장과 오토바이를 생산하는 효성기계 회장까지 겸하고 있어 더욱 바쁘지만 오늘 할 일을 잘 하고 미래를 계획하느라 더욱 의욕이 솟는다.

나는 충남 논산군 광석면 중농 집안의 7형제 중 장남으로 태어났다. 형제가 많다보니 어릴 때는 죽 먹는 일이 다반사였다. 어려서부터 혼자 뭔가를 상상하고 공상하기를 좋아했던 나는 어떤 기계든 눈에 띄면 뜯어보고 다시 조립하면서 그 원리를 깨치는 것이 즐거웠다. 그리고 가난한 농촌에서 벗어나기 위해서는 농사를 짓지 않고 꼭 다른 일을 해야겠다고 생각했다. 강경상고를 택한 이유도 열심히만 하면 돈을 많이 벌 수 있을 것으로 생각했기 때문이다. 광석에서 강경까지의 먼 거리를 자전거로 통학하면서 나의 머릿속에는 항상 돈 버는 상상과 아이디어들이 지나갔다. 잉크를 지우는 지우개, 만년필에 지우개를 붙이는 연구에 몰두한 적도 있었다. 그리고 농사는 1년에 1회전밖에 못하지만 사업은 몇 회전이고 할 수 있는 것이므로 나의 창의력과 아이디어를 살려서 공장을 차려 돈을 많이 벌고 싶다고 생각했다. 상고 졸업 후 공부를 계속하고 싶었던 나는 무작정 빈손으로 상경하여 산양 젖을 배달하고, 또 서울 인근의 유일한 탄산약수였던 둔촌 약수를 병에 담아 파는 일을 2년 동안 병행하면서 한양대 공업경영학과(현 산업공학과)를 졸업했다.

공군 BX(육군의 PX)병으로 복무했던 군에서도 인스턴트 라면의 인기를 보고 '즉석 떡국' 아이디어가 떠올라 이를 개발하여 친구를 통해 납품하게 했다. 또 술안주로 오징어와 땅콩이 인기인 것을 보고는 그 둘을 합치는 아이디어를 냈다. 오징어 입을 망치로 톡 치면 꺼끌꺼끌한 뼈가 빠지면서 구멍이 생겼는데 그 자리에 땅콩을 한 알씩 집어넣은 뒤 살짝 볶아 내놓으면 아주 근사한 술안주가 되었다. 나는 자전거를 타고 구멍가게를 돌면서 그것을 팔았다.

오토바이 보조제품 사업 시작

본격적으로 사업을 시작한 것은 1970년 오토바이를 타는 사람들이 입는 가죽바지를 만드는 봉제공장을 차리면서부터다. 이듬해인 1971년 10월에는 홍진기업이라는 간판을 버젓이 달고 헬멧 내장재를 만들기 시작했으며, 1974년 3월에는 내가 내장재를 납품하던 서울헬멧이 어려워지자 그를 인수하여 헬멧제조로 사업의 격을 높였다.

하지만 어려움도 많았다. 1970년대 초반 헬멧 내피 공장의 화재로 겨우 몸만 건진 적도 있고, 1991년에는 용인에 닥친 홍수로 공장이 몽땅 물에 잠기는 수난을 겪었다. 1996년에는 캐나다 출장을 갔던 막내동생 홍을기가 헬멧 신제품 테스트를 하다가 목숨을 잃는 아픔을 겪기도 했다. 그 시련의 기간을 나는 기술은 절대 불에 타지도 않고, 물에 떠내려가지도 않는다는 신념으로 극복해냈다. 게다가 나에게는 나를 믿고 도와주는 사람들과 직원들이 있고 신용이 있었으니 그것이야말로 진정 귀중한 재산이었다.

오늘날 HJC 헬멧은 미국 오토바이족 열 명 중 네 명, 캐나다의 경우 두 명 중 한 명이 착용하고 있다. 지난 1992년 12월 북미시장 점유율 1위 자리에 올라선 이후 줄곧 선두자리를 고수하고 있다. 그것도 전혀 광고를 하지 않고 단지 품질과 기술만으로 1위에 올라섰다는 데 더욱 큰 의의가 있다. 2001년 4월에는 프랑스 법인 설립과 함께 세계 시장 점유율 1위에 올라섰다. 최근 세계적인 오토바이 전문지 《모터사이클 인더스트리 매거진》이 미국 유통업체들을 대상으로 설문조사를 한 결과 56퍼센트가 HJC를 선호해 2위인 일제 쇼에이(13퍼센트)를 여유 있게 따돌리기도 했다.

끊임없는 새 아이디어로 헬멧 개선

어떻게 하면 더 가볍고 편안하고 안전한 헬멧을 더 저렴하게 만들 수 있을까? 무엇을 개선하면 헬멧이 더욱 편안해지고 멋도 있을까? 내 머릿속은 온통 그 생각뿐이었다. 오토바이가 시속 30킬로미터 이상으로 달리면 헬멧에 내장된 바람개비가 풍력에 의해 돌면서 번쩍번쩍 불빛을 발하는 '윈드 라이트'는 2005년 11월 밀라노 모터사이클 박람회에서 히트를 쳤다. 사고방지는 물론 장식용으로도 주목을 받은 것이다. 또한 헬멧과 귀가 닿는 부분에 바람이 드나드는 벤트(통기 구멍)를 낸 '601 헬멧'으로 국내 시장에 HJC의 이름을 널리 알렸다. 뚜껑을 열고 닫을 수 있는 벤트를 설치함으로써 땀이 나지 않도록 서늘하게 한 것이 주효했던 것이다.

헬멧 실드(shield) 안에 열선을 장착해 헬멧 유리에 입김이 서리지 않도록 한 '스노 모빌', 마이크와 스피커를 부착해 헬멧을 쓴 채 대화를 할 수 있도록 한 '채터 박스', 턱 보호대를 움직일 수 있도록 해 헬멧을 쓴 채 담배를 피울 수 있도록 한 '사이맥스' 등 국제 특허까지 획득한 발명품들이 수두룩하다.

미국시장 개척

해외시장을 개척하던 초창기에는 참 고생을 많이 했다. 1981년 본격적으로 해외시장 진출을 시도했는데 미국과 유럽의 까다로운 규격의 벽에 부닥쳤다. 그것은 기술의 중요성에 눈을 뜨게 된 계기가 되었다. 홍수기 사장이 HJC 헬멧 샘플 10개를 들고 LA 공항에 내렸을 때 그는 영어를 거의 하지 못했다. 비전이 보일 때까지 그는 돈을 절약하기 위해 별의별 고생을 다했다. 오토바이 딜러와 사용자를 만나려면 장거리를 가야 하는 일이 잦았다. LA에서 새크라멘토의 헬멧 테스트 기관까지 640킬로미터 거리를 여행할 때는 숙박비를 절약하기 위해 새벽 3시에 길을 떠나 밤늦게 돌아오곤 했다. 고속도로에서 졸리면 창 밖으로 얼굴을 내밀며 갔고, 하도 졸려 세계에서 가장 맵다는 멕시코 고추를 씹으면 입 안에 불이 나면서 잠이 확 깼다.

갖은 시행착오와 우여곡절을 거친 끝에 1984년 세계적인 헬멧 품질보증서인 미국 연방 교통부 주관의 '닷(DOT)' 규격을 획득한 데 이어 1987년에는 한층 까다롭고 업그레이드된 '스넬(SNELL)' 규격을 통과했다. 이후 유럽공동체규격(ECE), 일본산업규격(JIS), 영국산업규격(BSI) 등 선진국의 주요 산업 공인규격을 획득했다. 현재 보유하고 있는 국내외 특허만 해도 무려 58개에 이르고 내가 개인적으로 지니고 있는 실용특허만도 10개에 달한다.

일본을 이기자

우리 헬멧이 미국에 진출한 1980년대 중반에는 급성장하기 시작한 일본의 쇼에이가 부동의 1위를 지키고 있었다. 나는 미국시장에서 일본을 꺾고 한국의 기술력을 입증해 보이기로 결심했다. "우리 권투나 축구 선수가 일본 선수와 시합할 때 꼭 이기라고 응원하지 않느냐. 그런데 왜 운동만 일본에 이겨야 하느냐. 우리도 품질에서 일본을 눌러보자. 일본을 이기면 세계 1위다……." 내가 얼마나 1등 제품을 부르짖었는지 직원들이 거의 최면상태가 되어 1982년 지금의 용인공장으로 이전하고 표어를 공모했더니 '내손으로 세계 제일' '피땀 흘려 세계 제일' 등 70퍼센트 이상에 '세계 제일'이란 말이 들어 있었다. 그때부터 지금까지 우리 회사의 캐치프레이즈는 '우리 힘으로 세계 제일'이다.

저가시장에서는 지속적인 성장을 보였지만 중저가 및 고가시장에서는 일본의 독주를 따라잡기 힘들었다. 우리는 시장 점유율을 높이기 위한 돌파구로 중간대 가격 제품을 플라스틱으로 전환하는 시도를 감행했다. 사내에서는 반대 여론이 거세게 일었다. 자칫 회사에 치명적인 결과가 될 수도 있다는 우려의 목소리가 높았다. 사운을 건 위험한 도전, 그러나 플라스틱 헬멧의 시장성을 믿고 프로젝트를 진행했다. 헬멧의 용도에 맞는 합금 소재 플라스틱이 개발되자, 플라스틱 헬멧 개발은 가속도가 붙었다. 무엇보다 심혈을 기울인 부분은 규격인증 테스트였다. 당시 플라스틱 헬멧으로 스넬 규격을 받는 일은 하늘의 별따기보다 어려운 일이었다. 그러나 HJC의 플라스틱 헬멧, CL 모델은 DOT과 스넬 규격을 동시에 취득했다. 플라스틱 제품을 스넬 규격으로 상품화한 것은 업계에서도 최초였다. 플라스틱 헬멧은 저렴하면서도 품질과 안전성 측면에서 손색이 없어 선금을 걸어올 만큼 주문이 쇄도했다.

그러나 그해 7월 집중호우로 인해 HJC는 치명적인 수해를 입었다. 플라스틱 헬멧들이 물에 휩쓸려갔고, 생산라인도 침수 피해를 입었다. 피해액만 10억 원에 달했다. 미국시장에 겨우 이름을 알리기 시작했는데 여기서 무너질 수는 없는 일이었다. 전 직원이 합심 단결한 끝에 6~7개월 걸릴 복구작업을 한 달 만에 끝냈다. 그리고 밤낮없이 생산라인을 가동해 제품도 1개월 만에 출하했다. 그 일은 미국 시장에 HJC의 신뢰도를 심어주는 데 결정적인 역할을 했다. 그리고 1992년 12월, HJC는 마침내 일본의 쇼에이를 제치고 미국 시장 점유율 1위로 올라섰다.

노사가 한마음으로

우리 회사는 노사분규가 없다. 비결이 있다면 직원들에게 비전을 제시하고 그 비전을 이루기 위해 함께 노력해왔다는 것이다. 우리 회사의 비전은 세계 1위 제품을 만드는 것이었고, 사원들의 노력으로 그 비전이 이루어졌다. 매출액이 100억 원이던 1991년 창립 20주년 기념식에서 직원들에게 '10년 후 30주년에는 1000억 원의 매출을 올려 세계 3위 안에 들자'고 다짐했는데 1000억 원 목표를 돌파한 것은 물론, 목표를 뛰어넘어 세계 1위에 올랐고 중국에도 공장을 지었다. 그래서 30주년인 2001년에는 '비전 2011'을 발표해 또다시 10년 후의 목표를 세웠다. 현재는 세계 1위 제품이 한 개지만 그때까지는 다섯 개로 늘리고, 매출액도 5000억 원으로 키우자고 말이다.

우리 회사에는 삼무(三無)가 있다. 첫째 차입금이 없다. 둘째 노조가 없다. 셋째 불량품이 없다. 세번째는 지금도 노력중이라고 해야 맞을 것이다. 아무리 노력해도 미소량의 불량은 발생하기 마련이므로 그것이 시장에 나가기 전에 검출되도록 최선을 다하고 있다. 더불어 우리 회사에는 삼유(三有)가 있다. 첫째 세계적인 브랜드(HJC)가 있다. 둘째 모든 직원에게는 다 자기 집이 있다. 그동안 회사 이익금으로 사원주택을 짓고 융자도 해주어 모든 직원이 내 집 마련의 꿈을 실현할 수 있도록 했다. 셋째 세계 1위 제품 세 개가 있다.

노사갈등은 월급이 적어서 생기는 게 아니다. 대부분 인간관계의 갈등에서 비롯되기 때문에 경영자가 모범을 보여야 한다. 회사에 수익이 발생하면 그 수익금을 부동산이나 증권에 투자하는 회사가 많은데, 그보다는 회사의 미래를 위한 연구·개발에 투자하거나 사원복지에 쓰는 게 훨씬 바람직하다고 본다. 그래서 1993년에는 사원아파트를 지었고, 1999년에는 맞벌이 사원들의 손을 덜어주기 위해 '홍진 어린이집'을 열었다. 직원들의 주택구입자금은 물론, 자녀들이 대학을 졸업할 때까지 학자금을 지원한다. 뿐만 아니라 사내식당, 체력단련장, 통근버스 운행, 차량보조금 지원 등 대기업 못지않은 복지혜택을 갖추고 있다. 그리고 2개월마다 상여금이 지급되어 통상 연 600퍼센트가 나가는데, 12월에는 회사 및 개인 실적에 따라 성과금을 지급하여 2005년 말의 경우 400~500퍼센트의 성과금을 지급했다.

생명 존중의 정신

나는 언제나 '오토바이 헬멧은 단순한 액세서리나 보조용품이 아니라 생명을 보호하는 장치'라는 점을 강조한다. 오토바이 사고에서 운전자가 뇌를 다치는 것이 가장 치명적이니만큼 헬멧은 그야말로 생명 존중 사상을 가지고 혼을 담아 만들어야 한다는 것이다. 이러한 믿음 때문에 HJC는 제품 개발단계에서 여러 가지 강도 및 충격 실험을 거듭한다.

2001년 이러한 생명 존중 정신이 빛을 발한 사건이 발생했다. 미국의 유명 모터사이클 선수인 아론 예츠가 오토바이 경주중에 넘어지는 큰 사고를 당했음에도 부상을 입지 않았을 뿐만 아니라 심지어 몇 시간 후에는 2차전에 출전해 2위를 차지한 것이다. 기자들은 1등 선수가 아니라 예츠에게 몰려가 인터뷰를 청했다. 사고 후 선전에 대해 묻는 기자들의 질문에 그는 "헬멧 덕분에 큰 부상을 면했다"고 대답했는데 그때 그의 헬멧이 바로 HJC의 제품이어서 우리는 큰 홍보효과를 거둘 수 있었다. 당장은 크게 드러나지 않더라도 고집스러운 신념을 가지고 고품질 제품을 생산해 온 '윤리경영'의 결과였다.

품질 좋은 제품을 위해 나는 매출액의 10퍼센트를 연구개발비로 투자한다는 원칙을 고수하고 있다. 300여 명의 직원 중 10퍼센트가 넘는 40명 이상이 연구개발 인력이다. 2005년에는 100억 원 가까운 연구개발비를 'HJC 기술연구소'에 투자했다.

헬멧에서 오토바이로-보조품에서 본품으로

효성기계 1대 주주인 나는 2005년 5월부터 효성기계 대표이사 회장까지 겸직하게 되었다. 오토바이 보조품을 만들다가 오토바이를 생산하게 되었으니 본품으로 승격했다고나 할까. HJC 헬멧이 세계 곳곳에 가진 기존 유통망을 활용하면 효성 오토바이 수출도 시너지 효과를 거둘 수 있으리라 생각했다. 효성기계에서도 나의 아이디어맨 자질은 유감없이 발휘되어 오토바이가 저속으로 운행하면 보조바퀴가 자동으로 나오는 신제품이 출시되는데 이는 두 발로만 지탱하는 오토바이의 단점을 보완할 수 있을 것이다.

방만한 조직을 대대적으로 정리하고 서울 여의도에 있던 사무소를 창원 본사로 통폐합시켜 비싼 사무실 임대료를 줄였고, 서울과 창원을 오가며 회의를 하는 데 들이던 경비도 절감했다. 처음에는 노조를 중심으로 반발하던 직원들도 얼마 안가 나의 진심과 비전을 인정하기 시작했다. 효성기계에 대한 다음 처방은 수출비중 강화와 연구 개발비 확대이다. 어쨌든 효성기계의 주가가 지금 세 배로 올랐으니 내가 긍정적인 역할을 하기는 한 것 같다.

2005년 7월에는 순수 국내기술로 설계, 생산된 스포츠 크루저 스타일의 '미라쥬650'을 출시했다. 경찰청에서도 의전용 및 교통관리용으로 사용하던 기존의 할리데이비슨(미국), BMW(독일) 제품을 미라쥬650으로 일부 교체하기로 했다. 미라쥬650의 국내 출시에 앞서 7월 17일 대전엑스포 과학공원 아트홀에서 관계자 및 일반인들을 대상으로 신차 발표회를 개최했는데 탤런트 최수종 씨가 홍보대사로 참가하여 미라쥬650을 기증받고, 나와 함께 행사장에서 그 오토바이를 시승했다. 그리고 그날 용인 연구소로 돌아와 오토바이 뒤에 아내를 태우고 또 몇 바퀴를 돌았다. 40여 년 전 생애 처음으로 오토바이를 타던 그날이 생각났다. 오토바이의 속도감이 그저 좋았던 시절, 시속 100킬로미터만 달려도 온몸에 쾌감이 전해왔었다. 그래서 평생 다른 오락거리도 찾지 않은 채 오토바이 관련 제품 사업에 헌신했던 것일까?

내가 젊은이들에게 해주고 싶은 말은, 앞으로 무엇이 될 것이며 어디로 갈 것인가 하는 문제에 대해 너무 고민하지 말라는 것이다. 처음부터 지나치게 큰 목적을 가질 필요는 없다. 창의적인 사고방식을 가지고 지금 하고 있는 일부터 열심히 하면 된다. 가다 보면 또 길이 보인다. 나 역시 좋은 제품은 우리의 미래이며 후손에게 물려줄 유산이라는 생각으로 오늘도 열심히 일하고 있다. 창의력과 열정을 가지고 열심히 일하면 일생 동안 반드시 몇 번의 기회는 온다. 운명은 주어진 것이 아니라 만들어가는 것이다.

1973년 서울대학교 문리과대학 수학과를 졸업하고 곧바
로 유학길에 올랐다. 스탠퍼드대학교에서 박사학위를 받고 미국에서 교수생활을 하다가
1991년 한국으로 돌아와 지금까지 아주대학교 수학과 교수로 재직하고 있다. 미국에서 활
동하는 동안 미국 국립과학재단에서 수년간 연구비 지원 등을 받았으며, 학회 주최를 비롯
하여 국립과학재단지원 학회 평가 등 여러 활동에 참여했고, 프린스턴에 있는 고등연구소
에 초대되어 1년간 연구원으로 연구활동을 했다. 2005년 닮고 싶고 되고 싶은 과학기술인
상을 수상했으며, 한국여성수리과학회 초대회장으로 일하면서 다른 임원들과 함께 외롭게
일하고 있는 회원들이 서로 소통하고 각자의 위치에서 더욱 활발한 활동을 할 수 있도록,
그리고 젊은 수리과학인들이 좀더 나은 환경에서 일할 수 있도록 노력하고 있다. 시간이 나
면 책을 읽으며, 가족들과 함께 새로운 음식점에 가서 새로운 맛을 발견하는 것을 즐긴다.

김 명 자

서울대학교 문리대 화학과를 졸업하고 1971년 미국 버지
니아대학교에서 이학박사 학위를 받았다. 숙명여자대학교 교수로 출발, 서울대학교 CEO
초빙교수, 명지대학교 석좌교수 등 29년간 화학과 과학사 분야 교수를 거쳤다. 1999년부
터 환경부 장관을 역임, '헌정사상 최장수 여성장관', '국민의 정부 최장수장관'으로서 탄
탄한 전문성과 탁월한 조정능력으로 환경정책의 새로운 기틀을 마련했다는 평가를 받았다.
대통령자문 국가과학기술자문위원, 국가과학기술위원, 국민경제자문위원, 동북아경제중심
추진위원 등 140여 개 위원회 활동을 거쳤다. 시민사회 활동도 활발하여 경제정의실천시
민연합의 환경시민연대, 한국여성단체협의회, 녹색소비자연대 공동대표 등을 지냈다.
2004년 17대 국회의원으로 진출해 국방위원회에서 예산결산심사위원장, 병영문화개선위
원장 등으로 활약하면서 특히 의원외교에서 왕성한 활동을 펼치고 있다. 청조근정훈장, 대
한민국과학기술진흥상 대통령상, 제1회 닮고 싶고 되고 싶은 과학기술인상 등을 수상했고,
2003년 'Global Korea Award'를 수상했다. 저서와 역서로는 《과학혁명의 구조》, 《과학
기술의 세계》, 《현대사회와 과학》 등 10여 권이 있다.

김 영 중

1968년 서울대학교 약학대학 약학과를 졸업하고 바로 미
국 유학길에 올라 인디애나대학교에서 생화학 전공으로 석사학위를 받은 후 1976년 일리
노이대학교에서 박사학위를 취득했다. 플로리다대학교에서 연구원으로 있다가 1978년 서
울대학교 약학대학에 생약학 교수로 부임하여 지금까지 재직하고 있다. 또한 서울대학교

약초원 원장을 맡아 경기도 고양시 설문동 일대에 약초원을 조성해 학술 및 연구활동은 물론이고 학생과 일반인 교육에도 이용하고 있으며, 이를 통해 국내 자생식물자원의 보존 및 활용을 위해 노력하고 있다. 1999년부터 5년간 미국 국립보건원으로부터 연구비를 지원받기도 했다. 한국생약학회 회장을 역임하는 등 다양한 학회 활동에 참여했고, 각종 정책의 심의위원으로 활동하고 있다. 현재 한국과학기술단체 총연합회 부회장이며 한국과학기술한림원 종신회원, 대한민국학술원 회원이다. 2001년 과학기술 진흥상 웅비장과 대한약학회 학술본상을 받았으며 2002년에는 올해의 여성과학기술자상, 2003년에는 로레알 여성생명과학상 본상과 비추미 여성대상 별리상, 2004년에는 동암 약의상 등을 수상했다.

김우식

1957년 연세대학교 이공대학 화학공학과를 졸업하고 동대학원 석사, 박사 과정을 거쳐 1975년 박사학위를 받았다. 1968년 모교의 전임교수를 시작으로 연세춘추사 주간, 학생처장, 총무처장, 공대학장, 대외부총장을 거쳐 2000년부터 2004년까지 연세대학교 제14대 총장을 역임했다. 이 시기 '연세의 특성화·정보화·세계화'의 슬로건을 내걸고 활발한 대내외 활동으로 모교의 발전에 큰 역할을 했다. 2004년 2월 대통령 비서실장으로 임명될 때까지 37년간 교수의 길을 걸었다. 1년 6개월간의 청와대 생활을 마치고 2006년 2월 제2대 과학기술부총리에 임명되었다. 대통령 직속 국가과학기술자문회의 위원과 전국과학기술인협회 공동회장을 지냈으며 연세학술상, 대통령표창, 교육공로상을 수상했고, 고려대학교에서 명예 경영학 박사학위를 받았다. 조깅과 도수체조로 건강을 단련하며 조용히 시집을 읽으며 생각을 정리하는 시간을 갖는다.

김정숙

서울대학교 약학대학에서 1973년 학사, 1975년 생화학전공으로 석사학위를 받고 약 6개월간 국립보건원에서 연구생으로 일하다가 미국으로 유학을 갔다. 미네소타대학교에서 생화학석사, 워싱턴대학교에서 박사학위를 받고 하버드 의과대학, 매사추세츠 종합병원, 슈라이너 화상 연구소 등에서 포스트닥터와 전임강사, 교수요원, 연구원 등을 역임했다. 1994년부터 한국한의학연구원에 책임·수석연구원으로 재직하며 여러 보직을 역임했다. 여성 최초로 정부 출연연구기관장의 공모에 응해 이사회에서 선출되었으나 발령을 받지 못했다. 2004년 9월 정부조직상 최초의 여성청장인 6대 식품의약품안전청장에 취임했다. 1988년 제10회 올해의 과학자상(Lindberg Award)을 수상했고, 2002년 미국 국립보건원산하 대체의학연구소(NCCAM: National Center for Complementary and Alternative Medicine) 주최 심포지엄에서 최우수논문상을 수상했다. 일요일에는 꼭 교회에 가야 한다고 생각하며 살고 청계산과 우면산에 열심히 간다. 엄마·아내·과학자로서 세 가지 역할의 균형을 유지하고자 애쓰며 산다.

김진애

'김진애너지'라는 별명으로 불리는 김진애는 서울대학교 공과대학 800명 동기 중 유일한 여학생으로 건축학과를 졸업했다. MIT에서 건축 석사와 도시계획 박사 학위를 한 후 '산본 신도시, 인사동길 설계' 등을 통해 이른바 '남자 분야'

로 여겨지는 건축도시 분야에서 독보적인 위치를 개척했으며, 1994년 미국 《타임》지가
'21세기 글로벌 리더 100인' 중 유일한 한국인으로 꼽아 세간의 주목을 받았다. 《이 집은
누구인가》,《우리도시예찬》,《나의 테마는 사람 나의 프로젝트는 세계》 등 15권의 책을 저
작했으며, (주)서울포럼을 운영하는 한편 1997년부터 도시건축웹진(www.
archforum.com)을 기획해왔다. 대통령자문 21세기위원회, 세계화추진위원회, 서울시 도
시계획위원회 및 건축위원회 위원 등을 역임했고 현재는 대통령자문건설기술건축문화선진
화위원회 위원장 및 행정중심복합도시건설추진위원회와 용산민족역사공원건립추진위원회
위원 등 공공활동을 하고 있다.

김 호 길

1956년 서울대학교 문리과대학 물리학과를 졸업하고, 곧
바로 공군 장교로 입대해 공군사관학교 물리학 교관으로 근무하다 전역했다. 1959년부터
원자력연구소에 촉탁으로 근무하던 중 1961년 국제원자력기구(IAEA) 연수생으로 영국 버
밍엄대학교로 유학하여 1964년 같은 대학에서 박사학위를 취득했다. 1964년부터 1966년
까지 미국 로렌스버클리연구소 연구원으로 재직했으며, 1966년부터 1978년까지 미국 메
릴랜드대학교 물리학과 및 전기공학과 교수로 재직했다. 1978년부터 1983년까지 로렌스
버클리연구소의 선임과학자로 근무하다 1983년 연암공업전문대학 초대학장으로 부임했다.
1985년 포항공과대학교 초대학장으로 부임하여 이 대학을 설립했고, 1987년 포항가속기
연구소를 설립했으며 포항공과대학교 총장 재임 중 1994년 4월 30일 타계했다. 국민훈장
동백상과 상허대상을 수상했으며, 타계 후 국민훈장 무궁화장이 추서되었다. 평소 역사와
한학에 깊은 관심을 가졌고, 1987년 박약회를 설립하여 유학의 근대화 운동을 선도하는
한편 '난사회(蘭社會)'라는 한시 창작 모임에 즐겨 참석했다.

나 도 선   ㄴ

서울대학교 약학과를 졸업하고 동대학원에서 생약학 전공
으로 석사를 받았으며, 미국 북일리노이대학교 화학생화학과에서 박사학위를 취득했다. 앨
라배마 의과대학 포스트닥터 연구원, KIST 생화학연구실장, 울산대학교 의과대학 교수 등
을 역임하고 현재 한국과학문화재단 이사장으로 재직하고 있다. 1986년 국내 최초로 생명
공학 기술을 이용해 인간 단백질을 생산했으며 평생을 생명과학 연구현장에 있었다. 한국
생화학분자생물학회 회장, 여성생명과학기술포럼 회장, 한국여성과학기술단체총연합회 회
장을 역임했으며 한국과학기술한림원 종신회원이다. 2002년 대한민국 과학기술훈장을 비
롯하여 생명약학학술상, 로레알-유네스코 여성생명과학상, 과학기술부 올해의 여성과학자
상, 삼성생명 비추미 여성대상을 수상했다. 요즈음은 우리나라의 과학문화 확산을 위해서
'사이언스 코리아 운동'을 총괄하고 있다. 국내외에 130여 편의 연구논문, 특허, 보고서를
냈으며, 번역서로 《생물정보학》,《생화학》,《로잘린드 프랭클린과 DNA》 등이 있다.

노 기 호

1972년 한양대학교 화학공학과를 졸업한 후 동 대학원에
서 석사학위를 마쳤다. 1973년 LG화학의 전신인 락희화학공업사에 입사해 2005년 말

CEO로 퇴임할 때까지 기획, 개발, 구매, 공장운영, 기술 등 각 부문을 두루 거쳤다. 1991년 임원이 된 후 LG석유화학의 부공장장, LG화학의 나주 공장장, 장식재 사업부장, 중국지역 본부장, 화성사업 본부장, 합작사인 LG Dow 폴리카보네이트 대표이사, LG석유화학 대표이사를 거쳐 2001년부터 LG화학의 대표이사로 근무했다. 그 외 대외활동으로 전지연구조합 이사장, 한국화학공학회 회장, 한국RC협의회 회장, 한국석유화학공업협회 부회장 등을 역임했다. 2002년 발명의 날에 금탑산업훈장, 2000년 에너지 경영대상, 2003년 테크노 CEO 등을 수상했으며, 2005년에는 전경련에서 주는 경영대상 및 경실련에서 주는 정도경영인상을 수상했다. 좌우명은 종선여류(從善如流)와 역지사지(易地思之)이며 등산을 좋아한다.

ㄹ 류 종 열

1961년 육군사관학교를 졸업한 후, 1963년 육군사관학교 교수요원으로 선발되어 미국 퍼듀대학에서 공학석사학위를 취득했고, 미국 일리노이공대 기계과에서 박사학위를 취득했다. 1980년까지 육군사관학교 병기공학과 교수 및 학과장, 국방과학연구소 위촉연구원 등으로 재직했다. 국가보위비상대책위원회 상공자원분과위원, 대통령 비서실 경제비서관, 중소기업진흥공단 이사장 등을 역임하고, 민간산업 분야로 진출해 효성그룹에서 10년간 회사 여러 부문의 대표이사를 역임했다. 그리고 1998년 기아자동차와 아시아자동차의 법정관리인인 기아그룹 회장으로 기아사태를 정리한 후, 독일 화학재벌 바스프가 외환위기 때 대규모 투자를 한 한국바스프(주)의 대표이사 회장을 역임했다. 2000년 은탑산업훈장과 2001년 한국능률협회의 한국경영대상을 수상했으며, 현재는 동독의 경제개발을 위해 설립된 독일투자진흥공사의 선임고문으로, 동독 경제개발의 교훈을 배우고 있다.

ㅁ 민 계 식

서울대학교 공과대학 조선항공학과를 졸업한 후 미국 캘리포니아대학교 버클리캠퍼스에서 우주항공학과 조선공학으로 석사학위를 받았다. 군함설계 및 건조회사인 리튼십시스템즈사와 제너럴 다이내믹스사에서 산업체 경험을 쌓은 후 MIT에서 해양공학 박사학위를 취득했다. 귀국한 후에는 한국선박해양연구소에서 유체역학연구실장 겸 선박설계 사업실장, 대우조선공업(주)에서 연구개발 및 설계총괄 전무로 재직했다. 1990년 현대중공업 연구개발 총괄 부사장의 직책을 맡은 이후 현재 대표이사 부회장직을 맡고 있다. 대한조선학회와 대한자동제어학회 종신회원으로 회장을 역임했고 대한기계학회, 한국군사과학기술학회, 미국조선학회, 일본조선학회, 국제선박해양연구협의회(ITTC), 한국과학기술한림원(KAST), 한국공학한림원(NAEK) 등 국내외 학술단체에서 활동을 주도하고 있다. 국내외 학술지와 학술대회에 170여 편의 논문 발표, 200여 건의 국내 및 국제 특허를 보유하고 있으며 지금도 신제품, 세계 일류제품 및 우리만의 고유기술 개발에 열중하고 있다. 2005년 한국경영대상 등을 비롯해 수많은 상을 수상했다.

ㅂ 박 대 연

1975년 광주상고를 졸업하고 1988년까지 한일은행 전산실에 재직 후 30대 늦은 나이에 유학길에 올랐다. 미국 오리건대학교에서 컴퓨터학 학사 및 석사 학위를 받고, 남가주대학교에서 컴퓨터학으로 공학박사 학위를 받았다. 귀국해 한국외국어대학교 제어계측공학과 교수를 역임한 후 1998년부터 KAIST에서 전기 및 전자공학과 교수로 재직하고 있다. 1997년 기업용 시스템 소프트웨어 개발업체인 '티맥스소프트'를 설립하고 R&D센터장을 맡아, 독자 기술력으로 미들웨어, 데이터베이스를 비롯한 10여 종의 국산 소프트웨어 개발에 성공하여 한국을 대표하는 소프트웨어 개발자로 평가받고 있다. 회사 또한 외산 미들웨어 제품들을 누르고 국내시장 1위를 차지하면서 한국 최대 소프트웨어 기업으로 성장하고 있고, 이러한 공로로 2005년 은탑산업훈장을 받았다. 평소 꾸준히 조깅과 등산으로 건강관리를 하며 연구에 열정을 쏟고 있다.

박 완 철

1978년 건국대학교 농학과를 졸업한 후 1989년부터 1년
간 동경농공대학에서 박사후연구원, 1981년 KIST에 들어와 1993년부터 환경연구센터 책임연구원으로 재직중이다. 1992년과 1994년 실용화 위주의 연구성과로 KIST 우수기업화상과 우수연구팀상을 수상했고, 1998년 축산정화조를 개발한 공로로 대산농촌문화상, 2001년 실용화 환경기술을 많이 개발한 공로로 한국공학한림원으로부터 젊은 공학인상, 2002년 제1회 닮고 싶고 되고 싶은 과학기술인상을 수상했다. 최근 10여 년간 몸도 돌보고 좋은 토종 미생물을 찾기 위해 등산에 심취해 있다.

변 대 규

1989년 서울대학교 제어계측학과 박사학위를 받을 당시
동료 및 후배 6명과 함께 자본금 5000만 원으로 주식회사 건인시스템을 설립했다. 1998년 (주)휴맥스로 사명을 변경했고, 2006년 2월 현재 약 550명의 직원과 매출액 6500억 원의 회사로 성장했다. 국내 벤처 1세대로 '코스닥의 삼성전자'로 불리며 가정에서 디지털 방송을 수신할 수 있는 장비인 디지털 셋톱박스에서 세계 수위를 달리고 있다. 2003년부터는 디지털 TV 시장에 뛰어들어 5년 내 세계 10위권에 드는 것을 목표로 하고 있다. 현재 SK 텔레콤 사외이사, (사)벤처리더스클럽 회장이다. 2002년 한국공학한림원의 젊은 공학인상 수상, 세계경제포럼의 아시아 차세대 지도자 선정, 2003년 닮고 싶고 되고 싶은 과학기술인으로 선정되었고, 2005년 한국공학한림원 최연소 정회원이 되었다.

서 남 표   **ㅅ**

미국 MIT의 석좌교수이자 생산기술연구소 소장. 학과장
중심제인 MIT에서 1991년부터 2001년까지 기계공학과 학과장을 역임하며 교수진의 40퍼센트를 바꾸고 교과과정을 대대적으로 개편하면서 MIT 개혁의 주역으로 활약했다. 공리를 이용한 생산·설계 이론으로 이름이 높으며, 이러한 신기술 연구결과의 산업화를 위해 TRIBOTEK, TREXEL 등의 첨단기술 회사를 설립 운영하고 있다. 미국과학재단의 공학담당 부총재를 역임하며 미국 정부의 공학 연구개발을 크게 향상시켰다. 1980년대 초반에는 한국의 경제개발 5개년계획안 작성 자문을 비롯해 정부기관 및 산업체 고문을 역임하는 등 한국의 산학연 발전에도 큰 공헌을 했다. 스웨덴 한림원 회원이며 다수의 국제적 기업

과 미국정부기관, UN, 세계은행 등의 기술자문을 하고 있다. 7권의 저서, 300편 이상의 논문 발표, 50여 개의 특허 보유와 함께 ASME Awards, CIRP Award, IEE Award, IDE Award 등을 수상했으며, 3개의 명예 박사학위를 가지고 있다.

서정욱

1957년 서울대학교 전기공학과를 졸업하고 공군사관학교 교수로서 텍사스A&M대학교에서 전기공학 박사를 받았으며, 최근 부경대학교에서 명예경제학 박사를 받았다. 국방과학연구소(ADD) 창설에 참여해 소장을 역임하며 군통신장비물자를 연구개발했다. 전기전자-정보통신 분야의 연구개발 및 교육에 전념한 공학자로서 기업에도 몸을 담아 TDX사업단장, KTA부사장, CDMA사업단장, KMT사장, SK텔레콤 사장, 부회장으로 세계최초로 CDMA를 상용화했다. 한국과학기술연구원(KIST) 원장, 한국전자통신연구소, 한국기계연구소 등의 이사를 역임했다. 1991년 과학기술처 차관, 1999년 과학기술부 장관으로 임명되었다. IEEE Life Fellow, IEE Fellow, 금탑 산업훈장, 한국공학한림원 대상, 운경상, 전자대상, 통신대상 등을 수상했다. 현재는 국제과학기술협력재단 이사장, 민간전자무역추진위원회 위원장 및 전자거래협회 회장으로 있다.

성기수

서울대학교 조선항공과를 졸업하고 공군사관학교 항공역학 교관으로 복무하다가 1960년 미국 항공우주과학지에 로켓탄도 계산법 관련 논문을 게재한 후 유학을 떠났다. 하버드대학교에서 기계공학 박사학위를 받은 후 1963년 귀국해 공군사관학교와 서울대학교에서 강의를 했다. 한국경제개발협회 조사역으로 한국경제개발 제2차 5개년 계획 작성을 위한 장기 수리경제모델을 작성했고, 1967년부터 28년간 KIST 책임연구원으로 있으면서 전산연구부장, KIST 부소장, 시스템공학연구소 소장, 과학기술정보센터 소장을 역임하며 기술용역을 통해 각 분야 전산화를 촉진시켰다. 1995년 동명정보대학교 초대총장, 김대중 대통령 정부의 과학기술자문위원을 역임했다. 세계사이버기원(www.cyberoro.com)의 초대사장을 역임하며, 취미삼아 두던 바둑의 전산화와 세계화에 일조하는 행운을 누리기도 했다. 2000년부터 4년간 교육부 산하 학술교육정보원 비상근 이사장직 수행을 끝으로 자유인이 되었다. 5·16민족상, 국민훈장 모란장 등 다양한 상을 수상했지만, 모교인 초전초등학교와 성주농고로부터 받은 명예졸업장을 가장 자랑스럽게 여기고 있다.

손 욱

서울대학교 공과대학 기계공학과를 졸업한 후 한국비료공업(주)과 제2종합제철(주)을 거쳐 1975년 삼성전자에 입사하여 삼성전기, SDI 등에서 30년간 기술경영, 전략기획, 경영혁신부문에서 일했다. 기술자로서 냉장고용 압축기개발을 시작으로 삼성전기 연구소장, 기술본부장을 역임하고 종합기술원장으로 5년간 삼성그룹 CTO 역할을 맡았다. 경영혁신 전문가로 삼성전기, 전자, SDI의 프로세스 혁신, 전사적 정보시스템 구축을 주도했고, 삼성SDI에서 6시그마 혁신을 국내 최초로 도입해 디스플레이 사업의 일류화 기반을 확고히 했다. 삼성종합기술원에서 시장창출형 4세대 R&D와 DFSS

를 국내 최초로 도입하여 기술경영혁신 성공사례가 되고 있다. 2004년 삼성인력개발원 원장을 역임하고, 현재 삼성SDI 상담역(사장)으로, 한국공학한림원 부회장으로, 서울공대 최고산업전략과정 주임교수로 공학기술 발전을 위해 노력하고 있다. 저서로는 《초일류 목표설정의 길》, 《변화의 중심에 서라》, 《전통 속의 첨단공학기술》 등이 있다.

신희섭

1974년 서울대학교 의과대학을 졸업하고 같은 대학원을
거쳐, 1983년 코넬대학교 의과대학에서 유전학 박사학위를 받고 미국 매사추세츠공과대학 (MIT) 생물학과에서 교수생활을 했다. 1991년 포항공과대학으로 돌아와 10년간을 지낸 후 2001년부터 한국과학기술연구원으로 옮겨 지금까지 뇌연구를 하고 있다. 뇌 세포에서 중요한 역할을 하는 유전자의 돌연변이 생쥐를 제작하여 분석함으로써, 다양한 뇌 기능의 작동원리를 분자, 세포, 신경회로 수준에서 밝히는 일이 주요 연구주제. 학습·기억, 생체시계, 간질, 수면, 정서장애 등의 생쥐 연구를 수행했다. 2004년 호암상 과학상, 2005년 대한민국 최고과학기술인상과 닮고 싶고 되고 싶은 과학기술인상을 수상했다. 실험실에서의 뇌연구와 생활 속에서의 자신의 뇌에 대한 연구, 즉 마음공부를 연결하고자 노력하고 있다.

안동혁 ㅇ

1926년 경성고등공업학교 응용화학과, 1929년 일본 규슈
제국대학 응용화학과를 졸업한 다음 경성공업전문학교 교수로 재직하였으며 후에 교장을 역임했다. 1933년부터 중앙공업연구소에 재직하면서 기사, 부장, 기감, 소장 등으로 활약했고 1951년 한국화학회장에 선임되었다. 1953년 상공부장관에 발탁되어 한국 현대산업의 토대를 마련했으며 1954년 대한민국학술원 종신회원에 선출되었다. 1956년부터 대한민국학술원 부회장으로 활동했고 1958년 한양대학교 공과대학 교수에 임용, 1960년 과학기술단체연합회 명예회장에 추대되었다. 1966년 한양대학교 산업과학연구소장을 맡았다가 1971년 한국과학원 이사장에 취임하고, 그해 과학회관 이사장을 맡았다. 1981년에는 대한민국학술원 원로회원이 되었으며 문화훈장 국민장, 국민훈장 무궁화장 등 다양한 상을 수상했다. 주요 저서로는 《과학기술의 건설》, 《과학신화》, 《화학공업개론》, 《자연과학개론》 등이 있다.

안세희

1951년 연희대학교 물리학과를 졸업하고, 1954년 같은 대
학교에서 이학석사학위를 받았다. 1955년 미국 노스웨스턴대학교에 유학하여 1959년 물리학 박사학위를 받았고, 1986년에는 미국 보스턴대학교에서 명예박사 학위를 받았다. 1951년부터 1955년까지 공군사관학교 교관으로 근무했고, 1952년부터 1993년까지 연세대학교에서 강사, 조교, 전임강사, 부교수, 교수를 역임하고, 현재 명예교수로 있다. 1961년부터 물리학과장, 이학부장, 기획실장, 대학원장, 부총장을 역임하고, 1980년부터 1988년까지 총장으로 재임했다. 1981년 한국원자력학회장, 1989년 한국물리학회장에 취임했으며, 1995년에 한국과학기술한림원 회원, 1997년 대한민국학술원 회원으로 선출되었다.

1953년에 은성화랑무공훈장, 1993년에 국민훈장 무궁화장을 받았다.

안 철 수

컴퓨터 의사, 국내 보안업계의 선구자 등으로 불리는 안철수 의장은 서울대학교 대학원에서 의학을 공부하던 1980년대 후반, 최초의 백신 프로그램 'V3'를 개발, 7년 동안 무료로 공급하며 국내 컴퓨터산업 및 보안업계를 외국기업의 공세로부터 지켜왔다. 1995년 의학박사 학위와 의대 교수라는 안정된 길을 버리고 안철수연구소를 설립, 정직과 원칙을 지켜온 일화들과 함께 국내 기업관행에서는 보기 힘든 합리적이고 투명한 경영체제 구축을 위해 노력해 오면서 높은 평가를 받았다. 2005년 3월 사상 최고의 실적으로 창립 10주년을 마무리한 뒤 홀연히 대표직에서 물러나 미국 유학길에 오름으로써 다시 한번 세인에게 큰 감동을 주었다. 미국 경제주간지 《비즈니스위크》 선정 '2002 아시아의 스타 25인', 세계경제포럼 '차세대 아시아의 리더 한국대표 18인', '우리 시대 신뢰받는 리더-경영부문 1위'(한국리더십센터) 등에 선정되었다. 한국정보보호산업협회 회장(현재 고문), 아시아안티바이러스연구협회 부회장, 벤처기업협회 수석부회장 등을 역임했으며 현재 안철수연구소 이사회 의장직을 맡아 기업 지배구조 개선을 위해 노력하고 있다.

오 명

경기고등학교와 육군사관학교, 서울대학교 전자공학과를 졸업한 후 미국 뉴욕주립대학교에서 공학박사 학위를 받았다. 1980년 대통령 경제과학비서관으로 공직을 시작해 최연소 체신부 차관, 체신부 장관, 교통부 장관, 건설교통부 장관 등을 거쳐 네번째 장관직인 부총리 겸 과학기술부 장관을 역임했다. 이 외에도 1989년부터 1993년까지 EXPO 조직위원장을 맡아 대전세계박람회를 '역사상 가장 성공한 엑스포'로 개최했으며, 한국야구위원회(KBO) 총재, 동아일보 사장과 회장, 한국디지털대학교 초대이사장, 아주대학교 총장과 한국사립대학교 총장협의회 회장 등을 역임하는 등 다양한 분야에서 성공적인 활동을 했다. 그러한 공로로 황조근정훈장, 청조근정훈장, 금탑산업훈장 등의 훈장을, 국제협력과 평화에 증진한 공로로 벨기에, 포르투갈, 헝가리 등과 세계박람회기구(BIE)로부터 훈장과 공로장을 수상했으며, 2004년에는 '1948년 정부수립 이후 한국을 이끈 관련 베스트 10'에 선정되기도 했다. '행정의 달인', '정보통신산업의 마술사', '직업이 장관' 등 수많은 닉네임을 가지고 지금도 한국 과학기술의 발전을 위해 헌신하고 있다.

윤 덕 용

경기고등학교를 졸업하고 미국 MIT에서 물리학 학사학위와 하버드대학교 대학원에서 재료공학으로 석사, 박사학위를 취득했다. 일리노이대학교 연구원, 웨인주립대학교 조교수를 거쳐 1972년부터 2005년까지 한국과학기술원 교수로 재직했다. 한국과학재단 사무총장, 미국 NIST 초빙연구원, 미국 GE연구소 초빙연구원, 재료계면공학연구센터 소장, 한국과학기술원 원장 등을 역임했다. 1988년 국민훈장 동백장을 비롯해 호암상(공학부문), 대한민국 최고과학기술인상 등을 수상하고 2005년 학술원 회원으로 임명되었다. 1978년 조성변화에 의해 결정체 입자 간의 액상막이 움직이는 현상을 최초로 발견했으며, 1983~1987년에는 이 현상의 이론적 정립과 아울러 그 구동력이 용질원자 확산층의 정합변형 에너지임을 실험을 통해 입증했다. 1980년대 액상소결기구에 대한 체계적인 실험을 바탕으로 새로운 이론을 제시했으며, 1990~1993년에는 항공기 제트엔진 등에 널리 사용되는 초내열합금의 기계적 성질을 향상시키는 파형입계 형성이 입계 석출물의 비대칭성에 의한 것임을 규명했다.

윤 무 부

경남 거제도 장승포라는 조그마한 항구가 있는 동네에서
태어났다. 어려서부터 자연에 대한 호기심이 많아 학교공부는 뒷전이었지만 집에서 가장 일찍 일어나는 것을 최대의 목표로 삼고 살았다. 내가 가장 좋아하는 새를 공부하기 위해 경희대학교 생물학과에 입학하여 지금까지 40년 넘게 새와 함께 살아가고 있다. 좋아하는 일을 꾸준히 한 덕분에 경희대학교에서 새를 가르치는 교수가 될 수 있었고, 서울특별시 환경자문위원, 문화체육부 문화재 전문위원, 환경부 국립공원 자문위원 등 정부 자문 역할도 했으며, 또한 자랑스러운 서울 시민 600인 중 한 명으로 선정되기도 했다. 다른 교수들은 좁은 연구실에서 연구를 하지만 나에게는 전국 방방곡곡 새가 있는 곳이 모두 나의 연구실이다. 40여 년간 전국의 산과 들, 그리고 바다를 다니며 자연에서 얻은 귀중한 새사진, 새소리, 물소리, 꽃사진, 동영상 등을 세상 누구도 가지지 못한 나만의 보물로 생각하며, 오늘도 남한산성에서 '큰밀화부리'를 기다리고 있다.

윤 장 섭

1925년 1월 7일 서울에서 출생했으며, 본관은 남원(南原)
이고, 아호는 소우(篠愚)이다. 서울대학교 건축학과를 1950년 5월에 졸업한 후 6·25전쟁 때 4년 반 종군했으며, 공군 소령으로 제대했다. 1956년부터 서울대학교 건축학과에서 교편을 잡았다. 1958년 2월 MIT 대학원에 유학하여 건축학 석사학위를 취득했으며, 1990년 2월까지 서울대학교 건축학 교수로 재직했다. 1966년부터 1975년까지 국회의사당 건립위원회 상임위원으로 임명되어, 국회의사당 신축기본계획안 작성과 설계 및 건설공사 감리를 주관했다. 1980년부터 1982년까지는 대한건축학회 회장으로 한국건축 분야 발전에 공헌했으며, 1981년부터 대한민국학술원 회원으로 학술원 활동에 동참하고 있다. 현재 대한민국학술원 회원, 서울대학교 명예교수, 대한건축학회 명예회장, (주)종합건축 고문 건축사로 활동하고 있다. 35년 전부터 매일 테니스를 하고 있으며, 9년 전부터 부부가 함께 댄스스포츠를 연습하면서 건강을 유지하고 있다.

윤 종 용

삼성전자 부회장. 1944년 경북 영천에서 태어나 1966년
서울대학교 전자공학과를 졸업한 후 삼성그룹에 입사했다. 삼성전기, 삼성전관, 삼성그룹 일본본사 사장을 지낸 후 1996년부터 삼성전자 경영을 맡고 있다. IMF의 위기상황에서 초강도 기업개혁을 이뤄내 성공적인 실례로 평가받았으며, 2000년 1월 《비즈니스위크》에서 '세계 25대 경영인'에, 2005년 10월 《포춘》에서는 '아시아에서 가장 영향력이 큰

경영인'에 선정된 바 있다. 현재 한국공학한림원 회장과 한국전자산업진흥회 회장을 맡고 있다.

윤한식

서울 중앙중등학교와 서울대학교 공과대학 섬유학과를 졸업한 후 1967년 KIST 설립 당시 입소해 27년간 근무했다. 1974년 미국 케미어-드리퍼스 연구소에서 교환연구원으로 있었고, 1983년 KIST 재직하면서 뒤늦게 서울공대 대학원에서 박사학위를 취득했다. 1982년 아라미드(케블라는 상품명) 단섬유를 개발해 선진 7개국으로부터 형태 물질특허를 받았으며, 1987년 아라미드 섬유개발 과정에서 천연섬유가 형성되는 분자성장배행이라는 원리를 발견해 한국인으로는 최초로 영국 《네이처》(326호)에 논문을 게재했다. 이어 1990년에는 이 과정에서 발견한 새로운 결정체 젤 크리스털에 관한 논문을 세계소재학회지인 M.R.S.에 실었다. 그 공로로 기업체(코오롱)가 KIST에 출연한 기금으로 만든 국내 1호 석좌연구원이 됐다. 1987년 미국 애크런대학에서 교환교수로 안식년을 보내는 동안 세계 유수의 대학과 기업체의 요청으로 새 이론에 관한 초청특강을 했다. KIST 퇴임 후 호서대학에서 대우교수로서 일반화학을 강의했고, 2004년 새 이론에 의한 과학교과서 《Natural Science Founded on A new Atomic Model》(영문판)을 펴냈다.

이상엽

1986년 서울대학교 공과대학 화학공학과를 졸업한 후 유학을 떠나 노스웨스턴대학교에서 박사학위를 취득했다. 1992년 귀국하여 생물공정연구센터 선임연구원을 거쳐 지금까지 한국과학기술원 생명화학공학과 교수(LG화학 석좌교수)로 재직하고 있다. 그간 미생물 대사공학에 관한 연구에 집중하여 이 분야 연구를 선도하고 있으며, 제1회 젊은 과학자상, 미국화학회의 엘머가든상 등 10여 개의 주요 학술상을 수상했고, 세계경제포럼의 아시아 차세대리더와 닮고 싶고 되고 싶은 과학기술인에 선정되었다. 현재 10여 개 국제학술지의 편집업무를 맡고 있으며, 오스트레일리아 퀸즈랜드대학교 명예교수, 싱가포르 BTI 특별자문위원 등으로도 활동중이다. 생명공학 및 화학공학 관련 국내 기업의 발전에 남다른 관심을 가지고 자문하고 있다.

이상희

1965년 부산고등학교에 입학했으나 2학년 때 결핵으로 휴학, 3년 반에 걸친 투병생활 끝에 대입 검정고시로 서울대학교 약학대학에 입학했고 동대학원에서 약학박사 학위를 받았다. 1973년 변리사 자격시험에 합격하고, 1976년 미국 조지타운대학교 로스쿨에서 수학, 미국 특허청 심사관 과정을 수료했다. 1978년 서울대학교 경영대학원 최고경영자 과정과 행정대학원 발전정책연구원 과정을 수료했다. 상공회의소 상담역, 11, 12, 15, 16대 국회의원, 한국과학기술원 대우교수, 과학기술처 장관, 한국기계연구소 이사장, 국제특허연구원 명예교수, 국가과학기술자문회의 위원장, 국회 과학기술정보통신위원회 위원장, 한국영재학회 회장 등을 역임했고, 현재 한국사이버교육학회 회장, 한국우주정보소년단 총재, 세계사회체육연맹 회장 등을 맡고 있다. 청조근정 훈장을 비

롯해 장영실과학문화상 등을 수상했으며, 저서로는 《꼴찌과학대통령》, 《발명왕 도전하기》
외 다수가 있다.

이 서 구

1965년 서울대학교 문리과대학 화학과를 졸업한 후
ROTC 장교로 군복무를 마치고 1967년 미국 유학을 떠났다. 1972년 미국 가톨릭대학교에
서 유기화학으로 박사학위를 받고 32년간 미국 국립보건연구원(1만 9000여 명 인력)에서
한국계로는 유일한 실험실장으로 근무했다. 2005년 이화여자대학교로 돌아와 석좌교수로
재직하고 있다. 미국에서 여러 한국 과학자들과 연구를 수행했으며 그중 50여 명은 현재
국내 여러 대학에서 교수로 재직하고 있다. 1995년 호암과학상, 2005년 미국 활성산소학
회 디스커버리상을 수상했고, 세계적으로 논문이 가장 많이 인용되는 250명 생명과학연구
자로 선정되기도 했다. 이화여자대학교에 공동연구를 통해 세계적으로 경쟁력 있는 연구소
를 수립하고 여성과학자 양성에 노력하면서 부인과 함께 그간 놓치고 있던 문화를 따라가
기 위해 영화, 연극무대를 열심히 찾고 있다.

이 태 규

1927년 교토제국대학을 졸업하고 동 대학원에 진학하여
촉매화학 분야의 연구로 29세인 1931년 우리나라 최초 이학박사학위를 받았다. 이후 식민
지 출신의 한계를 극복하고 교토제국대학의 교수가 되었다. 1945년 해방 후 고국으로 돌
아와 서울대학교 초대 문리대학장에 취임하고, 초대 대한화학회 회장직을 수행했다. 1948
년부터 1973년까지 미국 유타대학 화학과 교수로 재직했고, 그의 지도 아래 한국 화학계
를 이끌 탁월한 학자들이 배출되었다. 1973년 한국과학원 교수로 부임하여 1992년 작고
시까지 KAIST 종신 석좌교수를 역임했다. '예리한 관찰과 꾸준한 노력'은 그의 평생의 좌
우명이었다. 그는 90평생 중 50여 년을 일본과 미국에서 살았으나, 식민지시대였던 일본
생활 중에도 창씨개명을 거부했고, 오랜 미국생활에서도 미국시민권을 가지라는 주변의 유
혹을 마다했다. 몸으로 애국하고 마음으로 나라를 사랑한 그는 조국에 대한 봉사를 인정받
아 과학자로는 드물게 국립묘지에 안장되어 있다.

이 혜 숙

이화여자대학교 수학과를 졸업하고 1978년 캐나다 퀸즈
대학교에서 박사학위를 받은 후, 독일에서 박사 후 연수를 마치고 1980년부터 이화여자대
학교 수학과 교수로 재직하고 있다. 이화여자대학교 자연과학대학장, 연구처장, 국제교육
원장, 국가과학기술운영위원 등을 역임했다. 2003년에 과학기술훈장(도약장)과 올해의 여
성과학기술자상(진흥부문)을 수상했다. 현재 이화여자대학교 WISE거점센터소장, 국가과학
기술자문위원, 한국여성과학기술단체총연합회 회장, 대한수학회 부회장으로 일하면서 전
과학기술 분야에서 여성이 보다 큰 역할을 할 수 있도록 환경을 개선하고 여성과학기술인
네트워크를 활용하여 여성의 리더십을 함양하기 위해서 노력하고 있다. 또한 과학교육 개
혁에도 큰 관심을 가지고 융합적인 과학교육과 여학생 친화적인 과학교사 연수 프로그램
을 공동으로 개발하여 실시하고 있다. 동료들과 '학교 뒷산 등산' 하는 것을 0교시 과목으

로 정해서 휴강 없이 운영하려고 애쓰고 있다.

이호왕

1928년 함경남도 신흥에서 출생하여 서울대학교 의과대학을 졸업하고, 미네소타대학교에서 미생물학 석사와 의학박사 학위를 받았다. 서울대학교, 고려대학교, 울산대학교 의과대학에서 교수직을 역임했다. 유행성출혈열의 원인이 되는 바이러스를 1976년 세계 최초로 발견하여 한탄바이러스라 명명하고, 이 병을 예방하는 백신인 한타박스도 1989년 발명했다. 2000년부터 2004년까지 대한민국학술원 회장을 역임했다. 1979년 미국 최고 민간인 공로훈장, 1980년 대한민국학술상, 1983년 미육군성 연구개발부 연구업적상, 1990년 과학상, 1992년 호암상, 1995년 Prince Mahidol Award, Thailand, 2002년 창조장 등을 수상했다. 현재 한탄생명과학재단 이사장이며, 또한 한국에 세계본부를 두고 있는 국제백신연구소(IVI)의 한국후원회 회장직을 맡고 있다.

이희범

1971년 서울공대 전자공학과를 졸업하고 같은 대학 행정대학원(행정학과)에 재학중이던 1972년 제12회 행정고시에 수석합격해 상공부 산하 공업진흥청에서 행정사무관으로 공직생활을 시작했다. 1981년부터 2년간 청와대 사정비서실에서 근무했으며, 이후 주미 한국대사관 상무관보, 총무과장, 전자정보공업국장, 주유럽연합(EU) 한국대표부 상무관, 산업정책국장 등을 거쳐 1급으로 승진 후에는 무역위원회 상임위원, 차관보, 자원정책실장을 역임했다. 산업자원부 차관, 한국생산성본부 회장, 서울산업대학교 총장 등을 지내고 2003년 12월부터 2006년 2월까지 산업자원부 장관을 역임한 후 현재는 한국무역협회 회장으로 재직하고 있다. 미국 조지워싱턴대학교에서 만학으로 시작한 경영학 석사학위 과정에서 외국인으로 최우수상을 받았으며, 경희대학교에서 경영학 박사학위를 취득했다. 한국행정학회 부회장, 한국유럽학회 이사를 역임했으며 공학한림원 정회원, 유럽전기전자공학회(IEE) 정회원으로 활동하고 있다. 저서로는 《유럽통합론》이 있으며 황조근정훈장을 수상했다. 바둑과 등산을 취미로 하고 있다.

임지순

1974년 서울대학교 물리학과를 졸업하고, 미국 버클리대학교에서 물리학 석사와 박사학위를 받았으며, 1980년부터 1982년까지 MIT에서 박사후연구원 과정을 했다. 1982년 AT&T 벨연구소 고체이론실 박사후연구원 과정, 1984년부터 1986년까지 벨코어 반도체연구실 상임연구원을 거쳐 서울대학교 물리학과 교수로 재직하고 있다. 1998년 미국 버클리대학교 연구팀과 함께 탄소나노튜브는 한 가닥일 때 도체가 되지만 다발이거나 모양을 변형시키면 반도체가 된다는 것을 밝혀내 탄소나노튜브가 반도체 소자로 이용될 수 있는 근거를 마련함으로써 한국의 나노 소재 기술 분야를 세계 수준으로 끌어올렸다. 1996년 한국의 노벨상이라 불리는 한국과학상, 1998년 올해의 과학자상, 2002년 제1회 닮고 싶고 되고 싶은 과학자상, 2004년 제18회 인촌상을 수상했다. 세종대왕을 가장 존경하며 '초심을 잃지 말자'는 좌우명을 가지고 있다.

서울대학교 물리학과를 졸업하고 미국 피츠버그대학에서
물리학 박사를 취득한 뒤 1978년 한국표준과학연구원에 해외 유치과학자로 들어왔다. 이후 진공기술전문가로 질량표준연구실장, 압력진공연구실장, 진공기술센터장, 물리표준부장 등을 역임하는 등 진공기술 전문가로 진공표준 확립에 기여해 왔다. 대외활동으로는 국가과학기술위원회 민간위원, 대한여성과학기술인회 회장, 한국물리학회 이사 등을 역임했으며, 현재 한국진공학회장, 국가과학기술자문위원회 자문위원 등으로 활동하고 있다.

조경철

북한의 김일성대학에 입학했다가 1947년에 월남해 6·25
전쟁 때에 종군한 뒤 연희대학교 물리학과를 1954년 졸업했다. 그해 말 미국으로 유학을 가서 투스큘럼대학교 정치학과를 졸업하고 미시간대학교를 거쳐 펜실베이니아대학교에서 1962년 천문학으로 박사학위를 취득했다. 그 후 미해군천문대, 항공우주국(NASA)의 연구원, 메릴랜드대학교 교수를 거쳐 1968년 귀국하여 모교인 연세대학교 천문학과 교수로 취임했다. 국립천문대 건설과 한국과학기술정보센터 창설에 관여했고, 한국천문학회 및 한국우주과학회 회장과 새마을기술봉사단장 등을 역임했다. 1979년 경희대학교로 옮겨 우주과학과를 창설하고 공대학장과 부총장직을 지낸 뒤 퇴직했으며, 과학의 홍보와 계몽을 위해 매스컴과 저술활동을 통해 지금까지 노력해왔다.

조무제

1968년 경상대학교 농과대학 농화학과를 졸업하고 1970
년 서울대학교 대학원에서 석사학위를 받았다. 풀브라이트 장학금으로 미국 유학길에 올라 1976년 미주리대학교에서 박사학위를 받았다. 귀국 후 지금까지 경상대학교 자연과학대학 생화학과 교수로 재직하다가 2003년 12월부터 경상대학교 총장으로 일하고 있다. 그동안 미국 위스콘신대학교, 일본 교토대학교, 독일 바이로이드대학교 등에서 객원교수로도 활동했다. 한국과학재단 지정 우수연구센터소장, 교육부 BK21사업단장, 한국분자생물학회장을 역임했다. 한독, 한일, 한중, 한이스라엘 생명공학 국제공동심포지엄에 한국 측 조직위원장 혹은 대표로 참석하여 우리나라 생명과학의 국제화에도 기여했다. 한국과학상, 금호생명과학상, 국회과학기술대상 등을 수상했으며, 과학기술훈장 창조장(1등급)을 수훈하기도 했다. 바둑을 좋아하며 주말이면 몇 년 전부터 배우기 시작한 골프를 가끔 즐기면서 삶의 여유를 찾고 있다.

조완규

1952년 서울대학교 문리과대학 생물학과를 졸업하고
1956년 이학석사, 1969년 이학박사학위를 받았다. 1957년 같은 대학 전임강사로 임명된 후 1992년까지 발생생물학을 강의했다. 1964년부터 2년간 미국 펜실베이니아대학교에서, 그리고 1971년부터 2년간 미국 하버드대학교 의과대학과 영국 케임브리지대학교에서 생식생리학 분야, 특히 난자성숙과 배아발생 관련 연구를 수행했다. 1975년 이래 서울대학교 자연과학대학 학장, 부총장, 그리고 1987년 총장을 역임했으며 그 사이 대통령과학기술자문회의 위원장, 과학재단 이사장, 과총 회장, 한국과학기술한림원 초대원장, 교육부장관,

그리고 현재 한국바이오산업협회 회장을 맡고 있다. 1989년부터 9년간 UN대학부설 신기술연구소 이사, 1995년부터 3년간 일본 RIKEN 첨단분야연구사업 국제자문위원을 역임했다. 청조근정훈장, 과학기술훈장 창조장을 수훈했다. 1975년 이래 10여 년간 아침 조깅을, 그리고 그 뒤에는 새벽 등산으로 건강을 유지하고 있다.

조 장 희

서울대학교 전자공학과를 졸업한 후 같은 대학원을 졸업했다. 1966년 스웨덴 웁살라대학교에서 물리학 전공으로 박사학위를 취득했으며, 스톡홀름대학교의 조교수와 부교수를 거쳐 1972년 미국 UCLA 부교수로 부임하여 1978년까지 재직했다. 1979년부터 컬럼비아대학교, 한국과학기술원 초빙 석좌교수 등을 역임했고, 현재 캘리포니아대학교, 가천의과대학 석학교수 및 뇌과학연구소 소장으로 재직하고 있다. 2003년에는 PET와 MRI 연구의 선구적인 업적을 인정받아 캘리포니아대학교가 2500여 명 대학교수들 가운데서 단 한 명을 뽑는 '올해의 최우수 교수'로 선정됐다. 이 상은 탁월한 연구 성과로 학교발전에 큰 공헌을 한 교수에게 수여하는 것으로 역대 수상자 가운데 두 명이 노벨상을 수상했다. 최근에는 '침술의 과학적 입증'이라는 주제를 가지고 연구 중이며, 미국정부(보건성)로부터 미국 국립보건연구원(NIH) 국가자문위원으로 임명되어 활약하고 있다.

진 정 일

서울대학교 문리과대학 화학과에서 학사와 석사 과정을 마치고 1966년 미국으로 유학을 떠났다. 1969년 뉴욕 시립대학교에서 고분자화학 박사학위를 받은 후 5년간 미국 스타우퍼케미컬사의 연구소에서 연구생활을 하고 1974년부터 고려대학교 화학과에서 가르치고 있다. 미국 매사추세츠대학교와 영국 케임브리지대학 방문교수를 지낸 바 있으며, 고려대학교 교무처장, 대학원장 및 부총장(대행)을 역임했다. 대한화학회장, 한국고분자학회장, 한국과학기술학회장, 한국과학기술한림원 이학부장 등을 역임하며 우리나라 학술 진흥에 앞장서 왔을 뿐만 아니라 현재 국제순수응용화학연합회의 고분자분과회장으로 국제 학술활동도 활발히 펼치고 있다. 한국과학상, 세종문화상, 일본 고분자학회 국제상 등을 수상했으며 과학의 대중화에 앞장서 현재 한국과학문화진흥회 부회장으로 활동하고 있다.

ㅊ ## 채 연 석

경희대학교를 졸업하고 같은 대학 대학원에서 석사학위를 받은 후, 로켓을 본격적으로 연구하기 위해 유학을 떠나 미국 미시시피 주립대학교 항공우주공학과에서 전산유체공학으로 석사와 박사학위를 취득했다. 1989년 항공우주연구소 설립 때부터 과학로켓 개발사업에 참여해 1995년 한국 최초로 액체 추진제 로켓을 개발하여 연소시험에 성공했다. 1997년부터는 국내 최초의 액체 추진제 과학로켓(KSR-3) 개발사업 책임자로 참여했다. 한국항공우주연구원 6대 원장을 역임하고 현재는 연구위원과 경희대학교 겸임교수, 공군 정책자문위원, KBS 객원해설위원으로 활동하고 있다. 과학기술훈장 웅비장 수훈을 비롯해 '닮고 싶고 되고 싶은 과학기술자'와 2006년에는 경향신문사로부터 '한국을 이끌 60명의 지도자' 등에 선정되기도 했다. 저서로는 《로케트와 우주여행》, 《로켓이야기》 외 다수가 있으며, 어릴 때의 '로켓 과학자의 꿈'을 이룬 행복한 과학자로서 청소년들에게 과학자의 꿈을 심어주기 위해 저술 및 강연 활동도 열심히 하고 있다.

최 순 자

1975년 인하대학교 공과대학 화학공학과 졸업 후, 경기도
강화의 화도중학교와 부천의 부천공업고등학교에서 교사생활을 하다가 1981년 유학길에 올라 1985년 미국 캘리포니아 남가주대학교에서 석사와 박사학위를 받았다. 그후 미국 매사추세츠립대학교 박사후연구원을 거쳐, 1987년 인하대학교 공과대학에 부임하여 지금까지 생명화학공학부 교수로 재직하고 있다. 고분자 물리를 전공했으며 현재 연구 분야는 고분자 합성과 고분자 블렌드의 물성이다. 2002년 과학기술부의 '정보소재연구실'로 국가지정연구실에 선정되어 정보소재에 활용되는 나노-마이크론 입자 합성과 응용을 연구하고 있다. 1992년에 프랑스 파리 ESPCI 교환교수, 과학기술부 예산자문위원, 2002년 과기부 '올해의 여성과학기술인상' 공학부문 수상, 2006년 한국공학한림원 최초의 여성 정회원으로 선임되었다. (사)한국여성공학기술인협회장으로 여성공학기술력의 육성 및 활용에 대한 사회활동을 하고 있다.

최 재 천

1977년 서울대학교를 졸업한 후 1979년 도미하여 미국
펜실베이니아 주립대학에서 생태학 석사를, 하버드대학에서 진화생물학 박사학위를 받았다. 1994년 서울대학교 생물학과로 부임하기 전에 하버드대학교와 미시간대학교에서 교편을 잡았으며, 현재 하버드대학교 자연사박물관의 객원연구원으로 일하고 있다. 사회행동과 번식구조의 생태와 진화에 관해 많은 논문과 저서들을 발표했으며, 일반인들을 위해 과학에 대한 책을 쓰기도 하고 강의를 하기도 한다. 미국곤충학회의 젊은 과학자상(1989), 제8회 아시아환경상(2002), 제12회 국제전문직여성연맹 BPW Gold Award(2004) 등 많은 수상 경력을 갖고 있다. 2006년 2월 서울대학교 생명과학부 교수에서 이화여자대학교 생명과학 전공 석좌교수로 자리를 옮겨 우리나라에 '크고 깊고 느린' 생물학을 뿌리내리게 하기 위해 애쓰고 있다.

최 형 섭

1944년 와세다대학교 이공학부 채광야금과(공학사)를 졸
업한 후 1946년 경성대학 교수로 임용되었고 이어 해사대학 교수, 공군항공수리창장 등으로 재직했다. 이후 미국 노트르담대학교에서 금속공학 석사, 미네소타대학교에서 화학야금학으로 박사학위를 받았다. 1959년 귀국해 국산자동차(주) 부사장, 상공부 광무국장, 한국원자력연구소 소장 등을 거쳐 1966년 한국과학기술연구소(KIST) 초대소장을 맡아 한국과학기술 발전의 기틀을 마련했다. 한국과학기술단체총연합회 회장, 한국과학재단 이사장, 한국과학원장 등을 역임했다. 1971년 과학기술처 장관으로 임명되자 과학기술 관련 법령들을 제정하여 과학기술개발 기반을 다졌으며, 공직에서 은퇴한 뒤에는 개발도상국들의 과학기술정책 자문을 맡아 활동했다. 국민훈장 무궁화장, 프랑스 국가공로훈장 등을 수상

했으며 2003년에는 국립서울과학관의 '과학기술인 명예의 전당'에 과학 위인으로 등록되었다. 2004년 5월 29일 세상을 떠날 때까지 《개발도상국의 과학기술개발 전략》 외 12권의 저술과 120여 편의 학술논문을 발표했다.

ㅎ **홍완기**

1940년 충남 논산에서 출생하여 강경상고를 졸업하고 한양대학교 공업경영학과를 졸업했다. 이후 모터사이클용 헬멧 제조회사인 홍진산업 대표이사를 거쳐 1987년부터 현재까지 (주)홍진 크라운(HJC) 대표이사를 맡고 있다. 1983년 세계 오토바이 헬멧시장의 절반을 차지하는 미국에 진출한 이후 1992년 35퍼센트의 점유율로 선두를 차지한 뒤 현재 40여 개국에 제품을 수출하여 세계 시장 점유율에서도 10년 연속 부동의 1위를 차지하고 있다. 2005년 5월 효성기계공업 대표이사 회장직에 취임했다. 한국경제신문사가 제정한 제13회 다산경영상을 수상했으며, 수출의 날 수상으로 2000년에는 5000만 불 수출의 탑(금탑산업훈장)을 수상했고, 2004년에는 7000만 불 수출의 탑을 수상했다. '조립식 고가도로'로 1997년 제네바 국제발명품대회에서 금상을 수상했고, 2004년에는 제1회 중소기업 명예의 전당에 추서되는 4명 중 하나가 되었다. 서울대학교 최고경영자과정, 국제디자인대학원(IDAS) 4기를 수료했고 세종대학교 명예경영학박사 학위(2002)를 취득했다.

과학기술인! 우리의 자랑

한국의 대표 과학기술자 47인이 전하는 과학자의 길

초판 1쇄 2006년 4월 21일   초판 3쇄 2006년 11월 25일

ⓒ 2006, 한국과학문화재단

편저 한국과학문화재단
기획 과학문화연구소
펴낸이 변동호 | **출판실장** 옥두석 | **기획편집** 진우기 | **책임편집** 이선미 | **디자인** 김혜영 | **마케팅** 김현중 | **관리** 김현경

펴낸곳 (주)양문 | **주소 (110-260)** 서울시 종로구 가회동 170-12 자미원빌딩 2층
전화 02.742-2563~2565 | **팩스** 02.742-2566 | **이메일** ymbook@empal.com
출판등록 1996년 8월 17일(제1-1975호)
ISBN **89-87203-79-4 03400**   잘못된 책은 교환해 드립니다.